아인슈타인의 주사위와
슈뢰딩거의 고양이

아인슈타인의 주사위와
슈뢰딩거의 고양이

폴 핼펀 지음 | 김성훈 옮김 | 이강영 감수

플루토

아인슈타인과 슈뢰딩거, 이 두 물리학자가 거둔 커다란 성공은 이 분야를 공부하는 모든 학생들에게 교육되고 있지만, 훗날 두 사람이 겪어야 했던 실패 역시 관심을 기울일 필요가 있다. 핼펀의 매력적인 설명 속에는 인간적인 이야기가 훌륭하게 담겨 있다. 두 사람이 함께 추구했고 아직도 미완으로 남아 있는 이 질문에 매력을 느끼는 사람이라면 누구나 이 책에 흥미를 느낄 것이다.　－《월 스트리트 저널》

필라델피아 과학대학교의 물리학자 핼펀은 창의적인 비유와 재치가 번득이는 문체로 독자들을 사로잡기 위해 최선을 다했다. 음으로 휘어진(쌍곡선) 시공간은 보통 말안장 모양이라 설명되는데, 이 책에서는 승마보다는 식도락 쪽에 더 관심 있는 사람들을 위해 '휘어진 감자칩 모양'으로 설명한다. 막스 플랑크의 양자 개념은 '돼지 저금통을 1센트 동전, 25센트 동전 등 다양한 금액의 동전들로 가득 채우는 것과 비슷한 것'으로 묘사한다. 그리고 슈뢰딩거의 파동 방정식은 '파동함수를 처리하여 몇몇 경우에는 그 에너지값을 판독해 그 파동함수를 보관하고, 나머지 경우에는 파동함수를 폐기하는 스캐너'와 비슷한 것이 된다.　－《뉴욕 타임스》

물리학자 폴 햄편은 알베르트 아인슈타인과 에르빈 슈뢰딩거, 그리고 이 두 사람이 꿈꾸었던 통일이론에 복잡하게 얽힌 이야기를 유머감각을 섞어 간결하게 전달한다. — 《네이처》

일반상대성이론 100주년을 맞아 알베르트 아인슈타인과 에르빈 슈뢰딩거가 기여한 부분들이 이 책에 소개되어 있다. 아인슈타인은 상대성이론과 광전효과, 그리고 브라운 운동에 대한 설명으로, 슈뢰딩거는 양자적 대상의 행동을 설명하는 파동방정식으로 물리학에 크게 기여했다. 하지만 일반적인 책들과 달리 폴 햄번은 여기서 더 나아가 이들이 절정의 영광 이후에 했던 일들을 살펴보고 있다. 이 시기에 두 사람은 물리학의 돌파구가 되었던 자신의 연구들보다도 양자물리학과 상대성이론을 통합하는 데 더 많은 시간을 쏟아부었지만 결국 성과 없이 끝나고 말았다. — 《뉴 사이언티스트》

한 권의 책에 담기 방대한 내용임에도 불구하고 저자는 이 어려운 과제를 철저하게 소화해냈다. 과학적인 내용이 구체적으로 담겨 있음에도 수학과 물리학 지식과 상관없이 일반 독자들도 쉽게 접근할 수 있도록 쓰였다. 저자는 양자물리학의 두 선구자 사이의 관계를 밝힘으로써 과학 글쓰기의 본질에 충실했다. … 언급하고 지나갈 만한 중요한 부분이 한 가지 더 있다. 과학과 수학의 역사를 다루는 대중서적은 거의 필연적으로 그 과학적 성공에 초점을 맞추기 때문에 시간의 검증을 견뎌낸 이론과 개념들을 다루게 된다. 하지만 이 책에서는 성공하지 못한 개념들에 대한 이야기가 실려 있다. 양자론의 기묘한 세계관을 초월하는 이론을 개발하려 한 두 물리학자의 노력은 결국 실패로 끝났지만, 이 책에서는 그런 노력이 더할 나위 없이 흥미진진하게 묘사되어 있다.　　　　　　　－ 미국수학협회MAA 리뷰

핼펀의 책은 두 거장의 삶과 연구에 대한 구체적인 이야기를 놀라울 정도로 풍부하게 담고 있다.　　　　　　　　　－《옵저버토리》

스티븐 호킹의 《청소년을 위한 시간의 역사The Theory of Everything》를 재미있게 읽었고, 거기서 더 많은 것을 알고 싶은 사람이라면 읽을 책 목록에 올려놓을 만한 책이다.　　　　　　　　　－《피직스 월드》

대중 과학서적을 좋아하고 '신은 주사위 놀이를 하지 않는다', '슈뢰딩거의 고양이' 등의 구절을 노래가사로 썼던 사람으로서 나는 폴 핼펀의 이 책에서 대단히 배운 점이 많고, 재미있다.

　　　　　－ 롤랜드 오자발Roland Orzabal, 밴드그룹 티어스 포 피어스Tears for Fears 멤버

이 두 사람이 양자역학의 가장 당황스러운 속성 중 하나, 즉 자연에서 등장하는 무작위성과 어떻게 싸웠는지 보여주는 아주 매력적인 책이다. 일반 독자와 전문가 모두 재미있게 읽을 수 있을 것이다.

　　　　　　　　－ 데이비드 캐시디David C. Cassidy, 호프스트라대학교 화학과 교수,

　　　　　　　　　　　　　《불확정성을 넘어Beyond Uncertainty》 저자

폴 핼펀의 《아인슈타인의 주사위와 슈뢰딩거의 고양이》는 두 저명

한 과학자의 성장과정과 교육과정, 그들의 심오한 연구, 그리고 결국 삶의 거의 끝에 가서 남긴 유산에 이르기까지 다양한 이야기를 들려준다. 핼펀은 이들의 연구만 다루는 데서 그치지 않고, 과거의 철학자, 과학자, 심지어는 종교적 인물들까지도 이들의 세계관에 부분적으로 영향을 미쳤다는 점을 자세하게 다루고 있다. 두 사람은 또한 자신들을 둘러싼 정치적 환경, 특히나 제2차 세계대전에서 살아남기 위해 고군분투해야 했다.

하지만 이런 역경에도 불구하고 그들의 연구는 오늘날까지도 사람들로부터 칭송을 받고 있다. 아인슈타인은 시대를 가리지 않고 주목받는 명사로 자리잡게 되었고, 슈뢰딩거는 최근 들어 물리학계와 일반 대중들 사이에서 점점 더 유명세를 타고 있다.

《아인슈타인의 주사위와 슈뢰딩거의 고양이》는 과학에 열정이 있는 사람은 물론이고, 오늘날 교육되고 있는 수많은 과학 이론을 만들어낸 사람들의 뒷얘기에 관심 있는 사람이라면 놓쳐서는 안 될 필독서다.

— Ire***(아마존 독자 서평)

20세기 과학사에는 흥미롭고 중요하고 극적인 사건들이 가득해서 여러 주제로 수많은 책들이 이미 나와 있으며, 앞으로도 나올 것이다. 이 책《아인슈타인의 주사위와 슈뢰딩거의 고양이》는 그중에서도 독특한 부분에 포커스를 맞추고 있다. 그래서 이 책의 많은 내용은 사람들의 눈길이 그다지 닿지 않았던 곳이다. 그것은 슈뢰딩거의 뒷이야기다.

슈뢰딩거는 20세기 물리학에서 약간은 묘한 존재다. 그는 기초적인 양자역학을 대표하는 슈뢰딩거 방정식을 만든 사람으로서 명실상부한 양자역학의 중심인물이지만, 양자역학의 정통 수호자인 코펜하겐 학파에는 속하지 않으며, 사실 코펜하겐에 간 적도 거의 없다. 오스트리아 빈 출신인 슈뢰딩거는 코펜하겐뿐 아니라 당시 원자물리학의 중심지였던 괴팅겐이나 뮌헨에도 머물렀던 적이 없고, 빈과 독일 예나와 슈투트가르트, 폴란드 브레슬라우와 스위스 취리히 등을 떠돌아다녔다. 그가 슈뢰딩거 방정식을 내놓은 것은 취리히대학교에 재직할 때였는데, 슈뢰딩거는 그 여세를 몰아 막스 플랑크의 뒤를 이어 단숨에 베를린대학교의 교수가 되고, 비로소 학계 중심에 진입하게 된다.

나이로 보아도 슈뢰딩거는 자신과 함께 새 시대를 열어간 주역들인 파울리(1900년 생), 하이젠베르크와 페르미(1901년 생), 디랙(1902년 생) 등과 세대가 다르다. 슈뢰딩거는 1887년 생으로 오히려 닐스 보어(1885년 생)와 같은 세대고, 에렌페스트(1880년 생)와 아인슈타인(1879년 생) 등에 더 가깝다.

이런 외적 조건뿐 아니라 슈뢰딩거의 이후 경력도 양자역학의 주역답지 않다. 1927년 제5차 솔베이 회의에 참석했던 슈뢰딩거는 여기서 그 유명한 보어와 아인슈타인의 논쟁을 목격하고 다른 양자역학의 주역들과는 결정적으로 다른 길을 걷기 시작한다. 아인슈타인의 주장에 동조한 것이다. 그리고 이 책의 본 내용은 바로 여기서 시작한다.

막스 플랑크가 은퇴하고 슈뢰딩거가 그 뒤를 이은 것은 솔베이 회의 직후의 일이었고, 슈뢰딩거를 베를린에 불러온 배경에는 아인슈타인의 역할이 있었다. 이로써 두 사람은 한 직장에 함께 있게 되었고 두 사람의 관계가 시작되었다. 이 둘에게 그것은 새로운 우정과 협력의 관계였고, 대중과 언론의 관심을 받는 명성의 시대였으며, 다른 한편 학문적으로는 암흑기의 시작이었다. 물론 두 사람은 전혀 그럴 생각이 없었지만 말이다. 그래서 이 책은 사실 두 사람의 학문적 암흑기에 관한 책인 것이다.

1930년대 이후 두 사람의 학문적인 업적은 분명 별것이 없다. 양자역학에 '얽힘'이라는 개념의 중요성을 제시한 1935년의 EPR 논문을 제외하면 프린스턴 고등연구소에 간 이후 나온 아인슈타인의 논문 중에서 오늘날 언급되는 논문은 없다. 통일장이론을 향한 아인슈타인의 추구는 아무 결과도 남기지 못했으며, 동료 물리학자들 사이에서는 이야깃거리도 되지 않았다. 반면 대중매체는 끊임없이 아인슈타인을 소환했고, 그의 이론을 '결정적인' 것으로 소개했다. 시간이 지나면서 원자핵과 그 이하의 세계에 대한 지식이 깊어졌지만, 아인슈타인은 더 이상 물리학의 최전선을 따라가지 못했다.

슈뢰딩거 역시 더블린 고등연구소에 초빙되어 석학으로서 명성을 누렸지만 물리학에는 특별한 업적을 남기지 못했다. 그러나 학문적으로 전혀 아무것도 남기지 못한 것은 아니다. 슈뢰딩거가 생물학으로 관심을 넓혀 물리학자의 입장에서 했던 강연 '생명이란 무엇인가?'는 이후 많은 생물학자들에게 영감을 주었고, 그 결과 생물학에 새로운 패러다임이 만들어지는 데 이정표 같은 역할을 했다. 또한 오늘날 그의 이름을 보통 사람들에게까지 알린 유명한 '슈뢰딩거의 고양이' 사고실험도 있다. 물리학자들에게는 별로 특별할 것이 없는 이야기지만 오늘날 슈뢰딩거의 고양이는 양자역학의 괴상함을 상징하는 대표적인 개념이 되어버렸다.

하지만 이들의 학문적 업적이야 학술서적에 잘 나와 있을 터이고, 업적과는 별개로 이들의 삶을 살펴보는 일은 그 자체로 흥미롭다. 위대한 물리학자들의 세상과 학문에 대한 생각과 관점이 어떻게 변해가는지, 연륜과 함께 깊이를 더해가는지, 적응하지 못하고 그저 뒷방으로 물러나는지는 그 자체로 흥미로운 인간적 드라마다.

　재미있게도 슈뢰딩거는 아인슈타인의 분야로 관심을 돌려서 연구에 관해 유대관계를 지속해 나갔기 때문에 이후 두 사람의 삶은 비슷한 관점에서 바라볼 수 있게 되었다. 심지어 그 과정에서 해프닝 같은 선취권 다툼도 일어났을 정도다. 바로 이런 면을 다룬 것이 이 책의 독특하고 흥미로운 면이다.

　여담이지만 이론물리학자 중에서 두 사람은 단연 두드러진 공통점을 가지고 있다. 그것은 바로 여자문제에 대한 화려함이다. 슈뢰딩거에 대해서는 본문에도 꽤 자세히 나오므로(나올 수밖에 없기도 하다) 통속적인 흥미를 어느 정도 만족시킬 수 있겠다. 의외일지 모르지만 아인슈타인 역시 이 부분에 대해 많은 이야깃거리를 가지고 있는 것으로 유명한데, 다만 이 책은 그 부분까지 흥미를 충족시켜주지는 않는다.

이강영
경상대학교

● 차례

이 책을 박사학위 지도교수님이었던
막스 드레스덴에게 바칩니다.
그는 20세기 물리학의 역사에 대한 열정으로
제게 크나큰 영감을 불어넣어주었습니다.

나는 누구인가? (이 질문은 일반적인 의미의 '나'를 의미하며 현재 글을 쓰고 있는 필자만을 지칭하는 것이 아니다.) 나는 신의 세상을 이해하려 노력하고, 또 이해할 수 있는 사고능력을 부여받은, 신의 형상을 따라 지어진 인간이다. 신의 세상을 이해하려는 나의 시도가 제아무리 철없고 순진한 일이라 할지라도 이런 시도가 자몽을 먹다가 과즙이 안경에 튀는 것을 막는 장치나 생활을 편리하게 만들어줄 다른 장치들을 발명하기 위해 자연을 조사하는 일보다는 더욱 가치 있는 일임을 나는 인정해야만 한다.

— 에르빈 슈뢰딩거, '새로운 장이론'

이 프로젝트를 마무리할 수 있기까지 수고를 아끼지 않은 내 가족, 친구, 동료들의 헌신적인 지원에 감사의 말씀을 전하고 싶습니다.

헬렌 길스-기, 하이디 앤더슨, 수잔 머피, 엘리아 에슈케나지, 케빈 머피, 브라이언 키르슈너, 짐 커밍스 등을 비롯한 필라델피아 과학대학교University of the Sciences in Philadelphia의 교수진과 직원 여러분께 감사드립니다. 그리고 내 연구와 집필활동을 지원해준 수학, 물리학, 통계학부 동료, 그리고 인문과학부 동료들에게 감사의 마음을 전합니다. 또한 물리학사 APS 포럼, 필라델피아 과학사 지역센터, 물리학사 AIP 센터 등 과학사학계가 보여준 동지애에도 깊은 감사의 마음을 전합니다. 그렉 레스터, 미칼 메이어, 페이 플램, 데이브 골드버그, 마크 울버턴, 브라이언 시아노, 닐 거스만 등 필라델피아 과학저술가연합회의 따뜻한 성원에 특히 감사드립니다. 도움되는 제안을 해준 과학사가 데이비드 캐시디, 다이아나 부흐발트, 틸만 사우어, 다이넬 시겔, 캐서린 웨스트폴, 로버트 크리스, 피터 페식에게도 감사드립니다. 유용한 참고자료들을 제공해준 돈 하워드에게도 감사의 마음을 전합니다.

슈뢰딩거의 삶과 연구에 관한 질문에 답해준 레온하르트 프라우니체어, 아르눌프 프라우니체어, 루트 프라우니체어 등 슈뢰딩거의 가족에게 진심으로 감사드립니다. 자신의 작품에 관한 질문에 친절하게 답해준 뮤지션 롤랜드 오자발과 철학자 힐러리 퍼트넘에게도 감사드립니다. 독일의 문화와 언어에 대해 친절한 조언을 아끼지 않은 과학저술가 마이클 그로스에게도 감사의 말을 전합니다.

용기를 북돋아준 데이비드 지타렐리, 로버트 얀센, 린다 달림플 헨더슨, 로저 스튜어, 리사 텐진–돌마, 젠 코비, 셰럴 스트링올, 토니 로우, 마이클 라보시에, 피터 스미스, 안소니 리안, 데이비드 부드, 마이클 에를리치, 프레드 슈에퍼, 팜 퀵, 캐롤린 브로드벡, 말론 푸엔테스, 시몬 젤리치, 더그 부흐홀츠, 린다 홀츠만, 마크 싱어, 제프 슈벤, 주드 쿠친스키, 크리스 올슨, 메그 카스키–윌슨, 우디 카스키–윌슨, 캐리 응우옌, 린지 풀, 그렉 스미스, 조셉 맥과이어, 더그 디카를로, 패트릭 팜, 반스 렘쿨에게 감사드립니다.

아인슈타인이 슈뢰딩거에게 보낸 편지를 인용한 문장들을 검토해준 바바라 울프와 예루살렘의 알베르트 아인슈타인 기록보관소에 감사의 마음을 전합니다. 회보에 대한 정보를 제공해준 왕립 아일랜드 아카데미, 2002년 회원자격을 부여해준 존 사이먼 구겐하임 재단에도 감사드립니다. 그 기간에 저는 아인슈타인과 슈뢰딩거

사이에 오간 편지들과 처음으로 만날 수 있었습니다.

나를 잘 안내해주고 유용한 것들을 제안해준 제 편집자 T. J. 켈러허, 그리고 콜린 트레이시, 꿩 도, 베치 데제수, 슈 와가 등 저를 도와준 베이직북스 직원들에게도 감사드립니다. 그리고 저의 놀라운 에이전트 자일스 앤더슨의 열정적인 지원에 감사드립니다.

마지막으로 제 아내 펠리시아, 아들 엘리와 아덴, 제 부모님 버니스 핼펀과 스탠리 핼펀, 그리고 제게 사랑과 안내, 충고와 지지를 아끼지 않은 다른 모든 가족들에게도 진심으로 감사의 마음을 전하고 싶습니다.

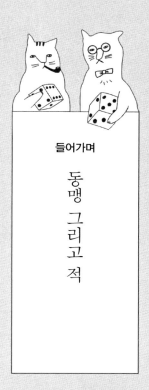

들어가며

동맹 그리고 적

이 책은 두 명의 천재 물리학자, 그리고 두 사람 사이의 수십 년에 걸친 우정을 갈라놓은 1947년 언론전쟁, 또한 과학적 협력과 발견의 취약한 속성에 관한 이야기다.

서로 대적하게 되었을 당시 두 사람은 모두 노벨상 수상자였고, 한창 중년의 나이에 접어들어 있었으며, 분명 연구활동의 절정기는 이미 지난 상태였다. 하지만 전세계 언론이 전하는 이야기는 이와 달랐다. 언론에서는 여전히 강한 백전노장의 챔피언과 트로피에 굶주린 자신만만한 신출내기 도전자의 대결이라는 익숙한 구도로 이야기가 전개되고 있었다. 알베르트 아인슈타인은 그의 입에서 나온 한 마디 한 마디가 모두 언론에 대서특필될 정도로 유명했지만, 오스트리아의 물리학자 에르빈 슈뢰딩거에 대해 잘 아는 사람들은 상대적으로 많지 않았다.

아인슈타인의 연구활동을 눈여겨보고 있던 사람들은 그가 수십 년째 통일장이론^{unified field theory}*을 연구하고 있음을 알고 있었다. 아인슈타인은 19세기 영국의 물리학자 제임스 클러크 맥스웰의 연구를 확장하여 몇 개의 간단한 방정식으로 자연의 힘을 통일하고 싶었다. 맥스웰은 전기와 자기를 통일하는 전자기장 이론을 만들어냈고, 이 전자기장이 곧 빛의 파동임을 밝혀냈다. 아인슈타인이 1915년 발표한 일반상대성이론은 중력을 시공간 기하학의 휘어짐으로 기술했고, 이 이론이 사실임이 확인되면서 커다란 명성을 얻게 되었다. 하지만 아인슈타인은 거기서 멈추려 하지 않았다. 그의 꿈은 맥스웰의 연구결과를 일반상대성이론의 확장된 형태로 통합하여 전자기력과 중력을 통일하는 것이었다.

아인슈타인은 몇 년마다 한 번씩 통일이론을 찾아냈다고 대대적으로 공표했으나 번번이 조용한 실패로 끝났고 결국 그 이론은 다른 이론으로 대체되었다. 1920년대 말부터 그의 주요 목표 중 하나는 닐스 보어, 베르너 하이젠베르크, 막스 보른, 그밖에 다른 과학자들이 발전시킨 확률론적 양자론에 대항할 결정론적 대안 이론을 만들어내는 것이었다. 아인슈타인은 양자론이 실험적으로는 성공을 거두었을지 몰라도 이론 자체는 불완전하다고 생각했다. 그의 마음속 깊숙한 곳에는 그가 늘 했던 말처럼 '신은 주사위 놀이를 하지 않는다'라는 생각이 자리잡고 있었다. 이 말은 이상적인 기계론적 창조란 어떤 것인가라는 측면에서 이런 쟁점을 표현한 것이다.

---

* 힘의 통일을 장이론으로 나타내려는 이론이며, 아인슈타인의 통일장이론이 대표적이다.

아인슈타인이 말한 '신'은 17세기 네덜란드 철학자 바뤼흐 스피노자가 기술했던 신, 즉 존재할 수 있는 '최고의 자연질서'를 가리켰다. 스피노자는 신이란 자연과 같은 말이며, 만고불변의 영원한 존재이기 때문에 우연이 끼어들 여지가 없다고 주장했다. 스피노자와 생각이 같았던 아인슈타인은 자연을 지배하는 불변의 법칙을 추구했다. 그는 세상은 완벽하게 결정론을 따른다는 것을 입증하려고 단단히 벼르고 있었다.

나치가 오스트리아를 합병한 이후 1940년대에 아일랜드로 망명한 슈뢰딩거 역시 아인슈타인과 마찬가지로 양자역학의 정통적 해석을 경멸했고, 따라서 아인슈타인을 자연스레 협력자로 생각하게 되었다. 아인슈타인 역시 슈뢰딩거를 마음이 맞는 동지라 여겼다. 그런데 힘의 통일에 관한 개념들을 공유한 후에 슈뢰딩거가 갑자기 힘을 통일하는 데 성공했다고 발표하면서 폭발적인 관심을 불러일으킨 동시에 두 사람 사이에 불화가 생겼다.

독자 여러분도 슈뢰딩거의 고양이에 대해서는 들어봤을 것이다. 슈뢰딩거에 대해 일반 대중에게 제일 잘 알려진 내용이 바로 이 고양이 사고실험이다. 하지만 당시 이런 불화가 일어났을 때만 해도 물리학계 바깥에서는 이 고양이 수수께끼나 슈뢰딩거에 대해 들어본 사람이 별로 없었다. 언론에 묘사된 것처럼 그는 위대한 과학자에게 케이오 펀치를 한 방 먹인 것처럼 보이는 더블린에 사는 한 야심찬 과학자에 불과했다.

힘의 통일에 관한 새로운 소식을 제일 먼저 알린 곳은 아일랜드 언론사 《아이리쉬 프레스》였다. 덕분에 국제사회는 슈뢰딩거가 내민 도전장에 대해 알게 되었다. 슈뢰딩거는 자신의 '만물의 이론 theory of everything'을 설명하는 장문의 발표문을 언론사들에 보내 자신의 연구를 뻔뻔하게도 고대 그리스의 현자 데모크리토스('원자 atom'라는 말을 만든 사람), 로마의 시인 루크레티우스, 프랑스의 철학자 데카르트, 스피노자, 그리고 아인슈타인이 이룬 성취와 비슷한 위치에 올려놓았다. 슈뢰딩거는 이렇게 말했다.

"과학자가 자신의 발견에 대해 광고하고 다니는 것이 그다지 적절한 행동은 아닙니다만, 언론사에서 원하니 이렇게 발표문을 제출합니다."[1]

《뉴욕 타임스》는 이 발표를 두고 신비로운 방법을 들고 나온 한 이단아와 진척을 이루지 못하고 있는 한 기득권층 인물 사이에서 벌어진 전투처럼 묘사했다. 그들은 이렇게 보도했다.

"슈뢰딩거가 어떻게 연구를 진척해 왔는지에 대해서는 듣지 못했다."[2]

짧은 시간이었지만 이 기간 동안에는 대중에게 이름이 거의 알려져 있지 않은 오스트리아 빈 출신의 물리학자가 우주만물을 설명하는 이론을 내놓아 위대한 아인슈타인을 물리친 것처럼 보였다. 어쩌면 이 기사를 읽은 독자들은 얼떨떨한 마음에 이제 슈뢰딩거에 대해 좀더 알아야 할 때가 되었다고 생각했을지도 모르겠다.

섬뜩한
슈뢰딩거의 고양이

요즘 슈뢰딩거에 대해 들어봤다는 사람들은 대부분 고양이와 상자, 그리고 역설paradox을 머리에 떠올린다. 1935년 논문 〈양자역학의 현주소〉의 일부로 발표된 그의 유명한 사고실험은 과학 역사에서 그 섬뜩함으로 손꼽히는 사고실험 중 하나다. 이 실험에 대해 처음 듣는 사람들은 헉 하고 놀라지만, 이는 그저 가상의 실험일 뿐이고 아마도 실제 고양이를 대상으로 시도된 적은 한 번도 없을 것이라는 설명을 듣고 나면 그제야 안도의 한숨을 내쉰다.

이 논문에서 슈뢰딩거는 양자물리학에서 '얽힘entanglement' 때문에 생기는 다양한 결과를 살펴보며 이 사고실험을 제안했다. 슈뢰딩거가 그 이름을 지은 얽힘이란 두 개 이상인 입자들의 조건이 단일한 양자상태quantum state로 대변되는 것을 의미한다. 이를테면 한 입자에 어떤 일이 일어났을 때 나머지 입자가 즉각적으로 그 영향을 받는 경우가 여기에 해당한다.

아인슈타인과의 대화에서 어느 정도 영감을 얻기도 한 슈뢰딩거의 고양이 수수께끼는 한 입자의 상태와 얽히게 된 고양이의 운명을 상상해보도록 함으로써 양자물리학의 함축적 의미를 극한까지 밀어붙인다. 실험은 이렇다. 상자 안에 고양이 한 마리와 방사성 물질, 방사능 측정장치인 가이거 계수기, 독을 담아 봉인해 놓은 병이 들어 있다. 이 상자는 뚜껑이 닫혀 있고, 방사성 물질이 입자를 방출하고 붕괴할 가능성이 50대 50이 되도록 타이머가 정확한 시간 간격으로 설정되어 있다. 그리고 방사능 측정기에 붕괴해서 나온 입자가 하나 검출되면 독이 든 병이 깨지면서 흘러나온 독에 고양이가 죽도록 장치되어 있다. 하지만 방사성 붕괴가 일어나지 않으면 고양이는 죽지 않는다.

슈뢰딩거가 지적하였듯이 양자측정quantum measurement 이론에 따르면 고양이의 상태(죽었느냐 살았느냐)는 상자를 열어보기 전까지는 방사능 측정기의 판독상태(붕괴되었느냐 붕괴되지 않았느냐)와 얽혀 있게 된다. 따라서 타이머가 울리고 실험자가 상자를 열어 고양이와 방사능 측정기의 양자상태가 두 가능성 중 어느 하나로 '붕괴'하기 전까지 고양이는 마치 좀비처럼 죽은 상태와 살아 있는 상태가 포개진 양자중첩quantum superposition 상태로 남게 된다.

1930년대 말에서 1960년대 초까지 이 사고실험은 거의 언급된 적이 없었고, 가끔씩 강의 시간에 일화로 소개되는 것이 전부였다. 예를 들면 컬럼비아대학교의 교수이자 노벨상 수상자인 리정다오는 양자붕괴의 기이한 속성을 보여주기 위해 학생들에게 이 이야기를 들려주곤 했다.[3] 1963년 프린스턴대학교의 물리학자 유진 위그너는 양자측정에 대해 쓴 글에서 이 사고실험을 언급하고 확장시켰다. 이 확장된 사고실험을 이제는 '위그너의 친구Wigner's friend 역설'이라고 한다.

물리학자 동료로부터 이 수수께끼에 대해 알게 된 하버드대학교의 저명한 철학자 힐러리 퍼트넘은 물리학계 바깥의 학자들 중에서는 최초로 슈뢰딩거의 사고실험을 분석하고 그에 대해 논의했다.[4] 1965년 책의 한 장에 담아 발표한 자신의 고전적 논문 〈한 철학자가 바라본 양자역학〉에서 퍼트넘은 이 사고실험의 함축적 의미를 설명했다. 그리고 같은 해 이 논문이 과학학술지 《사이언티픽 아메리칸》의 북리뷰에서 언급되자 '슈뢰딩거의 고양이'라는 용어가 드디어 대중과학 영역에 발을 딛게 되었다. 그 후로 수십 년에 걸쳐 이 용어는 애매모호함의 상징으로 문화에 스며들게 되었고, 소설이나 수필, 시에서도 여러 차례 등장했다.

요즘은 일반 대중 사이에서 이 고양이 역설이 무척 친숙해졌지만, 정작 그 역설을 만들어낸 장본인에 대해서는 사실 별로 알려진 것이 없다. 아인슈타인은 1920년대 이후로 천재 과학자의 상징으로 자리잡은 데 반해 슈뢰딩거의 삶에 대해서는 아는 사람이 거의 없다. 참 역설적인 일이다. 슈뢰딩거의 고양이라는 말에 담겨 있는 혼란스럽고 애매모호한 존재라는 의미가 그에게도 그대로 적용될 수 있기 때문이다.

모순덩어리
사나이

애매모호하다는 의미를 가진 슈뢰딩거의 고양이라는 용어는 그 말을 만든 사람의 모순덩어리 같은 삶과도 완벽하게 맞아떨어진다. 안경을 쓰고 책벌레였던 이 교수는 서로 모순되는 관점이 양자중첩되어 있는 상태로 있었다. 음과 양이 뒤섞여 있는 그의 삶의 방식은 각기 다른 가족으로부터 독일어와 영어를 배워 두 언어를 사용하며 자랐던 어린 시절부터 시작되었다. 여러 나라와 유대관계를 맺으면서도 자신의 조국 오스트리아를 가장 사랑했던 슈뢰딩거는 민족주의와 국제주의 어느 쪽도 마음이 편치 않았기 때문에 정치와는 아예 담을 쌓는 쪽을 택했다.

그는 신선한 공기를 마시며 운동하는 것을 열렬히 좋아했지만, 한편으로는 자리를 가리지 않고 어디서나 담뱃대를 물고 굴뚝처럼 담배를 피워대 다른 사람들을 연기로 질식시키고는 했다. 그는 격식을 갖춘 모임에 마치 배낭여행객처럼 차려 입고 나타났다. 그는 스스로를 무신론자라고 하면서도, 신의 동기가 무엇인지를 두고 이야기를 나누었다. 그는 한때 자기 아내, 그리고 첫째 아이의 엄마인 또 다른 여성, 이렇게 두 여성과 함께 살기도 했다. 그의 박사학위 논문은 실험물리학과 이론물리학의 짬뽕이었다. 과학자로서의 경력 초기에 그는 잠시 철학으로 전공을 바꿀까 생각했다가 갑자기 다시 과학으로 방향을 틀었다. 그리고 그 다음부터는 오스트리아, 독일, 스위스의 여러 기관을 정신없이 옮겨다녔다. 한때 그와 함께 연구했던 물리학자 월터 티링은 이렇게 표현했다.

"그는 늘 쫓기는 사람 같았다. 그는 자신의 천재성에 쫓겨 이 문제에서 저 문제로 떠돌아다니고, 20세기에 들어선 여러 정권에 쫓겨 이 나라에서 저 나라로 떠돌아다녔다. 그는 모순으로 가득 찬 인간이었다."[5]

어느 한 시점에서 그는 인과관계를 거부하고 세상은 순수한 우연에 의해 지배된다고 핏대를 세우며 주장했다. 하지만 몇 년 후 결정론적인 슈뢰딩거 방정식을 개발하고는 생각이 바뀌어 어쨌거나 결국에는 인과법칙이 존재할지도 모르겠다고 주장했다. 그러다가 물리학자 막스 보른이 그의 방정식을 확률론적으로 재해석하자 그것에 반대하고 싸운 후에는 다시 우연 쪽으로 마음이 기울기 시작한다. 그리고 말년에 가서 그의 철학적 나침반은 다시 한 번 인과론으로 향한다.

1933년 슈뢰딩거는 베를린에서 크게 존경받는 자리를 용감하게 떨치고 나온다. 나치 때문이었다. 그는 자발적으로 그곳을 떠난 비유대계 물리학자들 중에서 가장 저명한 인물이었다. 그는 옥스퍼드 대학교에서 일하다가 다시 오스트리아로 돌아가기로 마음먹고 그라츠대학교의 교수가 된다. 하지만 정말 이상하게도, 나치 독일이 오스트리아를 합병한 후에는 자신의 자리를 지키기 위해 정부와 협상을 하려 든다. 널리 공개된 참회록에서 그는 자신이 예전에 나치에 반대했던 것을 사과하고 현 정부에 대한 자신의 충성을 맹세했다. 이렇게 권력에 영합했음에도 불구하고 어쨌거나 그는 오스트리아를 떠나 새로 설립된 더블린 고등연구소에서 중요한 자리를 맡게 된다. 일단 중립지대로 나오고 나자 그는 자신의 나치 지지 발언을 철회했다. 티링은 이렇게 썼다.

"히틀러가 독일에서 정권을 장악하자 그는 한 명의 시민으로서 감명 깊은 용기를 보여주었다. … 그리고 독일에서 가장 알아주는 물리학 교수 자리를 박차고 나왔다. 하지만 나치가 결국 그의 발목을 붙잡자 그는 어쩔 수 없이 공포정권과의 결속을 보여줘야 하는 딱한 처지에 놓이게 된다."[6]

무작위성이라는
공동의 적

베를린에서 슈뢰딩거의 동료이자 절친한 친구였던 아인슈타인은 내내 슈뢰딩거에게 충실했고, 물리학과 철학의 공통 관심사에 관해 그와 편지를 주고받는 것이 무척 즐거웠다. 이 두 사람은 함께 공동의 적과 싸웠다. 그 적은 바로 자연질서의 적인 순수한 '무작위성randomness'이었다.

스피노자와 쇼펜하우어(쇼펜하우어에게 있어서 통일의 원리는 자연 속의 모든 것을 하나로 잇는 의지력Will이었다) 그리고 다른 철학자들을 공부한 아인슈타인과 슈뢰딩거는 둘 다 우주에 대한 근본적 설명에 애매모호함과 주관성을 포함시키는 것을 싫어했다. 두 사람 모두 양자역학의 발달에서 중대한 역할을 했으면서도 이 이론이 불완전하다고 확신했다. 두 사람은 양자역학 이론의 실험적 성공은 인정하면서도 이론적 연구가 좀더 이루어지면 영원불변의 객관적 실재가 드러나리라 믿었다.

보른이 슈뢰딩거의 파동방정식을 확률론적으로 재해석한 이후로 두 사람의 동맹관계는 더욱 공고해졌다. 애초에 이해한 대로라면 슈뢰딩거 방정식은 원자 안팎의 전자들을 표상하는, 실체를 가진 물질파matter wave의 연속적인 행동을 모형으로 만들기 위해 설계된 것이었다. 맥스웰이 공간을 이동하는 전자기파로 빛을 기술하는 결정론적 방정식을 만들어냈듯이 슈뢰딩거는 물질파의 안정적인 흐름을 상세히 기술해줄 방정식을 만들어내고 싶었다. 그렇게 함으로써 그는 전자의 모든 물리적 속성에 대한 종합적인 설명을 제시하려 했다.

하지만 보른은 물질파를 확률파probability wave로 대체함으로써 슈뢰딩거 방정식의 정밀성을 박살내고 말았다. 보른의 해석에 따르면 물리적 속성들은 이 방정식으로 직접 평가할 수 있는 대상이 아니라 확률파에서 나온 값을 수학적으로 조작해서 계산해내야 하는 대상이었다. 이렇게 함으로써 보른은 슈뢰딩거 방정식을 하이젠베르크의 불확정성 개념과 비슷한 것으로 만들어버렸다. 하이젠베르크의 관점에서 보면 위치와 운동량(질량 곱하기 속도) 같은 어떤 물리량의 쌍은 그 둘을 동시에 높은 정확도로 측정하는 것이 불가능하다. 하이젠베르크는 이런 양자적 모호함을 그 유명한 '불확정성 원리' 안에 담았다. 불확정성 원리에 따르면 관찰자가 입자의 위치를 정확히 측정할수록 그 운동량은 불확실해지고, 반대로 그 운동량을 정확히 측정할수록 위치는 불확실해진다.

전자와 다른 입자의 확률이 아니라 그 실체에 관한 모형을 만들려는 야심을 품고 있던 슈뢰딩거는 하이젠베르크-보른의 접근방식에 담긴 비실체적 요소를 비판했다. 그는 실험자가 실험장치를 어떻게 선택하느냐에 따라 파동 같은 속성, 또는 입자 같은 속성이 고개를 든다는 보어의 양자철학인 '상보성 원리'도 마찬가지로 멀리했다. 슈뢰딩거는 자연의 작동방식은 눈에 보이는 것이라야지, 속을 알 수 없는 수수께끼 블랙박스 같아서는 안 된다고 반박했다.

보른과 하이젠베르크, 보어가 제시한 개념들이 물리학계에서 널리 받아들여지며 '코펜하겐 해석'이라 알려진 정통 양자관으로 합쳐지자 아인슈타인과 슈뢰딩거는 자연스레 동맹관계가 된다. 나중

1947년의 알베르트 아인슈타인
(by Orren Jack Turner, 위키피디아 제공)

에 이 두 사람은 각자 양자물리학의 간극을 메우고 자연의 힘들을 하나로 통일시켜줄 통일장이론을 발견하기를 꿈꾼다. 일반상대성이론을 확장해 자연의 모든 힘을 그 안에 포함하는 이론이 나온다면 물질은 순수한 기하학으로 대체될 것이다. '세상만물은 수'라고 믿었던 피타고라스학파 사람들의 꿈이 실현되는 것이다.

슈뢰딩거는 아인슈타인에게 신세진 부분이 여러모로 많았다. 1913년에 있었던 아인슈타인의 한 강연은 슈뢰딩거가 물리학의 근본적 질문에 관심을 갖도록 불을 붙여주었다. 아인슈타인은 1925년에 발표한 한 논문에서 프랑스의 물리학자 루이 드 브로이의 물질파 개념을 언급했는데, 이것이 슈뢰딩거에게 영감을 불어넣어 그러한 파동의 행동을 지배하는 슈뢰딩거 방정식이 세상에 나올 수 있었다. 이 방정식이 결국에는 슈뢰딩거에게 노벨상을 안겨주었는데,

그를 노벨상 후보로 추천한 사람 중에 다름 아닌 아인슈타인이 있었다. 슈뢰딩거가 베를린대학교 교수로 임명되고 명망 높은 프러시아 과학아카데미의 회원이 될 수 있었던 데에도 아인슈타인의 뒷받침이 있었다.

아인슈타인은 슈뢰딩거를 카푸트에 있는 자신의 여름별장으로 초대했고, 수많은 편지 왕래를 통해서 계속적으로 그를 지도해주었다. 양자얽힘의 어두운 측면을 보여주기 위해 아인슈타인이 조수인 보리스 포돌스키, 네이선 로젠과 함께 개발한 EPR 사고실험을 비롯해 화약과 관련된 양자역설에 대한 아인슈타인의 제안 등은 슈뢰딩거가 고양이 수수께끼를 만들어낼 수 있도록 영감을 불어넣어주었다. 또한 슈뢰딩거가 이론적 통일을 추구하며 발전시킨 개념들은 아인슈타인의 제안을 변형한 것들이다. 이 두 이론가는 일반상대성이론이 중력을 포함해 다른 힘들을 아우를 수학적 유연성을 갖출 수 있도록 이론을 수정하는 방법에 대해서도 편지를 주고받으며 자주 의견을 교환했다.

동맹의
균열

슈뢰딩거가 1940년대에서 1950년대 초반까지 선도적 물리학자로 몸담았던 더블린 고등연구소는 아인슈타인이 1930년대 중반부터 마찬가지로 중요한 역할을 했던 프린스턴 고등연구소를 직접적인 모델로 삼아 만든 연구기관이다. 《아이리쉬 프레스》는 이 두 연구기관을 비교하는 기사를 자주 썼고, 슈뢰딩거를 아일랜드의 아인슈타인으로 취급했다.

슈뢰딩거는 기회가 될 때마다 아인슈타인과 자신의 친분에 대해 언급했고, 자신의 목적을 위해서라면 개인적으로 주고받은 편지 내용을 공개하는 일도 마다하지 않았다. 1943년에는 이런 일이 있었다. 아인슈타인은 슈뢰딩거에게 1920년대 어떤 통일 모형이 '나의 희망이 묻힌 무덤'이 되고 말았다고 쓴 편지를 보냈었다. 그 후 슈뢰딩거는 그 문장을 인용하여 마치 아인슈타인이 실패했던 부분에서 자기가 성공을 거둔 것처럼 보이게 만들었다. 슈뢰딩거는 왕립아일랜드 아카데미 강연에서 그 편지를 공개적으로 읽으며 자신의 계산이 아인슈타인의 희망을 무덤에서 꺼내 부활시켰다고 떠벌렸다. 《아이리쉬 타임스》는 이 강연을 기사로 내보낼 때 '아인슈타인, 슈뢰딩거에게 찬사를 보내다'[7]라는 오해를 살 만한 제목을 달았다.

아인슈타인은 처음에는 관대하게 슈뢰딩거의 허풍에 신경쓰지 않기로 했다. 하지만 1947년 1월 슈뢰딩거가 강연에서 만물의 이론을 찾는 전쟁에서 승리했다고 주장한 것에 대한 언론의 반응은 너무 지나쳤다. 슈뢰딩거는 자기가 일반상대성이론을 대신할 이론을 개발하여 아인슈타인이 수십 년 동안 도달하지 못한 목표에 도달했다며 언론을 향해 과감하게 주장했다. 아인슈타인을 자극해 반응을 이끌어낼 생각으로 그의 면전에 대고 도발한 것이다. 결국 아인슈타인도 여기에는 반응했다. 아인슈타인의 비판적인 반응을 보면 도를 넘은 슈뢰딩거의 주장에 깊은 불쾌감을 느꼈음을 알 수 있다. 아

1933년의 에르빈 슈뢰딩거(위키피디아 제공)

인슈타인은 자신의 조수 에른스트 슈트라우스가 영어로 번역한 언론 발표문을 통해 이렇게 말했다.

"슈뢰딩거 교수의 최근의 시도는 그 수학적 질을 바탕으로만 판단이 가능할 뿐 '진리'나 '경험적 사실'과 일치하는가 하는 관점에서는 판단이 불가능하다. 그리고 수학적 질이라는 관점에서 바라본다고 해도 거기에 어떤 특별한 이점이 있다고 보기는 힘들다. 오히려 그 반대다."[8]

이 언쟁은 《아이리쉬 프레스》 같은 신문에 기사로 실렸다. 《아이리쉬 프레스》는 다음과 같은 아인슈타인의 질책을 옮겼다.

"그런 예비 시도를 어떤 형태로든 섣부르게 대중에 공개하는 것은 바람직하지 않다. 물리적 실체와 관련해서 확정적인 발견을 다루고 있다는 인상을 심어주는 것은 훨씬 더 나쁘다."[9]

Myles na gCopaleen이라는 필명으로 《아이리쉬 타임스》에 글을 쓰던 칼럼니스트 브라이언 오놀란은 아인슈타인의 반응을 거칠게 비판하며 그를 두고 오만하고 실정에 어두운 사람이라 표현했다. 그는 이렇게 썼다.

"아인슈타인이 단어의 의미와 사용법에 대해 얼마나 알고 있을까? 거의 모르고 있는 것 같다. … 예를 들어 그가 말하는 '진리'나 '경험적 사실'은 대체 무슨 의미인가? 자기 땅에 굳건히 발을 붙이고 있는 영리한 신문 구독자들을 만나려는 그의 시도가 그리 신통치 않아 보인다."[10]

양자역학의 정통 해석과 싸우는 전쟁터에서의 전우이자 오랜 친구였던 이 두 사람은 자신들이 국제 언론에서 논쟁을 벌이게 되리라고는 꿈에도 생각해보지 않았을 것이다. 그보다 몇 년 앞서 통일장이론에 대해 편지를 교환하기 시작했을 때도 슈뢰딩거나 아인슈타인 모두 이럴 생각은 분명 아니었을 것이다. 하지만 왕립 아일랜드 아카데미에서 슈뢰딩거가 펼친 대담한 주장은 특종에 굶주린 기자들에게 거부하기 힘든 유혹이었다. 기자들은 아인슈타인과 관련된 이야기라면 무엇이든 닥치지 않고 주워 담을 때가 많았다.

슈뢰딩거가 자신을 받아준 아일랜드의 수상 이몬 데 발레라를 기쁘게 해줄 필요가 있었다는 점도 이 분쟁을 격화시키는 데 한몫을 했다. 데 발레라는 몸소 나서서 슈뢰딩거가 더블린으로 올 수 있도록 주선하고 더블린 고등연구소에 자리도 마련해주었다. 데 발레라는 슈뢰딩거의 성취에 큰 관심을 가지고 있었다. 그가 새로 독립한 아일랜드공화국에 영광을 안겨주기를 바랐기 때문이다.

전직 수학교사였던 데 발레라는 아일랜드 수학자 윌리엄 로언 해밀턴의 열렬한 팬이었다. 1943년 데 발레라는 해밀턴의 수학적 업적 중 하나인 사원수quaternion의 발견 100주년을 아일랜드 전역에서 기념하도록 했다. 슈뢰딩거의 연구 중 상당수는 해밀턴의 방법론을 이용하는 것이었다. 자유로이 독립한 아일랜드, 그리고 아일랜드의 위대한 인물인 해밀턴의 명예를 드높이는 데 아인슈타인의 상대성이론을 왕좌에서 끌어내리고 그 자리에 좀더 포괄적인 이론을 올려놓아 새로운 명성을 가져다주는 것만큼 좋은 것이 있을까? 슈뢰딩거의 야심찬 발표는 그의 후원자의 바람과 완벽하게 맞아떨어졌다. 데 발레라의 소유와 통제 아래 있던 《아이리쉬 프레스》는 해밀턴, 윌리엄 버틀러 예이츠, 제임스 조이스, 조지 버나드 쇼 같은 문인들의 나라에서도 '만물의 이론'이 나올 수 있음을 세상에 확실히 알리려 했다.

슈뢰딩거는 과학에 대해, 그리고 삶에 대해서도 늘 충동적이었다. 전도유망한 연구결과가 나올 것이란 생각이 들면 그 사실을 떠들썩하게 세상에 알리고 싶어 했고, 그것이 자신의 가장 친한 친구이자 멘토를 무시하는 행동이라는 것을 그때는 깨닫지 못했다. 그는 자신의 발견이 자연의 법칙 전체를 포괄하는 간단한 수학적 방법이라 주장하며 이것을 신의 계시와 같은 것으로 생각했다. 그래서 신이 자신에게만 보여준 이 근본적인 진리를 하루라도 빨리 세상에 알리고 싶어 안달이 났다.

말할 필요도 없지만, 아인슈타인이 정확하게 지적했듯이 슈뢰딩거는 세상만물을 설명하는 이론에는 근처에도 가지 못했다. 그저 다른 힘이 포함될 여지를 기술적으로 열어주는 일반상대성이론의 수많은 수학적 버전 중 하나를 찾아냈을 뿐이다. 이런 변형된 버전의 일반상대성이론은 물리적 실체와 맞아떨어지는 해를 찾기 전에는 자연을 실제로 기술하는 이론이 아니라 그저 추상적인 훈련에 불과하다. 일반상대성이론을 확장하는 방법은 무수히 많지만 소립자의 양자적 특성을 비롯해 소립자의 실제 행동과 맞아떨어지는 것은 하나도 없었다.

하지만 과대선전과 관련해서는 아인슈타인 역시 결백을 주장하기 어려웠다. 그는 주기적으로 자신의 통일이론 모형을 제안하며 그 중요성을 언론에 과장했다. 예를 들면 1929년 그는 자연의 힘을 하나로 통일하고 일반상대성이론을 뛰어넘는 이론을 찾아냈다고 대대적으로 선전했다. 그가 그 방정식에서 물리적 실체와 닿아 있는 해를 발견하지 못한 상태였음을 고려하면(그 이후로도 발견하지 못했다) 그 발표는 대단히 성급한 것이었다. 그래놓고 사실상 자기와 똑같은 일을 저지른 슈뢰딩거를 비판한 것이다.

슈뢰딩거의 아내 안네마리 베르텔이 나중에 물리학자 페터 프로인트에게 폭로하기를 슈뢰딩거와 아인슈타인은 서로 표절 혐의로 상대방을 고소할까 고민하고 있었다고 한다. 두 사람 모두를 잘 알고 지냈던 물리학자 볼프강 파울리는 법률적인 방법을 쓸 경우 닥칠 수 있는 결과에 대해 두 사람에게 경고했다. 그는 언론이 두 눈을 치켜뜨고 있는 상태에서 법정 소송이 벌어지면 그보다 더 민망한 일은 없을 거라고 두 사람에게 충고했다. 소송은 머지않아 웃음거리로 전락할 것이고, 결국 두 사람의 명예도 추락할 것이 뻔했다. 두 사람 사이에 악감정이 얼마나 심했던지, 슈뢰딩거는 더블린을 방문 중이던 물리학자 존 모팻에게 이렇게 말하기도 했다.

"내 방법이 아인슈타인의 방법보다 훨씬 뛰어나! 내가 설명해주지, 모팻. 아인슈타인은 늙은 멍청이라고."[11]

프로인트는 나이 들어가는 이 두 물리학자가 만물의 이론을 추구했던 이유를 이렇게 추측했다.

"이 질문은 두 가지 측면에서 답할 수 있다. 한 측면에서 보면 이것은 궁극의 과시 행동이다. … 두 사람은 물리학에서 엄청난 성공을 거두었다. 하지만 자신의 영향력이 점점 약해지는 것을 지켜보며 물리학의 가장 큰 난제, 즉 궁극의 이론을 찾아내 물리학의 끝을 보는 일에 마지막 도전장을 내민 것이다. … 또 다른 측면에서 보면 이 두 사람은 그저 젊은 시절에 자기에게 큰 도움이 되었던, 바로 그 충족되지 않는 호기심 때문에 그런 연구에 매진한 것인지도 모른다. 두 사람은 평생 뇌리를 떠나지 않고 있던 퍼즐의 해답을 알고 싶어 했다. 두 사람은 살아생전에 그 약속의 땅을 얼핏이라도 보고 싶어 했다."[12]

얼룩진
통일성

물리학자들 중에는 자연계의 특정 측면에 관해 너무 구체적인 질문에 집중하다가 거기에 자신의 경력을 모두 소비해버리는 경우가 많다. 이들은 나무는 보지만 숲은 보지 못한다. 반면 아인슈타인과 슈뢰딩거는 둘 다 훨씬 커다란 포부를 가지고 있었다. 철학책을 읽으며 두 사람은 자연이 거대한 청사진을 가지고 있을 거라 확신했다. 젊은 시절 두 사람은 상대성이론이나 파동방정식을 비롯해 중요한 발견들을 해냈고, 이로써 그 해답의 일부가 밝혀졌다. 하지만 부분적인 해답에 감질이 난 두 사람은 세상만물을 설명하는 이론을 찾아냄으로써 인생의 사명을 완수하기를 바랐다.

하지만 종교적 파벌 사이의 갈등에서 볼 수 있듯이 아주 사소한 관점의 차이가 결국에는 커다란 갈등으로 이어질 수 있다. 슈뢰딩거가 경솔하게 행동한 이유는 아인슈타인이 찾아내지 못한 단서를 자신이 기적적으로 찾아냈다고 생각했기 때문이다. 이런 그릇된 통찰에다 교수 자리를 지키려면 실적을 올려야 한다는 압박감이 더해지자 그는 자신의 이론을 확증할 충분한 증거가 모이기도 전에 앞으로 달려나가겠다는 충동에 사로잡히고 말았다.

두 사람의 갈등에는 대가가 따랐다. 그 이후로 우주의 통일성을 찾아내려던 그들의 꿈은 개인적 갈등으로 얼룩지고 말았다. 두 사람은 남은 삶 속에서 친구 대 친구로 대화를 나누며 시계처럼 움직이는 우주의 메커니즘에 대해 열띤 토론을 할 수도 있었겠지만, 그럴 기회를 날려버렸다. 우주는 자신의 작동방식이 완전하게 설명될 날을 이미 수십억 년이나 기다려 왔으니 좀더 기다려주었을 것이다. 하지만 이 두 위대한 사상가는 자기에게 찾아온 찰나의 기회를 놓치고 말았다.

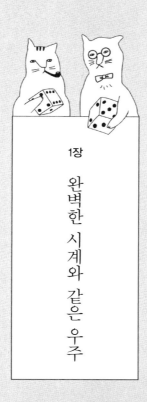

1장

완벽한 시계와 같은 우주

이 일시적인 사실들,
이 덧없는 인상들은
정신의 작용을 통해
영구적인 소유로 바뀌어야 한다.
그 다음에는 당신의 이해력을 일깨우라.
그럼 당신의 과학적 공상은
시각과 소리가 생각과 결합되어
수많은 진리를 낳게 되리니.

– 제임스 클러크 맥스웰, '나블라 위의 악사장에게'

상대성이론과 양자역학의 시대가 도래하기 전까지만 해도 물리학을 통일한 가장 위대한 두 거장은 아이작 뉴턴과 제임스 클러크 맥스웰이었다.

　뉴턴의 역학법칙은 물체의 변화가 어떻게 다른 물체와의 상호작용에 의해 지배되는지 보여주었다. 그런 상호작용 중 하나를 성문화한 것이 바로 뉴턴의 중력법칙이다. 행성 같은 천체가 타원궤도 등 특정 경로를 따르는 이유가 바로 이 중력법칙 때문이다. 그는 천재성을 발휘하여 화살의 궤적 등 지구에서 일어나는 온갖 종류의 현상들을 보편적인 그림 안에서 설명할 수 있음을 보여주었다. 뉴턴 물리학은 완전히 결정론적이다. 만약 어느 한순간 우주에 있는 모든 물체의 위치와 속도, 그 물체들에 작용하는 힘을 알 수 있다면, 이론적으로는 그들의 행동을 무한한 시간까지 예측할 수 있다. 뉴턴의 법칙이 지닌 강력함에 고무된 수많은 19세기 사상가들은 과학자들이 모든 것을 완벽하게 예언하지 못하도록 막는 것은 어마어마한 양의 자료를 어떻게 모을 것인가 같은 실천적 한계밖에 없다고 믿었다.

이런 엄격한 결정론적 관점에서 보면 '무작위성'이란 수많은 요소, 그리고 서로 다른 잡다한 환경 요소가 복잡하게 얽혀 있는 상황에서 비롯된 인위적 개념에 불과하다. 대표적인 무작위적 행동인 동전던지기를 한번 살펴보자. 만약 한 과학자가 동전에 영향을 미치는 모든 공기의 흐름을 정밀하게 조사하고, 동전을 던져 올리는 순간의 정확한 속도와 각도를 알 수 있다면 원칙적으로는 그 동전의 회전과 궤적을 예측하는 것이 가능하다. 일부 독실한 결정론 신봉자들은 심지어 동전을 던지는 사람의 배경과 기존의 경험에 대해서도 충분히 정보를 확보할 수 있다면 그 사람의 생각까지도 예측할 수 있다고 말할 것이다. 이런 경우 연구자는 동전던지기를 촉발하는 뇌활동 패턴, 신경신호, 근육수축을 모두 예측할 수 있기 때문에 동전던지기의 결과 역시 훨씬 정확하게 예측할 수 있을 것이다.

한마디로 말해 우주 전체가 완벽한 시계처럼 움직인다는 관점을 믿는 사람들은 무언가 근본적으로 무작위적인 것이 존재한다는 개념을 일고의 가치도 없다고 묵살해버린다. 실제로 태양계 등 천문학적 규모에서는 뉴턴의 법칙이 놀라울 정도로 정확하다. 뉴턴의 법칙은 행성이 태양 주위를 어떻게 도는지 설명하는 독일 천문학자 요하네스 케플러의 법칙을 멋지게 재현해냈다. 우리가 태양의 일식이나 행성의 합合 같은 천문학적 사건들을 예측하고 멀리 떨어진 목표를 향해 우주선을 정확히 발사할 수 있는 것은, 곧 시계처럼 정확한 뉴턴 역학의 예측능력을 말해주는 증거다. 특히나 중력에 적용되었을 때는 그 예측능력이 더욱 놀랍다.

한편 맥스웰의 방정식은 또 다른 자연의 힘인 전기력과 자기력의 통일을 가져왔다. 19세기 전 과학자들은 전기와 자기를 별개의 현상으로 취급했다. 하지만 영국의 물리학자 마이클 패러데이와 여러 과학자들의 실험을 통해 전기와 자기 사이에는 간단한 수학적 관계로 얽힌 깊은 상관관계가 존재한다는 사실이 증명되었다. 맥스웰은 그 관계를 더욱 공고히 다져놓았다. 그가 만든 네 개의 방정식은 전하의 운동과 전류가 어떻게 전자기파의 형태로 공간을 뚫고 퍼져나가는 에너지 진동을 만들어내는지 정확하게 보여주었다. 이 관계는 수학적 간결함의 완벽한 본보기다. 티셔츠 한 장에 모두 인쇄할 수 있을 정도로 짧으면서도* 모든 종류의 전자기 현상을 기술할 수 있을 정도로 강력하기 때문이다. 전기와 자기를 하나의 짝으로 묶음으로써 맥스웰은 힘의 통일이라는 개념을 처음으로 개척했다.

이제 우리는 자연계의 네 가지 기본 힘이 중력, 전자기력, 강한 상호작용strong nuclear interaction, 약한 상호작용weak nuclear interaction임을 알고 있다.** 우리는 다른 모든 힘, 예를 들어 마찰력 같은 힘도 이 네 가지 힘에서 유래한 것이라 믿고 있다. 이 네 가지 힘은 각각 작

---

* 물리학자들 사이에서는 이론을 기술하는 방정식이 간결할수록 더 아름답고 진리에 가깝다는 믿음이 있다. 보통 방정식을 20포인트 활자로 티셔츠 한 장에 인쇄할 수 있으면 단순하고 아름다운 이론이라고 말한다.
** 강한 상호작용, 강력strong force, 강한핵력strong nuclear force, 그리고 약한 상호작용, 약력weak force, 약한핵력weak nuclear force은 각각 같은 개념을 부르는 다른 이름들이다.

용거리도 다르고 강도도 다르다. 가장 약한 힘인 중력은 먼 거리까지 작용하여 질량을 가진 물체를 끌어당긴다. 전자기력은 중력보다 훨씬 아주 훨씬 강하고 전하를 띤 물체에 작용한다. 전자기력 역시 중력과 마찬가지로 먼 거리까지 작용하지만 우주에 존재하는 것들이 거의 모두 전기적으로 중성이기 때문에 실제로 미치는 영향력은 줄어들었다. 강한 상호작용은 원자핵 규모에서 작용하며 어떤 유형의 아원자입자, 즉 양성자^{proton}나 중성자^{neutron}처럼 쿼크^{quark}로 만들어지는 입자들을 한데 결합시키는 역할을 한다. 강한 상호작용과 똑같은 척도에서 작용하는 약한 상호작용은 핵에 영향을 미쳐 어떤 유형의 방사성 붕괴를 일으킨다. 맥스웰이 이룬 힘의 통일은 아인슈타인이나 슈뢰딩거 같은 그 이후의 사상가들에게 영감을 불어넣어 훨씬 더 큰 통일의 달성을 시도하도록 했다.

맥스웰이 입증해 보였듯이 전자기파는 종래의 파동유형과는 달리 물질로 된 매질$^{material\ medium}$이 없어도 전파될 수 있다. 1865년 맥스웰은 진공에서 전자기파가 이동하는 속도를 계산하고 그 값이 빛의 속도와 같음을 발견했다. 그리하여 그는 전자기파와 빛(전파처럼 눈에 보이지 않는 형태도 포함)의 파동이 완전히 동일한 존재라고 결론 내렸다. 뉴턴의 물리학과 마찬가지로 맥스웰의 물리학 역시 전적으로 결정론적이다. 송신 안테나에서 전하를 흔들어대면 수신 안테나에 어떤 신호가 포착될지 예측할 수 있다. 이런 확실한 예측이 불가능하다면 라디오 방송은 있을 수 없다.

하지만 안타깝게도 맥스웰의 통일과 뉴턴의 통일은 서로 어긋나고 말았다. 움직이는 관찰자에게 빛의 속도가 어떻게 보일지에 관해 두 이론은 서로 충돌하는 예측을 내놓았다. 맥스웰의 방정식에서는 빛의 속도가 일정해야 했지만, 뉴턴의 법칙에서 빛의 상대속도는 관찰자의 속도에 따라 달라질 것이라 예측된 것이다. 그럼에도 두 예측 모두 나름의 타당한 이유가 있어 보였다. 그리고 우연히도 맥스웰이 사망하던 해에 이 수수께끼를 해결할 사람이 세상에 태어난다.

나침반 그리고 행성의 춤

1879년 3월 14일 독일 울름에서 전기기술자인 헤르만 아인슈타인의 아내 파울리네가 첫 아이 알베르트를 낳았다. 이 아이가 예스러운 도시 스와비아에서 보낸 시간은 무척 짧았다. 맥스웰이 일으킨 혁명에 영향을 받은 수많은 사람 중 한 명인 헤르만은 곧 가족들을 데리고 부산한 도시 뮌헨으로 이사해 전기발전 공장을 공동 창업한다. 아인슈타인의 여동생 마야는 이곳에서 태어났다.

아인슈타인은 일찍부터 자력磁力이라는 개념을 접했다. 다섯 살이던 어느날 몸이 아파 침대에 누워 있는데 아빠가 선물로 나침반을 주었다. 반짝이는 나침반을 손 위에 놓고 돌려보면서 이 어린 소년은 그 경이로운 특성에 감탄했다. 어떻게 그러는지는 알 수 없지만 나침반의 바늘이 신기하게도 N이라는 글자가 새겨진 원래의 자리로 돌아가는 방법을 알고 있었던 것이다. 설명할 수 없는 이 기이

한 움직임의 원인을 찾아내기 위해 그의 머리가 바쁘게 돌아갔다.

아인슈타인에게는 남동생이 없지만 언젠가 그는 마음이 맞는 한 오스트리아 사람을 남동생이나 다름없는 사람으로 부르게 될 것이다. 슈뢰딩거는 1887년 8월 12일 빈의 에르드버그에서 태어났다. 그는 원래 화학을 공부했던 아버지 루돌프 슈뢰딩거와 뛰어난 화학자이자 루돌프의 교수였던 영국계 오스트리아 인 알렉산더 바우어의 딸 조르진 바우어 사이에서 태어난 외동아들이다. 루돌프는 리놀륨과 유포油布를 제조하는 돈벌이 좋은 사업체를 물려받았다. 하지만 그가 진정으로 열정을 느끼는 분야는 과학과 예술이었고, 특히나 식물학과 그림을 좋아했다. 그는 아들에게 교양 있는 사람은 다양한 분야를 추구하고 문화를 사랑할 줄 알아야 한다는 생각을 심어주었다.

어린 슈뢰딩거는 엄마의 여동생인 미니 이모와 무척 친했다. 아주 어린 시절부터 슈뢰딩거에게 미니 이모는 비밀을 털어놓을 수 있는 친한 친구이자 세상사와 관련된 문제를 상담할 수 있는 조언자였다. 그는 모든 것에 호기심을 느꼈고, 읽고 쓰는 법을 배우기 전에도 자기가 느낀 점을 이모에게 말하면 이모는 그 내용을 충실하게 받아쓰기 해주었다. 미니 이모가 기억하는 바에 따르면 슈뢰딩거는 특히나 천문학을 좋아했다고 한다. 네 살 정도였을 때 그는 행성의 운동을 흉내내는 놀이를 좋아했다. 어린 슈뢰딩거는 이모는 지구고 자기는 달인 것처럼 미니 이모 주위를 빙글빙글 돌았다. 그러다가 두 사람은 전등을 태양 삼아 그 주위를 천천히 돌았다. 둘이 함께 붙박이 전등을 돌고, 그 와중에 다시 이모 주위를 돌면서 에르빈 슈뢰딩거는 달의 운동이 얼마나 복잡한 것인지 몸소 체험했을 것이다.

나침반에 매료되었던 아인슈타인의 어린 시절과 '행성의 춤'에 빠져들었던 슈뢰딩거의 어린 시절은 훗날 두 사람이 당시에 알려진 두 가지 기본 힘인 전자기력과 중력에 흥미를 갖게 될 것임을 알려주는 징조였다. 당시에는 자연이 시계처럼 정확한 작동원리를 따라 움직인다고 믿었고, 이 두 어린 소년은 그 믿음을 공유했다. 훗날 두 사람은 두 힘을 통합하는 더욱 큰 기계론적 원리를 찾아내기 위해 분투할 것이다.

두 사람 모두 자신의 아버지가 일상생활에 과학을 적용하는 것을 지켜보며 실용적인 길을 따라 자신의 경력을 시작하지만, 시간이 지나면서 방향을 틀어 좀더 높은 목표를 향해 나아간다. 그리하여 이윽고 두 사람은 우주의 신비를 밝혀내는 일에 사로잡혀 우주의 기본 원리를 알아내기 위해 노력한다. 두 사람 모두 이론물리학에 필요한 통찰력과 계산능력은 비상하게 타고난 사람들이었다. 두 사람은 각자 뉴턴과 맥스웰의 발자취를 따라 자연계를 기술할 새로운 방정식을 만들고 싶어 했다. 실제로 20세기 물리학에서 가장 중요한 방정식 중 몇몇은 이 두 사람에 의해 개발되었고, 그 방정식에 자신의 이름도 남기게 된다. 특히나 경력 말기에 가서 두 사람은 가설을 평가할 때 철학적 사고에 크게 의존했고 스피노자와 쇼펜하우어, 에른스트 마흐 등의 사상가에 의지했다.

신을 불변의 자연질서로 바라보았던 스피노자의 개념에 영감을 받은 두 사람은 실재를 지배하는 단순한 불변의 법칙을 찾아내려

했다. 세상은 '의지'라는 하나의 주도적 원리에 의해 형성된다는 쇼펜하우어의 개념에 흥미를 느낀 두 사람은 거대한 통일체계를 찾아내려 했다. 과학은 실체가 있어야 한다는 마흐의 개념에 자극을 받은 두 사람은 보이지 않는 비국소적 양자연결과 같은 불분명한 과정을 멀리하고 분명하게 드러나는 인과적 과정을 추구했다.

자연의 어떤 측면을 포괄적으로 기술하는 가장 단순한 수학공식을 찾아내는 일에 며칠, 몇 달, 몇 년 동안 사로잡혀 있으려면 종교적 열정 비슷한 것이 필요하다. 이 궁극의 방정식이 두 사람에게는 성배이자 카발라*이자 현자의 돌**이었다. 방정식의 우아함과 아름다움에 대한 판단은 우주의 질서에 관한 뿌리 깊은 인식에서 비롯되는 경우가 많다. 아인슈타인이나 슈뢰딩거 모두 전통적 의미의 종교인이라고 할 수는 없지만 두 사람 모두 우주의 조직원리, 그리고 그 원리가 수학적으로 표현되는 방식에 경이로워했다. (아인슈타인은 유대교 집안이고 슈뢰딩거는 루터교와 가톨릭 집안이었지만, 둘 다 종교를 갖지 않았고 예배에도 참석하지 않았다.) 두 사람 모두 수학에 열정이 있었지만 수학 그 자체를 사랑했다기보다는 자연의 법칙을 이해하는 도구로서 사랑했다.

수학에 대한 평생의 관심은 어디서 오는 것일까? 때로는 우아한 도표나 기하학 입문서에 나오는 논리적 증명처럼 간단한 것으로부터 올 때도 있다.

---

* Kabbalah, 유대교 신비주의를 말한다.
** 중세 연금술사들이 일생을 바쳐 추구했던, 모든 금속을 황금으로 만들고 영생을 가져다준다는 물질을 말한다.

이상한
평행선

1891년 중등학교인 루이트폴트 김나지움에 다니던 열두 살의 아인슈타인에게 기하학 책이 한 권 생겼다. 뒤죽박죽인 일상의 경험을 초월하여 마음에 위안을 주는 질서를 소개해준 이 책이 그에게는 나침반에 버금가는 경이로움이었다. 그가 나중에 말하기를 이 책은 그냥 한 권의 교과서가 아니라 '성서'였다. 반론의 여지가 없는 확고한 진술을 바탕으로 전개된 증명들은 거리에서 마차를 끄는 말발굽 소리, 비틀비틀 움직이며 소시지를 파는 손수레 소리, 축제에서 맥주를 마시고 떠드는 취객들의 소음으로 가득한 세상 아래에 고요하고 흔들림 없는 진리가 자리잡고 있음을 보여주었다. 아인슈타인은 이렇게 회상했다.

"이 명료함과 확실함은 나에게 형언할 수 없는 깊은 인상을 남겼다."[1]

그 책이 펼치는 주장 중 일부는 그도 당연하다 느꼈을 것이다. 그는 직각삼각형에서 직각을 끼고 있는 두 변의 제곱의 합은 빗변의 길이의 제곱과 같다는 피타고라스의 정리에 대해서는 이미 배워 알고 있었다. 이 책은 두 예각(직각보다 작은 각)의 크기를 바꾸면 변의 길이 역시 바뀌어야 한다는 것을 보여주었다. 아인슈타인에게 이것은 증명 없이도 당연하게 느껴졌다. 하지만 다른 기하학 명제들은 자명하지 않았다. 아인슈타인은 이를테면 한 삼각형의 세 수선(삼각형의 꼭짓점에서 마주보는 대변에 직각으로 가서 만나는 선)이 한 점에서 만나야 한다는 정리처럼 당연해 보이지는 않지만 결국 참인 것으로 밝혀지는 정리들을 체계적으로 다루고 있는 이 입문서가 반가웠다. 그는 이 책에 나온 증명들이 궁극적으로는 공리(통념)와 공준(특정 분야에 해당하는 개념)이라는 증명되지 않는 진술을 바탕으로 한다는 사실에 괘념치 않았다. 그는 추측에 대한 증명을 넉넉하게 얻을 수만 있다면 몇몇 공리는 따지지 말고 그냥 받아들여야 한다는 대가 정도는 기꺼이 치를 용의가 있었다.

이 책에 기술된 평면 기하학의 기원을 찾아 시간을 거슬러올라가면 2,000년도 넘은 고대 그리스의 수학자 유클리드의 책과 만날 수 있다. 유클리드의 《원론》은 기하학적 지식을 수십 가지의 증명된 정리와 따름정리로 정리해 놓았다. 이것들은 다섯 공리와 다섯 공준으로부터 체계적으로 유도되어 나온 것들이다. '부분은 전체보다 작다', '두 도형이 세 번째 도형과 합동이면 두 도형도 서로 합동이다' 등 각각의 공리와 공준은 자명한 진리로 여겨졌다. 그런데 각도와 관련된 제5공준은 그리 자명해 보이지 않았다. '두 직선이 세 번째 직선과 만났을 때 같은 쪽에 있는 두 내각의 합이 직각의 두 배보다 작으면, 이 두 직선을 무한히 연장한 선은 유한한 어느 거리에서 만나야 한다.'[2]

바꿔 말하면 두 직선을 가로지르는 세 번째 직선을 그리되, 이때 생기는 마주보는 두 개의 각이 각각 90도보다 작게 그린다. 그리고 이 두 직선을 충분히 연장하면 결국 어딘가에서 만나 삼각형을 이룬다. 예를 들어 한쪽이 89도이고, 그 마주보는 각도 89도라면 이 두 직선은 결국 만나서 세 번째 각도(2도)*가 만들어진다. 그럼 아주 길쭉한 삼각형이 만들어질 것이다.

수학자들은 제5공준이 목록에서 제일 마지막인 이유는 유클리드가 이 공준을 다른 공리와 공준으로부터 증명하려 시도했지만 성공하지 못했기 때문일 거라 추측했다. 실제로 유클리드는 제5공준을 덧붙이기 전에 네 개의 다른 공준을 이용해서 무려 28개의 정리를 만들어냈다. 마치 키보드 연주자가 콘서트에서 28개의 곡을 단숨에 뽑아냈는데, 29번째 곡에 가서 제대로 된 소리를 만들려면 어쿠스틱 기타를 빌려 와야 한다는 사실을 깨닫게 된 것과 비슷한 상황이라 하겠다. 때로는 당장 수중에 있는 악기들만으로는 음악을 완성할 수 없어서 또 다른 악기를 가져와 즉석 연주를 해야 할 때가 있다.

유클리드의 제5공준은 '평행선 공준'으로 알려지게 되었다. 이런 이름이 붙은 데는 스코틀랜드의 수학자 존 플레이페어의 연구가 큰 역할을 했다. 플레이페어는 제5공준의 또 다른 버전을 개발했는데, 이것은 원래의 공준과 논리적으로 완전히 동등한 것은 아니었지만 정리를 증명할 때는 비슷한 역할을 했다. 플레이페어의 버전은 이렇다. '한 선과 그 위에 있지 않은 한 점에 대해 그 점을 통과하면서 원래의 직선에 평행한 직선은 오직 하나밖에 없다.'

유클리드 버전이든 플레이페어 버전이든 수세기에 걸쳐 다른 공준으로부터 이 제5공준을 증명하기 위한 다양한 시도가 있었다. 심지어는 페르시아의 저명한 시인이자 철학자인 오마르 하이얌도 이

---

* 삼각형의 내각의 합이 180도이므로 180도＝89도＋89도＋2도

공준을 증명된 정리로 바꿔보려 했지만 허사로 돌아갔다. 결국 수학계에서는 이 공준이 완전히 독립적인 내용이라 결론 내리고 이 공준을 증명한다는 개념을 포기해버렸다. 어린 아인슈타인이 그 기하학 책을 숙독할 때 평행선 공준을 둘러싼 논란에 대해서는 모르고 있었다. 더군다나 그는 유클리드 기하학이 신성불가침이라는 케케묵은 생각을 가지고 있었다. 이 기하학 책의 법칙과 증명들은 바바리아 알프스*만큼이나 견고하고, 영원하고, 장엄해 보였다.

하지만 뮌헨 북쪽 끝 괴팅겐의 예스러운 대학가에서는 수학자들이 기하학 분야를 새로이 쓸 과감한 실험을 하고 있었다. 자갈길이 놓인 이 지적 생활의 안식처는 비유클리드 기하학이라는 혁명적인 수학적 사고방식을 가진 사람들의 집단 거주지로 자리잡았다. 사이키델릭한 피터 막스의 포스터 작품이 렘브란트의 작품과 닮은 것처럼 이 새로운 기하학적 접근방식도 전통 기하학과 많이 닮아 있었다. 아인슈타인이 평면 위의 점, 선, 도형 등에 대한 구식 규칙을 배우고 있는 동안 라이프치히에서 괴팅겐으로 합류한 펠릭스 클라인 같은 천재 수학자들은 휘어지고 꼬인 면 안에서의 관계를 다루는 훨씬 유연한 전략을 진척시키고 있었다.

클라인의 가장 충격적인 창조물인 클라인 병$^{\text{Klein bottle}}$은 안쪽 면과 바깥쪽 면이 더 높은 차원에 생긴 비틀림을 통해 연결된 화병처럼 생겼다. 기하학 입문서에서는 이런 흉물스러운 존재를 아직 찾아볼 수 없었다. 철옹성 같은 유클리드의 법칙들이 그런 기괴하고

---

* 독일에서 가장 높은 산이다.

두려운 존재들이 들어오지 못하게 막고 있었기 때문이다. 하지만 클라인은 유클리드 기하학과 비유클리드 기하학이 똑같이 정당하다는 것을 입증해 보였다. 1890년대에 들어서는 그의 혁명적인 비전 덕분에 한때는 고루하기만 하던 기하학 클럽의 문호가 열리면서 이제는 정사각형뿐 아니라 기이하기 짝이 없는 괴짜 기하학도 들어올 수 있게 된다.

하지만 그렇다고 비유클리드 기하학이 완전한 무질서 상태는 아니다. 유클리드 기하학과 마찬가지로 이것 역시 자기 나름의 규칙을 가지고 있다. 본질적으로 비유클리드 기하학은 유클리드의 공준 중 나머지는 모두 그대로 두고 평행선 공준만 새로운 주장으로 대체한 기하학이다. 비유클리드 기하학에서는 평행선 공준이 독립적이므로 이것이 어떤 면에서는 불필요한 공준이라는 점을 알아차렸고, 그리하여 근본적으로 새로운 다른 선택의 가능성을 열어젖혔다.

비유클리드 기하학에 관해 처음에 생각했던 내용들을 책으로 펴내지는 않았지만, 그런 기하학에 대해 처음으로 제안한 사람은 수학자 카를 프리드리히 가우스다. 나중에 클라인이 '쌍곡기하학'이라고 명명한 가우스 버전의 비유클리드 기하학에서는 평행선 공준이 '한 직선 위에 있지 않은 어떤 점을 지나면서 원래의 직선에 평행한 직선의 수는 무한히 많다'라는 개념으로 대체되었다. 이를 상상해보면 길고 좁은 탁자 위로 살짝 떨어진 곳에서 종이부채 끝을 손으로 단단히 잡고 있는 모양과 비슷하다. 이 탁자가 한 직선을, 그리고 부채를 잡고 있는 당신의 손이 그 직선 위에 있지 않은 한 점을 나타낸다면, 부채의 주름들은 그 점을 지나면서 원래의 선과 교차하지 않는 무수히 많은 직선에 해당한다. '쌍곡'이라는 이름은 평행선들이 밖으로 펼쳐지는 모양이 쌍곡선에서 뻗어나가는 가지들과 닮아서 붙은 것이다.

가우스는 삼각형을 쌍곡기하학 속에 가져다 놓았을 때 생기는 신기한 현상을 알아차렸다. 삼각형의 내각의 합이 180도보다 작아지는 것이다. 반면 유클리드 기하학에서는 한 각이 직각이고 나머지 두 각은 각각 45도인 삼각형처럼 삼각형의 내각을 모두 더하면 반드시 180도가 되어야 한다. 상상력이 풍부한 예술가였던 M. C. 에서는 나중에 이런 차이점을 이용해 쌍곡의 실재 안에 있는 내각의 합이 180도 미만인 비뚤어진 삼각형으로 신기한 패턴을 만들어내기도 했다.

쌍곡기하학을 머릿속에 그리는 한 가지 방법은 평면 대신 말안장 모양의 표면 위에 새겨진 점, 선, 도형을 상상해보는 것이다. 취향이 승마보다 식도락 쪽이라면 말안장 대신 휘어진 감자칩을 상상해도 좋다. 말안장 형태 위에서는 가깝게 있던 선들이 자연스럽게 서로 멀어진다. 선들이 직선의 형태를 유지하려고 하면* 평행선들은 휘어지며 서로에게서 멀어지기 때문에 서로를 피하기가 더 쉬워진다. 이 때문에 한 직선 위에 있지 않은 점을 지나면서 원래의 직선과 평행한 직선이 무한히 많이 존재할 수 있다. 더군다나 말안장 형

---

* 직선의 정의는 두 선을 잇는 최단 경로다. 평면에서는 직선의 형태가 우리가 일반적으로 생각하듯 곧게 나타나지만, 면 자체가 휘어져 있는 비유클리드 기하학에서는 직선이 휘어진 형태로 나타날 수 있다. 지표면 위에서 북극에서 남극으로 가는 최단 경로를 생각해보자.

태는 삼각형의 꼭짓점을 찌그러뜨리기 때문에 내각의 합이 180도보다 작아진다.

비유클리드 기하학의 또 다른 변형으로 가우스의 학생이었던 베른하르트 리만이 1854년에 처음 제안하고 1867년에 발표해서 나중에 클라인의 용어인 '타원기하학'이라 불리게 된 기하학이 있다. 여기서는 평행선 공준이 평행선의 존재 가능성을 아예 없애버리는 규칙으로 대체된다. '한 직선 밖에 있는 모든 점에서 그 점을 지나면서 원래의 직선에 평행한 선은 존재하지 않는다.' 바꿔 말하면 그 점을 지나는 모든 직선은 공간 어딘가에서 원래의 직선과 교차해야 한다는 말이다. 리만은 구체 표면 위의 선들이 그런 성질을 갖고 있음을 입증해 보였다.

평행선이 존재하지 않는다는 개념이 이상하다 싶으면 지구를 한번 생각해보자. 지구 위의 모든 경도선은 북극과 남극에서 다른 모든 경도선과 만난다. 만약 한 야심찬 여행가가 토론토 중심가에서 출발해 토론토의 주요 간선도로인 영스트리트를 따라가다가 개썰매와 쇄빙선을 임대해 북극이 나올 때까지 곧장 북쪽을 향해 움직이고 그 동생 역시 모스크바에서 그와 비슷한 방식으로 곧장 북쪽을 향해 달린다면, 두 사람의 경로는 처음에는 평행해 보이지만 결국에는 필연적으로 북극에서 만나게 된다. 신기하게도 이렇게 평행선을 금지해 놓으면 삼각형의 속성이 또 다른 양상으로 바뀐다. 타원기하학에서는 삼각형의 내각의 합이 180도보다 크다. 실제로 내각이 모두 90도인 삼각형을 만들어 내각의 합이 270도가 나올 수도 있다. 예를 들어 지구에서 0도 경도선과 90도 경도선, 그리고 두 경도선을 잇는 일부 적도선으로 삼각형을 만들면 이 삼각형의 모든 변은 서로 수직이 된다.

리만은 차원의 수에 상관없이 곡면을 분석할 수 있는 대단히 정교한 수학적 장치를 개발했다. 이런 면을 다양체^{manifold}라고 부른다. 지금은 리만 곡률 텐서^{Riemann curvature tensor}라고 부르는 것을 이용해 리만은 휘어진 공간과 편평한 공간 사이의 차이를 상세하고 정확하게 이해하는 방법을 보여주었다. 텐서란 좌표변환이 이루어지는 동안 특정 방식으로 바뀌는 수학적 존재를 말한다. 리만은 공간이 휘어지는 방식에 크게 세 가지가 있음을 보여주었다. 양의 곡률, 음의 곡률, 그리고 0의 곡률이다. 이 세 가지는 각각 타원기하학, 쌍곡기하학, 유클리드 기하학(편평한 평면)에 해당한다.

수학을 전공하지 않은 사람에게는 비유클리드 기하학이 대단히 추상적이고 직관에 어긋나는 것으로 보일 것이다. 결국 평행하다는 말의 공통적인 의미는 두 직선이 절대로 만나지 않는다는 것이다. 당신이 평행주차를 하려다가 옆 차를 박아놓고 경찰에게 비유클리드 기하학의 예외를 요구할 수는 없다. 대부분의 아이들이 학교에서 배우는 삼각형은 납작하고 내각의 합이 180도인 삼각형이다. 기본 계율을 바꿔서 기하학을 더 복잡하게 만들 이유가 무엇이란 말인가?

아인슈타인은 대학에 갈 때까지 비유클리드 기하학에 대해서는 배우지 않았다. 정신적으로 여전히 어린 시절의 기하학 책에 매달려 있던 그는 처음에는 비유클리드 기하학이 과학에서는 별로 중요하지 않다 생각하고 무시해버렸다. 그는 훨씬 뒤에 가서야 비유클리드 기하학의 중요성을 깨닫게 되는데, 이는 그의 대학 친구 마르셀 그로스만 덕분이다. 이론물리학에 비유클리드 기하학을 도입함으로써 아인슈타인은 물리학을 획기적으로 바꿔놓게 될 것이다.[3] 기하학 책을 손에서 놓지 않던 이 열두 살 소년은 자신의 손이 언젠가는 지금 쥐고 있는 책을 쓸모없는 것으로 만들어버릴 새로운 물리법칙을 쓰게 되리라고는 꿈에도 알 길이 없었다.

감각으로 뒷받침되지
않는 것들

1890년대 후반의 빈은 기초과학에 대한 격렬한 논쟁의 중심지였다. 슈뢰딩거가 처음에는 개인교사를 통해, 그리고 1898년부터는 명문학교인 아카데미 김나지움에 들어가 학업을 이어가는 동안 그의 지적 삶의 틀을 잡는 데 도움을 주었던 인물 가운데 두 명인 루트비히 볼츠만과 에른스트 마흐는 원자의 실체를 두고 격렬한 논쟁을 벌이고 있었다.

1894년 빈대학교의 이론물리학과 학과장 자리에 임명되었을 때 볼츠만은 이미 통계역학의 창시자 중 한 명으로 명성을 얻고 있었다. 당시에는 운동론 kinetic theory 으로 알려져 있던 통계역학은 미시적인 입자들의 운동을 온도, 부피, 압력 변화 등 거시적인 규모의 열역학적 효과와 연관지어 연구하는 물리학 분야다. 자신의 연구방법을 적용하기 위해 볼츠만은 각각의 기체가 엄청나게 많은 수의 극소 물체, 즉 원자와 분자로 구성되어 있다고 가정했다. 볼츠만의 성취는 열물리학을 잘나가는 연구분야로 만드는 데 한몫했고, 그와 함께 빈에서 연구하고 싶어 하는 젊은 연구자들이 많았다. 나중에 모두 성공적인 경력을 쌓게 될 물리학자 리제 마이트너, 필립 프랑크, 파울 에렌페스트 등은 자신의 박사학위 연구를 지도해준 볼츠만의 덕을 톡톡히 보았다. 슈뢰딩거도 볼츠만에게 영감을 받았고, 대학에 갈 나이가 가까워지자 볼츠만과 함께 공부하고 싶은 마음이 들었다.

볼츠만은 이렇게 큰 성취를 이루었지만, 마흐가 빈대학교에 도착하자 마음의 평정이 깨지고 말았다. 마흐는 1895년 귀납적 과학의 철학과 학과장으로 빈대학교 교수진에 참여한다. 마흐는 좀더 실험적인 증명의 필요성을 지적하며 원자론과 볼츠만의 이론에 대해 지조 있게 반대입장을 취했다. 그는 열역학은 열유동$^{heat\ flow}$처럼 지각되고 직접 측정되는 것을 바탕으로 삼아야 한다고 주장했다. 그는 추상적 지식을 거부하는 실증주의라는 철학적 틀을 끌어들여 모든 진술에는 그것을 뒷받침할 경험적 증거가 있어야 한다고 주장했다. 원자에 대한 믿음을 종교적 신앙과 동일한 것이라 여긴 마흐는 자신이 생각하는 엄격한 과학적 적용, 그리고 감각에 의한 직접적 증거의 편에 서는 쪽을 택했다. 마흐는 이렇게 주장했다.

"원자가 실재함을 믿는 것이 그토록 중요한 것이라면 나는 물리학자들의 사고방식과는 관계를 끊겠다. 나는 과학적으로 존경받는 것을 완전히 포기할 것을 선언한다. 한마디로 원자론 신봉자 집단에 들어오라는 요청을, 고맙지만 사양한다. 나는 생각의 자유를 택하겠다."[4]

마흐가 가시 돋친 논리를 볼츠만에게만 들이댄 것은 아니다. 감각을 통한 증거가 뒷받침되지 않은 주장을 펼치는 사람이라면 제아무리 공경받는 물리학자라도 그의 비판에서 예외가 될 수 없었다. 심지어 그는 뉴턴 역학의 기본 교리 중 하나도 대담하게 비판했다. 바로 관성상태(정지상태에 있거나 등속운동을 하고 있거나)를 '절대공간'이라는 추상적 좌표계와의 관계로 판단하려 했던 개념이다. 당시 뉴턴은 특히 대영제국에서는 거의 성인의 반열에 올라 있었다. 하지만 뉴턴의 관성 개념은 추상성을 바탕으로 세워진 것이었다. 이것은 마흐가 의혹의 눈초리로 바라봤던 바로 그런 종류의 과학이다.

마흐가 비판했던 뉴턴의 관성에 대한 정의는 뉴턴이 절대공간의 필요성을 역설하기 위해 만들어낸 회전하는 양동이 사고실험을 가리켰다. 뉴턴의 논증을 요약하면 다음과 같다. 찰랑찰랑하게 물을 채운 양동이를 나뭇가지에 줄로 묶어놓았다고 상상해보자. 이제 줄이 완전히 꼬일 때까지 조심스럽게 양동이를 돌려보자. 그리고 그 안에 담긴 물이 잔잔해져서 수면이 평평해질 때까지 양동이를 잡고 잠시 기다렸다가 양동이를 놓는다. 그럼 꼬였던 줄이 풀리면서 양동이가 저절로 돌아가기 시작할 것이다. 이 양동이 안을 내려다보면 물에 소용돌이가 생기면서 물이 철벅거리고 수면은 점점 더 오목해진다. 이는 관성 때문에 물은 탈출하려 하지만 양동이에 막혀 탈출할 수가 없으므로 물의 바깥 가장자리가 솟아오르기 때문이다. 양동이의 바깥쪽 사정은 무시하고 양동이 안쪽만 본다면 수면이 오목해진 이유가 궁금할 것이다. 양동이에 대해 물은 완전히 정지해 있는 것처럼 보이기 때문이다.* 여기서 수면이 오목해지는 이유를 설명하려면 뉴턴이 절대공간이라고 부르는 외부 좌표계를 상정하지 않고는 불가능하다. 뉴턴은 절대공간에 대한 물의 상대적 회전이 수면의 형태를 바꿔놓았다고 주장했다.

마흐는 절대공간을 뒷받침할 경험적 증거가 없다며 정중히 뉴턴의 의견에 반대했다. 그는 멀리 떨어진 별들의 집단적 영향력처럼 어떤 파악되지 않은 원천이, 물에 인력으로 작용하고 있을 가능성이 더 크다고 말했다. 달의 인력이 밀물과 썰물을 만들어내듯, 왜 그런지는 모르지만 어쩌면 별들의 인력이 모두 합쳐져서 관성을 만들지도 모른다는 것이다. 아인슈타인은 훗날 이 개념에 '마흐의 원리'라는 이름을 붙였다. 이 개념은 아인슈타인이 상대성이론을 발전시키는 동안 그에게 영감을 불어넣었다.

뉴턴에 대한 마흐의 비판은 고전역학을 다시 생각해보게 만드는 계기가 되었고, 이것이 자극이 되어 아인슈타인과 다른 물리학자들은 고전역학의 대안을 고민하기 시작했다. 과학은 반드시 지각 가능한 증거를 제시해야 하고 숨겨진 메커니즘은 삼가야 한다는 마흐의 개념은 슈뢰딩거에게 큰 영향을 미친다. 그는 마흐의 글을 탐독했다. 하지만 볼츠만에게는 자신의 원자론에 대한 마흐의 공격이

---

* 양동이가 처음 돌아가기 시작했을 때는 물은 정지상태에 있고 양동이만 돌겠지만, 양동이와 물 사이의 마찰력에 의해 물도 함께 회전하기 시작해 결국에는 물과 양동이의 회전속도가 같아지고, 양동이 안쪽에 있는 관찰자에게 물과 양동이는 정지해 있는 것처럼 보인다.

어쩌면 심리적으로 큰 타격을 주었는지도 모르겠다. 평소 감정의 기복이 심하고 건강이 나빠져 고통스러워했던 볼츠만은 1906년 9월 가족과 이탈리아 항구도시 트리에스테로 휴가를 갔다가 목을 매고 자살해버린다.

뛰어난
대학생

운명의 장난이었는지 볼츠만의 자살은 슈뢰딩거가 1906~07학기 겨울 빈대학교에서 학업을 시작하기 불과 몇 달 전에 일어났다. 슈뢰딩거는 자기가 좋아하는 과목인 수학과 물리학에서 수제자로 불리며 아카데미 김나지움을 졸업한 후였다. 학급에서 1등이었으므로 마음만 먹으면 자기가 원하는 전공은 무엇이든 선택할 수 있었지만, 그는 물리세계를 기술하는 방정식에 마음을 빼앗겼다. 그는 대학에 진학해 이론물리학을 전공하고 싶어 안달이 나 있었고, 살아만 있었다면 볼츠만은 훌륭한 스승이 되어주었을 것이다. 하지만 안타깝게도 슈뢰딩거는 물리학 교육과정에 먹구름이 드리운 암울한 시기에 대학에 입학했다. 그는 이렇게 회상했다.

"루트비히 볼츠만을 잃은 비극에서 막 헤어 나온 빈대학교는 나에게 그 막강한 지성이 품고 있던 개념을 직접 간파할 수 있게 해주었다. 볼츠만의 개념세계는 내게 있어서 과학의 첫사랑이라 할 수 있다. 그 후로 지금까지 다른 그 누구도 볼츠만만큼 나를 황홀하게 한 사람은 없었고, 앞으로도 그럴 것이다."[5]

근본적인 질문을 공격하며 보여준 볼츠만의 용기에 슈뢰딩거는 마음이 흔들렸다. 볼츠만은 원자라는 기본 구성요소를 가지고 우주 전체의 열적 행동을 지배하는 원리를 구성하는 일을 두려워하지 않았다. 볼츠만의 본보기에 감명을 받은 슈뢰딩거는 훗날 볼츠만처럼 야심차게 자연계의 모든 힘을 아우르는 기본 이론을 추구하게 될 것이다.

볼츠만의 후임으로 빈대학교 이론물리학과 학과장이 된 사람은 그의 제자이자 뛰어난 이론가인 프리드리히 하제뇔이었다. 하제뇔은 움직이는 물체에서 방출되는 전자기복사 연구로 명성을 얻었고, 아인슈타인의 그 유명한 방정식이 세상에 나오기도 전에 (비록 요소 하나가 빠져 있기는 했지만) 에너지와 질량 사이의 관계를 발견하기도 했다.[6] 그는 친절하고 학생들에게도 따뜻했다. 슈뢰딩거는 볼츠만 밑에서 열 이론과 통계역학을 배울 수는 없게 됐지만, 그래도 볼츠만에게 잘 훈련받은 후임자 밑에서 열 이론과 통계역학은 물론이고 광학 같은 다른 주제에 대해서도 공부할 수 있는 특혜를 입게 되었다. 사람들은 한목소리로 하제뇔이 뛰어난 교사였다고 말한다. 하제뇔의 가르침과 볼츠만의 업적에 영감을 받은 슈뢰딩거는 스스로 길을 개척하여 이론물리학에서 과학적 발견을 이루기를 꿈꾼다.

슈뢰딩거는 머지않아 뛰어난 학생이란 평판이 자자해졌다. 평생의 친구가 된 물리학과 동급생 한스 티링은 이런 일도 기억했다. 그가 수학 세미나를 듣기 위해 앉아 있는데, 한 학생이 교실로 들어오는 것을 보며 그 학생과 전부터 알고 지내던 또 다른 학생이 경외감에 차서 이렇게 말했다고 한다.

"아, 저 친구가 바로 슈뢰딩거야!"[7]

이론적인 부분에 흥미가 있었음에도 불구하고 슈뢰딩거의 대학 시절 주요 연구는 프란츠 엑스너가 지도하는 실험적 연구였다. 슈뢰딩거는 박사학위도 엑스너의 지도 아래 받게 된다. 엑스너는 대기에서 만들어지는 전기나 어떤 화학과정을 통해 만들어지는 전기 등 전기의 다양한 발현에 관심이 많았다. 그는 빛과 색의 과학도 탐험하고 방사능에 대해서도 연구했다. 슈뢰딩거의 박사학위 논문은 〈습한 공기 속 절연체 표면에서의 전기 전도에 관하여〉다. 이 논문은 물리적 측정에 사용되는 절연장치에서 습기의 전기적 영향으로 인해 생기는 문제를 다루는 대단히 실용적인 주제의 논문이었다. 장차 이론물리학자가 될 슈뢰딩거였지만 처음에는 작은 실험실 방구석에서 호박amber이나 파라핀, 그리고 다른 절연물질 표본에 전극을 부착하고 전극을 통해 흐르는 전류를 측정하는 등 손에 먼지 묻히는 일부터 시작했다. 그가 박사학위를 받은 것은 1910년이었고, 원자의 운동과 자기에 관한 이론적 문제를 연구하여 하빌리타치온Habilitation 학위를 딴 것은 1914년이었다. (하빌리타치온은 오스트리아 교육제도에서 제일 높은 학위로 이 학위를 받으면 학생을 가르칠 자격이 생긴다.)

슈뢰딩거와 아인슈타인이 중력과 전자기력의 통일을 탐구하기 시작한 것은 그로부터 여러 해가 지난 후의 일이다. 하지만 정말 이상한 일이 일어난다. 1910년에 병든 마흐가 쓴 편지 한 통이 결국에는 슈뢰딩거의 손에 들어오게 되는데, 이 편지가 마치 미래에 슈뢰딩거와 아인슈타인이 하게 될 탐구를 미리 내다보기라도 한 것 같았다. 마흐는 이미 은퇴했지만 그의 마음은 여전히 자연의 심오한 질문들을 활발하게 좇고 있었다. 그는 중력과 전자기력에서 역제곱법칙이 공통적으로 나타난다는 사실에 주목하기 시작했고, 과연 이 두 힘을 통일시킬 수 있을지 곰곰이 생각하다가 대학에 이 질문에 대답해줄 만한 사람이 누가 있을지 문의했다. 특히나 마흐는 논란 많은 독일의 물리학자 파울 게르버의 이론에 접근할 수 있을 정도로 지식 수준이 높은 사람을 원했다.

　마흐가 사람을 찾고 있다는 얘기는 슈뢰딩거의 귀에도 들어갔지만, 슈뢰딩거는 게르버의 글에 담긴 내용을 따라잡기 벅차다고 느꼈다. 그럼에도 두 사람 사이에서의 편지교환은 슈뢰딩거와 그의 지적 영웅 중 한 명인 마흐 사이에서 이루어진 간접적 만남이었고, 앞으로 슈뢰딩거의 이론적 연구가 어떻게 진행될지 보여주는 조짐이었다. 더군다나 마흐에게 답변을 보낼 사람으로 그가 선택되었다는 사실은 대학에서 슈뢰딩거를 얼마나 높이 평가하고 있는지 보여주는 징표이기도 했다. 불과 20대 중반의 나이였음에도 슈뢰딩거는 벌써부터 이름을 떨치기 시작했다.

'게으른 개'

비록 슈뢰딩거는 볼츠만과 함께 연구할 기회를 아예 잡을 수 없어 실망해야 했지만, 그럼에도 자신의 연구에서 수많은 의미를 찾고 수많은 성취를 이루었다. 그는 분명 스타 학생이었다. 반면 아인슈타인의 대학생활은 그와는 다른 이유의 실망으로 얼룩지고 말았다. 자신이 정말로 흥미를 갖고 있던 심오한 이론적 질문에 대해 공부할 기회를 잡지 못했던 것이다. 그 결과 아인슈타인은 수학처럼 마땅히 잘 챙겨 들었어야 할 과목들까지도 모두 등한시하고 말았다. 자신의 지적 열정과는 관계가 없어 보였기 때문이다. 그럼에도 대학시절에 맺은 인간관계가 그의 지적 성장에 결국은 핵심적인 역할을 하게 된다.

고등학교에서 대학교로, 그리고 대학교에서 다시 학자의 길로 옮겨갈 때마다 아인슈타인은 슈뢰딩거보다 훨씬 험한 길을 걸어야 했다. 1893년 아인슈타인의 아버지는 뮌헨 시와의 전기발전 계약권을 상실하고 만다. 그 다음해에 아버지는 회사를 접고 일거리를 찾아 가족과 함께 이탈리아 밀라노로 이사하기로 마음먹는다. 아인슈타인은 당시 루이트폴트 김나지움에 다니고 있었기 때문에 가족과 떨어져 뮌헨에 남았다. 몇 달이 지나자 아인슈타인은 자기도 독일을 떠나는 것이 최선이라 판단하고 조기졸업에 지원하여 대학입학시험을 일찍 볼 수 있는 자격을 얻는다. 그가 선택한 대학은 취리히에 있는 취리히연방공과대학이었다.

아인슈타인이 독특한 환상을 경험했던 것이 거의 그즈음으로 만 열여섯 살이 되었을 때다. 그는 빛의 파동을 뒤쫓으며 빛을 따라잡으려 애쓰는 자신의 모습을 상상했다. 그는 만약 자신이 빛의 속도로 이동한다면 빛의 파동이 제자리에서 진동하는 것처럼 보일지 궁금했다. 움직이는 자전거와 같은 속도로 달리며 바라보면 정지한 것처럼 보이듯이 말이다. 뉴턴이 지적했듯이 일정한 속도로 움직이는 것과 정지해 있는 것은 모두 동일한 운동법칙을 따르는 관성계다. 따라서 두 물체가 똑같은 속도로 함께 이동하고 있다면 그 둘은 서로에게 마치 정지해 있는 것처럼 보인다. 하지만 맥스웰의 전자기 방정식에서는 관찰자가 움직이고 있는지 정지해 있는지에 대해서는 아무런 언급이 없다. 이 법칙에 따르면 빛은 언제나 똑같은 속도로 공간을 이동해야 한다. 아인슈타인은 뉴턴과 맥스웰의 예측이 서로 명백한 모순이라는 사실을 깨달았다. 그럼 둘 다 옳을 수는 없고 어느 한쪽만 옳다는 의미다. 하지만 대체 어느 쪽이?

아인슈타인이 이런 문제에 대해 고민하고 있을 당시에는 진공에서 빛의 속도가 일정하다는 개념이 폭넓게 받아들여지지 않고 있었다. 심지어는 빛이 순수한 진공을 가로질러 이동할 수 있다는 개념조차 받아들여지지 않고 있었다. 당시의 물리학자들 중에는 빛이 '발광 에테르' 혹은 간단하게 '에테르'라는 보이지 않는 매질을 통해 이동한다고 믿는 사람이 많았다. 이 주장이 옳다면 에테르에 대한 지구의 상대적 운동을 감지할 수 있어야만 했다. 하지만 1887년에 이루어진 미국 물리학자 앨버트 마이컬슨과 에드워드 몰리의 유명한 실험에서 그런 효과를 감지하는 데 실패한다.

빛의 운동과 뉴턴의 운동법칙을 조화시키기 위한 시도의 일환으로 아일랜드의 물리학자 에드워드 피츠제럴드, 그리고 그와는 독립적으로 네덜란드의 물리학자 헨릭 로렌츠가 빠르게 움직이는 물체는 운동방향을 따라 수축이 일어난다고 제안했다. 로렌츠-피츠제랄드 수축이라고 불리는 이 수축이 마이컬슨-몰리 실험에 사용된 장치들을 찌그러뜨리기 때문에 빛의 속도가 항상 일정한 것처럼 보인다는 것이다. 당시 마이컬슨-몰리 실험에 대해 모르고 있던 아인슈타인은 에테르를 끌어들이지 않고 독립적으로 이 문제에 대해 고민했다. 그런데 어쩐 일인지 아인슈타인이 뉴턴 물리학이 심각한 문제에 직면했으며 대대적인 수술이 필요하다고 지적한 마흐의 글을 읽기도 전에 그에게 어떤 번뜩이는 직감이 찾아든다.

훗날 세계 최고의 천재로 명성을 날린 것에 어울리지 않게 아인슈타인은 취리히연방공과대학교 입학시험에 낙방하고 만다. 아마도 아인슈타인이 학생 시절에 수학 낙제생이었다는 근거 없는 속설이 퍼진 데는 이 일화도 한몫했을 것이다. 사실 그의 가장 큰 약점은 불어였다. 그는 이후 1년 동안 스위스 아라우의 한 고등학교에 다니면서 불어 실력을 보강했다. 대담하게도 그는 마치 어린 시절의 삶과 모든 관계를 단절하겠다는 듯이 독일 시민권을 포기해버린다. 부모와 떨어져 살고, 잠시 동안이지만 국적도 없었다는 점에서 그는 정말 특이하기 짝이 없는 10대였다. 다행히도 그는 두 번째 시험은 무사히 통과해서 사실상 전례가 없는 열일곱 살이라는 나이에 취리히연방공과대학교 입학 허가를 받는다.

아인슈타인이 일단 대학에 입학하고 보니 그곳에서는 역학, 열전달, 광학 등 전통적인 주제에 초점이 맞춰진 아주 구식 물리학을 가르치고 있었다. 뉴턴 물리학에 대한 마흐의 비판은 이곳의 신성한 전당을 뚫고 들어오지 못한 상태였다. 맥스웰의 전자기 이론에 대한 내용은 찾아보기도 어려웠다. 아인슈타인은 여전히 빛의 속도에 대해 생각하고 있었지만, 이 대학의 학사과정 안에서는 그 해답을 찾을 길이 막막했다.

아인슈타인이 취리히연방공과대학교에 다니던 시절은 물리학에서 대단히 특별한 시기였다. 빈에서 원자론을 두고 마흐와 볼츠만 사이에 뜨거운 논쟁이 펼쳐지는 동안 1897년 케임브리지대학교의 물리학자 J. J. 톰슨은 원자보다도 작은 기본입자가 존재한다는 실험적 증거를 제시한다. 더 이상의 분할이 불가능하다고 추정되는 존재보다 훨씬 더 작은 존재가 있다는 주장을 처음에는 그의 동료들도 미심쩍어 했다. 톰슨은 음전하를 띤 그 입자에 '미립자 corpuscle'라는 이름을 붙였지만, 피츠제럴드는 자신의 삼촌인 아일랜드의 과학자 조지 스토니의 제안을 따라 '전자electron'라는 이름을 붙였고 결국에는 이 이름으로 굳어진다. 파리에서는 앙리 베크렐이 박사과정 학생인 마리 퀴리와 그녀의 남편 피에르 퀴리와 함께 방사성 우라늄의 속성을 탐구하다가 방사능을 발견한다. 1898년에는 퀴리 부부가 또 다른 방사성 원소인 라듐을 발견한다. 이 모든 발견은 원자의 구조가 복잡함을 가리키고 있었다.

이 주제는 결국 훗날 아인슈타인과 슈뢰딩거, 그리고 그 세대의 다른 많은 물리학자들을 끌어들이게 될 것이다. 하지만 취리히연방공과대학교는 학생들에게 오랜 시간에 걸쳐 검증된 실용적인 물리학을 고수하도록 장려하고 있었다. 자연현상을 혁신적으로 설명할 방법을 갈구하던 아인슈타인과는 맞지 않는 환경이었다.

그럼에도 아인슈타인은 운 좋게도 서로 공부를 도와주고 자신의 생각에 대한 반응을 들어볼 수 있는 친구 모임을 만날 수 있었다.

그의 주요 토론상대 중 한 명은 미셸 베소라는 똑똑한 스위스 계 이탈리아 인 기술자였다. 베소는 음악에 대한 공통의 관심사 덕분에 대학 밖에서 만나게 된 친구였다. 베소는 아인슈타인에게 마흐의 저작들을 소개해주어 아인슈타인의 경력에 심오한 영향을 미쳤다. 아인슈타인과 베소는 평생 절친한 친구로 남았다. 마르셀 그로스만 또한 믿음직한 동반자였다. 그로스만은 고등수학의 달인이었다. 그는 수학강의 시간에 노트 정리를 무척 잘했다. 아인슈타인은 강의를 빼먹는 일이 많았는데, 그때마다 그의 수학노트 덕을 보았다. 훗날 그로스만은 취리히연방공과대학교의 수학 교수가 되었고 아인슈타인이 일반상대성이론을 뒷받침하는 수학적 틀을 개발하는 데도 도움을 주었다.

취리히연방공과대학교에서 아인슈타인을 가르쳤던 교수들의 면면을 살펴보면 그가 수학에 더 많은 관심을 쏟았어야 마땅했다는 생각이 든다. 그의 교수 중 한 명은 헤르만 민코프스키로 나중에 아인슈타인의 특수상대성이론을 좀더 우아하고 유용한 방식으로 새롭게 틀 잡는 데 도움을 준다. 민코프스키는 리투아니아 출신으로 명문 쾨니스버그대학교에서 교육을 받았다. 그는 취리히연방공과대학교 교수들 가운데 핵심 고등수학을 이론물리학 체계에 투입할수 있는 기술을 갖춘 몇 안 되는 사람 중 한 명이었다. 두 사람 사이의 운명을 생각하면 아이러니한 이야기지만, 당시 민코프스키는 이 정신 산만한 학생을 별로 좋게 보지 않았다. 민코프스키는 아인슈타인이 강의에 얼마나 많이 빠졌는지 지적하며 그를 '게으른 개'라고 불렀다. 나중에 아인슈타인은 이렇게 말하며 자신이 수학에 관심이 부족했던 점을 해명했다.

"어린 학생 시절에는 물리학의 기본 원리에 관한 좀더 심오한 지식에 접근하려면 가장 정교한 수학적 방법이 필요하다는 사실을 분명하게 알지 못했다. 여러 해에 걸쳐 독립적으로 과학 연구를 하고 난 후에야 수학의 필요성에 대한 생각이 차츰 분명해졌다."[8]

아인슈타인이 처음부터 이론물리학에 필요한 기술을 익히는 데 좀더 집중했더라면 더 바랄 나위가 없었을 것이다. 하지만 아인슈타인이 전반적으로 강의에 집중하지 못하고 정신이 팔려 있을 만한 이유가 따로 있었다. 대학 2학년 시절 그는 학급에서 유일한 여학생인 세르비아 출신의 밀레바 마리치와 사랑에 빠져 있었다. 아인슈타인이 사망하고 오랜 시간이 흐른 뒤에 공개된 들뜬 연애편지와 사랑의 시들을 보면 그들이 얼마나 열정적으로 사랑했는지 분명하게 드러난다. 아인슈타인의 연애관계는 자유분방한 보헤미아적 속성을 띠고 있었다. 그는 밀레바와 진정한 평등, 자유연애, 상대의 지적능력과 목표에 대한 완벽한 지지 등에 기반을 둔 관계를 추구했다. 아인슈타인이 사회적 위치, 가치관, 윤리적 배경 등에서 자신의 가족과 좀더 비슷한 배우자와 맺어지기를 바랐던 아인슈타인의 어머니는 두 사람의 관계를 크게 못마땅해 했다. 그럼에도 두 사람의 뜨거운 사랑은 지속되었다. 가족의 반대가 오히려 두 사람의 열정을 강렬한 혁명의 몸부림으로 바꿔놓은 탓이다.

3학년이 되고 아인슈타인은 몇 개의 물리학 강의를 수강하지만 좋은 인상을 남기지는 못했다. 그런 강의 중 하나였던 '초보자를 위한 물리학 훈련'에서는 출석률이 너무 나빠 담당교수 장 페르네는 그를 꾸짖으며 제일 낮은 학점을 주었다. 하인리히 프리드리히 베버 교수가 열에 대해 가르치던 또 다른 과목은 볼츠만과 다른 학자들이 이루어놓은 발전을 무시해버렸고, 그래서 아인슈타인은 독학으로 볼츠만을 공부하기로 마음먹는다. 그해 그의 학사일정 중 하이라이트는 베버 전기기술연구소에서 연구할 기회를 잡은 것이다. 이곳에서 그는 최신 장비들에 익숙해질 수 있었다. 그는 베버에게 잘 보이고 싶어 진심으로 노력했지만, 실용적인 성향의 교수에게 이 폭탄머리 이상주의 젊은이는 너무나 못마땅했다.

아인슈타인은 광속문제 해결에 대한 자신의 관심사를 베버에게도 심어주려 노력했지만 허사였다. 그는 이미 몇 년 전에 마이컬슨과 몰리가 에테르를 가로지르며 움직이는 지구의 운동을 측정하는 실험을 진행했다는 사실을 미처 알지 못한 채 베버의 실험실을 이용해 그 운동을 측정해보겠다고 제안했다. 맥스웰의 전자기 이론이나 최근의 발전들에 대해 전혀 관심이 없던 베버는 당연히 이 제안에 회의적이었고, 이미 누군가 했던 실험을 재탕하는 것도 탐탁지 않았다. 아인슈타인이 페르네의 실험실에서 설명서의 지시사항을 무시하고 실험을 진행하다 폭발사고가 일어나 손을 다쳤던 일도 그의 평판에 도움이 되지 않았다. 대학에서의 공부도 끝나가는 마당에 그의 성적은 교수들에게 전혀 신뢰감을 주지 못했다. 졸업시험을 통과하여 수학과 물리학 교사 자격으로 졸업장을 받은 아인슈타인은 연구조교로 모교에서 자리를 얻어보려 했지만 실패하고 만다. 수학과와 물리학과 교수들 중 그 누구도 그를 데려가려 하지 않아 그는 크나큰 충격을 받았다. 아인슈타인은 당시를 이렇게 가슴 아프게 기억했다.

"나는 갑자기 모든 사람으로부터 버림받고 인생의 문턱에서 어찌할 바를 모른 채 멍하니 서 있었다."[9]

설상가상으로 그는 가까운 친구인 그로스만을 비롯해 자기의 공부 친구들이 거의 대부분 취리히연방공과대학교 대학원에서 자리 하나씩을 챙기는 것을 지켜봐야만 했다. 밀레바는 예외였다. 그녀는 마지막 졸업시험 성적이 좋지 않아 졸업이 보류된 상태였다. 그 어느 교수로부터도 지지를 얻지 못한 아인슈타인은 어디로 가야 할지 막막했다. 기적 말고는 그 무엇도 그를 구원해주지 못할 것 같았다.

기적으로
가는 길

세기의 바뀜을 알리는 종소리가 울리면서 물리학계는 물리학이 처한 상황을 두고 의견이 두 갈래로 나뉘었다. 안락한 뉴턴의 망토를 은폐물 삼아 두르고 있던 원로 물리학자들은 일반적으로 물리학의 완성이 가까워졌다 생각하고 있었다. 이들은 일부 미진한 부분만 확실히 매듭지으면 끝이라고 생각했다. 반면 연구용 작업복을 입고 손으로 직접 복사효과와 전자기효과에 대해 연구하던 젊은 물리학자들은 보이지 않는 엑스선이나 빛을 내는 라듐 등 새로이 등장한 설명할 수 없는 이상한 현상들 때문에 어깨에 힘주고 다닐 만한 형편이 못 되었다.

1900년 4월 27일 영국의 과학자 켈빈 경(윌리엄 톰슨)은 '열과 빛의 동역학 이론에 드리운 19세기의 먹구름'이라는 제목의 강연을 했다. 이 강연에서 그는 물리학의 전진을 가로막고 있다고 믿는 두 가지 주요 문제에 대해 상세히 설명했다. 그리고 일단 이 '먹구름'을 걷어내고 나면 물리학 앞에는 화창한 미래가 기다리고 있을 것이라 생각했다. 재미있게도 켈빈 경은 자신이 물리학 분야에 혁명적 변화를 몰고 올 쌍둥이 주제를 정확하게 짚었다는 사실을 알지 못했다.

켈빈이 말한 첫 번째 먹구름은 공간을 이동하는 빛에 관한 주제다. 이 주제는 마이컬슨–몰리의 실험이 에테르를 감지하는 데 실패한 이유에 초점이 맞춰져 있었다. 로렌츠와 다른 사람들이 제안한 내용들이 있기는 했지만, 이 주제는 여전히 미해결 문제로 남아 있었다. 켈빈은 좀더 만족스러운 설명을 찾아낼 수 있기를 희망했다. 그의 두 번째 진퇴양난의 먹구름은 흑체의 복사 방출에 관한 것이다. 한마디로 말하면 이론적 모형과 알려진 실험결과가 맞아떨어지지 않았다. 근본 가정에 무언가 오류가 있는 듯했다.

흑체는 빛을 완벽하게 흡수하는 물체다. 칠흑 같이 검은 페인트로 칠해져 자신에게 드리운 빛을 마지막 한 방울까지 죄다 흡수해버리는 상자가 있다고 생각해보자. 흑체는 이렇게 흡수한 빛을 다시 다양한 파장의 복사로 방출할 수도 있다.* 이렇게 방출되는 파

---

* 물체가 내는 빛은 외부에서 온 빛을 반사해서 나오는 반사광과 스스로 빛을 내는 복사광으로 나눌 수 있다. 흑체는 반사광은 전혀 없고, 복사광만을 방출하는 이상적인

장 중에는 가시광선에 해당하는 파장도 있다. 가시광선 중 파장이 제일 짧은 것은 보라색이고, 파장이 제일 긴 것은 빨간색이다. 그밖의 파장으로는 보라색보다 파장이 짧은 자외선과 빨간색보다 파장이 긴 적외선 등을 비롯해 눈에 보이지 않는 빛의 파장이 있다. 지금은 전자기파 스펙트럼이 파장이 엄청나게 짧은 감마선에서 파장이 어마어마하게 긴 전파radio wave까지 다양하게 펼쳐져 있음이 밝혀져 있다. 19세기 과학자들이 파악한 대로 파장에 따른 복사의 분포는 빛을 방출하는 물체의 온도에 달려 있다. 물체가 뜨거울수록 최고 강도를 나타내는 파장이 더 짧아진다. 물체가 탈 때 이것을 직접 확인할 수 있다. 그리 뜨겁지 않은 불은 주황색이나 빨간색의 빛을 내지만 그보다 뜨거운 불은 상대적으로 파장이 짧은 파란색 불꽃을 낸다. 인간을 비롯해 대부분의 생명체는 차가운 편이라서 주로 적외선 영역에 해당하는 빛을 방출한다.

맥스웰의 뛰어난 후계자라 할 수 있는 케임브리지대학교의 레일리 경(존 윌리엄 스트럿)은 파동 이론과 통계역학을 흑체복사 연구에 적용해보았다. 그는 한 상자 안에 특정 파장의 마루를 얼마나 많이 담을 수 있을지 계산하다가 더 짧은 파장을 선호하는 분포공식을 개발한다. 그의 논리는 말이 됐다. 긴 파장보다는 짧은 파장이 상자 안에 더 많이 들어갈 테니까 말이다. 그는 자신이 분석한 내용을 1900년에 발표했다. 그런데 레일리 모형에는 문제가 있었다. 그

물체를 말한다. 흑체는 외부에서 오는 빛에너지를 모두 흡수한 후 그것을 복사의 형태로 다시 방출한다.

것은 흑체가 빛을 방출할 때마다 단파장, 고진동수 복사의 폭주가 예상된다는 점이다. (진동수^{frequency}란 빛의 진동속도를 의미한다. 파장이 짧아질수록 진동수는 높아진다.) 이렇게 따지면 불은 빨강, 주황, 파랑의 빛을 내는 것이 아니라 언제나 눈에 보이지 않아야 한다. 까만 커피 머그잔을 뜨겁게 달구어 탁자 위에 올려놓으면 거기서 따뜻하고 기분 좋은 적외선이 아니라 피부에 화상을 입히는 자외선이나 몸에 해로운 엑스선이 방출되어야 한다는 이야기다. 하지만 알다시피 현실은 그렇지 않다. 에렌페스트는 나중에 이 문제에 '자외선 파탄^{ultraviolet catastrophe}'이라고 이름 붙였다.

도무지 해결이 불가능할 것처럼 보이는 문제가 신속하게 해결되는 경우는 무척 드문데, 그런 일이 여기서 벌어진다. 같은 해 독일의 물리학자 막스 플랑크가 에너지는 '양자^{quantum}'라는 작은 꾸러미로 운반된다는 개념을 제안한 것이다. 이 양자의 에너지는 플랑크 상수에 진동수를 곱한 값의 정수배로 나타난다. 플랑크는 레일리의 계산을 특별히 꼬집어 말한 것이 아니라 흑체의 복사방식에 대한 일반적인 의문을 다루고 있었다. 플랑크는 빛의 에너지를 진동수에 비례하는 값을 갖는 유한한 숫자의 꾸러미로 제한하면 좀더 적당한 진동수와 파장이 나오도록 분포를 끼워 맞출 수 있다는 점을 깨달았다. 낮은 진동수(긴 파장)보다 높은 진동수(짧은 파장)가 더 많은 에너지 비용이 들기 때문이다.

이는 돼지저금통을 1센트 동전, 25센트 동전 등 다양한 금액의 동전들로 가득 채우는 것과 비슷하다. 돼지저금통에 최대한 많은 동전을 넣으려면 1센트 동전보다 크기가 큰 25센트 동전은 덜 담고 크기가 작은 1센트 동전은 더 담아야 할 것이다. 그러므로 이 경우 저금통은 대부분 1센트 동전으로 채워질 것이다. 그런데 만약 1센트 동전들이 값비싼 골동품이어서 25센트 동전보다 더 귀하고 비싸다면 구할 수 있는 있는 1센트 동전의 숫자는 줄어들 것이다. 1센트 동전이 크기가 작아 더 많이 넣을 수는 있지만 비용이 더 들어가므로 이번에는 1센트 동전보다 25센트 동전을 더 많이 쓰는 것이 유리하다. 따라서 이번에는 저금통 안에 두 동전들이 좀더 고르게 들어갈 것이다. 이와 비슷하게 플랑크의 모형에서도 고진동수 양자가 파장이 짧아 상자에 더 많이 들어간다는 장점은 있지만 거기에 드는 에너지 비용이 더 크기 때문에 그런 장점이 상쇄된다. 따라서 이렇게 하면 물리적 실재와 맞아떨어지는 좀더 고른 분포가 나온다.

플랑크의 의도는 원래 불연속적인 양자의 개념을 물리적 제약이 아니라 수학적 도구로 바라보는 데 있었다. 하지만 시간이 지남에 따라 양자 개념은 물리학을 근본적으로 뜯어고치는 데 있어서 핵심 요소로 자리잡게 된다. 아인슈타인은 '기적의 해'*인 1905년에 쓴 광전효과 논문 덕분에 양자 개념 발달에 지대한 공헌을 하게 된다.

아인슈타인은 기적의 해를 맞이하기까지 치열한 지적 노력의 시기를 헤쳐나왔다. 그는 경제적으로 궁핍했음에도 어떻게든 이 혁신적인 계산들을 마무리할 수 있었다. 막스 탈마이는 이렇게 회상했다. "그의 환경을 보면 그의 궁핍한 생활이 고스란히 드러났다. 그는

---

* 아인슈타인이 1905년에 네 편의 획기적인 물리학 논문을 발표하였기에 이해를 아인슈타인의 기적의 해라 부른다.

가구도 제대로 갖춰지지 않은 작은 방에 살았고, 생계를 유지하기 위해 힘겹게 몸부림쳐야 했다."[10]

교수 자리를 얻지 못하는 바람에 아인슈타인은 처음에는 개인교사, 그 다음에는 베른 특허청 말단 자리인 3급 기술직 관리로 일하면서 자신과 밀레바의 생계를 유지해야 했다. 특허청 자리도 특허청 담당자와 친분이 있던 그로스만의 아버지의 도움으로 얻은 것이다. 새로운 발명품의 설계도를 평가해서 작동이 가능한지 독창적인지 판단하는 동안에도 그는 틈틈이 짬을 내서 물리학의 심오한 질문들을 탐구했다. 그는 효율적으로 일했기 때문에 머지않아 몇 시간 정도면 하루치 업무를 마무리하고 나머지 시간은 자기의 연구활동에 전념할 수 있게 되었다.

밀레바가 임신을 했다는 사실도 특허청 자리라도 얻을 수밖에 없도록 아인슈타인을 경제적으로 압박하는 데 한몫했다. 아인슈타인은 모든 일이 잘될 거라고 밀레바를 안심시키려 했지만 그녀에게는 행복한 시간이 아니었다. 두 번째 졸업시험에서도 낙방하는 바람에 그녀 자신의 과학자로서의 경력은 엉망이 되었다. 아인슈타인은 자기가 뒷바라지해주겠다고 약속은 했지만, 실상은 자신의 연구에만 빠져 있었다.

1901년 말 밀레바는 혼자 고향 노비사드로 돌아가 부모님의 집에서 딸 리제를을 낳는다. 이때가 1902년 1월이다. 리제를의 이후 삶에 대해서는 역사에 남아 있지 않다. 어떤 역사가들은 리제를이 세르비아 가족에 입양되었다가 어린 나이에 사망했다고 추측한다. 아인슈타인은 자신의 외동딸을 한 번도 만나보지 못한 것 같고, 자기 부모나 가족, 친구들에게도 딸의 존재를 비밀로 했다. 그가 사망하고 나서 역사가들이 그의 숨겨져 있던 편지상자를 열어보고 난 후에야 외동딸의 존재가 세상에 드러났다.

밀레바는 베른으로 돌아왔고 두 사람은 1903년 1월에 결혼했다. 그해 말 두 사람은 베른의 중심가인 크람가세에 있는 아파트로 이사했다. 유명한 시계탑이 근처에 있는 아파트였다. 두 사람은 이후로 한스 알베르트(1904년)와 에두아르트(1910년), 이렇게 두 명의 아이를 더 낳는다. 밀레바는 물리학자로서 자신의 경력을 쌓는 대신 아이들을 돌보고 가사를 꾸리며 아인슈타인을 뒷바라지했다. 자신의 꿈은 좌절되고 결혼생활은 삐걱대자 밀레바는 우울하기 그지없는 단조로운 생활로 주저앉고 만다. 이렇게 인생의 시소에서 밀레바는 내려가고 아인슈타인은 올라가게 될 것이었다.

대체적으로 집안일에서도 자유롭고 직장업무에서도 별 재미를 못 느낀 아인슈타인은 시간을 내서 베른에 온 지 얼마 안 되어 만나게 된 친구들과 철학에 대해 토론했다. 이들은 고대 그리스 인들을 따라 자신의 모임을 '올림피아 아카데미'라 불렀다. 이 모임의 창립회원은 루마니아 출신의 학생으로 다방면에 관심이 많았던 마우리케 솔로비네였다. 그는 원래 아인슈타인이 낸 개인교사 광고를 보고 찾아왔으나 두 사람은 곧 친구 사이로 발전했다. 이 모임에 꾸준히 참석한 또 다른 회원으로 수학자 콘라트 하비히트가 있다. 이들은 정기적으로 만나 마흐, 앙리 푸앵카레, 스피노자 등 많은 사람들의 책을 읽고 토론했다. 아인슈타인이 인류의 지식에 커다랗게 기여할 이론을 발전시켜 나가는 동안에도 이 활발한 토론들은 아인슈타인의 생각을 형성하는 데 큰 도움을 주었다.

학자로서의 삶으로 복귀하려는 희망을 안고 1905년 초 아인슈타인은 취리히대학교 박사논문을 마무리한다. 그는 액체의 점성(흐름에 대한 저항)을 측정하여 용액에 들어 있는 입자의 크기를 결정하는 공식을 개발했다. 이 실용적인 연구만 봐서는 그 뒤로 아이디어들이 폭발적으로 터져나오리라는 조짐이 전혀 느껴지지 않는다.

그해 봄 아인슈타인은 드디어 고전물리학을 정조준한다. 고전물리학을 정면으로 노려보며 도화선에 불을 붙여 수류탄을 던진 것이다. 그는 일류 학술지인 《물리학 연보》에 네 편의 논문을 제출했다. 하나는 박사학위 논문을 새로 써서 제출한 것이고, 광전효과, 브라운운동, 특수상대성이론에 관해 다룬 나머지 세 편의 논문은 물리학의 토대를 흔들어놓을 것들이었다.

광전효과에 관한 아인슈타인의 논문은 양자를 측정 가능한 실체로 만들어놓음으로써 플랑크의 양자 개념을 공고히 다져놓았다. 이 논문은 전자가 탈출할 수 있을 정도로 충분한 에너지를 가진 빛을 금속에 비추었을 때 어떤 일이 일어나는지 탐구했다. 이 이론에서는 빛이 순수하게 파동이라면 빛이 가진 에너지의 양은 주로 밝기에 의해 결정될 것이라 주장했다. 따라서 밝기가 약한 자외선에 노출시킬 때보다 밝은 빨간 빛을 내는 전등을 비출 때 더 많은 에너지를 전달하게 된다. 밝기는 그 값을 연속적인 방식으로 세게 높일 수도 약하게 줄일 수도 있다. 따라서 밝기가 주요 요소라면 빛의 에너지는 아무 값으로나 설정할 수 있다. 빛에너지가 전자를 때리면 전자는 밝기에 비례하는 속도로 금속을 빠져나올 것이다. 따라서 빛이 밝을수록 전자의 속도도 빨라진다.

하지만 아인슈타인은 여기서 과감하게 한 발 더 나아가 어떤 경우에는 빛이 입자처럼 행동한다고 주장했다. 이 빛의 입자는 나중에 광자photon라고 불린다. 각각의 광자는 빛의 진동수에 비례하는 에너지를 가진 불연속적 에너지 꾸러미를 실어나른다. 따라서 진동수가 높은 광원은 진동수가 낮은 광원보다 에너지가 더 큰 광자를 방출한다. 예를 들면 빨간 빛보다 진동수가 높은 파란 빛은 빨간 빛보다 광자당 에너지가 더 크다. 따라서 진동수가 높은 빛을 금속에 비추면 진동수가 낮은 빛을 비춘 경우보다 전자가 튀어나올 확률이 더 높고, 튀어나온 전자의 속도도 더 빠를 것이다. 방출된 전자의 속도는 금속에 비춘 빛의 진동수와 아름다운 상관관계를 보인다. 이 결과는 전세계 물리학 실험실에서 수없이 반복해서 재현되었다.

전자가 빛을 불연속적인 양자로 방출하고 흡수한다는 광전효과를 밝혀냄으로써 아인슈타인은 원자의 작동방식에 대해 중요한 단서를 제공한다. 덴마크의 물리학자 닐스 보어는 그 후 10년도 안돼서 원자 모형을 개발하는데, 이런 아인슈타인의 통찰이 여기에 결정적인 역할을 한다. 보어는 전자가 광자를 순식간에 잡아먹고 더 높은 에너지 상태로 뛰어올라가고, 광자를 방출하면서 낮은 에너지 상태로 떨어진다고 설명했다.

광전효과가 아인슈타인이 그해에 내놓은 주요 업적이었다고 해도 그는 분명 유명해졌을 것이다. 실제로 아인슈타인이 1921년에 받은 노벨 물리학상도 광전효과를 발견한 공로 때문이었다. 하지만 이 업적은 그저 그가 이끌어낼 거대한 과학적 계시의 서막에 불과했다.

아인슈타인이 1905년에 발표한 또 다른 주요 논문은 브라운운동이라는 현상에 관한 것이다. 브라운운동은 스코틀랜드의 식물학자 로버트 브라운의 이름을 딴 것으로 액체나 기체 속에 떠 있는 작은 입자의 불규칙한 작은 운동을 말한다. 1827년 브라운은 물속에 잠긴 화분립에서 입자들이 흥분한 듯 운동하는 모습을 관찰했다. 그는 이런 불규칙한 행동을 어찌 설명해야 할지 알 수가 없었다. 아인슈타인은 자신의 박사학위 논문에 기반을 두고 물분자에 부딪혀 여기저기 떠밀려 다니는 입자의 운동에 관한 모형을 만들기로 결심한다. 그리고 거기서 브라운이 관찰했던 무계획적인 광란의 춤과 똑같은 종류의 입자운동을 발견한다. 브라운운동이 수없이 많은 입자의 충돌 때문에 생기는 갈지자 운동임을 설명함으로써 아인슈타인은 원자의 존재를 입증할 중요한 증거를 제공한다.

아인슈타인이 기적의 해에 가장 크게 기여한 것은 단연코 특수상대성이론이다. 마침내 그는 빛의 파동을 뒤쫓던 10대 말부터 자신의 뇌리를 떠나지 않고 있던 질문을 다루게 되었다. 제아무리 빨리 움직이고 아무리 노력한다 해도 빛의 파동은 결코 따라잡을 수 없다는 것이 그가 내린 결론이다. 물질로 만든 것은 그 무엇이든 결코 빛의 속도에 도달할 수 없다.

요즘의 과학은 보편적 제한속도^{universal speed limit}*라는 개념에 익숙하다. 하지만 이는 당시에는 생각조차 할 수 없는 개념이었다. 뉴

---

* 속도의 한계인 '빛의 속도'를 가리킨다.

턴이 기술한 이후로 수세기에 걸쳐 불변의 법칙으로 여겨져온 고전역학에서 상대속도는 그냥 누적적으로 작용한다고 말한다. 따라서 만약 당신이 배의 갑판에 대해 특정 상대속도로 서쪽으로 움직이고 있고 그 배는 다시 바다에 대해 특정 상대속도로 서쪽으로 움직이고 있다면, 두 속도를 더한 값이 바다에 대한 당신의 상대속도가 된다. 이대로라면 만약 그 배가 바다를 광속의 3분의 2에 해당하는 속도로 달리고 있고, 당신도 스케이트보드로 그 정도로 속도를 끌어올려 그 배의 갑판 위를 달리고 있다면 광속은 쉽게 뛰어넘을 수 있을 것이다.

에디슨 시절에는 동력에 한계가 없어 보였다. 전기로 도시 전체를 환하게 비추고 시내전차와 기차도 움직이고 공장까지 돌릴 수가 있으니 맘만 먹으면 물체를 어떤 속도로든 가속시킬 에너지를 찾아낼 수 있으리라 믿었다. 배터리 하나를 이용해 무언가를 어떤 속도로 움직이게 할 수 있다면, 배터리 수십억 개를 연결해 수십억 배 빠른 속도로 움직이게 할 수도 있을 것이다. 뉴턴의 운동법칙에는 이런 가능성을 배제하는 내용이 전혀 들어 있지 않았다.

하지만 맥스웰의 전자기 방정식을 액면 그대로 받아들이고 에테르가 존재한다 해도 그 영향을 모두 무시한 아인슈타인은 진공에서의 빛의 속도는 어느 누가 측정하든 간에 절대적인 값을 갖는다고 주장했다. 우주선 보이저 호가 믿기 어려운 빠른 속도로 빛을 쫓아간다 해도 여전히 그 빛은 보이저 호가 멈춰 있을 때와 똑같은 속도로 멀어져가는 것처럼 보인다. 누군가가 제아무리 빠른 속도로 이동한다고 해도 빛은 신기루처럼 영원히 손에 닿지 않는다.

아인슈타인은 광속 불변성과 뉴턴의 상대속도 개념을 조화시키려면 뉴턴의 법칙을 뜯어고칠 필요가 있음을 깨달았다. 그는 마흐가 그토록 싫어했던 절대시간과 절대공간이라는 개념을 폐기하고 좀더 유연한 개념으로 대체하기로 마음먹는다. 그러고는 움직이는 관찰자에게 시계의 똑딱 소리가 느려지고 움직이는 방향으로 길이도 수축한다면 빛의 속도가 항상 같은 값을 유지할 수 있으리라 추론했다. 시간지체와 길이수축이라는 이 두 개념은 맥스웰의 이론과 수정된 운동 이론을 하나로 묶어 켈빈의 '먹구름' 중 하나를 걷어내고 물리학의 화창한 미래를 열었다.

시간지체란 관찰 대상인 무언가와 함께 움직이는 관찰자 1의 '고유시간'과 관찰자 1과는 다른 일정한 속도로 움직이는 관찰자 2의 상대적 시간 사이의 불일치에 관한 것이다. 예를 들어 관찰자 1이 광속에 가까운 속도로 움직이는 우주선에 올라탄 승객이라고 가정해보자. 그 승객에게는 우주선의 시계가 가리키는 시간이 고유시간이다. 지구에 남은 그 승객의 동생을 관찰자 2라고 하면, 이 관찰자가 초초초강력 망원경으로 형이 탄 우주선의 시계를 바라볼 때 우주선의 시간이 느리게 가는 것으로 보일 것이다.

이런 불일치가 생기는 이유를 이해하기 위해 우주선의 승객이 광선으로 일종의 탁구놀이를 하며 시간을 보낸다고 상상해보자. 이 승객은 빛을 우주선 천장에 달린 거울에 튕기며 놀고 있다. 즉 빛을 머리 위로 곧장 비춰서 다시 아래로 반사되어 돌아오게 한 다음, 거기에 걸리는 시간을 측정하는 것이다. 우주공간을 가로지르며 날아가는 우주선에서 이런 놀이에 빠져 있는 형의 모습을 멀리서 바라보고 있는 동생의 눈에는 빛이 곧장 위아래로 움직이는 것으로 보이지 않고, 지그재그로 움직이는 것처럼 보일 것이다. 우주선의 수평운동과 오르락내리락하는 빛의 수직운동이 결합되면 V를 거꾸로 뒤집어놓은 듯한 궤적이 만들어지기 때문이다. 그럼 동생의 눈에는 빛이 더 먼 거리를 움직인 것으로 보인다. 만약 동생이 광속이 일정하다고 가정하고 있다면 빛이 더 먼 거리를 움직였으므로 이동에 걸리는 시간도 형이 측정한 시간보다 더 길다고 결론내릴 것이다. 따라서 동생에게는 우주선의 시간이 형이 느끼는 것보다 더 느리게 흐르는 것으로 보인다.

상대성이론의 길이수축은 로렌츠-피츠제랄드 수축의 변형이다. 다만 이 경우는 물질이 찌그러지는 것이 아니라 공간 그 자체가 운동방향을 따라 압축된다. 물체와 함께 움직이고 있는 관찰자 1은 그 물체의 고유길이를 경험하고 있겠지만, 그와는 다른 일정한 속도로 움직이는 관찰자 2에게는 그 물체의 길이가 이동방향을 따라 짧아진 것으로 보인다.

이 개념을 이해하기 위해 이번에는 우주선의 승객이 '빛의 탁구'를 천장이 아니라 우주선의 이동방향을 따라 우주선 앞쪽 벽에 대고 한다고 가정해보자. 이제 형은 앞쪽 벽에 거울을 설치하고 전등으로 그 거울에 빛을 쏘아서 빛을 앞뒤 수평방향으로 튕기고 있다. 형은 빛이 왕복하는 데 걸린 시간에 광속을 곱해서 빛의 총 이동거리를 계산한다. 지구에서도 그의 동생이 초초초강력 망원경으로 우주선을 바라보며 빛의 이동거리를 측정하고 있다. 동생에게는 광선이 튕겨서 돌아오는 데 걸리는 시간이 형보다 더 짧게 관찰될 것이고, 그 거리도 더 짧아 보인다.

아인슈타인은 특수상대성이론에 관한 후속 논문에서 빠른 속도로 운동할 때 질량에 어떤 일이 일어나는지 보여주었다. 아인슈타인은 상대론적 질량$^{relativistic\ mass}$이 일종의 에너지 형태이며, 지금은 너무나 유명해진 방정식인 $E=mc^2$으로 나타낼 수 있다고 제안했다. 한 물체의 질량은 특정 양의 정지 질량$^{rest\ mass}$(말하자면 타고난 질량)에서 시작한다. 이 물체가 더 빨리 움직이면 운동에 의한 에너지만큼의 추가적인 질량이 누적된다. 물체의 속도가 광속에 가까워질수록 그 질량도 커진다. 따라서 물체가 실제로 광속에 도달하려면 무한한 양의 에너지를 질량으로 전환해야 한다. 이것은 불가능하다. 따라서 질량이 있는 물체는 결코 빛의 속도에 도달할 수 없다. (이미 광속에 도달해 있지 않는 한 말이다.)

시간과 공간의
통합

아인슈타인이 이런 놀라운 연구결과를 발표하자 독일 과학계가 관심을 보이기 시작했다. 하지만 그가 국제적 명성을 얻기까지는 시간이 좀더 걸린다. 초기에 그를 지지한 사람 중에는 당시 베를린에서 플랑크의 조수로 있던 물리학자 막스 폰 라우에가 있었다. 1906년 여름 폰 라우에는 시간을 내서 베른 특허청에 있는 아인슈타인을 만나러 간다. 그는 뉴턴의 왕좌를 물려받을 놀라운 후계자를 만날 순간을 고대하며 대기실에 앉아 있었다. 폰 라우에는 이렇게 회상한다.

"나를 만나러 온 젊은이의 인상이 예상했던 것과 너무 달라서 그 사람이 상대성이론의 아버지라고는 도무지 믿기지가 않았다. 그래서 그 사람을 그대로 지나쳤다가 나중에 그가 대기실로 되돌아오고 나서야 서로 인사할 수 있었다."[11]

폰 라우에는 아인슈타인의 상대성이론을 알리고 거기에 담긴 함축적 의미를 탐구하기 위해 많은 노력을 기울였다. 그는 1911년 상대성이론에 관한 최초의 입문서를 쓴다. 두 사람의 우정은 평생 이어졌으며 아인슈타인은 그의 우정과 뒷받침에 크게 고마워했다.

아인슈타인을 응원해준 또 한 사람은 민코프스키였다. 그는 자신의 제자였던 아인슈타인을 180도 다시 보게 됐다. 자기가 '게으른 개'라고 불렀던 학생이 맥스웰 방정식의 해석과 관련된 오랜 수수께끼를 푼 것에 깜짝 놀란 민코프스키는 제자의 이론을 수학적으로 보다 엄격한 방식으로 재구성하기로 마음먹는다. 당시 그는 수학의 메카 괴팅겐대학교에서 한자리를 차지하고 있는 상태였고, 또한 그곳에서는 영향력 있는 논리학자 겸 기하학자인 다비드 힐베르트가 수학 분야의 혁신을 주창하며 펠릭스 클라인이 맡았던 중요한 역할을 이어가고 있었다. 유클리드 기하학을 넘어서는 모든 기하학의 중심지에 있었던 민코프스키는 혁신적인 기하학적 접근방식을 이용하기에 아주 유리한 위치에 있었다.

민코프스키는 현명하게도 아인슈타인의 이론에 4차원 기하학의 옷을 입혀놓으면 훨씬 더 우아하게 보이리라 판단했다. 그는 유클리드 공간과는 두 가지 점에서 중요한 차이가 있는 대안 공간을 만들어냈다. 첫 번째 차이점은 시간을 네 번째 차원으로 포함시켰다는 점이다. (시간에 광속을 곱하면 시간 단위를 공간 단위로 바꿀 수 있다.) 자연을 기술하는 방법인 길이, 너비, 높이에 시간이 더해졌다. 그는 이 융합체를 '시공간^{spacetime}'이라 불렀다.

두 번째 변화는 길이를 결정하는 데 사용되는 피타고라스의 정리에 음의 항을 추가한 것이다. 직각사각형에서 빗변의 길이를 알아내는 데 수천 년 동안 사용되어온 표준적인 피타고라스 정리에서는 직각을 낀 두 변을 각각 제곱해서 더한 값이 빗변의 길이를 제곱한 값과 같다. 예를 들어 변의 길이가 각각 3, 4, 5인 직각삼각형에서는 $3^2+4^2=5^2$이라는 관계가 성립한다. 민코프스키는 이것을 변형해서 공간적 거리를 각각 제곱해서 더한 것에서 네 번째 좌표(시간 곱하기 광속)의 제곱을 빼면 '시공간 간격$^{spacetime\ interval}$'의 제곱과 같다고 하여 시간을 포함시켰다. 시공간 간격은 4차원에서 가장 짧은 경로의 길이다. 이것은 공간적 거리를 일반화해서 공간과 시간을 모두 고려한 것이다. 시공간 간격은 한 사건을 다른 사건과 연결하는 가장 짧은 4차원 경로를 측정함으로써 서로 다른 장소, 서로 다른 시간에 일어난 두 사건이 얼마나 가까운지를 나타낸다.

사건들 사이의 시공간 간격을 알면 그 사건들이 인과적으로 연결되어 있는지, 즉 어느 한 사건이 다른 사건에 영향을 미칠 수 있는지를 알 수 있다. 만약 시공간 간격이 0이거나(빛같음^{lightlike}) 음수라면(시간같음^{timelike}) 먼저 일어난 사건이 나중에 일어난 사건에 영향을 미칠 수도 있다. 반면 시공간 간격이 양수라면(공간같음^{spacelike}) 그 어떤 인과적 정보교환도 불가능하다. 그러려면 빛보다 빠른 속도의 신호가 필요하기 때문이다. 한 여배우가 2016년 아카데미 시상식에서 어떤 스타일로 옷을 입었는데 4광년 떨어진 프록시마 센타우리*의 외계인이 2017년에 그와 똑같은 스타일의 옷을 입었다. 그 외계인은 지구의 여배우를 따라한 걸까? 아니다. 왜냐하면 두 사건 사이의 시공간 간격이 공간 같음이기 때문에 인과적인 정보교환이 이루어졌을 가능성이 없기 때문이다. 두 사건 사이에 신호가 전달되려면 1년이 아니라 최소 4년이라는 시간이 필요하다. 프록시마 센타우리 외계인의 패션은 그저 우주적 우연에 불과한 사건이다.

특수상대성이론을 시공간을 배경으로 하는 4차원 이론으로 표현함으로써 민코프스키는 시간지체와 길이수축을 공간을 시간으로 바꾸는 회전으로 이해할 수 있음을 보여주었다. 시공간 간격을 풍향계 비슷한 것으로 생각하면 이런 회전이 어떻게 일어나는지 이해할 수 있다. 이 풍향계에서 북쪽은 시간을 나타내고 동쪽은 공간을 나타낸다. 서로 다른 두 관점을 오가는 것은 풍향계를 동북동에서 북북동으로 돌려서 동쪽 요소 중 일부를 제거하고 대신 그것을 더 많은 북쪽 요소로 대체하는 것과 비슷하다. 그와 유사하게 시공간 간격을 회전시키는 것도 두 사건 사이의 공간적 거리를 일부 줄이면서 두 사건 사이의 시간적 거리는 늘릴 수 있다. 민코프스키는 1908년 쾰른에서 열린 '80차 독일 자연과학자 및 물리학자 회의'에서 자신이 발견한 것을 의기양양하게 발표하며 그 혁명성을 강조했다.

* 우리와 가장 가까운 별이다.

"제가 여러분 앞에 선보이고 싶은 공간과 시간에 대한 관점은 실험물리학의 토양에서 나온 것이고, 장점도 거기에 있습니다. 이것은 급진적인 관점입니다. 이 시간 이후로 공간 그 자체와 시간 그 자체는 한낱 그림자로 사라져가게 될 것이며, 오직 그 둘을 통합한 것만이 독립적인 정체성을 보존하게 될 것입니다."[12]

아인슈타인은 처음에는 민코프스키가 재공식화한 자신의 이론이 이해하기 너무 어렵다며 무시해버리지만, 몇 년 후에는 그도 이 재공식화 이론이 보여준 탁월함에 빠져든다. 이는 아인슈타인의 사고방식에도 심오한 영향을 미쳐 그가 물리학을 발전시키려면 고등수학이 대단히 중요하다는 점을 깨닫는 데 도움을 준다.

민코프스키가 재공식화 이론을 발표한 해인 1908년 아인슈타인은 하빌리타치온 학위를 받고 베른대학교에서 학생들을 가르치기 시작한다. 그리고 그 다음해에는 취리히대학교의 교수로 임명된다. 그곳에서 그는 특수상대성이론의 속편을 세심하게 계획하기 시작했다. 바로 일반상대성이론이라는 포괄적 중력 이론이다. 이 속편을 만들기 위해서는 고등수학에 대한 자신의 편견을 다시 생각해야 할 것이다. 이제 그는 어린 시절의 한계를 뛰어넘을 때가 되었다. 유클리드 평면 기하학을 설명한 낡은 기하학 책은 어린 아인슈타인에게 큰 도움이 되었지만, 아인슈타인이 자신의 이론을 발전시키기 위해서는 비유클리드 기하학과 4차원을 받아들여야 했다.

아인슈타인의 진전은 다시 슈뢰딩거에게 영감을 불어넣었다. 어린 시절의 슈뢰딩거가 이모와 '행성의 춤'을 추며 보여주었던 천문학에 대한 관심이 더욱 무르익어 중력에 상대론적으로 접근하는 데 대한 흥미로 이어졌다. 이 두 사람은 전쟁, 경제붕괴, 정치적 혼란, 그리고 또 다른 전쟁으로 이어지던 유럽의 격동기 한가운데서 이론적 질문에 답하기 위해 매달리고 있는 자신의 모습과 마주하게 될 것이다.

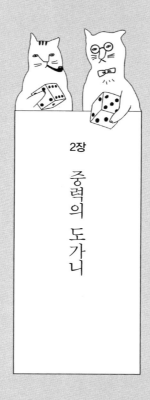

2장

중력의 도가니

루턴의 한 애국적인 바이올린 작곡가가
장송 행진곡을 작곡하여 약음기弱音器를 낀 채로 연주했다.
그의 말대로 한 유대-스위스 계 튜턴 사람이
뉴턴의 《프린키피아》를 부분적으로
폐기했음을 기록하기 위함이다.

– 1919년 《펀치》에 발표된 리머릭[1]*

---

* Limerick, 아일랜드에서 유행하던 5행시를 가리킨다.

뉴턴의 중력 이론은 단순함에 있어서는 우아했지만, 아인슈타인은 이것이 근본적인 면에서는 매력적이지 못하다 느꼈다. 뉴턴의 중력 이론은 중력을 멀리 떨어진 두 질량 사이의 보이지 않는 즉각적인 연결로 취급했다. 이유는 알 수 없으나 눈에 보이지 않는 중력의 실이 천체의 우주 속 운동을 인도하고 있다는 것이다. 자연은 측정 가능하고 관찰 가능해야 한다는 마흐의 주장과 뜻을 같이 했던 아인슈타인은 더욱 심오한 설명을 찾아내려 했다.

더군다나 특수상대성이론은 인과적 정보교환의 빠르기에 상한선을 정해 놓았다. 바로 광속이다. 뉴턴의 이론은 그런 규칙을 따르지 않는다. 이 이론의 예측에 따르면 태양이 사라지면 지구는 곧장 직선 경로로 움직일 것이다. 마지막 햇빛이 지구에 도착하기도 전에 말이다. 태양이 사라졌다는 소식이 아직 전달되지도 않았는데 지구가 어떻게 자기가 직선으로 움직여야 한다는 것을 알 수 있다는 말인가? 따라서 아인슈타인은 중력이 상대성이론의 언어로 재구성되어야 함을 깨달았다.

장field의 개념을 바탕으로 전자기 현상에 접근했던 맥스웰의 열렬한 지지자였던 아인슈타인은 그와 비슷하게 중력의 장이론을 만들어내고 싶었다. 장이란 공간 속 각각의 점에서 특정 값을 갖는 힘의 잠재적 효과를 나타내는 함수다. 특정 위치에서 장의 세기를 알면 한 입자가 그곳에 위치했을 때 얼마나 큰 힘을 경험할지 판단하는 데 도움이 된다. 예를 들면 전기장은 주어진 어느 장소에서 전자, 양성자, 혹은 다른 전하를 띤 물체가 얼마나 큰 전기력을 느낄지 말해준다. 자기장은 자기력에 대해 그와 같은 역할을 한다.

바다 전체의 파도의 세기와 방향을 나타내는 장을 생각해보자. 운이 억세게 나쁜 어떤 뱃사람이 그 장이 예외적으로 강한 장소에 들어가면 그 사람은 자기 배가 압도적인 힘에 흔들리며 항해 경로를 이탈하고 있음을 알게 될 것이다. 그 뱃사람은 이 강력한 파도의 근원이 해저 지진인지, 아니면 다른 무엇인지 알지는 못해도 이 무시무시한 힘을 몸소 체험할 것이다. 따라서 교란의 원인이 먼 거리에 있다 해도 장이 그 전달자로 작용할 것이고 그 영향력은 국소적일 것이다.

힘의 강도가 물체들 사이의 거리의 제곱에 반비례하는 등 전자기력과 중력 사이에 놀라운 유사성이 있음을 이해하고 있던 아인슈타인은 1910년대 초반에 중력장의 방정식을 찾아내기 위한 작업에 착수한다. 그리고 그 결과로 나온 것이 위대한 일반상대성이론이다. 힘들 사이의 유사성을 밝혀냄으로써 그는 힘의 통일을 위한 궁극적인 노력이 펼쳐질 무대를 마련한다.

힘의 통일을 위해 고투를 이어가던 아인슈타인은 빈으로 가 그동안의 경과를 보고한다. 학회에서의 그의 강연은 당시 20대 중반이던 젊은 슈뢰딩거의 마음을 뒤흔들었고, 그로 하여금 빛과 방사선의 측정 가능한 속성 같은 실용적인 주제로부터 중력의 수수께끼와 우주 그 자체의 속성 같은 보다 근본적인 질문으로 관심을 돌리게 만든다. 아인슈타인이 이끌어낸 전자기력과 중력의 상관관계는 먼 훗날 슈뢰딩거가 자연의 힘을 통일하는 이론을 찾아내는 일에 쏟아부을 관심의 씨앗이 된다. 1913년 빈 학회는 학자로서의 슈뢰딩거의 경력에서 큰 전환점이 된다. 슈뢰딩거는 아인슈타인이 자신의 역할 모델로 있는 한 우주의 그 무엇도 자신의 똑똑한 머리로 이해 못할 것이 없어 보였다.

쇠퇴를 앞둔
제국의 수도에서

오스트리아-헝가리 제국의 빛나는 수도는 그 영광을 곧 잃게 될 참이었다. 그 중심에서 타오르던 불꽃이 이제 꺼지고 그 속국의 백성들은 타다 남은 잉걸불처럼 바람에 내맡겨질 운명이었다. 제국의 몰락은 일식처럼 신속하고도 완전하게 찾아왔다. 하지만 모든 것이 끔찍하기만 했던 것은 아니다. 그런 암흑의 순간에는 밝은 대낮에는 결코 보이지 않던 별들이 영광스럽게 반짝일 기회를 얻는다.

합스부르크 시는 파티를 열고 있었다. 이 축제와 같은 지성인들의 모임은 결국 저물어가는 빈의 황금기에게 보내는 작별인사였다. 이 모임에는 독일어를 구사하는 유럽 최고의 과학자 수천 명이 초대되었다. 프라하에서 부다페스트, 그리고 베를린에서 취리히까지 젊거나 나이 든 과학자들이 입자, 원자, 빛, 전기, 통계물리학, 그리고 그밖의 다른 주제들을 다룬 깜짝 놀랄 새로운 이론들에 관한 강의를 듣기 위해 모여들었다. 부재로 인해 오히려 눈에 띄는 사람들도 있었다. 플랑크, 그리고 뮌헨 물리학연구소의 존경받는 소장 아르놀트 조머펠트는 모임에 참가하지 않았다. 하지만 물리학의 새로운 발견을 위한 열정 덕분에 오스트리아-헝가리 제국의 물리학이 춘 마지막 왈츠는 기억에 남을 만한 경축행사가 되었다.

그해 독일 자연과학자 및 물리학자 회의는 호화롭기 그지없었다. (민코프스키가 그보다 5년 전 쾰른에서 강연했었던 바로 그 학회다.) 이 학회는 1913년 9월 21일부터 28일까지 볼츠만가세라는 작은 거리 근처에 있는 빈대학교 물리학연구소의 새 본부에서 열렸다. 프란츠 엑스너는 이 연구소 소장으로 계속 남는 조건으로 새로운 건물을 지어달라고 고집을 부렸었다. 건물 대강당에서 강연이 진행된 뒤 7,000명이 넘는 학회 참가자들에게는 궁중에서 주최하는 호화 리셉션이나 빈 시에서 주최하는 연회, 또는 빈의 물리학자들이 직접 마련한 우아한 파티에 참여할 수 있는 선택권이 주어졌다. 분명 식사 대접이 소홀하다고 불평한 사람은 없었을 것이다.

토론주제로는 방사선과 원자물리학이 대유행이었다. 강연자들 중에는 가이거 계수기의 발명자이자, 뉴질랜드 태생의 유명한 물리학자 어니스트 러더퍼드의 공동연구자였던 독일 물리학자 한스 가이거가 있었다. 1909년 맨체스터대학교에서 러더퍼드의 지도 아래 가이거와 어니스트 마르스덴은 원자의 존재를 입증하기 위해 예술적으로 설계된 실험을 진행했다. 이들은 금박에 알파입자(방사선의 한 형태로 헬륨의 원자핵이다)를 퍼부은 후 거의 모든 입자가 아무런 방해 없이 금박을 통과한 것을 알 수 있었다. 하지만 그중 소수의 어떤 입자는 벽에 튕겨 나오는 공처럼 날카로운 각도로 되튀어 나왔다. 이 특별한 결과로부터 러더퍼드는 원자가 대부분 빈 공간으로 이루어져 있지만, 그 안에 원자핵이라는 양전하를 띤 작은 중심부를 가지고 있다고 추론했다.

러더퍼드는 1911년 음전하를 띠는 전자가 양전하를 띠는 원자핵 주위를 도는 태양계 비슷한 원시적인 원자 모형을 제시했고, 이 모형은 원자에 대한 개념을 근본적으로 바꾸어놓았다. 이제 원자를 더 이상 쪼갤 수 없는 작은 구슬처럼 속이 꽉 찬 존재로 생각할 수 없게 되었다. 그보다는 대부분 진공으로 이루어진 복잡한 물체로 생각해야 했다. 이 모임에서 가이거는 알파입자와 베타입자(또 다른 유형의 방사선으로 훗날 전자임이 밝혀졌다)를 검출하는 실용적인 방법에 주로 초점을 맞춰서 강연했다.

엑스너 물리학연구소와 그 근처에 있는 라듐연구소에서 일하는 젊은 연구자 슈뢰딩거는 방사선을 검출하는 일에도 흥미를 느끼고 있었다. 이보다 한 달 전에 슈뢰딩거는 대기 중에서 라듐-A라는 라듐붕괴 산물의 양을 기록하기 위해 잘츠부르크 근처 오베르트루메 호수에 있는 시함이란 마을에 갔었다. 채집통과 전위계를 이용해 거의 200번 정도 측정하면서 그는 대기 속 라듐-A의 양이 시간이 경과함에 따라 어떻게 달라지는지 계산해보았다. 그런데 그가 계산한 바에 따르면 이상하게도 라듐-A는 그 양이 정점에 도달했을 때도 대기 중 방사선에서 차지하는 비율이 크지 않았다. 슈뢰딩거의 판독내용과 이밖의 다른 판독내용들을 바탕으로 여러 과학자들이 결론 내리길 나머지 방사선은 감마선 같은 다른 원천에서 공급되는 것이 분명했고, 연구자들은 이런 추가적인 방사선의 원천이 될 수 있는 것이 무엇인지 조사하고 있었다. 이 9월 말의 학회 주제는 슈뢰딩거의 연구와도 관련이 있었고, 마침 그의 본가가 있는 도시에서 열렸기 때문에 그에게는 더할 나위 없이 완벽한 학회였다.

그는 방사능, 원자핵, 그리고 그와 관련된 주제들에 대한 최신의 연구결과에 귀 기울일 수 있었다. 독일 할레의 천체물리학자 베르너 콜홀스터도 그런 강의를 했는데, 그 강의에서는 방사능 감지장치를 장착한 풍선을 지상 몇 킬로미터 위에 띄워 올린 실험이 소개되었다. 그는 앞서 이루어졌던 오스트리아의 물리학자 빅터 헤스의 연구결과가 사실임을 확인하면서 높은 고도에서는 외계에서 온 것으로 보이는 '투과성 방사선'*이 크게 증가한다고 보고했다. 지금은 지구 바깥에서 온 이 방사선을 '우주선宇宙線, cosmic ray'이라고 부른다. 이 학회에서 이런 내용이 사실로 밝혀졌기 때문에 과학사가 작디쉬 메흐라와 헬무트 레켄베르그는 이 학회가 '우주 방사선의 생일'이라고 주장했다.[2]

* 투과력이 강한 방사선을 말한다.

아인슈타인을 비롯해 수많은 참가자들은 그해 초 보어가 제안했던 놀라운 원자구조 이론에 대해 이 학회에서 처음으로 알게 되었다. 아인슈타인은 보어의 업적을 두고 '가장 위대한 발견 중 하나'라고 생각했다.[3] 강연 중에는 보어의 원자 모형에 대해 구체적으로 언급한 것이 없었지만 대성공에 환호하는 목소리가 헝가리 물리학자 게오르게 데 헤베시의 개인적 설명을 통해 비공식적으로 전해졌다. 그는 이 원자 모형의 발전과정을 직접 목격했던 인물이다. 보어가 객원 박사후과정 학생으로 러더퍼드와 함께 연구하고 있던 1912년 데 헤베시는 맨체스터에 있었다. 그는 보어와 러더퍼드가 공동연구를 통해 원자론에서 가장 중요한 결실을 낳는 과정을 지켜보았다. 그리고서 데 헤베시는 빈의 라듐연구소에 자리를 잡았는데, 이 자리는 보어의 연구에 대한 흥미진진한 소식에 귀를 쫑긋 세우고 있는 학회 참가자들에게 그 내용을 전하기에 아주 안성맞춤인 자리였다.

보어는 러더퍼드가 주장한 원자의 '행성' 모형을 받아들인 다음, 원자에서 나타나는 구조의 안정성과 스펙트럼선spectral line 패턴을 설명하기 위해 양자 개념을 채용했다. 액면 그대로 보면 전자는 원자핵 주변에서 안정된 궤도로 돌 수 없다. 음전하를 띤 전자는 양전하를 띠는 원자핵에 전기적 인력으로 끌리기 때문에 결국에는 나선 궤도를 그리며 중심부를 향해 추락하면서 복사를 방출해야 옳다. 고전물리학에 따르면 이 복사의 진동수는 궤도의 진동수와 동조되어 있어야 한다.

하지만 이런 일은 전혀 일어나지 않는다. 원자는 비교적 안정된 상태를 유지하고 있다. 전자가 안정된 궤도에 남아 있기를 좋아하는 이유를 설명할 무언가가 필요했다. 보어는 현명하게도 전자의 각운동량이 ħ(하바)로 알려진 상수의 정수배에 해당하는 불연속적인 값만을 가질 수 있다고 추론했다. (ħ는 플랑크 상수를 2π로 나눈 값으로 정의된다.) 바꿔 말하면 각운동량도 에너지처럼 양자화되어 있다는 말이다.

각운동량은 물체의 질량, 속도, 궤도반지름으로 결정되는 물리량이다. 이것은 어떤 물체가 회전할 때 발생한다. 이를테면 발레 무용수가 피루엣*을 하거나 은하계가 공전을 하면 각운동량이 발생한다. 고전물리학에서는 이것이 연속적인 값을 갖는 매개변수다. 어떤 값이라도 가질 수 있다는 의미다. 만약 무용감독이 무용수에게 자기 파트너를 조금 더 빨리 돌리라고 하면, 그 무용수는 파트너의 손을 조금 더 세게 당겨 추진력(토크^{torque})을 가함으로써 파트너의 각운동량을 증가시킬 수 있다.

놀랍게도 보어는 전자가 원자핵의 주위를 임의의 속도나 임의의 궤도반지름으로 공전할 수 없음을 알아냈다. 전자는 특정의 유한한 에너지 덩어리와 각운동량 덩어리를 삼키거나 내뱉음으로써만 자신의 상태를 바꿀 수 있다. 따라서 전자라는 무용수는 자신의 위치와 속도를 연속적으로 조정하는 것이 아니라 나이트클럽의 번쩍이는 섬광등 아래서 움직이는 것처럼 한 위치에서 또 다른 위치로 갑작스럽게 움직인다.

광자가 흡수되거나 방출될 때마다 전자의 에너지 준위$^{energy\ level}$

---

* 한 발을 축으로 하여 팽이처럼 도는 춤동작을 가리킨다.

에 변화가 생긴다. 광자의 에너지는 그 진동수에 플랑크 상수를 곱한 값이다. 전자는 광자를 흡수하거나 방출할 때마다 이 에너지 양자를 얻거나 잃는다. 보어가 입증해 보였듯이 놀랍게도, 복사된 광자의 진동수는 전자의 궤도진동수(전자의 초당 공전횟수)와는 아무런 상관도 없다. 광자의 진동수는 독립적인 값으로, 광자가 일으키는 에너지 준위의 도약 크기하고만 관련되어 있다.

보어의 각운동량 및 에너지 양자 가설 덕분에 수소 원자에서 전자의 궤도반지름과 에너지 준위를 처음으로 정확하게 예측할 수 있게 되었다. 보어의 가설은 '원자 태양계'를 위한 '케플러의 법칙'(행성의 운동을 설명하는 법칙)을 마련해주었다. 이 가설은 분명 불완전한 것이었지만 기존의 자료와 아주 잘 맞아떨어졌다. (이 가설은 수소 원자만을 다루고 있고, 각운동량과 에너지의 양자화를 가정한 데 대한 근거도 제시하지 않았다.) 이 가설의 정당성을 입증해줄 시금석은 이것이 수소 스펙트럼선의 파장을 설명하는 뤼드베리 공식과 일치하느냐 하는 것이었는데, 보어의 가설은 이를 멋지게 통과한다.

1888년 스웨덴의 물리학자 요하네스 뤼드베리가 제안한 뤼드베리 공식은 원자 스펙트럼의 파장 패턴을 추론하는 데 사용하는 간단한 알고리즘이다. 이 공식은 라이만Lyman 계열, 발머Balmer 계열, 파셴Paschen 계열 등 수소의 스펙트럼에서 나타나는 몇몇 스펙트럼 계열들을 예측한다. 보어는 이 계열들과 뤼드베리 공식의 일반 공식이 수소 원자의 전자와 광자에 관한 자신의 가정으로부터 정확하게 유도되어나옴을 입증해 보였다. 스펙트럼선 각각의 파장이 전자가 서로 다른 두 에너지 준위 사이를 전이^{transition}할 때 나오는 광자에서 예상되는 파장과 일치했던 것이다.

보어의 모형을 지금은 '낡은 양자론'이라고 부른다. 그가 임시변통으로 내놓았던 가정들은 원자에 대한 우리의 이해를 발전시켰지만, 알려진 그 어떤 물리학적 원리로도 이 가정들을 설명할 방법이 없었다. 양자론은 1920년대에 슈뢰딩거, 루이 드 브로이, 베르너 하이젠베르크 등 여러 사람들의 연구가 있고 나서야 더욱 확고한 기반을 마련할 수 있었다.

빈 학회에서의
일반상대성이론

1913년 빈 학회에서 가장 기대를 모았던 강연은 '중력문제의 현 상황'이라는 제목으로 9월 23일 목요일 아침에 있었던 아인슈타인의 강연이다. 1년 동안 여러 놀라운 논문들을 발표한 이 사람이 자신의 새로운 이론에 대해 강연하는 것을 들으려는 사람들로 대강당은 발 디딜 틈이 없었다. 아인슈타인은 청중을 실망시키지 않았다. 그는 자신의 가장 중요한 과학 강연 중 하나를 청중들에게 선보였다. 뉴턴의 법칙을 초월해서 중력을 새롭게 설명할 아이디어를 요약해 발표한 것이다. 아인슈타인은 자신의 강연에 마흐의 철학도 감질나게 한 입, 고등수학도 한 줌 곁들이고, 일식 동안 별빛에 일어날 변화에 대해서도 매혹적인 예측을 내놓는 등 굶주린 청중에게 우아한 일반상대성이론으로 정리될 개념들을 맛보여주었다.

아인슈타인은 전자기력의 간단한 역사 이야기로 강연을 시작했다. 전하 사이의 전기력에 적용되는 쿨롱의 역제곱법칙이 제일 먼저 등장했다. 그는 19세기에 패러데이와 다른 여러 과학자들의 기여로 전기와 자기 사이에 심오한 상관관계가 있음이 밝혀지고, 이것이 결국 맥스웰의 방정식을 낳았음을 보여주었다. 아인슈타인은 이 방정식이 한때는 서로 관련이 없어 보이던 두 가지 자연현상을 하나의 이론으로 통일함으로써 일종의 통일장이론을 형성하고 있음을 강조했다. 그는 맥스웰의 방정식이 진공에서의 빛의 속도를 '소통'의 최고 한계속도로 설정하고 있음을 지적했다. 상대속도에 대한 고전물리학적 개념들을 불변의 광속이라는 새로운 실재에 맞춰 수용하기 위해 세상에 나온 것이 특수상대성이론이다.

아인슈타인은 이제 자연의 다른 기본 힘인 중력과 씨름해야 할 때가 왔다고 주장했다. 그 당시 중력은 쿨롱의 법칙이 나왔을 때 전기가 처해 있던 단계와 비슷한 단계에 머무르고 있었다. '원격작용'이라는 개념을 포함하고 있던 뉴턴의 중력의 역제곱법칙은 쿨롱의 개념과 비슷하면서 그와 마찬가지로 불완전한 법칙이었다. 아인슈타인은 중력을 비롯해 자연의 모든 힘을 아우르는 동시에 상호작용이 아주 먼 거리를 가로질러 즉각적으로 일어난다는 낡은 개념을 포함하지 않는 완전한 장이론을 개발할 때가 되었다고 강조했다. 특수상대성이론에 따르면 중력은 멀리 떨어진 두 질량체 사이에서 즉각적으로 전달될 수 없다. 상호작용은 분명 광속보다 빠른 속도로 일어날 수 없다. 따라서 중력은 자연이 설정한 최고 한계속도를 따르는 국소장 이론^{local field theory}으로 새롭게 틀을 설정할 필요가 있었다.

전자기력과 중력의 유사성을 밝힘으로써 분명 아인슈타인은 그 양쪽 모두를 통일해서 설명할 이론의 씨앗을 심고 있었다. 아인슈타인은 서로 다른 자연의 힘을 융합한 맥스웰의 프로그램에 중력을 섞어 넣어 그 프로그램을 계속 이어가기를 원했다. 우선은 중력 그 자체를 설명하는 것이 첫 단계가 될 것이다.

슈뢰딩거는 장차 자신의 멘토가 될 사람이 하는 말을 하나도 놓치지 않기 위해 귀 기울이고 있었다. 자연의 힘들 사이의 심오한 상관관계를 설명하는 아인슈타인의 수정처럼 명료한 강연은 슈뢰딩거로 하여금 이론물리학이 가진 놀라운 가능성에 눈을 뜨게 해주었다. 이후 슈뢰딩거는 그 어떤 종류의 문제라도 자신이 도전하지 못할 것은 없고, 당시 그가 초점을 맞추고 있었던 대기 중 방사능 측정보다 훨씬 더 폭넓은 우주적 질문에 덤벼들 수 있을 거라 느꼈다. 당시 슈뢰딩거는 자연의 힘들을 통일하겠다는 아인슈타인의 야망이 어디까지를 대상으로 잡고 있는지 이해하는 몇 안 되는 과학자들 중 한 명이었다. 그는 훗날 이렇게 썼다.

"아인슈타인이 구상해서 제시한 개념은 처음부터 중력만이 아니라 모든 종류의 역학적 상호작용을 아우르고 있었다. 나중에 이러한 개념을 일반화하기 위해 수없이 많이 시도하는 과정에서 그렇게 된 것이 아니다."[4]

슈뢰딩거는 물리학에서 더욱 커다란 야망을 품게 된 것과 함께 곧 철학에 관해서도 폭넓은 독서를 하게 되었다. 그의 눈은 자연에서 통일성의 흔적을 찾아내는 일에 초점을 맞췄다. 그 뒤로 통일의 원리를 연구하는 과정에서 그는 19세기 독일의 철학자 쇼펜하우어, 동양의 신비주의자들, 그리고 우주의 밑바탕을 설명하려 했던 여러 사람들의 글로 눈을 돌렸다.

아인슈타인이 마흐의 철학에 흥미를 느끼는 이유를 슈뢰딩거는 분명 잘 이해할 수 있었을 것이다. 당시 마흐는 병약하고 은퇴한 지도 오래된 상태였지만 여전히 과학에 적극적으로 관심을 갖고 있었다. 아인슈타인은 뉴턴의 관성계 개념에 대한 마흐의 비판('절대공간'에 대해 일정한 속도) 그리고 멀리 떨어져 있는 별들의 인력이 관성을 불러온다는 마흐의 애매모호한 대안 개념을 엮어서 질량과 관성 사이의 구체적 관계를 만들어냈다. 아인슈타인이 마흐의 개념을 해석한 바에 따르면 우주에 존재하는 모든 천체의 질량이 총체적으로 작용해 사물에 영향력을 행사하고, 이 영향력 때문에 그 물체들은 자연스럽게 일정한 속도로 직선운동을 하게 된다. 따라서 관성이란 우주에 존재하는 물질의 분포로부터 야기되는 종합적인 영향력이다. 야간에 가로등들의 영향력이 합쳐져 어둑하고 희뿌옇게 안개 낀 듯한 모습이 나타나는 것과 비슷하다. (학회에서 진행되는 강연이 없는 시간이면 아인슈타인은 마흐의 아파트에 찾아가 회색 수염을 한 이 노년의 철학자와 서로의 과학적 관심사에 대해 대화를 나누었다.)

자신의 강연 중 가장 기술적인 부분에 들어간 아인슈타인은 그로스만과 함께 수학적 형식으로 개발해 놓은 자신의 개념을 요약해 설명했다. 이 개념은 우주 안에서의 질량 분포를 우주의 4차원 기하학과 연결하고, 결국에는 우리가 중력가속도라 부르는 형태로 나타나는 물체의 국소적 운동으로 연결하기 위해 개발된 것이다. 그는 자신의 이론이 관성질량^{inertial mass}(물체가 힘에 반응해서 가속되는 방식)과 중력질량^{gravitational mass}(물체가 중력을 통해 다른 물체에 끌어당겨지는 방식)이 완전히 동등하다는 개념을 바탕으로 하고 있다고 설명했다. 이것은 결국 운동방정식에서 물체 자체의 질량이 상쇄되는 결과로 이어진다. 이 말은 곧 공간 속의 어느 한 지점에서 질량을 가진 모든 물체는 똑같은 행동을 나타낼 것이라는 의미다. 따라서 한 물체의 행동을 지배하는 것은 그 물체의 위치, 그리고 우주의 질량 분포에 의해 형성되는 그 지점에서의 공간의 기하학이다.

아인슈타인 강연의 정점은 태양에 의해 별빛이 휘어진다는 과감한 예측을 내놓은 것이다. 이것은 검증할 수 있는 예측이었다. 그는 태양의 중력이 그 주변 공간의 기하학적 구조를 휘어놓기 때문에 (외부 관찰자의 시점에서 볼 때) 그 근처를 지나는 모든 것이 휘어진 경로로 움직일 것이라 예언했다. 멀리 떨어진 별에서 방출된 빛이라도 태양 근처를 지나는 동안에는 휘어지리라는 것이다. 이 별빛을 거꾸로 추적해보면 이 별의 겉보기 위치가 태양의 질량이 존재하지 않는다고 가정했을 때 보이게 될 위치와 다르다는 것을 알게 될 것이다. 일반적으로 낮에는 별을 볼 수 없기 때문에 빛을 휘게 하는 중력의 영향을 관찰하기 힘들다. 하지만 아인슈타인은 개기일식이 일어나는 동안에는 별의 위치 변화를 분명하게 관찰할 수 있으리라 지적했다. 그는 그로부터 머지않은 1914년 8월 유럽 동부에서 일어날 개기일식에서 이 왜곡의 정도를 측정하여 자기 이론이 예측한 내용과 비교해볼 것을 제안했다.

빈 학회는 물리학자로서의 슈뢰딩거의 경력에 심오한 영향을 미쳤다. 그는 방사능 측정실험에서 이론적인 부분으로 방향을 틀어 물리학에 대한 근본적인 질문을 탐구하기 시작했다. 하지만 그가 원자물리학과 중력, 그리고 학회에서 접했던 다른 주제들에 대한 연구로 깊숙이 파고들기도 전에 운명이 그의 삶에 개입해 들어온다.

1914년 6월 28일 보스니아 사라예보를 방문한 오스트리아-헝가리 제국의 황태자 프란츠 페르디난트 대공 부부가 세르비아 민족주의자 가브릴로 프린치프의 총격을 받아 사망하는 사건이 벌어진다. 그리고 한 달 후 제1차 세계대전이 벌어지고 슈뢰딩거는 징집명령을 받는다. 그는 포병 중대 지휘 등 다양한 임무를 수행하며 이탈리아 전선에서 충실하게 군복무를 했다. 독일은 오스트리아-헝가리 제국의 편에 서서 전쟁에 참가했는데, 아인슈타인은 무력 충돌에 단호하게 반대하며 참여를 거부했다.

1917년 봄에 빈으로 돌아온 슈뢰딩거는 친구 한스 티링과 함께 기상학 연구를 하며 병역 의무를 이어갔다. 안타깝게도 전쟁 때문에 슈뢰딩거의 학문 경력은 3년 정도 늦춰졌다. 젊은 연구자에게는 좌절감이 느껴질 정도로 긴 시간이다. 빈으로 돌아온 슈뢰딩거는 이론적 연구와 가르치는 일을 다시 시작해 잃어버린 시간을 만회할 수 있기를 간절히 바랐다.

전쟁 때문에 아인슈타인이 예언한 빛의 휘어짐에 대한 검증도 뒤로 미뤄졌다. 클라인의 학생이자 아인슈타인 이론의 열렬한 추종자인 독일의 천체물리학자 에르빈 핀라이-프로인틀리히는 이 현상을 기록하겠다는 희망을 품고 가장 뚜렷한 일식이 예정되어 있던 크림반도로 탐험을 떠난다. 하지만 그는 측정을 시작하기도 전에 러시아군에게 붙잡혀 전쟁포로로 억류되고 만다. 전쟁이 끝나고 아인슈타인의 가설이 옳다는 검증이 이루어지기까지 다시 5년의 세월이 걸린다. 그리고 그동안 아인슈타인은 자신의 중력 이론 개발을 이어간다.

내 삶에서
가장 행복한 생각

일반상대성이론의 기원을 추적해보면 1913년 학회보다 훨씬 이른 시기로 거슬러올라간다. 특수상대성이론이 발표되고 2년밖에 지나지 않은 1907년 아인슈타인에게 훗날 '내 삶에서 가장 행복한 생각'이라 부르게 될 생각이 머리에 떠올랐다. 그는 이렇게 회상했다.

"나는 베른의 특허청 사무실 의자에 앉아 있었다. 그런데 갑자기 어떤 생각이 번뜩하고 떠올랐다. 자유낙하를 하는 사람은 자신의 무게를 느끼지 못하리라는 것이다. 나는 깜짝 놀랐다. 그 간단한 사고실험은 나에게 깊은 인상을 남겼다. 이 생각이 나를 중력의 이론으로 이끌었다."[5]

아인슈타인은 등가원리principle of equivalence를 우연히 떠올린 것이다. 등가원리는 일반상대성이론의 밑바탕이 된 간단하면서도 강력한 개념이다. 이 개념은 관성질량이 중력질량과 동등하기 때문에 모든 물체가 다른 외력이 없는 순수한 중력 아래서 똑같이 가속된다는 개념에서 유도되어 나온다. 갈릴레오가 이것이 사실인지 확인하려고 피사의 사탑에서 돌과 깃털을 떨어뜨려보았다는 이야기가 전해진다. 자유낙하하는 물체는 정확히 중력가속도로 아래를 향해 가속하므로 무게가 나가지 않는 것처럼 보인다. 물체를 저울 위에 올려놓고 함께 떨어뜨리면 물체와 저울 모두 똑같은 속도로 떨어져서 저울이 물체의 무게를 느끼지 못한다. 롤러코스트가 아래로 급속도로 떨어질 때도 거기에 탄 사람들은 자신의 무게가 사라지는 듯한 느낌을 받는다.

아인슈타인은 공기 저항 등 다른 힘이 전혀 개입하지 않는다고 가정하면 자유낙하하는 물체를 정지해 있는 물체와 구분할 수 있는 그 어떤 물리실험도 존재하지 않는다고 함으로써 이 개념을 한 단계 더 진전시켰다. 따라서 놀이공원에서 자유낙하 놀이기구를 타고 곧장 아래로 곤두박질치고 있는 소녀가 볼링핀을 저글링하거나 카드섞기를 하거나 블록쌓기 놀이를 하고 있다면, 정지상태에서 그와 같은 일을 할 때와 마찬가지로 쉬우면 똑같이 쉽고 어려우면 똑같이 어려울 것이다. 모든 것이 그 소녀와 정확히 똑같은 속도로 가속되기 때문이다.

영리하게도 아인슈타인은 자유낙하 좌표계들을 각각 정지해 있는 것처럼 취급하면 그로부터 포괄적인 중력 이론을 짜맞춰 만들어낼 수 있다는 사실을 깨달았다. 그는 각각의 좌표계 안에서는 그곳의 물체들이 외력에 의해 방향이 바뀌지 않는 한 직선 경로로 움직이리라 생각했다. 하지만 또 다른 좌표계에서 바라보면 이 직선은 휘어진 것처럼 보일 수도 있다. 물체들이 중력 때문에 휘어진 경로를 따르는 것처럼 보이는 이유도 이 때문이다. 우리가 그 물체들의 운동을 그들의 좌표계가 아니라 우리의 좌표계를 기준으로 바라보기 때문이다.

이 원리를 이해하기 위해 1장에 나왔던 '빛의 탁구놀이'로 돌아가보자. 우주선의 승객이 투명한 우주선의 한쪽 벽에 걸어놓은 거울에 광선을 튕기고 있고, 그 동생은 지구에서 초초초강력 망원경으로 그 모습을 지켜보고 있다고 상상해보자. 이제 그 우주선이 행성을 향해 자유낙하를 하고 있다. 우주선 승객의 관점에서 보면 광선은 우주선을 완벽한 직선 경로로 가로지르게 된다. 만약 그가 우주선 바닥에서 1미터 떨어진 높이에서 수평으로 빛을 쏘면, 이 빛은 마찬가지로 거울에도 1미터 높이에서 닿을 것이다. 하지만 동생의 관점에서 보면 우주선은 낙하하고 있기 때문에 빛도 아래 방향으로 휘어진다. 빛이 거울에 도달할 즈음이면 우주선과 거울은 훨씬 더 아래로 떨어진 상태일 것이다. 따라서 빛은 높은 지점에서 출발했어도 거울 표면에 도착할 때는 훨씬 낮은 지점에서 만나기 때문에 휘어진 경로를 갖게 된다.

이런 현상 때문에 아인슈타인은 확고한 기하학적 틀로 자신의 이론을 보강해줄 수학적 기술을 갖추기 전에도 일식현상 동안 태양 근처에서 별빛이 휘어지리라는 예측을 내놓을 수 있었다. 처음에 그는, 이를테면 지점 별로 빛의 속도가 달라지게 만드는 개념 등을 통해 특수상대성이론을 좀더 온건하게 손볼 생각이었다. 하지만 자신이 바라는 대로 작동하는 수학적 방법을 얻을 수가 없었다. 그래서 그는 거리계산을 위한 공식의 요소인 계량^{metric}을 바꾸는 등 좀 더 정교한 수학적 방법론에 대해 생각하기 시작했지만, 아직 이런 계획을 완성할 만한 지식을 갖추지 못한 상태였다.

1912년 하반기에 이르러 아인슈타인은 헝가리의 물리학자 바론 로랑드 외트뵈시가 관성질량과 중력질량의 등가성에 대해 실험한 연구결과가 있음을 알게 됐다. 아인슈타인은 외트뵈시의 광범위한 연구에 대해 알기 전에 그 자신도 그런 실험을 제안한 바가 있었다. 외트뵈시는 수십 년에 걸쳐 비틀림저울^{torsion balance}이라는 장치를 완성해 놓았다. 이 장치는 질량의 관성값과 중력값 사이에 발생하는 아주 미묘한 차이라도 포착할 수 있도록 설계되었다. 외트뵈시는 다양하게 변형된 실험을 하면서 장치의 정확도를 점점 더 향상시켰지만, 둘 사이에서 그 어떠한 차이도 발견할 수 없었다.

외트뵈시의 연구를 통해 아인슈타인은 자신이 '가장 행복한 생각'에서 영감을 받아 내놓은 원리가 그저 추상적 원리가 아니라 자연에 관한 심오하고도 실증적 진리임을 알 수 있었다. 아인슈타인은 자신이 제안한 방정식을 만들어내는 신이라는 개념을 종종 의인화해서 '악마^{Old One}'라고 불렀는데, 이 악마가 결정적인 단서를 남겨놓은 것이다. 스핑크스의 수수께끼 같은 이 중력의 수수께끼를 푸는 것이 바로 그가 해야 할 일이었다.

보편적 법칙을
향해

1년 정도는 취리히대학교에서, 그리고 1년 좀 넘게 프라하대학교에서 연구를 하고 나서 1912년 7월 아인슈타인은 모교인 취리히연방공과대학교에서 교수직을 맡기 위해 취리히로 돌아온다. 아인슈타인이 취리히연방공과대학교에 마음이 끌린 것은 사랑하는 스위스에 머물고 싶은 이유도 있었지만 그곳에 수학 교수로 있던 친구 그로스만과 함께 연구하고 싶었던 이유도 컸다. 새로 얻은 교수직은 일반상대성이론을 발전시키는 데 행운으로 작용했다. 아인슈타인은 고등수학에 관해서는 혼란의 늪으로 빠르게 빠져들고 있었고, 자신을 붙잡아 안전한 곳으로 끌어올려줄 강력한 손길이 필요했다. 아인슈타인의 대학 시절 수학 공부를 도와주었던 바로 그 동기가 결국에는 중력을 기하학적으로 이해하려는 노력에 없어서는 안 될 소중한 존재가 되었다.

그로스만은 물리학에 대해서는 거의 관심이 없었지만 아인슈타인의 프로젝트에 대해서는 큰 열의를 가졌다. 그는 비유클리드 고차원 다양체의 속성을 기술하는 텐서의 조작법을 비롯해 리만의 연구내용에 대해 아인슈타인에게 집중적으로 강의해주었다. (텐서는 일정한 방식으로 변환되는 수학적 대상이고, 다양체는 어떤 수의 차원이라도 가질 수 있는 표면임을 기억하자.) 그는 또한 아인슈타인에게 독일의 수학자 엘빈 크리스토펠, 이탈리아의 수학자 그레고리오 리치쿠르바스트로, 리치쿠르바스트로의 학생 툴리오 레비 치

비타의 논문들도 소개해주었다. 이 사람들은 모두 휘어진 기하학적 구조의 미분학에 기여한 사람들이다.

그로스만의 폭넓은 도움으로 아인슈타인은 자신의 개념을 수학적으로 표현하는 데 따르는 어려움을 극복할 수 있겠다고 새로이 낙관적인 마음을 품게 되었다. 아인슈타인은 자신의 다른 과학적 관심사는 잠시 모두 제쳐두고 열띤 마음으로 이 이론만 파고들었다. 조머펠트가 그에게 뮌헨으로 와서 양자론에 대해 강연해달라고 초청하자 아인슈타인은 사양하며 이런 답장을 보냈다.

"지금 저의 머릿속은 온통 중력문제로 꽉 차 있습니다. 그리고 이곳에 있는 수학자 친구의 도움 덕분에 이 모든 어려움을 극복할 수 있으리라 믿습니다. 하지만 이 한 가지는 분명합니다. 제 생에서 무언가에 대해 이렇게 골치를 썩여본 적은 한 번도 없었고, 수학에 대해서도 대단히 존경하는 마음이 생겼다는 것입니다. 지금까지도 저는 무지했던 탓에 수학의 미묘한 부분들은 그저 순수한 사치에 불과하다고 생각했거든요! 이 문제와 비교해보면 처음에 발표했던 특수상대성이론은 유치해 보입니다."[6]

어느때는 아인슈타인이 저녁에 그로스만의 아파트에 너무 자주 드나드는 바람에 그로스만의 집에서 일하던 나이 많은 가정부는 아인슈타인이 올 때마다 계단을 뛰어내려가 문을 열어주는 일에 지치기도 했다. 때문에 아인슈타인은 그로스만에게 이렇게 부탁했다.

"나이 드신 분이 힘들게 내려올 필요 없게 현관문은 그냥 열어놔."[7]

1년이 되지 않아 아인슈타인과 그로스만은 아인슈타인이 1913년

빈 학회에서 발표할 이론의 예비 버전을 개발해냈다. 역사가들은 이 초기 버전을 '초안^{Entwurf}' 또는 '개요^{outline}'라고 부른다. 이것은 그 즈음에 두 사람이 발표한 논문 〈일반화된 상대성이론과 중력 이론의 개요〉의 제목에서 따온 것이다. 이 초기 버전은 일반상대성이론이 담게 될 요소들의 전부는 아니지만 많은 부분을 담고 있었다.

특수상대성이론에서는 서로에 대해 일정한 속도로 움직이는 관찰자들이 동일한 물리법칙을 경험한다. 예를 들면 맥스웰의 방정식도 양쪽 모두에게 똑같이 나타난다. 일반상대성이론을 공식화하면서 아인슈타인이 핵심 목표로 두었던 것 중 하나는 보편적 법칙이라는 개념을 서로에 대해 가속하고 있는 관찰자들에게로 확장하는 것이다. 관성계와 비가속계를 선호하는 뉴턴 역학과 달리 아인슈타인은 자신의 이론이 모든 계에 보편적으로 적용되는 이론이 되기를 바랐다. 달리다가 서서히 멈추는 기차 위에 차려진 실험실에 있는 연구자나 회전목마처럼 원을 그리며 돌아가는 실험실에 있는 연구자 모두 일반적인 연구시설에서 일하는 연구자와 똑같은 물리학을 이용해 자신의 실험을 기술할 수 있어야 했다. 이것의 수학적 의미는 방정식이, 속도를 높이거나 낮추거나 또는 회전하는 등의 가속 좌표계에서도 비가속 좌표계에서와 똑같은 형태를 가져야 한다는 것이다. 아인슈타인은 이런 조건을 '일반 공변성$^{general\ covariance}$'이라고 불렀다.

안타깝게도 아인슈타인은 좌표계에 독립적이어야 한다는 자신의 목적을 초안이 충족시키지 못함을 깨달았다. 초안은 특정 관성계를 선호하지 않고 가속운동을 포함해 모든 종류의 운동에 대해 일종의 민주주의를 확립해야 한다는 마흐적인 목표에 부응하지 못했다. 그 안에는 특정 종류의 좌표계를 선호하는 엘리트 집단이 여전히 존재했다.

아인슈타인은 또 다른 대학 동기인 미셸 베소에게 초안의 과학적 정당성에 관해 조언을 구했다. 만약 이 이론이 물리적으로 옳기만 하다면 아인슈타인은 일반 공변성의 결여와 같은 수학적 한계를 감수할 수도 있었을 것이다. 아인슈타인은 자신의 개념에 악착같이 매달리고는 있었지만 앞으로 나갈 수 있는 좀더 경제적인 방법만 찾아낼 수 있다면 그 개념들을 그 자리에서 미련 없이 버릴 것이다. 한동안 그는 방정식이 간단하고 물리적으로 타당한 결과만 내놓는다면 일반 공변성이 꼭 있어야만 완벽한 이론이 나오는 것은 아니라고 스스로를 설득하려 했다.

베소와 아인슈타인은 초안이 천문학적 검증기준을 통과하는지 확인해보기로 했다. 바로 수성 근일점(태양과 가장 가까워지는 지점)의 세차율(세차운동은 회전하는 물체의 회전축 자체가 함께 도는 운동)이다. 수성은 태양계에서 가장 안쪽에 자리잡은 행성이기 때문에 태양의 중력을 가장 강하게 받는다. 따라서 중력 이론을 가장 민감하게 시험해볼 수 있다. 뉴턴의 중력 이론은 태양계에 있는 다른 행성들의 운동은 아주 훌륭하게 기술하지만, 수성의 타원궤도에서 일어나는 회전그래프spirograph* 비슷한 회전운동을 설명하는

---

* 큰 톱니바퀴와 작은 톱니바퀴를 서로 맞물려 돌리며 그래프를 그리는 장난감으로 기하학적인 형태의 도형을 그릴 수 있다.

데는 실패했다. 이 회전운동은 아주 긴 시간에 걸쳐 천천히 진행되며 300만 년을 주기로 똑같은 회전운동 패턴이 일어난다. 아인슈타인은 초안이 좀더 정확한 예측을 내놓기를 바랐다. 하지만 베소가 계산을 해보니 실망스럽게도 아인슈타인의 이론에서도 역시 부정확한 세차율이 나왔다.

초안에서 아인슈타인과 그로스만은 별빛이 태양 질량의 영향 때문에 휘어지리라는 예측도 내놓았는데, 만약 핀라이-프로인틀리히가 러시아군에 포로로 잡히지만 않았다면 1914년 일식 때 그에 의해 검증이 이루어졌을 것이다. 그런데 그때 핀라이-프로인틀리히가 그 휘어지는 정도를 측정할 수 있었다면 초안이 이 값에 대해서도 역시 부정확한 결과를 내놓았다는 사실이 밝혀졌을 가능성이 높다. 이 이론은 분명 점검이 필요한 상태였기 때문에 아인슈타인은 예상보다 훨씬 더 긴 시간 동안 방정식을 붙잡고 씨름해야만 했다.

이 씨름은 옆에서 도와주는 그로스만도 없고 아내 밀레바도 없이 진행되었다. 아인슈타인은 자신의 연구에만 집중하는 바람에 가족을 등한시했고 밀레바도 심각한 우울증에 빠져드는 바람에 결혼생활이 흔들리고 있었다. 결국 아인슈타인이 독일로 돌아가 경력을 이어가게 된 것이 최후의 결정타가 되고 말았다. 그는 막스 플랑크와 물리학자 발터 네른스트로부터 베를린에 와서 중요한 자리세 개를 맡아달라는 제안을 받는다. 바로 명망 높은 프러시아 과학 아카데미의 회원 자리, 베를린대학교의 교수 자리, 새로 설립된 물리학 연구소의 소장 자리다. 아인슈타인은 더 이상 학생들에게 강의를 하지 않아도 된다는 특전도 받았다. 그는 자신의 이론을 실컷

연구할 수 있게 되었다. 1914년 4월 아인슈타인을 따라 베를린으로 간 밀레바는 몇 달을 마지못해 그곳에 머물렀지만 결국 아이들과 다시 취리히로 돌아가기로 마음먹는다. 그리고 얼마 후 두 사람은 이혼협상을 시작하는데, 이 협상은 몇 년이나 걸렸다.

그동안 아인슈타인은 새로운 연인을 만난다. 사촌인 엘자 뢰벤탈이다. 그리고 결국 그녀와 결혼한다. 엘자는 밀레바보다 좀더 가정적이고 사람을 잘 보살폈다. 그녀는 아인슈타인을 먹여주고 꾸며주고 일일이 보살펴줘야 할 아이처럼 다룰 때가 많았다. 제멋대로 뻗친 아인슈타인의 머리카락을 정돈해주는 것도 그녀의 몫이었다. 그녀는 또한 아인슈타인의 사교일정 관리에도 신경을 많이 써서 그를 사람들 앞에 자랑할 기회가 있으면 기쁜 마음으로 챙겼다. 결과적으로 그는 호들갑을 떨거나 말싸움을 벌일 필요 없이 기본적인 생활을 충족시킬 수 있었기 때문에 물리 계산에만 집중할 수 있었다. 그는 중력 이론을 향해 부단히 노력하는 중에는 휴식시간에 만나는 바이올린의 부드러운 선율 말고는 다른 어떤 방해도 견디지 못했다.

정상을 향한
경쟁

자신이 꿈꾸던 정상에 숨을 헐떡이며 도착하기 직전 아인슈타인은 다비드 힐베르트가 자신과 똑같은 정상을 향해 경주를 벌이고 있음을 감지했다. 1915년 6월 아인슈타인은 괴팅겐에서 귀를 쫑긋 세우고 기다리는 청중들에게 일반상대성이론 개발의 진척상황, 일반 공변성 문제를 비롯해 아직 해결되지 않은 장애물에 대해 강연했다. 이 청중들 가운데 힐베르트도 있었다. 물질과 에너지에 의해 형태가 만들어지는 비유클리드 시공간을 기술하는 도전과제에 흥미를 느낀 힐베르트는 자기가 직접 일반상대성이론의 장방정식^{field} $_{equation}$을 찾아보겠다고 마음먹는다. 아인슈타인은 갑자기 뜨거운 경쟁에 직면하게 됐다. 세계에서 가장 뛰어난 수학자 중 한 명이 자신이 오랜 세월 꿈꿔온 트로피에 눈독을 들이고 있다는 사실에 아인슈타인은 당황했다. 경주는 막상막하였지만, 먼저 깃발을 꽂은 사람은 아인슈타인이었다. 늦가을에 그는 아주 기뻐하며 올바른 공식화에 도달한다.

하지만 힐베르트는 라그랑지안 공식화라는 일반상대성이론을 다르게 표현하는 대안 방식의 입안자로 인정받는다. 일종의 아차상인 셈이다. 수학으로 말하면 라그랑지안이란 역학계의 운동에너지(운동에 담겨 있는 에너지)와 포텐셜 에너지(위치에 담겨 있는 에너지) 사이의 차이를 그 좌표에 대한 함수의 형태로 써놓은 것이다. 스프링총에 대해 생각해보면 포텐셜 에너지와 운동에너지의 차이를 머릿속에 그릴 수 있다. 스프링을 당기면 포텐셜 에너지가 증가한다. 총알을 발사할 잠재력이 커진다는 의미다. 그리고 당겨져 있던 스프링을 놓으면 운동에너지가 증가한다. 실제로 총알이 발사된다는 의미다. 위치에 담겨 있던 포텐셜 에너지가 운동에 담긴 운동에너지로 전환되었다. 이제 속도변수로 표현된 운동에너지에서 위치변수로 표현된 포텐셜 에너지를 빼면 라그랑지안이 나온다.

19세기의 출중한 아일랜드 수학자이자 천문학자 윌리엄 로언 해밀턴이 보여주었듯이 시간에 대해 라그랑지안을 적분하면 작용 action이라는 양이 만들어진다. 해밀턴이 증명해 보였듯이 모든 역학 계는 작용을 최소화하는 방향으로 진화한다. (경우에 따라서는 작용을 최대화하는 방향으로 진화한다.) 최소작용의 원리라고 부르는 이 개념은 자연스럽게 오일러-라그랑지안 방정식이라는 운동방정식으로 이어진다. 간단히 말하면 한 계의 라그랑지안을 알면 그 계가 어떻게 전개될지 결정할 수 있다.

　　고전역학에서 이것을 보여주는 간단한 사례는 어떤 외력도 작용하지 않는 텅 빈 공간을 가로지르며 천천히 움직이는 물체다. 이를테면 수십 년 전에 우주비행사가 우주 공간에 버린 상자 같은 것이다. 이 물체의 운동에너지는 질량에 속도의 제곱을 곱한 값의 절반이다($E = \frac{1}{2}mv^2$). 포텐셜 에너지는 0이다. 작용하는 외력이 없고 텅 빈 공간이 균일하기 때문이다. 따라서 이 물체는 그냥 그 운동에너지가 라그랑지안이 된다. 최소작용의 원리에 따르면 이 물체의 작용이 최소가 되는 경로는 그냥 직선이다. 라그랑지안을 오일러-라그랑지안 방정식에 집어넣으면 그 결과로 속도가 상수가 되는 방정식이 나온다. 따라서 간단한 라그랑지안이 이 상자를 무한한 등속직선운동이라는 운명에 가두고 만다.

　　힐베르트가 기여한 부분은 아인슈타인-힐베르트 라그랑지안이라는 것인데, 이 역시 꽤나 간단하다. (아인슈타인-힐베르트 라그랑지안은 아인슈타인-힐베르트 작용으로 이어진다.) 그럼에도 이것은 아인슈타인이 일반상대성이론의 장방정식을 만들어낼 수 있을 정도로 수학적으로 강력하다. 더군다나 일반상대성이론을 물리학적으로 타당한 방식으로 변형시키려 할 때 라그랑지안을 살짝 수정하면 방법이 생긴다. 슈뢰딩거는 다른 힘을 아우를 수 있도록 일반상대성이론을 확장하려고 하면서 결국에는 바로 이런 방법을 사용했는데, 이 부분은 뒤에서 살펴보겠다.

해밀턴은 역학계를 기술하는 또 다른 방식도 개발했다. 해밀턴 기법이라는 것이다. 여기서는 운동에너지에서 포텐셜 에너지를 빼는 대신 그 두 값을 더한다. 그럼 해밀토니안^{Hamiltonian}이라고 부르는 이 합을 일련의 방정식들과 함께 사용해서 계의 위치와 운동량이 서로 어떻게 관련되어 있는지를 탐구할 수 있다. 라그랑지안 기법처럼 해밀턴 기법도 현대물리학에서 핵심적인 역할을 하게 된다. 뒤에서 보겠지만 슈뢰딩거의 양자역학 공식화(파동방정식)도 여기에 해당한다. 아인슈타인이 자신의 이론을 마지막으로 마무리지으며 보여주었듯이 해밀턴의 도구는 일반상대성이론에도 유사하게 적용할 수 있다.

영광의
체계

아인슈타인은 1915년 11월 4일 프러시아 과학아카데미 모임에서 자신의 걸작을 거의 최종 완성된 형태로 데뷔시켰다. 그는 시공간 기하학을 바탕으로 한 포괄적 중력 이론의 장방정식을 제출하게 되어 무척 기뻤다. 11월 18일 그는 같은 모임 사람들을 대상으로 또 다른 강연을 했다. 이 강연에서 그는 해묵은 수성 궤도의 세차운동 문제에 대한 해답을 제시했다. 두 달 후 계산을 통해 그의 이론의 타당성이 확정적으로 입증되고 난 후 그는 친구 파울 에렌페스트에게 편지를 보냈다.

"수성의 근일점 운동방정식이 올바른 것으로 입증되었다는 결과와 일반 공변성의 가능성이 엿보인다는 것에 내가 얼마나 기쁜지 자네는 상상할 수 있겠나? 나는 어찌나 흥분했는지 며칠 간 말도 나오지 않았네."[8]

아인슈타인이 1916년 3월 20일 《물리학 연보》에 최종 버전의 이론을 발표했을 즈음, 당시 러시아 전선에서 병사로 복무하고 있던 독일의 물리학자 카를 슈바르츠실트는 이미 첫 번째 정확한 해를 내놓은 상태였다. 놀랍게도 그는 11월 18일 강연에 대한 보고서를 읽고 별처럼 육중한 구체의 중력에 관한 사례를 계산해 놓았다. 전쟁의 암흑 한가운데서도 아인슈타인의 빛나는 창조물은 박격포 포탄보다 하늘을 훨씬 더 밝게 밝히며 적어도 한 병사에게는 희망과 영감을 불어넣어주었다. 슬프게도 슈바르츠실트는 치명적인 자가면역질환이 생겨 1916년 5월 11일 마흔둘의 나이로 사망하고 만다. 그로부터 수십 년이 지난 후 슈바르츠실트의 해는 블랙홀을 기술하는 데 사용된다. 그 이후로 일반상대성이론 방정식의 또다른 정확한 해들이 수없이 많이 발견되었다.

아인슈타인의 황금사원은 모래투성이 기반 위에 세워졌다. 바로 우주의 물질과 에너지 내용물이다. 응력-에너지 텐서^{stress-energy}

^{tensor} T$\mu\nu$(티뮤뉴)의 형태로 표현되는 물질과 에너지의 아무 분포에서나 시작해보자. 그럼 일반상대성이론의 장방정식은 아인슈타인 텐서$^{Einstein\ tensor}$라고 부르는, 시공간 기하학을 표현하는 또 다른 수학적 존재인 G$\mu\nu$(지뮤뉴)의 요소를 말해준다. 방정식 $G\mu\nu = 8\pi T\mu\nu$는 $E = mc^2$, 광전효과 방정식과 더불어 아인슈타인의 가장 큰 업적 중 하나로 여겨진다. (G$\mu\nu$ 방정식은 다양한 방법으로 표현할 수 있다.) 이 세 개의 방정식은 모두 워싱턴에 있는 아인슈타인 기념상$^{Einstein\ Memorial}$에 그의 천재성을 말해주는 증거로 새겨져 있다.

유명한 물리학자 리처드 파인만이 들려준 한 일화는 현대에 중력에 관해 논의할 때 아인슈타인의 장방정식이 빠지지 않고 등장한다는 사실을 잘 보여준다. 파인만은 1957년 노스캐롤라이나 채플힐에서 일반상대성이론을 주제로 개최된 미국 최초의 학회에 초청받았다. 공항에 도착한 그가 학회 장소로 가려고 택시를 잡으려는데 학회가 열리는 곳이 노스캐롤라이나대학교인지 노스캐롤라이나주립대학교인지 알 수가 없었다. 그래서 그는 택시 배차원에게 혹시 딴 데 정신 팔린 얼굴로 "지뮤뉴, 지뮤뉴"[9]라고 중얼거리는 사람들을 못 봤느냐고 물어봤다고 한다.

아인슈타인 방정식의 골자는 아인슈타인 텐서로 표현되는 한 영역의 기하학이 응력-에너지 텐서로 표현되는 그 영역의 물질과 에너지 내용물로 결정된다는 것이다. 바꿔 말하면 물질과 에너지가 시공간을 비틀어서 시공간이 어디서 어떻게 휘어질지 말해준다는 것이다. 그리고 이렇게 나온 시공간의 형태가 그 안에서 이루어질 물체의 움직임을 결정한다. 이런 이유로 아인슈타인 방정식은 우주에 들어 있는 물질과 우주의 형태를 서로 아름답게 이어준다.

모든 텐서는 행렬 혹은 체스판 같이 생긴 배열의 형태를 갖춘 요소로 기술할 수 있다. 아인슈타인 텐서와 응력-에너지 텐서는 각각 4×4의 행렬로 표현할 수 있다. 이 행렬들은 각각 16개의 요소를 가지고 있지만, 그 요소들이 모두 독립적인 것은 아니다. 대칭규칙에서 요구하는 바에 따르면, 만약 어떤 열 번호와 행 번호의 요소가(예를 들면 3번 열, 4번 행) 특정 값을 가지고 있을 경우 열과 행의 위치를 서로 바꾼 요소도(즉 4번 열, 3번 행) 같은 값을 가져야 하기 때문이다. 마치 체스의 말들을 체스판 대각선을 중심으로 거울에 비친 것처럼 보이게 배열하는 것과 비슷하다. 우린 이런 텐서를 대칭^{symmetric}이라고 부른다.

대칭규칙을 적용하면 아인슈타인 텐서는 10개의 독립적인 요소를 갖게 된다. 응력-에너지 텐서도 마찬가지다. 따라서 이 두 텐서를 결합시킨 아인슈타인 방정식은 요소들 사이에서 10개의 독립적인 상관관계로 이어진다. 이 상관관계들은 물질과 에너지가 시간과 공간의 서로 다른 측면들에 어떻게 영향을 미치는지 보여준다. 이 상관관계 중 어떤 것은 늘어남이나 압축으로 이어질 수 있다. 그리고 어떤 것은 휘어짐이나 접힘으로 이어질 수 있다. 물질과 에너지의 중력의 영향 때문에 시간과 공간에 일어나는 모든 일은 이 방정식 안에 담겨 있다.

아인슈타인 방정식이 그토록 간단하고 우아하다면 아인슈타인이 이 방정식을 개발하는 데 왜 그리 오랜 시간이 걸렸단 말인가? 흔히들 말하듯 악마는 디테일 속에 들어 있기 때문이다. 아인슈타인 텐서를 그냥 가져다가 별이나 행성 같은 천문학적 물체들의 운동을 직접 그래프로 나타낼 수는 없다. 사물이 움직이는 방식은 또 다른 수학적 존재에 의해 결정된다. 이것은 계량 텐서$^{metric\ tensor}$라고 한다. 아인슈타인 텐서에서 계량 텐서로 이어지는 과정은 서로 별개인 몇 가지 단계를 거쳐야 하기 때문에 한 번 쓱 보고 알아낼 수 있는 간단한 과정이 아니다.

당신이 한 영역의 질량-에너지 분포를 알고 있는데, 물체가 그 영역을 어떻게 가로질러 움직일지 결정하고 싶다고 가정해보자. 여기서 거쳐야 할 단계는 다음과 같다. 제일 먼저 아인슈타인 방정식을 이용해서 응력-에너지 텐서로부터 아인슈타인 텐서를 찾아내야 한다. 아인슈타인 텐서, 그리고 그와 관련 있는 리만 곡률 텐서는 한 지점에서 다른 지점으로의 시공간 곡률에 관한 정보를 표현하고 있다. (아인슈타인 텐서는 리만 곡률 텐서를 일종의 속기로 표현한 것이라 할 수 있다.)

그 다음에는 아인슈타인 텐서나 리만 텐서의 요소를 이용해서 아핀 연결$^{affine\ connection}$(또는 크리스토펠 연결$^{Christoffel\ connection}$)이라는 기하학적 대상을 구성해야 한다. 이것은 당신이 벡터(크기와 방향을 가지는 대상)를 지점에서 지점으로 최대한 자기 자신에게 평행하게 이동시킬 때 그것의 요소들이 어떻게 변하는지 말해준다. 그 다음에는 아핀 연결을 이용해서 계량 텐서의 요소들을 밝혀내야 한다. 계량 텐서는 지점들 사이의 거리를 어떻게 측정할 것인지 구체적으로 명시함으로써 시공간의 구조를 서로 꿰매어 맞춰준다. 이것은 휘어진 시공간에 맞춰서 변형된 피타고라스의 정리를 제공해준다. 그리고 마지막으로 계량을 이용해 물체가 공간을 최단거리로 가로지를 수 있는 경로를 결정해야 한다. 이를테면 태양 주위를 공전하는 행성의 타원궤도가 그 예다.

일반상대성이론의 수학은 박사과정을 밟는 사람에게도 쉽지 않은 내용이지만 비유를 통해 여기에 담긴 서로 다른 단계들을 살펴보자. 평평하고 경계가 없는 사막에서 시작해보자. 이 사막은 텅 빈 시공간을 나타낸다. 사막의 모래 위에 다양한 크기와 무게를 가진 바위덩어리를 흩뿌려놓았다. 이 바위들은 별이나 행성처럼 질량을 가지고 있는 우주에 존재하는 다양한 물체들을 상징한다. 무거운 바위는 가벼운 바위보다 모래를 더 세게 짓누르기 때문에 그만큼 홈도 더 깊게 파인다. 반면 바위가 놓이지 않은 영역은 그냥 평평한 상태로 남아 있다. 따라서 특정 영역에서 물체의 질량이 클수록(이것은 응력–에너지 텐서로 기록) 그 영역은 더 깊숙하게 파인다(이것은 아인슈타인 텐서로 측정되는 곡률이 더 커짐을 상징).

이제 모래와 바위가 너무 뜨거워서 당신이 그 위를 밟고 걸을 수 없다고 가정해보자. 그래서 그 위로 사막의 지형에 따라 세워진 구조물로 지지되는 튼튼한 발판을 천으로 엮어 만들기로 한다. 이제 여러 개의 막대기둥(국소 좌표축)과 가로막대(아핀 연결)를 모아 골격구조를 만들어보자. 가로막대들은 막대기둥이 향할 방향을 안내해주는 방식으로 각각의 막대기둥들을 연결한다. 그와 유사하게 아핀 연결은 질량에 따른 바닥의 높낮이에 좌우되는 형태 안에서 좌표축들이 공간 전체에 걸쳐 어떻게 달라지는지 결정해준다.

마지막으로 그 구조물 위로 그곳에 딱 맞게 설계된 견고한 발판을 천으로 엮어서 만든다. 어떤 장소에서는 이웃 지점들을 더 빽빽하게 한데 꿰매어 맞춰서 천이 휘어지게 만들 필요가 있다. 그리고 또 어떤 장소에서는 이웃한 지점들이 더 느슨하게 연결된다. 천 발판의 굴곡이 바로 아래에 있는 골격 구조물, 그리고 다시 그 아래에 있는 모래의 높낮이와 정확히 맞아떨어지게 하려면 발판을 어떻게 박음질해서 이어 붙여야 할지 결정하는 바느질 패턴은 계량 텐서를 상징한다. 따라서 우리는 계량 텐서가 시공간의 천 조각을 아핀 연결에 의해 지배되는 방식으로 어떻게 이어 붙이는지 이해할 수 있다. 이 아핀 연결은 다시 응력-에너지 텐서에 의해 형성되는 아인슈타인 텐서에 따라 달라진다. 이해되는가?

이제 시공간의 발판 위를 걸어보자. 우리는 최대한 빠른 경로를 취하려 애쓰기 때문에 당연히 직선으로 가려 한다. 하지만 아래로 육중한 바위들이 깔려 있는 곳에서는 발판도 움푹 들어가 있기 때문에 가장 빠른 경로라고 해도 여러 방향으로 틀어지게 마련이다. 그 결과 우리는 움푹 들어간 영역 주변을 빙 둘러서 가거나 타원형 태를 따라가기도 하면서 휘어진 경로를 그리게 된다. 이상하게도 궤도를 그리게 되는 것이다. 행성 놀이를 하면서 이모 주변을 돌았던 어린 슈뢰딩거처럼 말이다.

우주상수
도입

일단 일반상대성이론이 완성되고 나자 아인슈타인은 이를 우주 전체에 적용하기로 마음먹는다. 그의 목표는 우주가 별과 여러 다른 천체들이 모여 있는 상대적으로 안정적인 집합체임을 보여주는 것이었다. 별이 움직인다는 것은 그도 알고 있었지만 그들의 속도는 느렸다. 마흐의 뒤를 따라 허구의 존재라 여겼던 것에 기대지 않은 아인슈타인의 우주론은, 그럼에도 뉴턴의 '절대공간'에 나타나는 영속적이고 안정적인 틀을 제공해줄 것이다.

아인슈타인은 우주가 등방성^{等方性}을 가진다는 기본 가정 아래 우주론적 계산을 시작하기로 했다. 등방성이란 모든 방향으로 균일하다는 의미다. 그는 초구^{hypersphere}라는 간단한 4차원 기하학 도형으로 우주의 모양을 나타내기로 했다. 초구란 구를 여분의 차원(덧차원)으로 확장하여 일반화시킨 도형이다. 만약 당신이 초구 위에 살고 있다면, 거기서 어느 방향으로 여행을 떠나든 결국에는 출발점으로 돌아오게 될 것이다. 마치 지구의 적도를 한 바퀴 돌아 원래의 지점으로 돌아오는 것처럼 말이다. 초구의 형태를 띠는 우주의 장점은 유한하면서도 경계가 없다는 점이다. 우주 바깥에 있는 존재가 아니고는 이 초구의 '표면^{surface}'*을 알아차릴 수 없다. 이 공간

---

* 여기서 말하는 표면은 2차원 표면을 말하는 것이 아니다. 3차원 공간에서는 표면이 2차원이지만 4차원 공간에서는 3차원 공간이 표면이 된다.

은 끝나는 경계 없이 그저 반복만 일어난다. 아르헨티나의 작가 호르헤 루이스 보르헤스는 이런 개념을 상상력 넘치는 단편소설 《바벨의 도서관》에서 멋지게 표현했다. 이 소설에서 보르헤스는 우주를 거대하지만 유한하고 반복적인 책 모음집으로 그려냈다.

아인슈타인은 자신의 장방정식에 대해 정적인 해$^{\text{static solution}}$를 찾으려 했지만, 곧 문제가 있음을 깨달았다. 그가 찾아낸 유일한 해는 정적이지 않았던 것이다. 물질의 분포를 살짝 바꾸면서 조금씩 조정하면 해가 붕괴해버리거나 부풀어올라 터지는 풍선처럼 팽창해버렸다. 이런 해로는 분명 영원하고 안정적인 우주를 재현할 수 없었다. 우주가 팽창한다는 에드윈 허블의 발견(지금은 '빅뱅'이라 부른다)은 그 후로 10년이나 지나야 일어날 일이었다. 따라서 아인슈타인이 우주는 정적이며, 우주의 팽창 모형은 물리학적으로 맞지 않다고 믿은 것은 나름 합리적인 판단이었다.

이런 상황을 타개하기 위해 그는 방정식의 기하학 변에 항을 하나 추가하는 다소 극단적인 조치를 취함으로써 자기가 보기에는 신뢰할 만하다고 여겨지는 해를 만들어냈다. '우주상수'라고 알려져 있고 그리스 글자 Λ(람다)로 표시하는 이 항은 공간의 기하학적 구조를 반대방향으로 늘려 중력의 불안정성을 방지하는 역할을 한다. 아인슈타인은 우주상수에 그 어떤 물리학적 의미도 부여하지 않았지만, 당시에는 자기 이론이 완전해지려면 이것이 필수라고 보았다.

앞에서 이야기한 사막의 발판에서 우리가 구축해 놓은 구조물 전체가 천천히 모래 속으로 빠져들고 있다고 상상해보자. 그럼 우리는 구조물을 처음부터 다시 짓기보다 구조물을 붙잡아 바깥으로 당겨주는 기계장치를 만들 수도 있다. 이런 설계로 건축설계상을 받기는 힘들겠지만, 그래도 소기의 목적은 달성할 수 있다. 그와 비슷하게 우주상수 항도 우아하지는 않지만 아인슈타인이 달성하려 했던 우주의 안정성 보존이라는 과제는 수행해 주었다.

1917년 아인슈타인은 우주상수를 장방정식의 일부로 포함시킨 정적우주 모형을 발표한다. 하지만 그는 자신의 해가 유일한 해라고 주장할 수 없었다. 네덜란드의 수학자 빌렘 드 지터가 물질이 없는 상황에서는 아인슈타인의 장방정식이 우주상수에 의해 영원히 바깥쪽으로 팽창해서 기하급수적으로 폭발하는 해를 내놓게 됨을 입증했다. 드 지터의 모형은 우주상수가 존재하는 한 텅 빈 상태는 불안정할 수밖에 없음을 보여주었다. 아인슈타인이 우주상수 항을 덧붙인 것은 그저 임시방편적 조치일 뿐 과학적 관찰을 바탕으로 한 것이 아니었기 때문에 아인슈타인은 드 지터의 모형을 아주 심각하게 받아들이지는 않았다. 하지만 그는 우주의 역학에 대해 더 많이 이해하려면 더욱 많은 천문학적 측정이 필요하리라는 점을 인정했다. 다행히도 허블이 그 일을 해낸다. 허블은 캘리포니아 남부 윌슨 산에 있는 거대한 반사망원경을 이용해서 우주가 정적이 아니라 팽창하고 있음을 궁극적으로 밝혀냈다.

암흑에너지의
예측

1916년 에른스트 마흐가 사망했다. 그러면 일반상대성이론 방정식에 감각적 경험과는 아무런 상관도 없는 항을 추가한다는 개념을 묵살했으리라 주장할 수도 있다. 뉴턴이 관성을 정의하기 위해 절대공간이라는 개념을 도입한 것처럼 아인슈타인이 우주상수 항을 포함시킨 것은 마흐라면 절대로 인정하지 않을 행동이었다. 좀더 현실에 바탕을 둔 대안이 제안되기 위해서는 마흐의 또 다른 추종자가 필요했다. 바로 슈뢰딩거다.

슈뢰딩거는 전쟁 기간 동안 프로세코에서 포병 중대를 지휘하고 있었고 1916년 말에 가서야 아인슈타인이 만들어놓은 일반상대성이론의 완전한 장방정식에 대해 처음으로 알게 되었다.[10] 그가 1917년 봄 빈으로 돌아왔을 즈음 티링을 비롯해 학교에 있던 슈뢰딩거의 동료들 가운데 아인슈타인의 이론을 해석하고 적용할 방법을 찾느라 바쁜 사람이 많았다. 그 가운데 티링은 오스트리아의 물리학자 요제프 렌제와 함께 회전하는 물체가 자기 주변의 시공간에 어떤 영향을 미치는지 입증해 보였다. 이것은 '좌표계 끌림frame-dragging' 또는 '렌제-티링 효과'로 알려져 있다.

1917년 11월 슈뢰딩거는 독일의 학술지 《물리학지》에 일반상대성이론의 서로 다른 측면들을 탐구하는 두 편의 논문을 제출한다. 첫 번째 논문은 좌표계의 선택과는 독립적인 방식을 이용해서 지점마다 중력에너지와 운동량을 정의하는 문제를 다루고 있다. 그는 슈바르츠실트의 해를 조사한 후 중력에너지를 표현하는 한 가지 방법이 물체가 아무런 에너지도 갖지 않는다는 깜짝 놀랄 결과를 내놓는다는 사실을 밝혀냈다. 흥미롭게도 슈뢰딩거가 제시한 문제는 일반상대성이론에서 에너지를 일관성 있게 정의하는 문제에 관해 수십 년에 걸쳐 벌어질 논란을 예견하는 것이었다.

슈뢰딩거의 두 번째 논문 〈일반 공변성 중력 방정식에 대한 해법 시스템에 대하여〉는 우주상수의 물리적 사실성^{physicality}에 대한 문제를 정면으로 다루고 있다. 그는 아인슈타인 방정식의 기하학 변(아인슈타인 텐서)에 추가적으로 항을 덧붙이는 것에 의문을 제기하면서 그 대신 물질 변(응력-에너지 텐서)을 변형하는 것으로도 똑같은 효과를 달성할 수 있다고 주장했다. 슈뢰딩거는 다음과 같이 주장했다.

"아인슈타인이 추가한 항이 없어도 원래의 형태 안에 완벽히 유사한 해법 시스템이 존재한다. 그 차이는 피상적인 아주 작은 차이다. 포텐셜 함수는 변함없이 그대로 있고, 물질의 에너지 텐서만 다른 형태를 띤다."[11]

슈뢰딩거가 추가로 상정한 '장력^{tension}(늘이는 장력)' 항은 일종의 음의 에너지를 추가하여 질량 밀도$^{mass\ density}$를 사실상 0으로 만듦으로써 물질의 중력효과를 상쇄하는 역할을 했다. 우주 전반에 걸쳐 질량 밀도가 0이 되면 우주는 더 이상 중력에 의한 붕괴를 경험할 필요가 없어지고, 따라서 안정성을 유지할 수 있게 된다. 슈뢰딩거는 질량은 과도한 경우에만 눈에 띈다는 마흐다운 주장을 이용해 0의 질량을 합리화했다. 이 주장은 일반적으로 검은색과 하얀색은 다른 색과 대비했을 때만 알아볼 수 있다고 말하는 것과 비슷하다. 완전히 검거나 하얀 하늘은 아무런 색깔을 가지고 있지 않다고도 말할 수 있다.

아인슈타인은 곧 슈뢰딩거의 우주론 논문에 답하는 글을 발표한다. 이는 수십 년에 걸쳐 여러 굴곡을 거치며 이어질 과학적 대화의 시작이었다. 그는 슈뢰딩거의 가설이 두 가지 선택을 열어주었음을 지적했다. 즉 새로운 상수 항, 혹은 지점마다 달라지는 음의 밀도를 갖는 새로운 유형의 에너지다. 아인슈타인은 새로운 상수항의 경우 방정식의 반대 변에 들어간다는 점만 다를 뿐 우주상수 항과 동등한 것이라 주장했다. 반면 새로운 에너지 유형의 경우 (음의 에너지 밀도를 갖기 때문에) 물리적 실체가 될 수 없고 구체적으로 표현하기가 까다로웠다. 아인슈타인은 이렇게 썼다.

"항성 간 공간에 관찰할 수 없는 음의 밀도가 존재한다는 가설에서 출발해야 할 뿐 아니라 이런 물질 밀도의 시공간 분포에 관한 가설 법칙을 상정해야만 한다. 내가 보기에는 슈뢰딩거가 취한 방침이 가능할 것 같지 않다. 복잡하게 뒤엉킨 가설 속으로 너무 깊이 빠져들기 때문이다."[12]

흥미롭게도 최근 들어 음의 에너지 밀도 혹은 그 대안으로 음의 압력을 가진 물질이란 개념이 우주론의 수수께끼를 풀지도 모를 해법으로 등장했다. 1998년 두 팀의 천문학 연구진이 이뤄낸 우주의 성장에 관한 발견은 허블이 발견한 내용을 보강했다. 이들은 우주가 팽창하고 있을 뿐 아니라 팽창의 속도 역시 빨라지고 있음을 발견했다. 아직 알려지지 않은 어떤 원동력이 우주의 팽창을 가속하고 있는 것이다. 시카고대학교의 우주학자 마이클 터너는 이 존재에 '암흑에너지dark energy'라는 이름을 붙였다.

신기하게도 중력을 상쇄하는 물질과 관련해서 슈뢰딩거가 제시하고 아인슈타인이 논의한 주장이 이 부분을 기가 막히게 설명하고 있다. 이런 이유로 과학사가 알렉스 하비는 최근에 아인슈타인이 암흑에너지라는 개념을 발견했다고 주장했다.[13] 당시에는 실질적인 물리학적 동기가 없었다는 점을 놓고 보면 '발견했다'는 표현은 어쩌면 너무 과한지도 모르겠다. 좀더 정확히 말하면 1917년 아인슈타인은 우주가 알려지지 않은 어떤 이유 때문에 실제로 팽창을 가속하고 있다는 생각은 꿈에도 하지 못한 채, 그저 그런 음의 에너지 물질이 가능성의 영역 안에 들어와 있다고 생각했을 뿐이다. 그럼에도 그런 개념의 기반작업이 그렇게 이른 시기에 이루어졌다는 점은 무척 흥미롭다.

세계적인 명사

1918년 11월 11일 제1차 세계대전이 끝났을 즈음 유럽은 알아보기 힘들 정도로 변해 있었다. 제국은 무너지고 국경은 변하고 새로운 지도자들이 나타났다. 그리고 또 다른 세계대전의 무대를 마련할 조건들이 갖춰지기 시작했다. 오스트리아-헝가리 제국은 오스트리아(원래는 독일 오스트리아 공화국으로 불렸다), 헝가리, 체코

슬로바키아를 비롯해 몇 개의 작은 국가로 대체되었다. 한때는 독일제국이었던 영토의 상당 부분을 민주적이지만 힘은 훨씬 약해진 바이마르 공화국이 통치했다. 승리를 거둔 연합국 측은 독일에게 유혈이 낭자한 소모전을 일으킨 대가를 치르게 하려고 단단히 벼르고 있었다. 독일은 강제적으로 자기 영토의 일부를 이양하고 군대의 규모를 제한하고 막대한 전쟁배상금을 치러야 했다. 이 때문에 독일 국민들의 마음에는 분노가 쌓이고 경제침체가 찾아온다. 이는 결국 나치의 등장에 기여한다.

전쟁이 이어지는 동안 아인슈타인은 태양의 중력에 의해 별빛이 휘어진다는 가설을 검증해볼 기회를 갖지 못했다. 핀라이-프로인틀리히가 탐험을 완수하지 못하게 된 것을 아인슈타인은 많이 안타까워했다. 아인슈타인은 조용히 영국의 천문학자 아서 에딩턴과 편지를 주고받기 시작했다. 에딩턴은 아인슈타인의 이론을 검증하는 일에 큰 흥미를 느끼고 있었다. 여러 곳에서 들려오는 이야기에 따르면 에딩턴은 당시 일반상대성이론을 진정으로 이해하는 극소수의 사람 중 한 명이었다고 한다.[14]

퀘이커교도이자 평화주의자였던 에딩턴은 아인슈타인처럼 전쟁에 반대하고 국제적인 과학협력에는 찬성하는 입장이었다. 당연한 얘기지만 유혈이 낭자하게 물리적 충돌이 일어나고 있는 동안 영국의 과학자와 독일의 과학자 사이에서 공개적인 협동연구란 불가능에 가까운 일이었다. 하지만 제1차 세계대전이 끝남으로써 에딩턴이 아인슈타인의 이론 검증을 돕고, 영국과 독일의 과학자들 사이에 다시 신뢰를 세울 수 있는 큰 기회가 찾아온다. 에딩턴과 영국 왕립 학회 천문학자였던 프랭크 다이슨은 1919년 5월 29일 태양 중력에 의한 빛의 휘어짐을 측정할 수 있는 이상적인 기회가 찾아오리라는 것을 알게 됐다. 그날에는 태양이 특히나 밝은 성단인 히아데스 성단 바로 앞을 지날 때 남반구 지역에서 일식이 일어날 참이었다. 다이슨은 일식 관찰 프로젝트의 조직 담당자로 에딩턴을 임명했다. 에딩턴이 양심적 병역 거부자로 억류되지 않도록 구원해준 조치였다.[15]

1919년 1월 에딩턴은 관측의 기준을 설정하기 위해 히아데스 성단의 원래 위치를 신중하게 측정했다. 그러고 나서 일식이 일어나는 동안 히아데스 성단의 위치를 기록할 두 탐사대를 조직했다. 에딩턴이 직접 지휘한 첫 번째 탐사대는 아프리카 서쪽 해안에서 조금 떨어져 있는 기니 만의 한 섬인 프린키페 섬으로 떠났고, 궂은 날씨로 관측에 실패할 경우를 대비해 두 번째 탐사대를 브라질의 소브라우로 파견했다. 탐사지에 도착한 두 팀은 개기일식이 일어날 때 성단의 새로운 위치를 신중하게 촬영한 다음 그 자료를 가지고 영국으로 돌아와 미리 측정해둔 기존의 관측결과와 꼼꼼히 비교해 보았다. 11월 6일 분석을 마무리한 에딩턴은 각편차가 프린키페 섬에서는 평균 1.61각초$^{arc second}$, 소브라우에서는 1.98각초로 아인슈타인의 일반상대성이론에서 예측한 1.75각초와 가깝게 나왔으며, 이는 그 값의 절반에 해당하는 뉴턴 이론의 추정치보다 훨씬 큰 값이었다고 기쁜 마음으로 발표했다.

다이슨이 의장을 맡아 개최된 왕립학회 모임에서 빽빽이 들어찬 청중은 이 연구결과에 환호하며 수성의 세차운동에 관한 연구결과와 함께 이것을 일반상대성이론의 정당성을 입증하는 중요한 증거로 받아들였다. 정치적 혁명의 시대에 이 일식 연구결과는 과학 역시 거대한 변화의 물결에 휩쓸리고 있음을 보여주었다. 전쟁이 끝나고 1년밖에 지나지 않은 상황에서 독일의 물리학자가 영국 출신의 물리학자 뉴턴을 뛰어넘었음을 영국의 과학자 집단이 인정한 것은 정말 특별한 일이었다. 톰슨은 이렇게 선언했다.

"이것은 고립된 연구결과가 아니다. ... 이것은 외딴 섬에서 이루어진 발견이 아니라 물리학과 관련된 가장 근본적 질문에서 더할 나위 없이 큰 중요성을 갖는 새로운 과학적 개념의 대륙에서 이루어진 발견이다. 이것은 뉴턴이 발견한 원리 이후로 중력과 관련해서는 가장 위대한 발견이다."[16]

이런 발표가 있기 전까지 아인슈타인은 국제적으로 무명이나 마찬가지였다. 심지어 《뉴욕 타임스》에서는 이 발견을 보도한 기사에서 아인슈타인에 대해 그냥 '프라하대학교 물리학 교수 아인슈타인 박사'라고 설명했다.[17] 이 기사에서 아인슈타인은 그냥 이름 없이 성만 소개되었고 소속 학교도 틀렸다. 그가 프라하대학교를 그만둔 지 7년이 넘었을 때였기 때문이다. 그러나 아인슈타인은 눈 깜짝할 사이에 세계적 명성을 얻게 됐다. 뉴턴을 무너뜨림으로써 그는 스스로의 힘으로 유명인사가 되었다. 뉴턴의 시대에 비하면 20세기에 명성을 얻는다는 것은 훨씬 어마어마한 일이었다. 직접 손으로 돌려 인쇄물을 출판하던 시대에 비하면 무선통신 시대에는 뉴스가 훨씬 빨리 퍼져나갔다. 전세계 신문사들은 《런던 타임스》의 세 줄짜리 1면 톱기사 제목을 그대로 가져가 실었다.

'과학의 혁명 ... 새로운 우주이론 ... 뉴턴의 개념이 뒤집히다.'[18]

통일이론을 향한
순수 기하학

자신이 내놓은 걸작 위의 페인트가 미처 다 마르기도 전에 아인슈타인은 이 걸작이 안고 있는 결함을 알아차리기 시작했다. 자신이 이룩한 업적을 바라보고 있으니 장방정식의 두 변이 불균형해 보였던 것이다. 왼쪽 변에는 중력의 기하학적 패턴이 정교하게 표현되어 있었다. 반면 오른쪽 변에는 전자기장의 에너지 효과를 비롯한 모든 유형의 물질과 에너지가 응력-에너지 텐서 안에 조잡하게 한데 뭉뚱그려져 있었다. 아인슈타인은 맥스웰의 전자기 방정식을 극도로 존중했고, 이 방정식이 2차적 역할을 하고 있는 것을 바라보자니 못마땅했다. 그는 전자기장이 그저 응력-에너지 텐서에 포함되는 것에서 그치지 않고, 중력과 마찬가지로 기하학을 통해 표현되어야 옳다고 믿게 되었다. 어린 시절 기하학 입문서에 대한 추억, 그리고 그로스만이나 다른 사람들과 교류하면서 자라난 기하학에 대한 사랑은 그에게 자연의 모든 법칙을 기하학적 원리를 통해 표현하겠다는 의욕을 불어넣었다.

특수상대성이론과 일반상대성이론의 결과를 확장하면서 아인슈타인은 자연법칙의 변환을 완료해 전자기력을 중력과 통일하려면 세 번째 돌파구가 필요하리라 믿었다. 그렇게 되면 맥스웰의 방정식과 중력 이론은 온전히 기하학적 관계를 통해 구성된 완벽한 통일장이론의 특수한 사례가 될 것이다. 슈뢰딩거 역시 전자기력이 기하학변에서 빠져 있는 한 일반상대성이론은 불완전하다는 아인슈타인의 관점에 동의하게 된다. 슈뢰딩거는 이런 글을 쓰게 될 것이다.

"우리에게는 전자기장을 위한 장의 법칙이 분명히 필요하다. 시 공간의 구조에 가해지는 순수한 기하학적 제한이라 여겨질 법칙 말이다. 1915년에 나온 이론은 순수한 중력 상호작용이라는 간단한 사례를 제외하면 이런 법칙들을 내놓지 못했다."[19]

물질적 효과에 의해 유도되는 기하학 대신 순수 기하학을 받아들이기 시작하자 아인슈타인은 실험에 대한 흥미가 시들해지기 시작했다. 그의 일반상대성이론 논문과 강연은 수성의 세차운동, 빛의 휘어짐, 중력 적색편이라고 불리는 또 다른 효과 등을 통해 실험적 검증이 필요함을 크게 강조하고 있지만, 통일장이론으로 마음이 기울면서 그의 언어에는 좀더 추상적인 주장들이 많아지게 된다. 실험실에 있기를 좋아했고 별로 중요해 보이지 않는다는 이유로 고등수학 강의를 매번 빼먹던 대학생이 역설적이게도 수학적 아름다움과 순수한 추론만으로 이론을 이끌어내는 일을 옹호하게 된 것이다. 그는 '이론물리학의 방법론에 관하여'라는 한 강연에서 이렇게 말했다.

"물론 실험은 여전히 수학적 구성물의 물리학적 유용성을 판단하는 유일한 기준으로 남아 있게 될 것이다. 하지만 창조의 원리는 수학 속에 들어 있다. 따라서 어떤 의미에서 보면 나는 고대인들이 꿈꾸었던 것처럼 순수한 사고만으로 실제를 이해할 수 있다는 주장이 진실이라 여긴다."[20]

순수한 기하학적 추론을 강조하는 괴팅겐학파와 관련 있는 연구자들은 아인슈타인이 좀더 추상적인 수학적 구성물에 흥미를 키우는 데 일조했다. 예를 들어 아인슈타인과 형제처럼 가까웠던 친구인 에렌페스트는 핵심적인 영향을 준 인물이다. 에렌페스트는 괴팅겐에서 공부했고 클라인의 강의를 들었다. 에렌페스트, 그리고 그가 클라인의 강의에서 만나 결혼한 수학자 아내 타티아나는 기하학과 물리학 사이의 관계에 대단히 관심이 많았다. 이 두 사람이 네덜란드 레이덴에 있는 집을 아인슈타인에게 은신처로 제공해준 덕분에 아인슈타인은 베를린에서 빠져나와 이곳에서 이론적인 딜레마에 대해 고민하고 실내악을 연주하며 휴식을 취할 수 있었다. (아인슈타인은 바이올린, 에렌페스트는 피아노를 연주했다.) 정곡을 찌르는 질문으로 문제의 본질을 드러내는 데 능했던 에렌페스트는 아인슈타인이 전자기력을 일반상대성이론에 통합하기 위해 분투하는 동안 늘 그의 말에 귀 기울여주었다.

클라인도 비록 은퇴하긴 했지만 일반상대성이론에서 중력에너지와 운동량을 처리하는 부분에 흥미를 가지고 있었다. 슈뢰딩거가 1917년 11월 자신의 첫 논문에서 그랬던 것처럼 클라인도 이 양들이 좌표계에 의존하지 않는 방식으로 정의될 필요가 있다고 생각했다. 그는 모든 관찰자에게 중력에너지와 운동량이 똑같은 값으로 측정돼야 한다고 주장했다. 클라인은 이 의문에 관해 1918년에 아인슈타인과 편지를 교환했다. 아인슈타인은 자신의 정의에 대해서 의견을 바꿀 마음이 조금도 없었지만, 클라인의 지적이 그에게 중력과 전자기력을 대등한 위치에 올려놓아야겠다는 동기를 부여했을 가능성이 크다. 두 힘에 대한 에너지와 운동량을 서로 다르게 정의하는 것은 미봉책이 될 수는 있겠으나 결코 만족스러운 장기적 해법이 될 수는 없었다.

유클리드 이후로 기하학을 체계화한 가장 위대한 수학자라 감히 말할 수 있는 힐베르트는 분명 아인슈타인에게 심오한 영향을 미쳤다.[21] 아인슈타인은 힐베르트의 일반상대성이론 공식화가, 전자가 전자기장 안에서 나타나는 일종의 안정적 거품이라고 했던 독일의 물리학자 구스타프 미의 주장과 동일한 맥락에서 중력과 전자기력을 통일하려 시도했다는 점에 주목했다. 미의 뒤를 이어 힐베르트는 물질은 독립적으로 존재하지 않으며, 에너지장energy field 안에서 덩어리지면서 나오는 결과라 주장했다. 그리고 결국 이런 장들은 기하학적으로 기술이 가능하다. 아인슈타인은 처음에는 힐베르트의 주장을 받아들이지 않았지만 점차 기하학이 물질보다 더 근본적이라고 믿게 되었다.

전자나 다른 물질입자들을 기하학의 산물로 바라보는 것은 끈에 생긴 매듭을 그 매듭이 엉킨 방식을 이해함으로써 설명하는 것과 비슷하다. 한 소녀가 털실 뭉치에서 이상하게 생긴 매듭을 발견하고 그것을 털실과는 별개인 어떤 것으로 생각하게 되었다고 상상해보자. 이 소녀는 엄마에게 가지고 놀 매듭을 한 상자 사달라고 조른다. 괴팅겐의 교수였던 이 엄마는 매듭은 털실과 별개로 존재할 수 있는 것이 아니라고 설명하면서 어떻게 하면 털실을 꼬아 더 많은 매듭을 만들 수 있는지 보여주었다. 여기서 털실은 근본적인 존재지만 매듭은 그렇지 않다. 그와 유사하게 힐베르트와 미도 장의 기하학이 제일 우선하고, 이것이 꼬인 것이 입자로 발현되는 자연의 질서를 머릿속에 그렸다.

독일의 수학자 헤르만 바일은 힐베르트의 가장 재능 있는 제자 중한 명이었다. (친구들은 그를 페터라고 불렀다.) 그는 1908년 괴팅겐대학교에서 박사학위를 받았고, 1913년 하빌리타치온 학위를 받은후 취리히연방공과대학교에서 교수로 임명되었다. 그곳에서 그와아인슈타인은 동료로 함께 일하면서 아는 사이가 된다. 1918년 바일은 일반상대성이론과 그 가능성에 대해 장대하게 설명한《공간, 시간, 물질》이라는 책을 출간했다. 바일은 자신의 개념을 발전시킴에따라 그에 맞추어 몇 번에 걸쳐 개정판을 내놓았다. 그는 초기에 나온 책을 아인슈타인에게 보냈고, 아인슈타인은 이 책을 '교향곡과도 같은 걸작'이라고 불렀다.[22]

아인슈타인이 자신의 책을 칭찬해주어 흡족해진 바일은 그가 쓴새로운 논문 〈중력과 전기〉도 똑같이 열렬한 반응을 이끌어낼 수 있기를 바랐다. 이 논문은 맥스웰 방정식을 결과물로 포함할 수 있도록 일반상대성이론을 수정하는 방법을 제시하고 있었다. 바일은 그원고를 아인슈타인에게 보내며 그가 이 원고를 발표하라고 권해주기를 바랐다. 처음에 아인슈타인은 바일이 전자기력을 중력의 극장안으로 몰래 들여올 방법을 찾아낸 것이라 보고 기뻐했지만, 이것의침입으로 쇼가 얼마나 많이 망가지게 될지 깨닫고는 뒷걸음질쳤다.

바일의 개념에서는 평행이동(벡터들이 점에서 점으로 자신에게평행하게 이동하는 것) 과정에서 벡터들의 행동방식에 관한 개념이 수정되어 있다. 표준 일반상대성이론에서는 벡터의 요소들이 어떻게 변하는지 보여주는 아핀 연결, 그리고 시공간 간격(4차원상의거리)이 어떻게 측정되는지 결정하는 계량 텐서가 직접적인 수학적 관계로 서로에게 의존하고 있다. 앞에서 들었던 사막의 천 발판 비유에서 이것은 비계와 천 사이의 직접적인 연결에 해당한다. 그런데 바일은 그가 '게이지gauge'라고 부른 추가적인 요소를 덧붙임으로써 그 연결을 다스리려 했다. 러시아의 철도와 폴란드의 철도처럼 나라 별로 철도의 게이지(여기서는 레일 사이의 거리를 의미)가 다르듯이 바일은 4차원 거리 기준을 공간 속 지점마다 변화시키는 구상을 했다. 여기서 나오는 보너스가, 게이지 요소를 추가하면 전자기장과 동등한 효과를 낳는다는 점이다. 하지만 아인슈타인은 거리 기준을 바꾸는 것은 물리학적이지 않다고 생각했고, 자신의 이론에 그런 과격한 변화를 가하는 것을 인정할 수 없었다. 아인슈타인에게 자신의 개념을 거부당하자 바일은 대단히 크게 낙심한다.

바일의 게이지 개념은 일반상대성이론에 아예 포함되지 못했지만, 나중에 다른 영역인 입자물리학에 적용되어 큰 성공을 거둔다. 현대적인 개념에서는 게이지 요소가 실제 공간 대신 일종의 추상공간에 적용된다. 어떤 입자의 정지질량을 설명할 때 없어선 안 될 존재인 힉스 보손Higgs boson이 현대에 들어 큰 관심을 모으게 된 것은 바일의 게이지 개념에 크게 빚졌다.

5차원으로의
모험

또 다른 괴팅겐대학교 졸업생인 핀란드의 물리학자 군나르 노르드스트룀은 1914년 자신의 통일이론을 제안한다. 이것은 놀라운 이론이었다. 3차원의 공간과 1차원의 시간을 보충하는 다섯 번째 차원을 포함시킨 최초의 이론이었기 때문이다. 노르드스트룀은 덧차원extra dimension을 추가하면 전자기력의 맥스웰 방정식을 중력과 함께 포함시키는 데 필요한 추가적 공간을 이론에 제공할 수 있음을 발견했다. 하지만 이 이론은 일반상대성이론에 기반을 둔 것이 아니었기 때문에 노르드스트룀은 아인슈타인의 접근방식이 더 뛰어남을 인정하고 2년 후 자신의 개념을 스스로 폐기한다. 아인슈타인이 노르드스트룀의 통일 개념에 큰 관심을 보였다는 흔적은 없지만, 또다른 5차원이라는 개념은 그에게 지워지지 않는 강한 인상을 남겼다.

1919년 4월 아인슈타인은 쾨니히스베르크대학교의 무명 객원강사 테오도르 칼루자로부터 편지 한 통을 받는다. 독일의 학제에서 객원강사privatdozent는 대학으로부터 급료를 지급받는 것이 아니라 강의를 하고 그 티켓을 팔아 생계를 꾸리는 강사다. 이런 변변치 않은 자리를 20년 동안이나 붙들고 있던 칼루자는 여기서 번 돈으로 자기 가족을 먹여 살리기도 빠듯했을 것이다. 하지만 어쩌면 자신도 경력을 시작할 때 처지가 궁핍했었기 때문인지 아인슈타인은 초라한 처지에 있는 사람이 보낸 편지임에도 불구하고 꼼꼼히 살펴보았다. 칼루자는 당시 주류 학계와 크게 동떨어져 있는 상황이었지만 한때는 괴팅겐의 강렬한 분위기를 경험한 적이 있었다. 그는 학생이었던 1908년에 그곳에서 1년을 보냈고, 클라인과 힐베르트, 민코프스키의 기하학적 비전에 완전히 빠져들었다. 그는 미래에 통일이론의 동료가 될 바일도 만났다.[23] 통일이론에 대한 독특한 접근방식의 씨앗이 칼루자에게 심어졌고 이 씨앗은 결국 11년 후에 싹을 틔운다.

칼루자의 편지는 그에게 일종의 계시로 다가온 개념을 요약하고 있었다. 어느날 그가 자기 서재에 앉아 있는데 일반상대성이론의 텐서들에 덧차원과 추가적 요소를 덧붙이면 아인슈타인 방정식에 들어 있는 장치들이 중력 요소에 덧붙어 맥스웰 방정식의 한 버전을 만들어내리라는 생각이 문득 든 것이다. 그럼 아인슈타인 텐서는 4×4 행렬이 아니라 5×5 행렬이 된다. 그럼 총 25개의 요소 중 대칭규칙으로 인해 15개가 독립적인 텐서가 된다. 표준 일반상대성이론에서는 총 16개의 요소 중 10개가 독립적인 텐서였음을 기억하라. 이것은 독립적인 요소가 5개 추가로 생긴다는 의미고, 그 중 4개는 전자기력을 기술하는 데 사용할 수 있다. 나머지 다섯 번째 요소는 기본적으로 무시한다. 간단하게 차원의 수를 바꾸는 것만으로도 통일을 위한 충분한 여지가 만들어지는 듯 보였다. 이 깨달음의 순간에 그와 함께 서재에 있었던 칼루자의 아들이 회상하기를, 그때 칼루자는 너무나 흥분해서 몇 초 정도 그대로 얼어붙어 있다가 벌떡 일어서서 오페라 '피가로의 결혼'의 한 곡조를 흥얼거리기 시작했다고 한다.[24]

독립적으로 유도된 노르드스트룀의 체계와 칼루자의 체계 모두 덧차원을 통해 시공간을 확장한다는 개념에 의존하고 있다. 괴팅겐의 자극적이고 들뜬 분위기에 익숙해진 수학자와 수리물리학자에게 더 높은 차원을 머릿속에 그리는 일은 숫자를 세는 것만큼이나 간단한 일이었다. 1차원은 선, 2차원은 정사각형, 3차원은 입방체(정육면체)다. 여기에 공간 차원을 하나 더 추가하면 초입방체 hypercube가 나온다. 입방체가 6개의 정사각형으로 경계 지워진 3차원 물체인 것처럼 초입방체는 8개의 입방체로 경계 지워진 4차원 물체다. 여기에 1차원의 시간을 갖다 붙이면 5차원의 존재가 나온다. (시간은 보통 4차원으로 표시되고 추가된 공간 차원은 5차원으로 표시된다.)

하지만 그 시절의 주류 실험물리학자들에게 5차원이라는 개념은 진짜 과학이 아니라 공상과학소설이나 3류 잡지에나 등장할 이야기로 보였다. 시간의 차원을 제외하면 길이, 넓이, 높이 외의 또 다른 차원이 존재한다는 직접적인 시각적 증거가 존재하지 않았다. 5차원을 이용하는 이론은 벽을 통과할 수 있는 방법이 있다거나 아무것도 없는 상태에서 마법으로 금을 만들어낼 수 있다고 가정하는 것과 비슷해 보였다.

칼루자는 자신의 이론에 5차원을 직접 관찰하는 것을 불가능하게 만드는 '원기둥 조건'을 부여함으로써 반대론자들에게 선수를 쳤다. 햄스터가 발 아래 놓인 쳇바퀴를 굴려도 아무데도 가지 못하는 것처럼 칼루자의 이론에서는 관찰 가능한 모든 속성이 5차원의 변화에 대해 고정되어 있다. 5차원은 빙글빙글 돌아가고 있지만 눈에 띄는 효과는 없다. 다만 전자기력을 일반상대성이론 안으로 끌어오는 간접적인 작용만 있을 뿐이다. 돌아가는 5차원은 안전하게 무대 뒤에 숨겨져 있기 때문에 애당초 실험물리학자들의 반대가 불가능해진다.

처음에 아인슈타인은 칼루자의 논문이 바일의 논문보다 훨씬 뛰어나다고 칭찬했다. 바일의 이론과 달리 칼루자의 이론은 시공간 간격의 크기 등 우주에 대해 이미 알려져 있는 사실을 건드리지 않는 듯 보였다. 하지만 칼루자의 이론을 바탕으로 계산해본 후에 아인슈타인의 열정은 식고 말았다. 전자기력과 중력의 영향이 결합된 상태에서 전자가 어떻게 움직이는지 기술하려고 노력해보았지만 타당한 해를 찾아낼 수 없었던 것이다. 대신 그는 특이점^{singularity}이라고 알려진 수학적 장벽에 부딪히고 말았다. 특이점이란 하나나 그 이상의 양이 무한으로 폭주하는 곳을 말한다. 이 쓰린 부분을 앓던 이를 뽑듯 어떻게든 뽑아낼 필요가 있었다.

칼루자 이론의 결점을 지적함으로써 아인슈타인은 일반상대성이론의 확장을 시도하는 데 필요한 새로운 원동력이 무엇인지 깨달았다. 바로 전자가 공간을 어떻게 움직이는지 설명하는 이론을 개발하는 것이다. 보어의 원자 모형은 각운동량과 에너지를 양자화하면 전자를 특정 궤도로 제한할 수 있음을 보여주었고, 이는 수소 같은 간단한 원소의 주요 스펙트럼선과 잘 맞아떨어졌다. 하지만 이 모형으로는 다른 경우 전자가 어떻게 행동하는지 완벽하게 설명하는 이론을 얻을 수 없었다. 예를 들면 전자가 음극선관을 가로지를 때의 행동은 설명할 수 없었다. 아인슈타인은 통일을 위한 다양한 접근방식에서 비롯되는 결과를 조사하면서 전자의 딜레마를 판단 기준으로 이용했다.

전자문제의 중요성에 관해서는 에딩턴도 아인슈타인의 의견에 전적으로 동의했다. 바일의 이론을 출발점으로 삼은 에딩턴은 아핀 연결을 변경하고, 리만의 것과는 다른 4차원 기하학을 수립하는 것을 밑바탕으로 한 대안적인 통일이론을 제안했다. 하지만 그는 자신의 이론이 전자의 운동을 적절히 설명하고 있는지 확신하지 못했다. 에딩턴은 이렇게 썼다.

"유클리드 기하학을 넘어서면 중력이 등장한다. 그리고 리만 기하학을 넘어서면 전자기력이 등장한다. 여기서 더 일반화해서 얻을 수 있는 것으로 남아 있는 것은 무엇일까? 분명 전자를 하나로 묶어주는 비맥스웰 결합력일 것이다. 하지만 전자의 문제는 분명 어렵다. 나는 현재의 일반화가 그 해법을 발견하기 위한 재료를 성공적으로 제공했다고 자신하지 못하겠다."[25]

통일로 향하는 길에 걸음을 내딛으며 아인슈타인이 부딪힌 문제는 바일, 칼루자, 에딩턴의 이론 중에서 어느 것을 선택할 것인가 하는 문제였다. 그는 이 이론들 중에서 만족스러운 이론을 찾아내지는 못했지만, 이 중 하나를 빌려와 자신의 모형을 구축할 때 이용하게 될 것이다. 그동안 그는 일반상대성이론의 변형된 버전을 통해 전자를 기술하는 데 따르는 포상이 무엇인지 계속 눈여겨보았다.

1919년이 저물고 '광란의 20년대'*가 시작되자 아인슈타인의 삶에도 근본적인 변화가 찾아왔다. 그의 나이도 이제 40대에 접어들어 이론물리학에서 큰 업적을 일구는 일반적인 나이를 훨씬 지나 있었다. 하지만 힘과 물질을 통일해 기술하는 설명을 내놓아 자신의 일반상대성이론을 마무리하겠다는 그의 뜨거운 열정은 이제 막

---

* 사람들이 활기와 자신감에 넘치던 1920~29년 사이를 말한다.

불이 붙은 상태였다. 아인슈타인은 행여 노벨상을 받게 되면 그 상금을 양도한다는 조건으로 마침내 밀레바에게서 이혼합의를 받아낼 수 있었다. (역설적이게도 이 날은 발렌타인데이였다.) 그녀가 잃어버린 희망을 그 무엇으로 보상할 수 있을까마는, 그래도 노벨상 상금이라면 기본적인 위로는 될 수 있을 것 같았다. 마침내 이혼합의가 이루어지고 아인슈타인은 1919년 6월 2일 엘자와 결혼한다. 그리고 몇 달이 지나 에딩턴의 일식 관측결과가 발표된 후 엘자는 자기가 세계에서 가장 유명한 과학자와 혼인서약을 맺었다는 사실을 깨달았다. 엘자는 아인슈타인이 전세계를 돌아다니며 명사들을 만나 끝없이 이어지는 찬사를 듣는 동안 자기도 남편 곁에 서 있는 것이 좋았다.

세상물정을 잘 알았던 밀레바의 요구사항도 결국 넉넉한 성과를 거두었다. 아인슈타인은 1921년에 노벨 물리학상을 받았고 그 다음해에 상금을 받았다. 자신의 전남편이 그 어느 때보다 세상으로부터 주목을 받게 되자 밀레바와 그녀의 두 아들은 대중의 눈을 피해 들어가 그 상금으로 생활했다. 교수로서의 위치도 안전하게 확보되었고, 더할 나위 없는 명성을 누리고 있고, 집안일과 관련된 모든 사항은 안심하고 엘자에게 맡겨놓을 수 있게 된 아인슈타인은 독수리처럼 자유로이 통일이론이라는 드높은 정상을 향해 날아오를 수 있게 되었다.

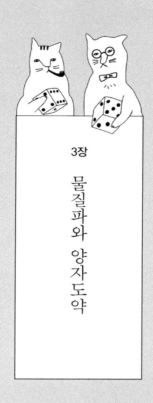

3장

물질파와 양자도약

이 빌어먹을 양자도약이 꼭 있어야 하는 것이라면,
차라리 처음부터 원자론에 대한 연구를
시작하지 말 걸 그랬다.

– 에르빈 슈뢰딩거(베르너 하이젠베르크가 전한 말)

부디 오해 없길 바란다.
나는 과학자지, 도덕 선생님이 아니다.

– 에르빈 슈뢰딩거, 《정신과 물질》

자유의지가 없는 것이 교도소에 갇힌 것과 비슷하다면 일반 상대성이론이야말로 궁극의 교도소장이라 할 수 있다. 일반상대성 이론은 시간과 공간을 뭉뚱그림으로써 과거, 현재, 미래를 모두 섞어 하나의 단단한 덩어리로 합쳐놓았다. 시간의 풍경이 시베리아 강제노동수용소처럼 꽁꽁 얼어붙어버린 것이다. 모든 역사가 영구히 고정되어버렸다. 우리는 그저 선고받은 형기를 아직 다 채우지 못했을 뿐.

일반상대성이론을 확장해 다른 힘들까지 그 안에 포함시키면 우리의 운명은 훨씬 더 단단하게 얼어붙을 것이다. 전기와 중력을 함께 설명하는 통일이론이라면 원칙적으로는 지금까지 살아온, 혹은 앞으로 살게 될 모든 사람의 신경연결을 세밀한 지도로 그려낼 수 있다. 그럼 우리는 영원히 미리 정해진 대로 생각하고 행동해야 하는 형벌을 선고받게 된다. 영원의 방정식이 일단 한 번 정해지고 나면 우리들의 운명은 그대로 봉인되고 만다. 오마르 하이얌은 루바이야트*에서 다음과 같은 유명한 시를 남겼다.

운명을 적는 신의 손가락
적고 나면 앞으로 나갈 뿐
제아무리 기도하고 꾀를 부린들 한 줄이나 되돌릴쏜가.
제아무리 눈물을 쏟은들 한마디나 씻어낼쏜가.[1]

슈뢰딩거와
쇼펜하우어

제1차 세계대전이 끝나고 돌아온 수많은 병사들에게는 영혼의 휴식이 필요했다. 슈뢰딩거는 운이 좋아 무사히 집으로 돌아왔지만 그가 사랑하는 하제뇔 교수는 수류탄에 사망하고 말았다. 슈뢰딩거와 빈 학계는 망연자실했다. 1919년 말에는 슈뢰딩거의 아버지가 사망했다. 그리고 곧이어 오스트리아의 경제가 끔찍한 인플레이션에 학살당하다시피 하여 슈뢰딩거의 가족을 비롯해 수많은 가족들이 저축해 놓은 돈이 휴지조각이 되고 말았다. 너무나도 힘든 시기였다. 슈뢰딩거는 자신의 내면으로 침잠하며 자기가 나아가야 할

---

* Rubaiyat, 오마르 하이얌은 페르시아의 시인으로 그가 남긴 4행 연시집이 바로 루바이야트다.

삶의 방향에 대해 생각하기 시작했다.

슈뢰딩거는 여자와 함께 하는 데서 크나큰 정서적 위안을 찾았다. 그는 자기와 관계 맺었던 여성들을 일기에 적어놓았다. 슈뢰딩거는 그 일기에 1919년 어느날 안네마리 베르텔을 만났던 일을 기록해 놓았다. 그녀는 잘츠부르크 출신의 아주 쾌활하고 가식 없는 여성이었다. 그녀는 지적이지는 않았으나 슈뢰딩거의 학술적 관심을 존중해주었다. 손과 장갑처럼 꼭 맞는 연인들과 달리 슈뢰딩거와 베르텔은 어떤 면에서 보면 어울리지 않는 한 쌍이었다. 예를 들어 두 사람은 음악적 취향이 서로 크게 달랐다. 베르텔은 피아노 연주를 좋아했지만 슈뢰딩거는 못 견뎌했다. 결국에는 두 사람 중 그 누구도 자신들의 관계를 서로에게 얽매이는 관계로 보지 않게 되었지만, 그래도 이 둘은 함께 있는 시간을 늘 좋아했다. 익숙함과 편안함이 밑바탕이 된 관계였던 셈이다. 두 사람은 곧 약혼했고, 서로 다른 양가의 종교를 존중하기 위해 한 번은 가톨릭 식으로, 또 한 번은 신교도 식으로 두 번의 결혼식을 올리기로 했다. 양쪽 결혼식 모두 1920년 봄에 치러졌다.

전쟁 후의 불안감 속에서 슈뢰딩거는 철학에 몰두했고 쇼펜하우어의 글에 강박적으로 빠져들었다. 슈뢰딩거는 자기가 읽은 모든 내용에 대해 거기서 받은 인상과 그에 대한 논평을 노트에 자세히 적어놓았고, 쇼펜하우어를 '서구 최고의 학자'라 평했다.[2] 쇼펜하우어가 동양의 철학에 대해 여러 번 언급한 것에 자극받은 슈뢰딩거는 힌두교 베다 저작*과 다른 동양사상의 고전들도 파고들었다. 그는 잠시 철학 분야로 적을 옮길까도 생각했지만 결국에는 그대로 물리학 분야에 남고 철학은 부업 삼아 공부하기로 결심했다. 수년에 걸쳐 그는 자신의 철학적 관점을 피력하는 책을 몇 권 썼다. 그중 한 권이 《나의 세계관》이다. 이 책의 내용은 그가 1925년에 마무리한 〈길을 찾아서〉라는 논문에 부분적으로 바탕을 두고 있다.

슈뢰딩거는 기계론적 우주에 맞서 열정과 욕망에 대해 설명한 쇼펜하우어의 말에 특히나 흥미를 느꼈다. 제1차 세계대전의 여파 속에서 주위를 둘러본 슈뢰딩거의 눈에는 온통 극과 극의 모습밖에 보이지 않았다. 과학과 기술은 전례 없는 수준으로 도약했지만, 그가 보기에 문화는 깊숙한 나락으로 침몰한 상태였다. 그는 이것을 '예술의 퇴락'이라고 불렀다. 슈뢰딩거는 이렇게 썼다.

"우리가 지금 처한 상황은 고대 세계의 마지막 단계와 겁이 날 정도로 닮았다."[3]

물론 슈뢰딩거와 베르텔이 결혼생활 내내 서로가 아닌 다른 사람들과도 연애생활을 했던 점을 고려하면 슈뢰딩거를 금욕주의적인 인물이라 하기는 힘들다. 하지만 그가 거울을 들여다볼 때면 그 속에는 어쩌다가 타락과 폭력의 외설적인 시대라는 덫에 걸려든 현대판 플라톤이나 아리스토텔레스라 할 박식가 겸 르네상스 인**이 자신을 바라보고 있었다.

《의지와 표상으로서의 세계》와 그밖의 다른 책들을 통해 쇼펜하우어는 재앙으로 이어질 수 있는 감정을 일으키는 원동력이 무엇인

* 베다는 고대 인도의 브라만교 성전의 총칭이다.
** 한 부분에 국한되지 않고 다방면에서 두각을 나타내는 인물을 일컫는다.

지 설명했다. 힌두교의 카르마$^{karma, 業報}$, 불교의 고$^{苦, suffering}$라는 개념을 빌어 그는 어떻게 '의지'가 사람들로 하여금 과제를 수행하도록 강제하는 보편적 힘으로 작용하는지 기술했다. 욕망은 행동을 낳고, 그 행동은 필연적인 결과를 가져온다. 이는 예측 가능한 결과로 이어지는 다른 자연의 힘들과 다를 것이 없다. 하지만 그런 충동을 경험하고 있는 행위자^{agent}는 그런 결과를 만들어내고 있는 주체가 자신의 자유의지라고 철석같이 믿고 있다. 행위자들은 채워지지 않는 기분을 계속 느끼면서 신경증적으로 자신의 갈망에 매몰될 수 있다. 한 목표가 달성될 때마다 거품이 일듯 새로운 욕망이 일기 때문이다. 따라서 불교의 가르침대로 욕망은 곧 고통이다. 이에 대한 한 가지 해결책은 어떤 목표도 세우지 않고 모든 감정을 삼가면서 수도승처럼 금욕적인 삶을 사는 것이다. 또 다른 방법은 자신의 욕망을 미술이나 음악 같은 미학적 추구로 녹여내거나 아니면 헛된 갈망에 빠져 있기보다는 마음을 뒤흔드는 문학작품을 써보는 것이다. 하지만 행여 욕망에 굴복하게 되더라도 그것은 못하면 못했다고 비난할 일도, 잘하면 잘했다고 칭송할 일도 아니다. 그저 보편적인 힘에 반응하고 있는 것에 불과하기 때문이다.

따라서 당신이 누군가와 사랑에 빠졌다면 당신이 그 사람을 선택한 것이 아니다. 당신의 사랑이 동인^{agent}으로 작용해서 두 사람의 상호 운명에 따라 당신과 그 상대방을 하나로 묶는 과정을 실행에 옮긴 것이다. 그런 관점에서 보면 슈뢰딩거와 베르텔이 서로를 선택했다고 말하는 것은 지구와 달이 서로에게 강렬하게 이끌리는 바람에 지난달에 지구가 달을 자기 주변으로 당겨오기로 마음먹었다고 말하는 것과 같은 의미다. 그 때문에 슈뢰딩거는 전통적인 결혼의 관습을 따르거나 대체로 충동적으로 튀어나오는 자신의 결정을 합리화해야 할 아무런 도덕적 이유가 없다고 생각했다.

그 시점부터 슈뢰딩거는 철학적 주제를 자신의 물리학적 개념에 엮어 넣었다. 그가 쇼펜하우어의 글, 그리고 그 글의 밑바탕이 되는 베다 철학에서 언뜻 보았던 총체성^{wholeness}의 관념은 그로 하여금 자연에 대한 도약적이고 불완전한 기술을 배격하고 연속성을 가진 기술을 선호하도록, 그리고 모호함보다는 분명함을 선호하도록 이끌었다. 궁극적으로 슈뢰딩거는 자연의 모든 것이 한 순간에서 다음 순간으로 연속적인 흐름 속에서 연결돼야 한다고 믿게 된다. (그가 자신의 글 중 일부에서는 비인과율의 가능성에 대해 탐구했던 것이 사실이지만, 그의 글에 드러나는 주요 요지는 인과적 관계의 손을 들어주고 있다는 점에 주목하자.) 이런 생각은 결국 양자역학의 '모호함'에 대한 그의 태도에서 중요한 역할을 하게 된다.

아인슈타인과
스피노자

슈뢰딩거와 아인슈타인의 철학적 관심사는 강조하는 바에서 차이가 있지만 겹치는 부분이 상당히 많았다. 아인슈타인도 쇼펜하우어의 책을 읽기는 했지만, 그는 그보다 시기적으로 앞선 철학자 스피노자에게 더욱 강한 영향을 받았다. 아인슈타인의 우주는 우연이 아무런 근본적 역할도 하지 않는 우주다. 아인슈타인이 그런 우주에 대한 매끄럽고 통일된 설명을 찾아나서는 동안 스피노자가 그 안내자 역할을 했다. 스피노자는 쇼펜하우어에게 영향을 미친 핵심 인물 중 한 사람이었기 때문에 슈뢰딩거는 스피노자에 대해서도 많은 글을 읽었다.

스피노자는 1632년 암스테르담에서 세파르디 유대인 가정에 태어났다. 그는 어린 시절 정통 성경을 공부하고 난 후 우주에서 신의 역할을 급진적으로 재해석하게 된다. 세파르디 공동체는 그가 말하는 신의 개념이 너무나 이단적이라 여겨 그의 파문을 결정한다. 유대교에서는 극히 드문 사건이었다. 유일신을 믿는 전통적인 종교에서는 신이 세상을 창조하고 생명을 탄생시키는 일부터 시작해서 역사 전반에 걸쳐 능동적인 역할을 한다. 창조자로서 신은 세상과는 별개인 존재지만, 자기가 원할 때는 언제든 세상에 개입할 수 있다. 하지만 모든 결정이 신에 의해 이루어지지는 않는다. 신은 인간에게 자유의지를 부여하여 스스로 선택을 할 수 있게 했다.

물론 신이 얼마나 자주 개입하는지, 인간이 가진 자유의지의 본성이 무엇인지에 관해서는 여러 가지 신학적 차이가 존재한다. 운명이 이미 결정되어 있다고 믿는 종교에서는 인간의 운명은 봉인되어 있고 인간이 어떤 선택을 내릴지도 이미 예정되어 있다. 따라서 사악한 인간은 사악한 결정을 내리도록 운명 지어져 있다. 이 경우 '자유로운 선택'이란 그 사람이 진정 무가치한 존재인 이유를 보여 주는 운명의 행사에 불과하다. 이런 관점에서는 신의 판단과 개입이 이미 오래 전에 결정되어 있다. 따라서 어떤 일이 일어나건 간에 그 일은 이미 일어날 수밖에 없도록 운명 지어진 것이다.

어떤 종교에서는 선택은 완전히 개인의 자유지만 잘못된 선택을 하면 사후세계에서 벌을 받거나 말년에 불운이 닥쳐 고통 받을 수 있다. 반면 좋은 선택을 하면 신과 더 가까워진 느낌이 들 수도 있고 나중에 보상받을 수도 있다. 어떤 보상을 받게 될지는 종교에 따라 달라지겠지만 말이다. '인격화된 신'은 사람들이 무슨 일을 하는지 내려다보며 그에 따라 반응한다.

17세기부터는 신의 개입을 좀더 제한하는 개념이 유럽에서 등장한다. 이 개념에서 신의 역할은 우주를 창조하고 그 법칙을 만든 후 조정이 필요할 때만 개입하는 것으로 제한된다. 이렇게 함으로써 신은 자신의 걸작을 창조하고 만지작거리다가 필요할 때만 시간을 재설정하는 일종의 시계공처럼 행동한다. 성경의 대홍수가 역사를 재설정한 사례라고 할 수 있다. 뉴턴은 이런 관점을 받아들여 신이 중력의 법칙과 그 밖의 다른 자연의 원리들을 만들어내고 행성들을 설치한 후에 자신의 아름다운 창조물이 스스로 가동되는 것을 지켜보고 있다고 상상했다. 하지만 우주가 계속해서 완벽하게 가동할 수 있도록 필요할 때는 신이 개입할 수 있는 여지를 남겨두었다. '기적'의 현대적 개념 속에서 사건의 발생은 자연의 법칙으로부터 비롯되지만 가끔은 신이 선을 행하기 위해 그런 법칙을 우회할 수 있다는 추정이 담겨 있다.

신과 우주에 대한 스피노자의 해석은 당시에는 무척 독특한 것이었다. 그는 인격화된 신의 개념, 그리고 신이 인간사나 자연계에 선별적으로 개입할 수 있다는 개념을 거부했다. 그는 기도란 부질

없는 노력에 불과하다고 믿었다. 기도에 귀를 기울이는 존재가 없기 때문이다. 그는 신이란 우주 그 자체를 채우고 있는 실체實體라 생각했다. 세상만물에 스며 있는 무한한 존재인 것이다. 그에게 모든 사람과 모든 사물은 파괴할 수 없는 찬란한 다이아몬드의 반짝이는 면면이었다.

스피노자에 따르면 신은 무한하고 완벽하기 때문에 그의 자연은 변화가 불가능하다. 신은 우주가 어떤 형태를 갖추게 될지에 대해 아무런 선택권도 갖고 있지 않다. 우주의 속성은 그저 신의 속성으로부터 흘러나오기 때문이다. 모든 사건은 이상적인 방식으로 설계된 신성한 법칙으로부터 일어난다. 그 결과 우주의 역사는 끝없는 무늬가 새겨진 카펫처럼 펼쳐진다. 스피노자는 《윤리학》에서 이렇게 말했다.

"자연에는 우발적인 것이 존재하지 않는다. 모든 것은 신성神性의 필연성에 따라 어떤 방식으로 존재하고 행동하도록 결정되어 있다."[4]

지상의 실체로부터 멀어져 점점 천상의 것을 추구하게 되고, 실험적 의문에 바탕을 둔 이론과 멀어져 점점 더 추상적 원리와 미학적 관심사에서 제기된 의문을 추구하게 되면서부터 아인슈타인은 물리학에 대해 이야기할 때 신의 이름을 자주 언급하기 시작했다. 하지만 이 신은 인간사와 세상사에 능동적으로 개입하는 성경의 아버지 같은 신이 아니다. 이 신은 오히려 스피노자의 신에 가까웠다. 자연의 법칙을 낳은 완벽하고 영원한 존재다. 한 랍비가 그에게 신을 믿느냐고 묻자 아인슈타인은 이렇게 대답했다.

"저는 존재의 질서정연한 조화를 통해 스스로를 드러내는 스피노자의 신을 믿지, 인간의 운명과 행동에 관여하는 신은 믿지 않습니다."[5]

많은 논쟁이 있었던 1930년 11월 9일자 《뉴욕 타임스 매거진》의 기고문에서 아인슈타인은 데모크리토스, 아시시의 성 프란치스코, 스피노자를 역사에서 '우주적 종교' 관념에 가장 크게 기여한 세 사람으로 꼽았다. 우주적 종교 관념이란 과학적 조사가 바탕이 되는 우주의 작동방식에 대한 경외감을 말한다.[6] 데모크리토스를 지목한 것을 보면 아인슈타인이 원자론을 대단히 중요하게 생각하고 있었음을 알 수 있다. 성 프란치스코의 경우 아인슈타인은 그의 인도주의적 관심사에 동질감을 느꼈다. 그런데 이 세 사람 중에서 스피노자는 이단아였기 때문에 스피노자를 지목한 것이 가장 많은 논란을 낳았다. 아인슈타인이 밝힌 관점에 자극을 받아 종교학자와 성직자들 사이에서 '우주적 종교'의 정당성에 관해 많은 논쟁이 벌어졌다.

아인슈타인이 자신의 이론에 엄격한 결정론을 적용하고 확률의 그 어떤 근본적 역할도 거부하게 된 데는 스피노자의 우주적 질서 개념에 대한 믿음이 작용했고, 어쩌면 그가 받은 전통 뉴턴 물리학 교육도 한몫했을 것이다. 어쨌거나 어떻게 신의 완벽함이 여러 가지 방식으로 펼쳐질 수 있겠는가? 모든 결과는 반드시 명확한 원인을 가져야 하고, 이 원인 또한 다시 그보다 앞선 또 다른 원인으로부터 기원한 것이어야 한다. 쓰러진 도미노 조각을 끝까지 추적해 보면 결국에는 궁극의 원인과 만나게 될 것이다. 그가 양자물리학에서 확률을 거부하고, 수십 년에 걸쳐 매끈한 통일장이론을 추구했던 것은 분명 그가 스피노자의 개념을 열렬히 고수했던 데서 비롯된 것이다.

아인슈타인과 슈뢰딩거의 믿음에서 가장 결정적인 차이라면 슈뢰딩거가 동양사상에 좀더 심취해 있었다는 점이다. 아인슈타인이 자신의 글에서 종교에 관해 언급한 비유 중에 동양적 전통에서 나온 것은 없었다. 지나가듯 짤막하게 불교에 대해 언급했을 뿐이다. 그는 신비주의와 영성에 관해서는 종류를 막론하고 거의 관심이 없었다. 반면 슈뢰딩거는 사람들이 영혼을 함께 공유하며, 자연만물이 사실은 하나의 존재라는 관념을 갖고 있었다. 그는 일종의 '보편적 의식'에 대한 이런 베단타 철학적 믿음과 인간을 신성의 면면으로 바라본 스피노자의 관점을 다른 것으로 구분했다. 슈뢰딩거는 그 차이가 우리 각각은 부분이 아니라 전체라는 점에 있다고 강조했다.

"... 스피노자의 범신론汎神論에서처럼 영원하고 무한한 존재의 한 조각, 또는 그 존재의 한 측면이나 변형이 아니다. 그럼 우리는 똑같은 당혹스러운 질문을 던져야 하기 때문이다. 대체 당신은 그중 어느 부분, 어느 측면이란 말인가? 그리고 그것을 객관적으로 다른 것들과 구분해주는 것은 무엇이란 말인가? 이런 질문에 대한 해답을 상상하기는 불가능하다. 일반적인 사유로는 당신, 그리고 당신처럼 의식을 가진 모든 존재가 세상만물에 스며 있기 때문이다."[7]

아인슈타인과 슈뢰딩거 모두 과학의 통일을 추구하려는 의욕을 갖고 있었지만, 그 동기는 서로 달랐다. 아인슈타인의 동기는 자연의 밑바탕이 되는 신성한 원리, 즉 가장 단순하고 우아한 방정식을 찾아내는 것이었다. 반면 슈뢰딩거의 동기는 모든 것에 담긴 공통성, 즉 우주만물에 깃들어 있는 생명소^{生命素}를 찾아내는 것이었다. 아인슈타인은 믿음이 더 엄격했기 때문에 무작위적인 요소를 절대 근본적인 것으로 받아들이지 않는다. 반면 슈뢰딩거는 무작위성에 대해 훨씬 열린 마음을 유지했기 때문에 행운과 우연을 보편적 의지의 발현 가능한 형태로 바라본다. 역설적인 일이지만 의지의 힘 때문에 겉보기에는 우연에 의한 사건이 어떤 사람으로 하여금 그가 따르기로 되어 있던 길을 따라가도록 인도할 수 있기 때문이다. 더군다나 슈뢰딩거가 볼츠만을 연구해서 알게 되었듯이 열역학의 법칙들은 셀 수 없이 많은 원자들에서 나타나는 산발적인 행동들의 통계적 평균에서 유도되어 나온다. 흩어져 있는 수십억 개의 물방울이 바다와 같은 변화를 만들어낼 수 있다.

통일을 위한 분투 말고도 아인슈타인과 슈뢰딩거의 과학철학에서 한 가지 결정적인 공통 요소는 연속성^{continuity}에 대한 믿음이다. 이런 개념은 유체역학 등 두 사람이 자라온 토양인 고전물리학에서 비롯된 것이었고, 사건은 한 순간에서 다음 순간으로 강물처럼 흘러간다는 두 사람의 공통적인 관념에 의해 강화된 것이다. 이런 관념은 베단타 철학뿐 아니라 스피노자의 철학에서도 공통적이었다. 무언가가 그냥 사라졌다가 다른 어딘가에 다시 나타난다든가, 떨어져 있으면서 눈에 보이지 않는 즉각적인 영향력을 행사한다든가 하는 일은 일어날 수 없었다. 자연의 옷은 좀 먹은 망토처럼 조각조각 찢겨 나가지 않도록 시간과 공간 모두에서 촘촘하게 실로 기워져 있어야만 했다.

'불연속성'은 보어의 '행성' 원자 모형의 가장 중요한 특징이었다. 아인슈타인과 슈뢰딩거는 이 이론이 다른 부분에서는 분명 진일보한 것이 맞지만 이 불연속성이 이 모형의 가장 큰 약점이라 생각했다. 왜 원자에서는 전자가 한 궤도에서 다른 궤도로 즉각적인 도약을 한단 말인가? 태양계의 행성에서는 절대로 그런 일이 없는데 말이다. 슈뢰딩거가 이렇게 말했다고 한다.

"나는 전자가 벼룩처럼 뛰어다닌다고는 상상하지 못하겠다."[8]

더군다나 만약 전자가 원자 안에서 뛰어다니는 존재라면, 왜 음극선관의 텅 빈 실내처럼 자유로운 공간 안에서는 연속적인 흐름처럼 행동하는가?

바일, 칼루자, 그리고 나중에는 에딩턴이 제안한 통일이론에 자극받은 아인슈타인은 1920년대 초 즈음에는 중력뿐 아니라 전자기력도 포함하도록 일반상대성이론을 확장해서 전자의 행동을 설명할 방법에 대해 생각하기 시작했다. 아인슈타인은 전자의 이론은 반드시 결정론적이고 연속적인 이론일 테지만 인공적으로 만들어진 수학적 결함 때문에 그렇게 도약하는 것처럼 보이는 것이 분명하다고 생각했다. 아인슈타인과의 논의에서 자극을 받은 슈뢰딩거는 자기만의 전자 연속성 개념을 독립적으로 발전시켰고, 결국에는 파동역학의 혁신적 이론을 내놓는다.

하지만 물리학계에 있는 모든 사람이 불연속성을 결함으로 여긴 것은 아니었다. 기초적인 형태의 파동역학이 모양을 갖춰가고 있는 동안 뮌헨 출신의 젊고 개척정신이 투철한 물리학자 베르너 하이젠베르크는 행렬역학이라는 추상적 수학 이론을 제안했다. 행렬역학에서는 상태에서 상태로의 즉각적인 도약이 필수사항이었다. 괴팅겐의 세련된 분위기가 아니고서야 다른 어디서 이런 추상적인 이론이 제안될 수 있었겠는가? 하이젠베르크는 그 도시에서 보어의 놀라운 강연들을 듣고 영감을 얻었다.

보어와의
산책

1922년 6월 힐베르트와 똑똑하고 젊은 물리학자 막스 보른을 비롯해 괴팅겐대학교의 몇몇 교수들이 보어를 초청해서 원자론에 관한 여러 강연을 들었다. 보어는 이 제안을 기꺼이 받아들임으로써 제1차 세계대전 이후로 독일의 학술기관을 대상으로 벌어지고 있던 비공식적 보이콧을 깨뜨린다. 국제적으로 떠들썩하게 알려진 아인슈타인을 제외하면 이런 갈등 때문에 독일의 과학적 명성이 큰 시련을 겪고 있었다. 독일의 독가스 개발(아인슈타인의 동료인 화학자 프리츠 하버)과 공중전이 남긴 무시무시한 반향이 생존자들에게 깊은 심리적 상처를 남겼기 때문이다. 괴팅겐에서 최근에 열렸던 '헨델 축제'의 이름을 따라 '보어 축제'라고 이름 붙은 이 강연은 독일과 다른 유럽 국가들 사이의 과학적 협력을 새로이 이어줄 문을 열었다.

보어가 처음으로 자신의 이론을 제안한 지도 거의 9년이나 지난 상황이었다. 그 기간 동안 뮌헨에서 연구하는 아르놀트 조머펠트의 기여로 보어가 제안한 이론은 크게 발전되어 있었다. 특히 조머펠트는 두 개의 양자수quantum number를 추가하여 보어의 에너지 준위 모형을 확장했다. 추가된 양자수란 총 각운동량과 좌표축 중 하나(보통 z축)에 대한 각운동량 요소다. 이렇게 함으로써 같은 에너지를 가진 전자가 다른 형태와 방향으로 궤도를 돌 수 있게 되었다. 서로 다른 양자수를 가진 두 개의 상태가, 같은 에너지를 갖고 있는 상황을 축퇴縮退, degeneracy라고 한다.

축퇴는 땅 위에 세워놓은 막대기에 편자던지기 놀이를 해서 편자가 모두 막대기에 닿게 만들되 서로 다 다른 각도로 닿아 있게 만드는 것과 비슷하다. 각 편자의 닿아 있는 각도는 제각각이겠지만, 모두 막대기와 닿아 있기 때문에 똑같은 것으로 계산될 것이다. 마찬가지로 축퇴상태에 있는 전자들도 모두 같은 에너지를 가지고 있지만, 궤도에 대해 다른 기울기와 형태를 갖고 있다.

1916년 조머펠트는 네덜란드의 화학물리학자 페터 디바이와 함께 이 개량된 보어 모형(보어-조머펠트 모형)으로 제이만 효과라는 수수께끼를 설명할 수 있음을 입증해 보였다. 1897년 네덜란드의 물리학자 피터르 제이만에 의해 처음 관찰된 이 효과는 한 종류의 원자로 구성된 기체를 자기장 속에 두고 거기서 만들어지는 스펙트럼선을 관찰하면 나타난다. 전자석의 스위치를 켜면 스펙트럼선 중 일부가 갈라지는데, 어떤 진동수에서 선이 하나만 나타나는 것이 아니라 갑자기 세 개, 다섯 개, 심지어는 그 이상의 선들이 그 진동수 주변에서 나타난다. 이것은 마치 어떤 주파수 범위의 라디오 방송국으로 채널을 맞췄는데 뜻하지 않게 가까운 (하지만 정확히 같지는 않은) 주파수를 갖는 방송국을 두 개 더 찾아낸 것과 비슷하다.

조머펠트는 적용된 자기장, 그리고 원자핵 주위를 도는 전자의 각운동량 사이에 이루어지는 상호작용의 결과로 제이만 효과가 나타남을 입증해 보였다. 자기장의 이 끌어당기는 힘 때문에 서로 다른 각운동량을 갖는 궤도들이 축퇴하여 같은 에너지를 갖는 대신, 살짝 다른 에너지를 갖게 되는 것이다. 에너지 준위가 달라지면 전자가 한 상태에서 다른 상태로 도약하며 내는 빛의 진동수도 달라지기 때문에 에너지가 분열되면서 스펙트럼선이 갈라진다.

조머펠트는 운이 좋게도 나중에 양자론에서 뚜렷한 족적을 남기게 될 두 명의 똑똑한 물리학과 학생을 두고 있었다. 그 둘 중 한 명은 빈에서 마흐가 대자^{代子}로 삼았던 볼프강 파울리다. 파울리는 진정한 신동이었고, 아이 같지 않은 비범한 통찰로 자기보다 나이 많은 물리학자들을 감동시키기도 했다. 조머펠트는 당시 대학생이 된 지 2년밖에 되지 않은 만 20세의 파울리에게 자신이 편집하고 있던 수리과학백과사전에 실을 상대성이론에 대한 리뷰 원고를 써보라고 했다. 파울리는 그 말을 따랐고 그 주제에 대해 훌륭한 요약글을 써냈다. 파울리는 박식하고 주제를 빨리 파악하는 것으로도 유명했지만 지독한 직설화법으로도 유명했다. 그는 동료들을 보면 그 사람됨이나 연구내용에 대해 자신의 솔직한 의견을 말하지 않고는 배기지 못했다. 사람의 가슴을 칼날처럼 후벼파는 말일지라도 말이다. 예를 들어 그는 조머펠트의 원자에 대한 수 이론(양자수 이론)

을 '원자 신비주의'라고 불렀다.

1920년대 초반 조머펠트 밑에서 공부한 또 한 명의 양자역학의 거장은 바로 하이젠베르크다. 하이젠베르크는 펜과 종이를 붙들고 집에 있을 때나 바위투성이 산길을 따라 걸을 때나 늘 건장한 젊은이였다. 그는 독일의 보이스카웃이라 할 수 있는 팟핀더의 회원이었을 때 조머펠트 그룹에 들어왔다. 당시 팟핀더는 국수주의적 요소가 강했다. 하이젠베르크는 아인슈타인을 깊이 존경했고 상대성이론에 매료되어 있었다. 그는 조머펠트가 강의시간에 아인슈타인의 편지를 큰 소리로 읽어줄 때마다 깊은 감명을 받으며 기뻐했다. 하지만 파울리는 하이젠베르크에게 상대성이론 연구에 뛰어들지 말라고 설득했다. 파울리는 수리과학백과사전 편찬작업에 참여한 이후로 상대성이론에는 실험으로 쉽게 검증할 수 있는 기본 미해결 문제가 많지 않다고 확신했다. 따라서 당시 파울리가 보기에 상대성이론은 또 다른 발전의 가능성이 무르익은 상태는 아니었다. 파울리는 하이젠베르크에게 정말 뜨거운 영역은 원자물리학과 양자론이라고 조언했다. 파울리는 하이젠베르크에게 이렇게 설명했다.

"원자물리학에는 아직 해석되지 않은 실험결과들이 풍부하게 남아 있어. 한 곳에서 나온 자연의 증거가 또 다른 곳에서는 모순을 일으키는 것으로 보이거든. 아직까지는 여기에 관련된 상관관계들에 대해 불완전하게라도 일관된 그림을 못 그려내고 있어. 닐스 보어가 원자에서 보이는 신기한 안정성을 플랑크의 양자 가설과 하나의 그림으로 엮는 데 성공한 것은 사실이야. ... 하지만 나는 그가 어떻게 그럴 수 있었는지 도무지 이해할 수가 없다고. 그 역시 내가 언급했던 모순들을 제거하지 못하고 있는데 말이지. 그러니까 모두가 짙은 안개 속에서 장님처럼 손으로 더듬어 가면서 길을 찾고 있는 상황이란 말이야. 이 안개가 걷히려면 아마 몇 년은 걸릴 거라고."[9]

1922년 여름 아인슈타인은 라이프치히에서 일반상대성이론에 대해 강연해달라는 초청을 받았다. 조머펠트는 아인슈타인에게 소개시켜주겠다며 하이젠베르크에게 그 강연에 참석하라고 열심히 권했다. 하이젠베르크는 흥분했다. 하지만 반유대주의자들이 아인슈타인을 위협하는 바람에 아인슈타인은 강연을 취소했고 대신 막스 폰 라우에를 보냈다. 아인슈타인이 참석하지 않는다는 사실을 알지 못한 하이젠베르크는 어쨌거나 라이프치히의 강연장으로 찾아갔다. 그리고 노벨 물리학상을 수상한 학자 필리프 레나르트가 강연장 정문에 서서 상대성이론이 '유대인 과학'이라며 아인슈타인과 상대성이론을 비난하는 팜플렛을 나눠주고 있는 것을 보고 놀랐다. 레나르트는 순수한 독일의 것이 아닌 모든 형태의 과학을 제거하려는 반유대주의 운동을 시작한 참이었다. 당시 하이젠베르크는 그로부터 15년도 지나지 않아 레나르트의 신조가 나치 정권 아래서 국가 정책으로 자리잡게 되리라고는 생각도 하지 못했다.

조머펠트가 하이젠베르크에게 꼭 만나보라고 권한 또 다른 사람은 바로 보어였다. 두 사람은 보어의 강연을 함께 들으러 가기로 했다. 괴팅겐대학교에서 박사학위를 받은 조머펠트에게 보어 축제 참가는 일종의 모교 방문의 날이나 마찬가지였다. 그때는 파울리도 박사과정으로 보른의 연구조수로 일하면서 괴팅겐대학교에 적을 두고 있었다. 괴팅겐으로 즐거운 여행을 한 후 조머펠트와 하이젠베르크는 보어의 강연을 듣기 위해 사람들로 빽빽한 강의실에 자리를 잡았다. 괴팅겐대학교에서 국제 과학계의 명사들을 맞이하기에는 더할 나위 없이 좋은 계절이었다. 화창하고 아름다운 날씨는 중세의 건물, 시장 가판대, 시내 전차 등과 함께 도시의 매력을 더욱 돋보이게 만들었고, 강당으로 이어지는 길은 멋진 꽃들이 수놓고 있었다. 보어 축제가 시작되면서 쾌활하고 들뜬 분위기가 강연장을 가득 채우고 있었다.

보어의 강의는 편하게 들을 수 있는 스타일이 아니었다. 그는 말투가 대단히 조용했고, 난해하고 수수께끼 같은 언어를 자주 사용했다. 하지만 이런 난해함이 오히려 양자론의 성스러운 지도자 같은 그의 신비감을 더 높여주는 역할을 했다. 항상 애매하게 말하던 아폴로 신전의 예언자처럼 보어도 헤아리기 어려운 언어로 강연을 했기 때문에 청중은 거기에 자기만의 해석을 부여할 수 있었다. 예를 들면 보어는 자신의 각운동량 양자화 규칙 뒤에 숨어 있는 물리적 원리가 무엇인지에 대해서 결코 명쾌하게 설명해본 적이 없는데도 많은 물리학자들은 거기에 반드시 논리적 근거가 있고, 그가 고전역학을 통해 그것의 정당성을 입증할 수 있는 방법을 알고 있으리라 생각했다.

하지만 하이젠베르크는 쉽게 만족할 수 없었다. 그의 강의에 열심히 귀를 기울이다 보니 하이젠베르크는 보어가 자신의 이론을 처음부터 끝까지 완벽하게 생각해본 적이 있었을지 의심이 들기 시작했다. 질문 시간이 되자 하이젠베르크는 궤도진동수에 대한 고전적 개념과 양자적 개념의 차이에 대해 보어에게 대놓고 문제 제기를 해서 객석에 앉아 있는 여러 교수에게 충격을 안겼다. 하이젠베르크는 보어의 모형에서는 전자의 진동수가 전자의 궤도속도와는 아무런 상관도 없음을 지적했다. 보어가 그 정당성을 입증해 보일 수 있을까? 하이젠베르크는 또한 보어가 여러 개의 전자를 거느리는 원자에 대해서도 연구를 진척시켰는지 궁금했다. 그의 이론은 여전히 수소 원자나 전자가 하나만 있는 이온에만 적용 가능한 이론인가?

청중은 하이젠베르크의 문제 제기에 대한 충격으로 할 말을 잃었을 것이다. 당시만 해도 학생이 감히 대중강연에서 교수의 이론에 의문을 제기하는 일은 있을 수 없었다. 그것도 국제적 명사인 보어를 상대로 말이다. 보어는 여기에 침착하게 대처하며 하이젠베르크에게 함께 근처 언덕길을 산책하며 이 문제에 대해 논의하자고 대답했다. 하이젠베르크와 함께 산책하면서 보어는 자신의 이론 중에서 그 부분은 물리학적 원리가 아닌 직관적 개념에 바탕을 둔 것이라고 털어놓았다. 하이젠베르크는 이런 저명한 사상가가 자신에게 이렇게 따뜻하게 손을 내밀어준 것이 너무나 기뻤다. 이 산책은 두 사람이 양자철학에 대해 숙고하며 함께 하게 될 무수히 많은 산책 중 첫 번째 산책이었다.

실재에 대한
행렬

보어와의 교류는 하이젠베르크로 하여금 자신만의 원자전이[atomic transition] 이론을 개발하도록 영감을 불어넣어주었다. 어쨌거나 보어도 모든 해답을 갖고 있지 않다면 이 분야에서 원자에 대한 좀더 포괄적인 비전이 등장할 시기가 무르익은 셈이었다. 아무런 선입견도 없이 연구에 임한 하이젠베르크는 양자수는 꼭 정수여야 한다는 개념 등 폭넓게 받아들여지고 있는 믿음들까지도 겁 없이 무시해버렸다.

하이젠베르크는 일찍이 조머펠트로부터 얻은 스펙트럼 자료를 이용해서 '코어 모형[core model]'이라는 시스템을 구성한 바 있었다. 이 모형에서는 정수 양자수뿐 아니라 반$^+$정수(홀수의 절반)도 사용한다. 반정수를 이용하면 이중선[doublet], 즉 짝으로 나타나는 스펙트럼선을 설명하는 데 도움이 된다. 조머펠트는 $\frac{1}{2}$, $\frac{3}{2}$ 등의 양자수는 '절대 불가능'하다며 하이젠베르크의 가설을 퉁명스럽게 묵살해버렸었다. 보어 역시 그런 개념을 받아들이지 않았다. 하지만 하이젠베르크의 개념은 보른에게 반향을 일으켰고 하이젠베르크는 보른과 공동으로 연구할 기회를 얻게 된다.

관습에 의문을 제기하는 것으로 유명한 젊은 대학교수 보른은 급진적인 제안에 개방적이었고, 당시에는 보른 자신도 보어-조머펠트 모형의 대안을 만지작거리고 있었다. 그러다가 운명처럼 1922~23학년도에 조머펠트가 휴가를 내고 미국으로 건너가 위스

콘신대학교에서 교편을 잡게 된다. 그리고 자신이 없는 동안 하이젠베르크를 괴팅겐대학교로 파견 보내서 보른과 함께 연구하도록 했다. 한편 파울리는 북쪽으로 방향을 틀어 보어의 조수로 들어가면서 양자론의 삼대 산맥으로 자리잡은 뮌헨대학교, 괴팅겐대학교, 코펜하겐대학교 순회를 마무리한다.

하이젠베르크가 1922년 10월 괴팅겐대학교에 도착했을 때 보른은 그에게 천문학과 궤도역학의 원리에 입각해서 다양하게 변형된 보어의 이론에 주력하라고 조언했다. 두 사람은 '행성' 원자 모형이, 수소 다음으로 가장 간단한 계인 이온화된 헬륨(전자가 하나만 있는 헬륨)의 스펙트럼선과 맞아떨어지도록 만들기 위해 함께 연구했다.

1923년 5월 하이젠베르크는 박사과정과 최종 구두심사를 마무리하기 위해 뮌헨대학교로 돌아왔다. 조머펠트가 이론적으로 크게 기여했음에도 불구하고 뮌헨대학교에서는 여전히 물리학의 실용적인 측면에 집중하고 있었다. 슈뢰딩거와 달리 하이젠베르크는 실험을 해본 경험도 거의 없고 좋아하지도 않았기 때문에 그 부분의 심사에서는 성적이 형편없었다. 그가 이론부분과 실험부분에서 받은 점수를 평균하면 C학점 정도였다. 그래도 조머펠트는 하이젠베르크를 축하하며 박사학위 취득 기념파티를 열어줬다. 평범한 성적을 받은 것에 민망해진 하이젠베르크는 파티 자리에서 일찍 나와 기차역으로 달려갔고 괴팅겐으로 가는 야간열차에 뛰어올랐다. 그는 이번에는 유급 연구조교의 자격으로 보른과의 공동연구를 다시 이어가게 되었다.

하이젠베르크가 할 일이 많았다. 스펙트럼선에 대한 새로운 자료가 쏟아져 들어오고 있었고, 그 안에는 점점 더 복잡해지는 구조를 암시하는 신기한 패턴들이 담겨 있어 기존의 모형에 더욱 많은 변화가 필요해졌다. 하이젠베르크는 새로운 자료에 자신의 코어 모형을 적용해보려 했지만 헛수고였다.

1924년 초 보른은 '행성'의 비유를 전자에 적용하려는 노력이 성공할 수 없음을 깨닫기 시작했다. 전통적인 궤도역학을 양자화된 에너지 및 각운동량과 결합해서는 이온화된 헬륨에서의 전자의 행동을 설명할 수 없었다. 비교적 간단한 계인 헬륨의 모형조차 만들 수 없는데, 과연 주기율표를 구성하는 그 복잡한 원자들을 모두 이해할 수 있을까? 보른은 원자에 관한 한 고전역학을 모두 내던져버리고 완전히 새로운 '양자역학'의 필요성을 역설했다. 둘의 결정적인 차이점은 양자역학은 연속적이기보다는 불연속적이며, 매끄러운 전이가 아닌 즉각적인 도약을 기반으로 작동한다는 것이다. 따라서 전자의 행동을 기술하기 위해서는 원자를 고전적인 물리계로 취급하기보다는 내부 작동방식이 숨겨진 블랙박스처럼 다뤄야 할 필요성이 있었다.

보른의 행동은 물리학의 역사에서 전례가 없는 것이었다. 뉴턴 시대 이후로 물리학자들은 운동의 법칙$^{laws of motion}$을 신성불가침의 존재로 다루어왔다. 아인슈타인의 특수상대성이론은 운동량과 에너지의 정의를 수정하기는 했지만(상대론적 질량을 또 다른 형태의 에너지로 포함시킴으로써) 이런 양이 엄격하게 보존되며, 무언가가 어딘가에서 갑자기 사라졌다가 다른 곳에서 다시 나타날 수는 없다는 기본 전제만큼은 건드리지 않았다. 뉴턴 물리학에서는 모든 순간을 고려의 대상으로 삼아야 했다. 실험적으로는 숨겨진 순간이 있을 수 있지만 이론적으로는 안 될 말이었다. 보른은 관찰 상의 제약 혹은 복잡한 과정의 간섭에 의한 잡음 때문에 전자의 도약 메커니즘을 이해할 수 없노라고 말할 수도 있었을 것이다. 하지만 보른은 그러는 대신 전자가 도약하기 전과 도약한 후의 상태 사이에 존재하는 인과적 연결을 아예 칼로 도려내버렸다. 우리가 알 수 있는 것은 전이의 규칙밖에 없다고 말이다.

고전역학이 매순간 자신의 예금을 동전 하나하나까지 꼼꼼하게 챙기는 구두쇠 같다면 양자역학은 자기가 맡긴 돈이 불어날 가능성에만 신경 쓰는 뮤추얼펀드 고객과 비슷하다. 이 고객이 굳이 자신의 돈이 어떻게 투자되는지 알아보려고 해도 이런 대답만 돌아올 것이다.

"묻지 마세요. 그냥 알아서 불어납니다."

이와 비슷하게 양자역학에서도 전자의 도약을 직접 설명하는 방법은 존재하지 않는다. 그저 초기 상태와 최종 상태를 말해주는 규칙을 따를 뿐이다.

마찬가지로 고전역학의 한계에 실망한 하이젠베르크도 완전히 새롭게 접근할 준비가 되어 있었다. 1924년과 1925년 초까지 그는 궤도전자orbital electron의 행동을 복잡한 스펙트럼과 맞아떨어지게 만들 다양한 방법들을 만지작거렸다. (이 기간 중에 코펜하겐에 있는 보어 이론물리학연구소의 방문 연구원으로 있기도 했다.) 파울리, 보어 등과 의견을 나눈 하이젠베르크는 전자의 궤도를 기술한다는 개념을 버리기로 결심했다. 그는 전자가 취하는 경로를 시각화하려 노력하기보다는 관측 가능량이라고 하는, 직접 측정이 가능한 양에만 집중하는 것이 좀더 생산적이겠다고 생각했다.

1925년 6월 돌파구가 마련됐다. 당시 하이젠베르크는 북해의 헬리골란드 섬에서 2주 동안 아무런 방해도 받지 않고 생각에 잠길 수 있었다. 그는 심한 건초열 때문에 휴식이 필요했고 바다 공기 덕분에 코감기를 가라앉힐 수 있었다. 그곳에서 그는 방출 또는 흡수되는 빛의 특정 진동수를 만들어내는 전자의 상태 간 도약의 진폭(가능성과 관련된 진폭)을 계산하는 체계를 개발한다. 모든 가능한 원자 전이에 대해 이런 진폭을 계산하는 일종의 계산표^{spreadsheet}를 개발한 것이다. 그는 이런 표를 바탕으로 해서 수학적으로 조작하면 전자가 어떤 위치, 운동량, 에너지, 그리고 다른 관측 가능한 양을 갖게 될 확률을 결정할 수 있음을 보여주었다. 따라서 이런 물리량은 정확한 값으로 알 수 있는 것이 아니라 확률적으로 알 수 있다. 마치 블랙잭 게임에서 몇 장의 카드를 받아들었을 때 그 합이 21이 나올 확률처럼 말이다.

괴팅겐으로 돌아온 하이젠베르크는 자기가 만든 진폭 계산표를 보른에게 보여주었고, 보른은 이것이 행렬의 한 유형임을 곧 알아보았다. 행렬이란 숫자들을 행과 열로 배열한 수학적 존재다. 보른은 자신의 박사과정 학생 중 한 명인 파스쿠알 요르단을 끌어들여 하이젠베르크와 자신과 함께 이 계산표의 수학적 의미를 연구하게 한다. 그리고 이것은 '행렬역학$^{matrix\ mechanics}$'으로 알려지게 된다.

보른은 두 행렬을 곱하면 곱하는 순서에 따라 다른 값이 나올 수도 있는 행렬의 특징을 잘 알고 있었다. 2×3이나 3×2나 값이 같은 표준 곱셈과 달리 행렬의 곱셈에서는 A×B가 일반적으로 B×A와 같지 않다. 순서가 문제되지 않는 경우에는 '가환可換'이라고 하고, 순서가 중요한 경우는 '비가환非可換'이라고 한다. 하이젠베르크의 시스템에서는 비가환 행렬을 이용해서 위치나 운동량 같은 물리적 속성을 결정하기 때문에 이런 속성을 측정할 때는 조작순서가 중요하다. 따라서 한 상태의 위치를 먼저 측정한 다음에 그 운동량을 측정한 경우와 운동량을 먼저 측정하고 위치를 나중에 측정한 경우는 결과가 달라진다.

하이젠베르크는 나중에 이 비가환성이 '불확정성 원리'로 이어진다는 것을 입증해 보였다. 불확정성 원리란 어떤 쌍의 물리량은 동시에 정확히 측정하는 것이 불가능하다는 원리다. 예를 들어 한 전자의 위치와 운동량은 동시에 정확하게 알아내는 것이 불가능하다. 어느 한쪽을 정확히 알아내면 나머지 한쪽은 그 값이 반드시 애매해진다. 사진을 찍을 때 전경이나 배경 중 어느 한쪽만을 골라서 정확히 초점을 맞출 수는 있지만, 양쪽 모두에 초점을 맞출 수는 없는 것과 비슷하다. 사진 찍는 사람이 전경 이미지의 선명도에 신경을 쓰면 배경은 흐려진다. 그 역도 마찬가지다. 그와 마찬가지로 물리학자가 전자의 정확한 위치를 밝히기 위해 실험을 설계하면 그 전자의 운동량의 값은 무한한 범위에 걸쳐 번져버린다. 즉 운동량을 전혀 알 수 없게 된다.

행렬역학은 너무 추상적이라 구체적인 것을 좋아하는 실험물리학계의 사랑을 받지 못했다. 그러다가 파동역학이라는 그 자매 이론이 등장하고, 그 둘이 동등한 것임이 밝혀지고 나서야 양자역학의 통일이론*이 폭넓게 받아들여지게 된다.

아인슈타인은 스피노자의 시계와 같은 신을 믿는 사람이었다. 그렇기 때문에 하이젠베르크의 이론에 담긴 깜짝 놀랄 함축적 의미를 깨닫고는 뒷걸음질쳤다. 그 함축적 의미란 만약 위치와 운동량을 동시에 정확히 측정하는 것이 아예 불가능한 일이라면, 우주만물의 위치와 속도를 파악하여 미래를 예측하는 일도 불가능해진다는 것이다. 하이젠베르크와 보른은 정확한 고전역학 대신 확률론적인 역학에 익숙해진 사람들이라 이런 부분에 불편함을 느끼지 않았지만, 아인슈타인은 달랐다. 그는 엄격한 결정론을 포기하고 입자로 벌이는 일종의 도박판에 빠져드는 것을 격렬하게 반대했다.

양자론에 대한
마지막 기여

양자론의 아버지 중 한 명인 아인슈타인이 자신이 만들어놓은 창조물로부터 도망가려 한 것은 참으로 이상한 일이다. 하지만 처음에 등장했던 양자의 개념과 완전한 형태를 갖춘 양자역학은 다른 것으로 봐야 한다. 처음에 나온 양자 개념이 에너지나 다른 물리적 실체의 불연속적 단위를 의미하는 것이었다면, 양자역학은 원자 규모에

---

* 행렬역학과 파동역학. 두 이론으로 양자역학이 통합되었음을 의미한다.

서 결정론적인 고전역학을 대체하는 시스템이다. 예를 들어 아인슈타인의 광전효과에서는 전자가 광자의 형태로 불연속적인 양의 에너지를 흡수한 다음 그 에너지를 이용해 금속 표면을 탈출해 공간을 가로지르며 연속적으로 (그리고 결정론적으로) 움직인다. 아인슈타인은 이와 대비되는 개념인 전자가 광자를 집어삼킨 다음 순간적으로 완전히 다른 위치로 이동한다는 개념에는 반대했다. 아인슈타인은 도약이 겉으로는 불연속적이고 무작위적으로 보일지라도 실제로는 더욱 심오한 이론을 통해 연속적이고 인과론적으로 설명할 수 있으리라 추측했다.

무작위성을 자연의 근본적 측면이 아니라 그냥 설명을 위한 도구로만 생각하는 것에는 아인슈타인도 문제 삼지 않았다. 통계역학이 무수히 많은 원자들이 서로서로, 그리고 자신의 환경과 상호작용하면서 만들어내는 집단적 행동을 설명하려면 무작위성이 필요하다는 것은 아인슈타인도 알고 있었다. 고전역학은 몇몇 쌍의 물체 사이의 간단한 상호작용은 능숙하게 다룰 수 있지만 수많은 요소로 이루어진 복잡한 계를 다루기에는 부족한 부분이 많다. 아인슈타인은 여기가 바로 우연이 개입해 들어올 영역이라 믿었다. 기본적인 요소로서가 아니라 뒤죽박죽인 운동을 표현할 하나의 도구로서 말이다.

아인슈타인이 자신이 몸담던 양자론 진영에서 빠져나와 가장 유명한 양자론 비판자가 되기 전 마지막으로 양자론에 크게 기여한 부분은 이상기체$^{ideal\ gas}$의 양자통계론이다. 이상기체란 분자들 간에 상호작용이 일어나지 않는다고 가정하는 분자집합으로 보통 한 용기 안에 들어 있는 것을 생각한다. 볼츠만과 다른 사람들이 발전시킨 고전 통계역학에서는 무작위적인 운동을 가정해 압력, 부피, 온도 간에 간단한 상관관계를 이끌어낸다. 이것을 '이상기체법칙'이라고 한다. 아인슈타인은 에너지가 양자화된다는 개념을 아우르기 위해 표준 통계역학을 개선했다.

아인슈타인을 양자역학의 영역으로 최후의 모험을 떠나게 만든 원동력은 인도의 물리학자 사티엔드라 보즈로부터 받은 놀라운 논문이다. 이 논문은 양자통계적 원리로부터 플랑크의 흑체복사법칙을 유도해내고 있었다. 아인슈타인은 이 논문을 독일어로 번역해서 일류 학술지인《물리학시보》1924년 8월호에 발표했다. 보즈는 광자를 용기 안에 들어 있는 똑같이 생긴 탁구공들과 비슷한 것으로 보았다. 그리고 이 탁구공들은 플랑크의 법칙을 따르며 진동수에 따라 달라지는 불연속적인 에너지를 실어나르고 있다. 아인슈타인은 보즈의 개념을 단원자 기체(하나의 원자로만 이루어진 분자의 기체)로 일반화시켰다. 그래서 광자를 비롯해서 동일한 종류의 입자들에 대한 양자통계학은 보즈-아인슈타인 통계로 알려져 있다. 최근 힉스입자에 적용된 '보손boson'이라는 용어도 여기서 나왔다.

1924년 9월 제1차 세계대전과 제2차 세계대전 사이에 이루어진 과학 학술모임 중 가장 중요한 모임 중 하나인 '자연과학자회의'가 아름다운 알프스의 산악도시인 오스트리아 인스브루크에서 열렸다. 아인슈타인은 학회에서 직접 강연하지는 않았지만 강연에 청중으로 참석해서 양자통계학에 대한 자신의 개념을 플랑크를 비롯해 여러 참가자들과 비공식적으로 논의할 기회를 가졌다.

슈뢰딩거 역시 이 학술모임에 참가했다. 이 모임에서 그는 가장 존경하는 두 명의 물리학자 아인슈타인과 플랑크를 만날 수 있었다. 물론 이 두 사람은 전세계적으로 가장 유명한 물리학자이기도 했다. 슈뢰딩거는 1913년 빈 학회에서 아인슈타인을 만났었고 그와 일반상대성이론에 관해 글을 교환하기도 했지만, 그때까지 그와 직접 대화를 나눠본 적은 없었다. 적어도 심도 깊은 대화는 나눈 적이 없었다. 인스브루크에서 이루어진 아인슈타인과 슈뢰딩거의 만남은 결국 두 사람 사이의 오래고 유익한 우정의 시작이었을 뿐 아니라 현대물리학의 역사에서도 중요한 전기였다. (두 사람의 관계는 공식적인 만남으로 시작했지만 시간이 흐르면서 따뜻한 관계로 발전했다.) 양자통계학 영역에서 아인슈타인이 마지막으로 거둔 결실에 대해 학술모임에서 논의가 이루어졌는데, 이 논의가 슈뢰딩거에게 영감을 불어넣어 아인슈타인과 편지를 교환하게 만들었고, 결국 그는 아인슈타인으로부터 프랑스의 물리학자 루이 드 브로이의 물질파 개념에 대해 알게 된다. 그리고 이것이 다시 슈뢰딩거를 자극하여 그로 하여금 양자역학의 핵심 기둥 중 하나인 파동방정식을 만들어내게 한다.

인스부르크에서 슈뢰딩거는 자신의 오스트리아 동료들을 다시 만났고(당시 그는 스위스에서 연구활동을 하고 있었다) 신선한 산악 공기를 마셨다. 신선한 공기는 무척 중요했다. 3년 전에 슈뢰딩거는 심한 기관지염을 앓다가 뒤이어 결핵에 걸리면서 폐에 문제가 생겼기 때문이다. 그는 골초이기도 했다. 이것 역시 호흡에 도움이 되지 않았다. 지난 몇 년이 슈뢰딩거에게는 전반적으로 격동의 시기였다. 베르텔과 결혼한 후 그는 정처 없이 떠돌아다니는 학자가 되었다. 빈대학교에서 교수직 제의가 들어왔음에도 불구하고 그는 1920년 말에서 1921년 말까지 예나, 슈투트가르트, 브레슬라우(지금은 폴란드의 도시 브로츠와프) 같은 독일의 도시에서 잠깐씩 교수 자리를 맡으며 돌아다녔다. 그에게는 급료가 중요한 문제였다. 인플레이션이 독일을 유린하기 시작했기 때문이다. 그는 한때 자랑스러운 중산층이었던 어머니가 아버지가 돌아가신 후에는 집을 잃고 누추하게 사는 모습을 두려움 속에서 지켜보았다. 슈뢰딩거의 어머니는 1921년 9월에 암으로 사망했다. 슈뢰딩거는 베르텔에게 안락한 삶을 안겨주고 행여 그녀가 가난에 시달리는 일이 없게 하려고 수입이 좋고 안정적인 교수 자리를 얻겠다고 마음먹었다.

그런 기회는 그해 늦게 찾아왔다. 취리히대학교에 교수 자리가 하나 비게 된 것이다. 스위스는 슈뢰딩거와 베르텔에게 경제적 문제로 곤란해질 걱정과 독일과 오스트리아에 닥쳐온 불안으로부터도 자유로운 안정적이고 평화로운 환경을 제공했다. 일단 교수직에 안착하고 기관지염과 결핵 등의 문제를 해결한 후 그는 볼츠만의 고전적 개념을 양자의 영역으로 확장하는 글을 발표하기 시작했다.

취리히대학교에 머물던 초기에 슈뢰딩거의 관심을 끌었던 문제는 이상기체의 엔트로피(무질서도)를 양자적인 측면에서 정의하는 것이었다. 볼츠만은 엔트로피를 각각의 거시상태에 대해 존재하는 유일한 미시상태(입자의 배열)의 개수로 정의했다. 하지만 양자기체quantum gas처럼 입자들을 서로 구분할 수 없는 경우에는 유일한 상태의 개수가 더 줄어든다. 이것은 마치 서로 다른 해에 주조된 여러 개의 동전으로 만들어낼 수 있는 배열의 숫자를 세는 것과 비슷하다. 만약 동전을 주조된 연도 별로 구분하기로 한다면 주조 연도를 무시하고 다 똑같은 동전으로 취급할 때보다 유일한 구성의 숫자가 더 많아진다. 따라서 엔트로피를 양자역학적으로 측정하면 고전적인 측정과 다른 값이 나온다.

보즈가 광자에 대해 중요한 논문을 쓰고 아인슈타인이 이상기체를 포함하도록 논의를 확장시키기 전까지만 해도 양자계의 엔트로피를 표현할 때 어떤 요소를 포함시켜야 하는지 혼란스러워 하는 물리학자들이 많았다. 잘 알려진 엔트로피 방정식에는 보즈 이전에는 누구도 완전히 설명할 수 없었던 논란 많은 보정 항이 들어가 있었다. 이 보정 항은 볼츠만의 공식을 양자기체에 적용할 때 생기는 문제점을 바로잡기 위해 추가된 것이다. 하지만 모든 사람이 이 보정 항이 정당하다고 믿은 것은 아니었다. 슈뢰딩거는 1924년에 보정 항을 뺀 논문을 발표하는데, 이 논문은 결국 엔트로피를 잘못 표현한 것으로 밝혀졌다.

슈뢰딩거가 아인슈타인이 새로 발견한 방법론을 고려할 때 인스부르크에서 그를 만나고 그 후로 편지를 교환하게 된 것은 슈뢰딩거의 눈을 새롭게 뜨게 해준 계기가 되었다. 아인슈타인의 통찰은 슈뢰딩거에게 영감을 불어넣어 그로 하여금 입자를 재배열하면 반드시 다른 미시상태가 나온다는 잘못된 고전적인 개념을 버리고 양자통계학을 완전히 새로운 방식으로 생각하도록 만들었다. 하지만 그 함축적 의미가 충분히 이해되기까지는 조금 시간이 걸렸다. 처음에 슈뢰딩거는 아인슈타인의 계산에 오류가 있는 것이 분명하다고 생각했다. 볼츠만의 방법과 관련해서 두 사람의 의견이 달랐기 때문이다. 1925년 2월 아인슈타인에게 보낸 초기 편지에서 슈뢰딩거는 오류라고 추측되는 부분을 지적했다. 아인슈타인은 광자가 동일한 양자상태를 공유할 수 있다는 보즈의 개념을 설명하면서 인내심 있게 답장해주었다. 슈뢰딩거는 새로운 통계학을 바탕으로 자신의 엔트로피 정의를 수정한 후 자신의 연구결과를 1925년 7월 프러시아 과학아카데미에서 발표했다.

이론물리학자는 연구논문을 보아도 거기서 어떤 부분이 자신에게 가장 큰 자극을 줄지 미리 내다보지 못한다. 때로는 별로 관계도 없어 보였던 문장 한 줄이 상상력을 촉발해 일련의 유익한 개념들이 둑 터지듯 터져 나올 때도 있다. 아인슈타인의 양자통계학 논문 중 하나에서 드 브로이의 연구가 한 번 언급되었는데, 결국 그 한 번의 언급에서 영감을 받은 슈뢰딩거는 자신의 가장 큰 과학적 이바지, 즉 파동역학의 슈뢰딩거 방정식을 세상에 내놓는다. 물리학자 페터 프로인트는 이렇게 지적했다.

"아인슈타인이 드 브로이의 연구결과를 지지하지 않았더라면 슈뢰딩거의 방정식은 좀더 나중에 가서야 발견되었을 것이다."[10]

드 브로이의
물질파

입자와 파동은 완전히 다른 존재로 보인다. 하나는 한 장소에 밀집

되어 있고, 다른 하나는 넓게 퍼져 있으니 말이다. 하나는 벽과 충돌해서 튀어나오는 반면, 다른 하나는 은근슬쩍 구석을 돌아 나간다. 하나는 물질을 구성하는 작은 일부로 보이는 반면, 다른 하나는 공간을 가로지르는 물결처럼 나타난다. 도대체 이 두 가지 사이에 어떤 공통점이 있을 수 있단 말인가?

아인슈타인에 의해 처음으로 밝혀진 대로 광자는 이 두 가지가 섞여 있는 형태다. 광자는 입자처럼 에너지와 운동량의 꾸러미를 실어나르며 충돌할 때는 이 에너지와 운동량을 조금씩 나누어줄 수도 있다. 또한 광자는 파동처럼 골과 마루를 갖고 있어서 간섭무늬라는 줄무늬 이미지로 나란히 정렬될 수도 있다.

1924년 드 브로이는 그 전 해에 마무리된 계산을 바탕으로 작성한 박사논문에서 상상력을 발휘해 이런 이중성을 모든 사물에 적용했다. 그는 광자뿐 아니라 모든 유형의 물질이 입자 같은 측면과 파동 같은 측면을 둘 다 가지고 있다는 가설을 세웠다. 특히 전자는 플랑크 상수를 자신의 운동량으로 나눈 값을 파장으로 해서 진동하며 움직인다.

드 브로이의 개념이 아름다운 이유는 이것이 자연스럽게 보어의 각운동량 양자화로 (그리고 '보어-조머펠트 양자화 규칙'이라는 조머펠트의 일반화로) 이어진다는 점이다. 이것은 전자 궤도의 안정화에서 핵심적인 부분이다. 드 브로이는 원자 속 전자의 궤도가 튕긴 기타줄과 비슷하다고 상상했다. 다만 기타줄은 직선인데 전자의 궤도는 원형이라는 점이 다를 뿐이다. 기타줄이 골과 마루의 숫자를 다양하게 취하며 서로 다른 방식으로 진동할 수 있는 것과 마찬가지로 원자 속 전자의 파동도 다양한 파장으로 진동할 수 있다. 드 브로이의 공식에서는 운동량이 파장과 반비례하고, 각운동량은 운동량 곱하기 반지름이기 때문에 이것은 각운동량을 불연속적인 값으로 제한하는 규칙을 낳는다. 따라서 전자의 궤도에 제약이 가해지는 이유가 간단한 계산 하나로 설명된 것이다. 보어 자신은 이런 제약이 생기는 이유를 설명하지 못했지만, 이 제약은 그의 이론에서 너무나 중요한 부분이었다.

단원자 기체의 양자통계학에 관한 자신의 논문 중 한 편에서 아인슈타인은 저온의 기체에서 원자들이 어떻게 일치된 방식으로 움직여 좀더 질서정연해지고 엔트로피를 낮출 수 있는지 설명하기 위해 드 브로이의 물질파 개념을 빌려왔다. 원자가 광자처럼 파동으로 행동할 수 있다는 개념은 아인슈타인의 원자기체와 보즈의 광자기체 사이에서 결정적 상관관계를 이끌어냈고, 아인슈타인은 이것을 자기 이론의 밑바탕으로 삼았다. 아인슈타인은 각운동량 양자화 문제를 혁신적으로 해결한 부분에 대해서도 드 브로이를 칭찬했다. 이 문제는 보어의 모형에서 쑥스러운 결함으로 남아 있는 부분이었기 때문이다.

슈뢰딩거는 아인슈타인의 논문을 정독하다가 드 브로이의 학위논문이 언급되어 있는 것을 발견하자 최대한 빨리 그 논문을 손에 넣고 싶어 견딜 수가 없었다. 그런데 그는 그 논문의 주요 내용들이 이미 출판되었고, 얼마 전부터 자기 코앞에 있는 취리히대학교 도서관에도 들어와 있다는 사실은 깨닫지 못했던 모양이다. 대신 그는 파리로 편지를 보내 실제 논문을 구했다. 쇼펜하우어와 스피노자의 글을 읽고 통일원리를 찾아 나설 마음의 준비가 되어 있던 슈뢰딩거는 물질과 빛의 공통점을 생각해낸 드 브로이의 총명함에 상상력을 크게 자극받았다. 갑자기 원자의 보어-조머펠트 모형은 결함 있는 태양계 비유에서, 자신의 속성을 결정하는 자연의 패턴을 따라 박동하는 물질의 심장으로 바뀌었다. 1925년 11월 3일 슈뢰딩거는 아인슈타인에게 이런 편지를 보냈다.

"며칠 전 저는 루이 드 브로이의 독창적인 논문을 아주 흥미롭게 읽었습니다. 마침내 그 논문이 제 손에 들어왔거든요."[11]

당시 취리히연방공과대학교에 있던 페터 디바이의 말에 용기를 얻은 슈뢰딩거는 드 브로이의 물질파에 관한 세미나를 제안했다. 이 세미나는 그 개념에 담긴 혁명적인 함축을 멋지게 보여주었다. 강연 말미에 디바이는 슈뢰딩거에게 어떤 종류의 방정식이 그런 파동의 모형을 만들 수 있는지 조사해보라고 제안했다. 그 파동이 시간과 공간을 따라 어떻게 전개되는지 보여주는 방정식을 말이다. 전자기파가 맥스웰 방정식으로 설명되는 것처럼 어떤 주어진 상황의 물리적 제약에 부합하는 물질파를 만들어내는 메커니즘이 있지 않을까? 예를 들어 전자는 원자핵 속 양성자에 의해 만들어지는 전자기장에 놓였을 때 어떻게 행동할까? 전자가 원자 바깥으로 나와 텅 빈 공간을 가로질러 움직일 때는 어떻게 행동할까?

그 후로 슈뢰딩거는 물질파를 만들어내고 원자 안팎에서 전자의 행동을 설명해줄 올바른 방정식을 찾기 위해 광란의 몇 달을 보냈다. 슈뢰딩거의 초기 노력이 좌절되었던 이유는 그 당시에는 아직 파악되지 않았던 '스핀spin'이라는 전자 고유의 속성 때문이다. 1926년 에렌페스트의 두 학생 사무엘 호우트스미트와 조지 울렌벡에 의해 처음 확인된 스핀은 외부 자기장에 놓인 입자의 행동을 표현하는 양자수다. 업^{up} 스핀은 그 입자가 장과 같은 방향으로 배열되어 있다는 의미고, 다운^{down} 스핀은 입자가 반대방향으로 배열되어 있다는 의미다. 전자를 비롯해 많은 유형의 입자들은 $\frac{1}{2}$, $-\frac{1}{2}$ 등의 반정수 스핀 값을 갖는다. 이런 반정수 스핀 입자들은 보즈-아인슈타인 통계를 따르지 않는다. 같은 양자상태를 공유할 수 없기 때문이다. 파울리가 제안했듯이 전자나 다른 반정수 스핀 입자들은 '배타원리$^{exclusion\ principle}$'를 준수해야 한다. 배타원리에서는 각각의 입자가 반드시 자기만의 양자상태를 차지할 것을 요구한다. 이런 유형의 입자를 지금은 페르미온^{fermion}이라고 부르는데, 이 페르미온들은 콘서트장 무대 앞에 나와 춤추는 사람들처럼 떼지어 모여 있을 수 없고 각각 자기 자리를 차지하고 있어야 한다.

페르미온이라는 용어는 페르미-디랙 통계에서 유래했다. 페르미-디랙 통계는 반정수 스핀을 갖는 입자들의 집단적 행동을 적절하게 기술하고 있다. 이 이론에 기여한 이탈리아의 물리학자 엔리코 페르미와 영국의 물리학자 폴 디랙의 이름을 딴 이 통계는 보즈-아인슈타인 통계와는 다른 방식으로 입자의 상태를 계산한다. 디랙은 나중에 디랙 방정식이라는, 페르미온에 대한 올바른 상대론적 방정식을 만들어낸다. 이 방정식은 복소수를 포함하는 새로운 형태의 표기법을 요구한다.

슈뢰딩거는 이 모든 것을 알지 못한 채 계산을 시작했다. 그리고 특수상대성이론을 이용하는 물질파 방정식을 개발했다. 이 방정식은 견고하고 중요한 방정식이었고, 나중에 스웨덴의 물리학자 오스카르 클라인과 독일의 물리학자 발터 고르돈에 의해 재발견되어 '클라인-고르돈 방정식'으로 불리게 된다. 그런데 문제는 슈뢰딩거의 이 방정식이 반정수 스핀 때문에 전자나 다른 페르미온에 잘 들어맞지 않는다는 점이었다. (이 방정식은 스핀이 없는 보손에는 잘 들어맞지만, 슈뢰딩거는 보손이 아니라 전자를 기술하려 했다.) 슈뢰딩거는 보어-조머펠트 원자를 모형으로 만들려고 했지만 자신이 내놓은 예측이 빗나가자 크게 실망하고 만다.

이미 끝난 일에 미련을 못 버리고 조금 더 매달려 있던 슈뢰딩거는 휴식이 필요하다고 생각했다. 크리스마스 휴가가 다가오고 있었고 이 휴가는 먼 곳으로 가서 물질파에 대해 깊이 고민하기에 안성맞춤인 시간이었다. 슈뢰딩거는 베르텔에게 자신은 스위스 아로사에 있는 경치 좋은 산악마을의 별장으로 갈 예정이라고 알려두었다. 이 마을은 그에게 익숙한 곳이었다. 폐렴을 앓고 난 다음에 그곳에서 요양한 적이 있었기 때문이다. 한편 그는 빈 출신의 예전 여자친구 중 한 명에게 편지를 써 그곳에 함께 가자고 초대한다. 베르텔은 이 여행을 함께 하지 않고 취리히에 그대로 남는다. (그해의 일기가 빠져 있는 바람에 이 여자친구의 이름은 역사에 남지 않았다.)

크리스마스의
기적

1925년에 마무리된 개인적이자 철학적 수필인 〈길을 찾아서〉에서 슈뢰딩거는 의지야말로 모든 사람과 사물을 자신의 운명으로 이끄는 공동의 힘이라 본 쇼펜하우어의 개념에 동감했다. 그는 조각의 비유를 들었다. 조각의 최종 산물은 견고하고 아름답고 영원할지 모르나 그 조각을 만들기까지는 무계획적인 듯 보이는 방식 속에서 끌과 망치로 수천 번에 걸쳐 조금씩 돌덩어리를 파괴해야 한다는 것이다. 슈뢰딩거는 이렇게 썼다.

"단계마다 우리는 그때까지 만들어놓은 형태를 바꾸고 극복하고 파괴해야만 한다. 내가 보기에 우리가 매 단계마다 마주치는 원초적 욕망의 저항은 기존의 형태가 자신의 모습을 변화시키려 드는 끌에 저항하는 것과 비슷하다."[12]

슈뢰딩거는 성장하기 위해서는 위험 감수가 필수라고 느끼며 자랑스럽게 충동적으로 행동했다. 세계가 1925년에 작별을 고하는 동안 그는 오래 전 여자친구와 함께 멋들어진 산악 풍경에 둘러싸인 별장에 들어가 집중적인 계산에 빠져들 준비를 했다. 그가 거기서 한 것은 무엇이든 효과가 있는 듯했다. 이 2주간의 휴가가 그의 삶에서 가장 생산적인 시기의 시작이기 때문이다. 슈뢰딩거는 이 시기에 물리학에 대한 완전히 새로운 접근방식을 만들었고, 결국 이것이 그에게 노벨상을 안겨주었다. 슈뢰딩거를 개인적으로 잘 알았고, 그의 불륜에 대해서도 속사정을 알고 있던 것으로 보이는 헤르만 바일은 과학사가 아브라함 파이스에게 이 시기에 대해 이렇게 표현했다.

"슈뢰딩거는 자신의 위대한 업적을 인생에서 느지막이 에로틱하게 폭발하는 동안에 이루었다."[13]

'느지막이'라는 말은 슈뢰딩거의 생산성이 한창 주가를 올리던 그때 만 38세였다는 사실을 가리키는 말이다. 또 다른 양자역학 진영을 호령했던 천재 소년 하이젠베르크와 파울리에 비하면 훨씬 많은 나이였다. 슬픈 일이지만 30대 말이나 그 이후에 과학계에 큰 기여를 하는 이론물리학자는 별로 없다. 적어도 현대에 와서는 그렇다. 아인슈타인 역시 또 한 사람의 예외였다. 그는 만 36세에 일반상대성이론을 완성했고 양자통계학에 기여했던 때는 만 45세였다. 하지만 슈뢰딩거와 달리 아인슈타인이 받은 노벨상은 그가 30대가 아니라 20대에 마무리한 광전효과 덕분이었다.

예상치 못하게 터져 나온 젊음의 에너지로 무장한 슈뢰딩거는 자신의 목적지를 향해 거침없이 달려나갔다. 계속해서 상대론적 파동방정식을 만지작거리고 난 후 그는 비상대론적 버전으로 전환하기로 결심하고, $E = mc^2$ 대신 뉴턴의 옛날 에너지공식을 적용한다. 그는 운동에너지의 고전적 수식과 포텐셜 에너지의 수식을 결합하여 현명하게도 이 수식들을 해밀턴 연산자라는 수학적 함수로 다시 써낸다. (해밀턴 연산자는 앞에 나왔던 해밀턴의 공식화와 유사하지만 도함수 및 다른 함수로 표현된다.) 지금은 유명해진 이 방정식에서 슈뢰딩거는 해밀토니안을 파동함수(또는 프사이[psi, Ψ] 함수)라는 존재에 적용하여 해밀토니안이 파동함수를 어떻게 바꿔놓는지 보여주었다.

슈뢰딩거의 개념에서는 파동함수가 소립자의 전하와 물질이 공간에 어떻게 펼쳐져 있는지를 나타낸다. 고정된 에너지를 갖는 입자의 정상상태$^{stationary\ state}$를 찾으려면, 예를 들어 한 원자에서 안정적인 전자의 상태를 찾으려면 그냥 해밀토니안을 적용해서 숫자 곱하기 파동함수가 나오는 파동함수를 모두 찾아내면 된다. 방정식이 참으로 나오는 각각의 숫자는 에너지 준위를 나타내고, 각각의 파동함수는 그 에너지 준위에 해당하는 정상상태를 나타낸다.

기본적인 비유를 통해 슈뢰딩거의 방법론이 어떻게 작용하는지 이해해보자. 당신이 위조지폐가 많은 나라에 살고 있는 은행원이라고 가정해보자. 지폐 한 구석에는 그 지폐의 진짜 가치를 알려주는 숫자가 찍혀 있는데, 그 숫자를 찾아내 진짜 지폐를 가려내는 스캐너를 당신이 개발했다. 만약 지폐에 그 숫자가 없으면 이 지폐는 아무런 가치도 없는 위조지폐다. 반면 스캐너가 그 숫자를 감지하면 지폐의 액수를 알려주는 표시등에 불이 들어오고, 이 지폐는 그 액수에 따라 몇몇 지폐 뭉치 중 하나에 보관된다.

이제 해밀토니안을 스캐너라고 생각해보자. 이 스캐너는 파동함수를 처리하여 몇몇 경우에는 그 에너지값을 판독해 그 파동함수를 보관하고, 나머지 경우에는 파동함수를 폐기한다. 이런 분류과정에서 나오는 결과를 수학적 용어로는 '고유값$^{eigenvalue,\ proper\ value}$'과 '고유상태$^{eigenstate,\ proper\ state}$'라고 한다. 고유상태(정상상태 파동함수)에 해밀토니안을 적용하면 고유값(에너지)에 그 고유상태를 곱한 값이 나온다.

슈뢰딩거는 당연히 자신의 새로운 방법으로 수소 원자 문제를 해결하고 싶어 안달이 났다. 그는 원자핵의 전기장이 모든 방향에서 바깥을 향해 뻗어나가기 때문에 이 문제에 일종의 구면대칭이 부여된다는 사실에 주목했다. 그는 이 대칭성을 이용해서 세 가지 서로 다른 양자수로 분류할 수 있는 일련의 해들을 만들어냈다. 이 양자수들은 보어와 조머펠트가 제안했던 바로 그 양자수다. 기쁘게도 그가 수정한 공식은 보어-조머펠트 원자를 경이롭게 재현해내며 올바른 결과를 내놓았다. 이 공식은 이제 슈뢰딩거 방정식이란 이름으로 모든 현대물리학 교과서에 실려 있다.

1926년 1월 말 즈음 이 주제에 관한 슈뢰딩거의 첫 논문 〈고유값 문제로서의 양자화〉가 완성된다. 이런 중요한 돌파구를 겨우 두 달 만에 찾아낸 것은 사실상 전례가 없는 눈부신 위업이었다. 슈뢰딩거는 이 논문을 한 부 복사해서 조머펠트에게 보냈고, 조머펠트는 그의 놀라운 업적에 충격을 받았다. 조머펠트는 이 논문이 자신을 천둥소리처럼 강타했다고 답장했다.[14] 플랑크와 아인슈타인을 크게 존경했던 슈뢰딩거는 이 두 사람의 반응도 눈이 빠지게 기다렸다. 다행히도 두 사람의 반응은 대체적으로 긍정적이었다. 베르텔은 이렇게 회상했다.

"플랑크와 아인슈타인은 처음부터 아주 아주 열광적이었어요. 플랑크는 이렇게 말했어요. '나는 이 논문을 퍼즐을 읽는 아이처럼 읽어내려가고 있다네.'"[15]

슈뢰딩거는 개인적인 편지로 아인슈타인에게 고마움을 표현했다.

"저에게 있어서 당신과 플랑크의 인정은 세상 절반의 가치보다 더욱 귀한 것입니다. 게다가 드 브로이가 제안한 개념이 얼마나 중요한 것인지 당신의 연구가 제게 분명히 보여주지 않았더라면 애초에 이 모든 것이 탄생할 수 없었을 것입니다. (적어도 저로부터 탄생할 수는 없었을 것입니다.)"[16]

그즈음 행렬역학 이론의 윤곽을 보여주는 몇 편의 논문들이 하이젠베르크, 보른, 요르단에 의해 이미 발표되어 있었다. 또한 디랙은 괄호 기호를 이용해 양자규칙을 기술하는 똑똑한 수학 속기법도 개발해 놓았다. 덕분에 행렬역학이 훨씬 우아하고 간단해졌다. 이런 상황이다 보니 파동역학과 행렬역학의 관계에 대한 궁금증이 자연스럽게 일어났다. 이 둘은 각각 수소 원자 문제를 능숙하게 다루고 있지만 서로 방법이 달랐기 때문이다. 슈뢰딩거는 자신의 이론은 독립적으로 개발된 것이며 하이젠베르크의 연구에는 전혀 바탕을 두고 있지 않다고 조심스럽게 강조했다.

슈뢰딩거의 이론과 하이젠베르크의 이론은 서로 독립적으로 개발된 것이고, 슈뢰딩거는 당연히 자신의 이론을 더 선호했지만, 그럼에도 불구하고 슈뢰딩거는 이 두 이론이 동등한 것임을 입증하는 것이 중요하다는 점을 깨달았다. 조머펠트는 이 두 이론이 상호 호환된다는 것을 즉각적으로 알아차렸지만, 이런 호환성을 수학적으로 증명해 보일 필요가 있었다. 슈뢰딩거는 곧 그 호환성을 증명해 보였고, 파울리가 훨씬 더 엄격한 증명으로 슈뢰딩거의 증명을 뒷받침했다. 양쪽 이론이 똑같이 정당한 것으로 입증되자 슈뢰딩거는 자신의 이론이 좀더 현실적이고 물리적으로도 타당하다고 주장하기 시작했다. 어쨌거나 그의 이론은 전자가 추상적인 행렬의 세

계가 아니라 실제 시간과 공간 속에서 어떻게 행동하는지 기술하고
있기 때문이다.

물리적 파동에서
확률의 파동으로

보른은 두 이론의 함축적 의미에 대해 골똘히 생각했고, 각각의 이
론에서 결점이 보이기 시작했다. 심지어 자신이 개발을 도왔던 이
론에서도 결점이 보였다. 행렬역학이 너무 추상적이라는 비판에 대
해서는 그도 잘 알고 있었다. 파동역학의 접근방식이 좀더 구체적
이고 시각적인 것이 사실이었다. 파동역학은 충돌과 같이 실제 물
리공간에서 일어나는 과정도 모형으로 잘 담아냈다. 파동역학의 우
아함, 명료함, 가치에 대해서는 보른도 인정하지 않을 수 없었다.

반면 파동역학은 전자가 공간의 전 영역에 걸쳐 분포되어 있다
는 이치에 닿지 않는 비전을 제시하고 있었다. 이런 그림은 전자가
때로는 점입자$^{point\ particle}$로 행동한다는 것을 보여준 실험적 관찰과
맞아떨어지지 않았다. 전자가 공간 속에서 진동한다는 이미지는 무
척 생생했지만, 전자의 물질과 에너지가 실제로 공간 속에 펼쳐져
있다는 관찰 상의 증거는 전혀 없었다.

두 이론의 접근방식을 조화시키기 위해 보른은 세 번째 방법을
제시한다. 파동함수를 진짜 전자를 인도하는 '유령장$^{ghost\ field}$'이라
고 상상하는 것이다. 파동함수는 그 자체로는 그 어떤 물리적 특성

도 갖지 않는다. 에너지도 없고 운동량도 없다. 이것은 실제 공간이 아니라 추상공간(힐베르트 공간) 속에 머물고 있으며 전자가 관찰될 때 어떤 결과가 나올 가능성에 대한 정보를 제공함으로써 간접적으로만 자신의 존재를 드러낸다. 바꿔 말하면 파동함수는 하이젠베르크의 상태 행렬state matrix과 비슷하게 확률에 대한 자료를 저장하는 역할을 한다는 것이다.

보른은 파동함수를 '무대 뒤에서 활동'하는 유령 같은 역할로 사용하면 관찰 가능한 양이 얼마나 달라질 수 있는지 보여주었다. 측정할 때마다 각각 서로 다른 결과가 나올 확률은 그 파동함수에 적용된 특정 연산자(수학적 함수)의 고유상태에 달려 있다. 예를 들어 전자가 존재할 가능성이 가장 높은 장소를 측정하려면 그 위치 연산자의 고유상태를 찾아낸 다음 그것을 이용해 모든 가능한 위치에 대한 확률을 계산해보면 된다. 전자가 가질 가능성이 가장 높은 운동량을 찾아내려면 운동량 연산자와 운동량 고유상태에 대해 똑같은 계산을 하면 된다. 위치나 운동량을 정확하게 측정했다는 것은 그 전자의 파동함수가 위치 고유상태나 운동량 고유상태 중 하나와 각각 맞아떨어졌다는 의미다. 이상한 것은 위치 고유상태와 운동량 고유상태가 서로 다른 집합을 형성하기 때문에 결코 위치와 운동량을 동시에 측정할 수는 없다는 점이다. 따라서 위치를 먼저 측정할 것인지 운동량을 먼저 측정할 것인지 순서를 정해야 한다. 행렬역학에서와 마찬가지로 연산의 순서에 따라 서로 다른 결과가 나오는 것이다.

보른의 해석에서는 파동함수를 한 전자가 한 양자상태에서 다른 양자상태로 전환될 확률(예를 들면 한 원자가 두 에너지 준위 사이에서 갑자기 도약할 확률)을 결정하는 데도 사용할 수 있다. 이런 '양자도약quantum jump'은 순간적으로 일어나며 그런 도약이 일어날 가능성 말고 다른 것은 예측이 불가능하다. 이 도약을 보기 위해서는 광자의 방출이나 흡수를 통해 원자의 스펙트럼에 미치는 영향을 관찰하는 방법밖에 없다. 전자가 공간을 실제로 가로지르며 움직이는 모습은 관찰할 수 없을 것이다.

간단히 말하면 보른의 접근방식은 슈뢰딩거의 파동함수를 물리적 파동에서 확률의 파동으로 바꾸어놓았다. 파동함수가 새로 맡은 역할에서는 전자가 어떤 위치나 운동량을 갖게 될 확률이 얼마나 되는지, 그리고 그 값이 변할 가능성은 얼마나 되는지 말해줄 수 있을 뿐이다. 결코 양쪽 값을 동시에 정확히 알아낼 수는 없다. 어느 주어진 순간에 입자가 어디에 있는지, 그리고 어떻게 움직이고 있는지 동시에 알 수가 없기 때문에 전자가 다음 순간에 어디에 있을지 정확히 예측하는 일이 아예 불가능해진다. 따라서 보른은 슈뢰딩거의 결정론적 기술을 확률론적이고 비결정론적으로 어느 한 상태에서 다른 상태로 건너뛰는 일련의 양자도약으로 바꾸어놓았다.

전자가 말 그대로 공간 전체에 펼쳐져 있는 파동일 리는 없다는 보른의 의견에 하이젠베르크는 강력하게 공감했다. 그는 파동역학이 자신의 이론에 들어 있는 행렬 요소들을 계산할 수 있는 대안적인 방법을 제공한 것에 불과하다고 생각했다. 전자를 원자핵을 둘러싸며 파동치는 일종의 액체방울 같은 것으로 상상하는 것이 그에게는 우스꽝스러워 보였다. 전자가 크게 팽창되어 있는 물체임을 보여준 양자 실험은 없었기 때문이다. 따라서 하이젠베르크는 부풀어 팽창된 전자라는 말도 안 되는 얘기는 버리고 슈뢰딩거의 계산에서 유용한 결과만을 추려낼 수 있는 방법이라며 보른의 해석을 크게 반겼다.

보어의
집에서

1926년 10월 보어의 초청으로 슈뢰딩거가 자신의 연구결과를 발표하러 코펜하겐을 방문하자 사태가 심각해진다. 보어 이론물리학연구소는 양자론에 관한 한 자기들이 최고라 여기는 양자역학의 성전이나 다름없었고, 보어가 그 대장이었기 때문이다. 보어의 주변에는 하이젠베르크, 디랙, 클라인을 비롯해 열렬한 신봉자들이 버티고 있었다.

클라인은 파동역학에 특히나 관심이 많았다. 그도 그 주제에 관해서는 자신만의 해석을 발전시켜 놓았기 때문이다. 그 역시 드 브로이의 글을 읽어보았고, 물질파의 개념을 바탕으로 파동방정식을 구축하려고 했다. 몇 가지 다른 접근방식을 시도한 끝에 그도 1925년 말 독자적으로 슈뢰딩거 방정식의 한 형태를 발전시켰지만, 질병 때문에 그 내용을 발표할 기회를 잡지 못했다. 그가 다시 건강해졌을 무렵에는 슈뢰딩거의 첫 논문이 이미 등장한 이후였다. 하지만 클라인은 고르돈과 함께 슈뢰딩거 방정식의 상대론적 버전을 개발

1930년 브뤼셀에서 열린 솔베이 회의에서 아
인슈타인과 보어
(by 파울 에렌페스트, 위키피디아 제공)

한 공로를 인정받는다.

클라인은 또한 전자기력과 중력을 하나의 기치 아래 묶는다는 목표를 가지고 덧차원을 통해 일반상대성이론을 확장시킨 칼루자의 이론을 독립적으로 재현하기도 했다. 칼루자와 마찬가지로 클라인 역시 결합된 힘의 영향력 아래서 전자가 공간을 어떻게 움직이는지 설명할 자연의 통일이론을 개발하기를 꿈꾸었다. 하지만 칼루자의 이론과는 대조적으로 클라인의 이론은 양자원리에 입각한 것이었다. 이 이론은 드 브로이의 정상파standing wave 개념을 이용하기는 했지만 그것을 좀 다르게 다루었다. 클라인의 이론에서는 파동이 원자의 내면에 둘러지는 대신 보이지 않는 5차원 둘레에 감겨 있다. 클라인은 5차원의 운동량을 전하와 동일한 것으로 보았다.

파장이 운동량과 반비례한다는 드 브로이의 개념을 이용해서 그는 덧차원의 최대 크기를 그 운동량의 최솟값과 연관 지었다. 그리고 그 다음으로 그 운동량의 최솟값을 전하의 최솟값과 연관 지었다. 그는 전자의 전하에서 나타나는 작은 규모가 자연스럽게 극소의 5차원 크기로 이어진다는 것을 알게 되었다. 그럼 결국 다섯 번째 차원은 너무 작아 감지되지 않을 것이다.

클라인의 5차원을 감지할 수 없는 이유는 실이 빽빽하게 감긴 바늘을 땅바닥에 놓고 높은 사다리 위에 올라가서 보면 그 바늘이 잘 보이지 않는 이유와 같다. 그렇게 높은 곳에서 바라보면 실의 두께는 잘 드러나지 않고 이 바늘은 그냥 단순한 직선처럼 보일 것이다. 그와 유사하게 5차원도 아주 작고 촘촘하게 감겨 있어서 관찰이 불가능해진다.

자신의 연구를 마무리한 후 클라인은 파울리로부터 칼루자가 그와 비슷한 통일 개념을 이미 내놓았다는 얘기를 듣고 충격을 받았다. 파울리는 일반상대성이론과 양자물리학에서 일어나는 모든 발전과 이론을 파악할 수 있는 몇 안 되는 인물 중 한 사람이었기 때문에 다른 사람들에게 정보의 원천이었다. 클라인은 자신이 5차원을 통한 통일을 최초로 생각해낸 사람이 아니라는 사실에 실망하기는 했지만 자신의 이론이 충분히 독창적이기 때문에 발표할 가치가 있다고 판단했다. 아인슈타인의 시도 중 일부를 비롯해 그 후에 등장하는 통일 모형들에서 매우 작고 빽빽하게 감겨 있는 5차원이라는 클라인의 개념은 없어서는 안 될 핵심적인 요소다. 그래서 자연의 힘을 통일하는 고차원 체계는 종종 '칼루자-클라인 이론'으로 불린다.

하지만 당시에는 클라인의 접근방식이 코펜하겐 학계에 거의 아무런 영향도 미치지 못했다. 보어는 원자와 양자의 본성에 관한 합의를 구축하는 방향으로 코펜하겐 학계 사람들을 이끌어갔다. 이러한 합의에는 원자를 확률론적으로 받아들이는 일도 포함되어 있었다. 클라인의 5차원 개념이나 파동을 전하의 분포로 바라본 슈뢰딩거의 해석은 갑작스런 양자도약이라는 개념을 포함하고 있지 않았기 때문에 새로이 등장하는 양자역학의 표준 관점에서 배제되었다. 따라서 슈뢰딩거의 10월 방문은 어떤 종교의 신학대학생이 다른 종교의 독실한 신도들이 모인 자리에 가서 자신의 소수 교리를 변호하려 애쓰는 것과 비슷한 상황이 되고 말았다. 슈뢰딩거는 관점이 곧잘 바뀌는 사람이기는 했지만, 자존심도 강하고 고집도 셌기 때문에 자신의 주장을 쉽게 굽히지 않았다. 그는 생각이 바뀌어도 자기 스스로 바꾸지 누가 꼬드겨서 바꾸는 사람이 아니었다.

10월 1일 슈뢰딩거가 탄 기차가 코펜하겐에 도착했다. 긴 여행을 마친 그는 역에서 보어와 만났고 곧바로 질문 세례를 받았다. 그가 강연을 모두 마치고 다시 집으로 출발할 때까지 질문은 멈출 생각을 하지 않았다. 심지어는 슈뢰딩거가 코펜하겐에 있는 동안 감기에 걸려 몸져누워 있을 때에도 보어는 슈뢰딩거의 관점에 대해 계속해서 캐물었다. 슈뢰딩거는 보어의 집에 머물고 있었기 때문에 이런 질문 세례를 피할 방법이 없었다. 질문 세례를 쏟아내기는 했지만, 코펜하겐 사람들은 모두 친절하고 품위 있었다. 특히나 보어의 아내 마르그레테는 항상 손님들에게 커다란 환대를 받는 기분을 느끼게 해주었다.

따뜻하고 안락한 집안에 누워 있던 슈뢰딩거는 보어, 하이젠베르크, 그리고 다른 사람들로부터 보른의 해석을 받아들이고 물리적 파동이라는 개념을 버리라는 압박을 강하게 받았다. 하지만 슈뢰딩거는 자신의 지력을 총동원해서 거기에 저항했다. 그는 자신의 선지적인 이론이 행렬역학 지지자들의 계산용 주판으로 전락하는 꼴을 보고 싶지 않았다.

슈뢰딩거의 반박에서 핵심은 무작위적 양자도약이 한마디로 물리적이지 않다는 것이다. 그 대신 그는 연속적이고 결정론적인 설명을 옹호했다. 이것은 변절이라면 변절이었다. 그는 취리히대학교 교수직을 맡을 때 취임사에서 자신의 스승 프란츠 엑스너의 표현을 빌어가면서 자연에서 우연의 역할을 강조하고, 과학에서 인과론의 필요성을 일축했었기 때문이다. 슈뢰딩거는 또한 보어에게 쓴 편지에서 자신이 개발에 도움을 주었던 BKS^{Bohr-Kramers-Slater} 이론이 인과론을 피해간 것에 갈채를 보내기도 했었다.[17]

아인슈타인은 BKS 이론에 격렬하게 반대하는 입장이었다. 바로 그 안에 담긴 무작위성 때문이었다. 그 문제에 관한 한 아인슈타인과 슈뢰딩거는 서로 대척관계에 있었다. 하지만 이는 슈뢰딩거가 자신이 옹호해야 할 인과론적이고 연속적이고 결정론적인 방정식을 얻기 전인 1924년의 일이었다. 마침 다행스럽게도 1926년 말에는 무작위적인 양자도약이라는 개념에 공동으로 반대하는 입장이 되면서 두 사람은 똑같이 반^反코펜하겐 진영으로 묶이게 된다. 일단 자신들이 보른의 파동방정식 해석에 소리 높여 반대하는 소수집단에 포함되어 있음을 깨닫고 나자 두 사람은 동맹관계를 구축하기에 이른다.

코펜하겐에서 취리히로 돌아온 후 슈뢰딩거는 원자물리학은 시각화가 가능하고 논리적으로 일관성이 있어야 한다는 주장을 근거로 양자도약을 경멸하는 자신의 입장을 계속해서 변호했다. 그래도 보어는 슈뢰딩거가 생각을 바꾸어 전반적으로 합의된 관점을 받아들이리라는 희망을 놓지 않았다. 파동역학은 확률론적 형태로 보면 행렬역학과 너무나 잘 들어맞았기 때문이다. 당시 양자론은 여전히 구체화되고 있는 중이었기 때문에 다양한 해석이 나온다고 해서 양자론의 발전에 방해가 되지는 않았다. 조화를 이루려는 보어의 목표를 방해하는 더 큰 문제는 슈뢰딩거보다 더 격렬하게 목소리를 높여 반대하고 있는 아인슈타인이었다.

신은 주사위 놀이를
하지 않는다

1926년 말 아인슈타인은 자신과 양자론 사이에 분명하게 선을 그었다. 연속성의 개념이 자연을 설명하는 타당한 방식이라 보았지만, 사람들이 그 부분에 관심을 보이지 않자 짜증이 난 아인슈타인은 자신의 주장을 펼치기 위해 종교적인 이미지를 끌어들이기 시작했다. 왜 하필 종교일까? 아인슈타인은 비종교 유대인 가정에서 자랐고, 분명 독실한 신자도 아니었다. 그럼에도 그는 독일 우파 국수주의자들이 반유대주의로 자신의 연구를 공격하는 것을 보면서는 부정적인 방식으로, 자신이 지지했던 팔레스타인 유대인 고향찾기 운동을 보면서는 긍정적인 방식으로 자신의 종교 유대교를 떠올리는 경우가 많았다.

아인슈타인과 보른은 철학적으로 차이가 많았음에도 불구하고 가까운 친구였다. 두 사람은 함께 지적 토론을 즐기고 실내악도 함께 연주하고 편지도 꾸준히 주고받았다. 보른도 비슷한 비종교 유대인 출신이었다. 두 사람의 공통점을 놓고 보면, 아인슈타인이 양자물리학은 확률적 규칙이 아닌 결정론적인 방정식이 필요하다고 보른을 설득하려 했던 것이 그리 놀라운 일은 아니다. 아인슈타인은 보른에게 이런 편지를 보냈다.

"양자역학은 높이 평가받아 마땅한 결과를 여럿 내놓고 있어. 하지만 내면의 목소리가 내게 말한다네. 양자역학이 아직 올바른 궤도를 타고 있지 못하다고 말이지. 이 이론은 우리가 악마의 비밀에 더 가까이 다가갈 수 있게 해주지 않아. 나는 신이 어떠한 경우에도 주사위 놀이를 하지 않는다고 확신하네."[18]

앞에서도 설명했듯이 '악마'는 아인슈타인이 신을 간단히 언급할 때 쓴 표현 중 하나다. 하지만 이 신은 성경의 신이 아니라 스피노자의 신이다. 아인슈타인의 이런 주장은 이번이 마지막이 아니었다. 남은 평생 그는 자신이 양자 불확정성을 믿지 않는 이유를 설명할 때마다 마치 주문처럼 신은 주사위 놀이를 하지 않는다는 말을 반복했다. 그의 진술에 담긴 준종교적 목소리는 과학을 신앙으로 대체하자는 요청이 아니라 이성과 상식에 대한 호소였다. 그는 이렇게 말할 수도 있었을 것이다. '내가 보고 느끼는 자연의 질서는 내게 물리학의 법칙들은 무작위적이지 않다고 말해준다.' 하지만 그는 좀더 극적인 표현을 택했다. 사실 '자연의 질서는 무작위적이지 않다'라는 표현보다는 '신은 주사위 놀이를 하지 않는다'라는 표현이 더 큰 반향을 일으킨다.

그의 선언에 담긴 극적인 성격을 보면 아인슈타인이 자신이 뱉은 말이 가진 영향력에 대해 점점 더 자신감을 갖게 되었음을 엿볼 수 있다. 그는 자신의 말이 언론을 통해 대중에게 전파되는 데 익숙해지기 시작한 상태였다. 그가 개인적인 편지에서조차 극적인 표현을 즐겨 사용하게 된 데는 이런 이유도 작용했을지 모른다.

보른의 해석을 반박하기 위한 또 다른 방편으로 1927년 5월 5일 아인슈타인은 프러시아 과학아카데미에서 슈뢰딩거의 파동방정식은 주사위 굴리기가 아니라 확정적인 입자의 행동을 암시하고 있음을 입증했다고 주장하는 강연을 했다. 그 다음 주에 아인슈타인은 승리의 기쁨을 느끼며 보른에게 이렇게 편지를 보냈다.

"지난주에 프러시아 과학아카데미에서 짧은 논문을 하나 발표했네. 그 논문은 그 어떠한 통계적 해석 없이도 슈뢰딩거의 파동역학에 완전히 결정론적인 운동의 속성을 부여할 수 있음을 입증해 보였다네. 곧 학술지에 나올 거야."[19]

아인슈타인은 일류 학술지에 그 논문을 제출했다. 하지만 자신의 연구결과에 확신을 못했기 때문인지 그는 불과 며칠 만에 논문 제출을 철회했다. 결국 그 논문은 발표되지 못했고, 그가 실패한 증명의 첫 페이지만 역사로 보존되어 있다.

아인슈타인의 저명함에도 불구하고 그의 간곡한 애원은 양자론

지지자들에게 거의 아무런 영향도 미치지 못했다. 실험이 거듭될수록 양자역학이 원자의 행동을 설명하는 대단히 정확한 이론임이 입증되었다. 양자역학의 예측은 거듭해서 과녁에 정확히 명중했다. 아인슈타인과 슈뢰딩거에게 동기를 부여했던 철학을 교육받지 않은, 혹은 그런 교육에 흔들리지 않은 젊은 연구자들은 실증적 검증을 목격하며 양자역학이야말로 앞으로 나아갈 수 있는 유일한 길이라 여겼다. 이들은 실험을 통해 성공적으로 입증된 부분을 두고 왈가왈부하기를 싫어했다.

아인슈타인의 주장에도 보어는 마음이 흔들리지 않고 계속해서 자신의 확률론적 해석을 옹호했다. 그는 자연의 모든 것이 이미 결정되어 있다는 개념에 질색했다. 아무런 선택이나 우연의 여지도 없는 세상이 뭐가 반갑단 말인가?

한편 하이젠베르크는 측정의 양자적 과정에서 나타나는 불확정성을 1927년 2월에 파울리에게 보낸 영향력 있는 논문으로 정리한 후 그해 늦게 발표했다. 그 논문은 〈양자 이론적 운동학과 역학의 지각 가능한 내용물에 관하여〉다. 이 논문의 제목과 주제는 자연에서 관찰 가능한 것은 무엇이고 관찰 불가능한 것은 무엇인지 스스로 분석한 내용을 가지고 슈뢰딩거가 열렬하게 요구하는 '시각화 가능성visualizability' 주장과 맞서 싸우고 싶어 하는 하이젠베르크의 욕망을 반영하고 있다.

하이젠베르크의 이 논문은 그가 '불확정성 원리indeterminacy principle'라고 명명한 내용을 소개하고 있기 때문에 중요하다. 원래는 indeterminacy라는 표현을 썼지만, 지금은 어떤 관찰 가능량의 쌍을 동시에 측정하는 것이 불가능함을 가리켜 보통 uncertainty라는 용어를 쓴다. 위치와 운동량도 그런 쌍을 이루고 있다. 시간과 에너지도 마찬가지다. 이 각각의 쌍에서 어느 한 양을 정확히 측정할수록 나머지 한 양은 모호해진다. 이런 개념을 뒷받침하는 수학적 추론(쌍을 이루는 양을 표현하는 행렬에서는 연산순서가 중요하다는 사실)은 그보다 앞서서 개발되어 있었지만, 물리적으로 어떤 일이 일어나고 있는 것인지 하이젠베르크가 처음으로 설명을 시도한 것은 이 1927년 논문이다.

하이젠베르크는 한 전자의 위치를 측정하고 싶다면 빛을 가지고 그것을 관찰할 필요가 있음을 보여주었다. 측정에 필요한 빛의 최소량은 광자 하나다. 하지만 단일 광자로 전자를 겨냥해서 쏘면 광자가 전자와 충돌하면서 교란을 일으켜 전자에 추가적으로 운동량을 부여하게 된다. 따라서 그 순간 전자의 위치는 확인할 수 있지만 그 운동량은 흐트러지는데, 얼마나 흐트러지는지는 알 수 없다.

하이젠베르크는 '파동함수 붕괴'라고 알려지게 된 과정에 대해서도 기술했다. 위치 등 어떤 양을 측정하기 전에는 파동함수가 고유상태의 중첩superposition(가중합weighted sum)으로 구성되어 있다. 그러다가 판독이 일어나는 순간 파동함수가 즉각적으로 그 고유상태들 중 하나로 전환되면서 다른 모든 가능성을 몰아내버린다. 그럼 그 위치 혹은 다른 그 어떤 양은 그 고유상태에 해당하는 특정 고유값으로 설정된다.

각각의 카드가 서로 다른 방향을 향하도록 정교하게 카드로 쌓아올린 집을 상상하면 붕괴과정을 이해할 수 있다. 이 집은 동서남

북의 방향이 중첩된 상태로 금방이라도 쓰러질 듯 위태위태하게 서 있다. 이제 완전히 무작위 방향에서 강한 바람이 불어온다고 상상해보자. 바람이 이 구조물을 건드리는 것은 어떤 면에서 보면 측정이라 생각할 수 있다. 그럼 카드로 쌓아올린 집이 한 방향으로 쓰러지면서 자신을 구성하는 고유상태들 중 하나로 붕괴한다. 측정과정이 붕괴과정을 촉발시켜 중첩상태가 하나의 위치로 붕괴하는 것이다.

헝가리의 수학자 존 폰 노이만은 훗날 모든 양자과정은 두 유형의 동역학 중 하나를 따른다는 것을 입증해 보였다. 바로 파동방정식(슈뢰딩거 방정식이나 디랙 방정식 같은 상대론적 버전)에 의해 지배되는 연속적·결정론적 전개와 파동함수 붕괴와 관련된 불연속적·확률론적 재배치다. 슈뢰딩거 자신은 계속해서 연속적·결정론적 전개의 과정을 믿으며 불연속적·확률론적 재배치에 대해서는 격렬하게 반대했다.

원자에서 일어나는 과정들의 해석을 둘러싼 전쟁에서 보어는 대부분 하이젠베르크와 동맹관계를 이루고 있었지만 불확정성 원리에 대해 처음에는 의견이 달랐다. 그는 측정에서의 오류를 살피는 것으로 양자철학을 틀 지우는 것이 유용하다고 생각하지 않았다. 그보다는 더욱 심층적인 분석이 필요하다고 생각했다. 그는 양자론의 서로 다른 모든 측면을 '상보성complementarity'이라는 일종의 음양陰陽* 접근방식으로 한데 엮는 방식을 옹호하기 시작했다. 상보성에서는 전자와 다른 아원자 물체들이 입자의 속성과 파동의 속성을

---

* 주역周易에서 말하는 음양 개념이다. 보어는 동양철학에 관심이 깊었다.

모두 가지고 있으며, 이 각각의 속성들이 종류가 다른 측정을 통해 발현된다고 생각한다.

보어의 상보성 원리에서는 관찰자의 실험설계를 고려한다. 만약 연구자가 간섭무늬 같은 파동 속성을 조사하고 있다면 그런 얼룩말 무늬를 보게 될 것이다. 반면 위치 같은 입자 속성을 기록하고 있다면 스크린에 찍힌 점을 통해 그 속성이 드러나게 될 것이다. 보어는 이런 모순이 자연에서 근본적인 부분이라 믿게 되었다.

하지만 곧 보어와 하이젠베르크는 상보성 원리와 불확정성 원리가 똑같은 것을 관점만 달리해서 바라보는 것일 뿐이라며 양자 측정에 관해 공동전선을 구축한다. 실험에 의해 파동함수가 붕괴된다는 개념을 비롯해 하나로 합쳐진 두 사람의 관점은 결국 '양자역학의 코펜하겐 해석'으로 알려진다.

두 사람의 연합은 1927년 10월 브뤼셀에서 개최된 '전자와 광자에 관한 제5차 솔베이 회의'에서 검증이 이루어졌다. 이때 보어와 그 지지자들은 아인슈타인이 자신들의 관점에 반감을 갖고 열심히 반대하는 것을 보고 놀랐다. 아인슈타인의 친구이자 보어의 친구이기도 했던 에렌페스트는 상대성이론의 아버지인 아인슈타인이 물리학의 또 다른 혁명에 대해서는 너무 속이 좁다며 못마땅해 했다. 그는 보수적인 학자들이 상대성이론의 새로운 측면을 공격했던 것처럼 아인슈타인 자신도 양자역학을 반대하고 있다며 비난했다. 하지만 아인슈타인은 물러서려 하지 않았다.

이 회의에서 양자철학에 대한 아인슈타인과 보어의 논쟁은 대부분 강연보다는 아침식사 시간을 이용해 비공식적으로 이루어졌다.

1927년 제5차 솔베이 회의 참가자 단체사진. 맨 앞줄 중앙에 아인슈타인. 맨 뒷줄 중앙에 슈뢰딩거를 포함해 이 인물들 중 17명이 노벨상을 받았다.(위키피디아 제공)

아침마다 아인슈타인은 양자 불확정성을 피할 수 있는 가상의 상황을 생각해내서 식사 자리에 들고 왔다. 그럼 보어는 그것에 대해 한동안 생각하다가 신중하게 반론을 구성한 다음 아인슈타인에게 답했다. 그리고 다음날이면 똑같은 과정이 되풀이되었다. 결국 끝에 가서는 보어가 아인슈타인이 제시한 모든 반대로부터 양자론을 방어하는 데 성공했다.

아인슈타인은 과학계에서 훨씬 더 고립된 존재가 되어 베를린으로 돌아왔다. 그의 국제적 명성은 계속 커지고 있었지만 젊은 세대의 물리학자들 사이에서는 그에 대한 평판이 안 좋아지고 있었다. 젊은 사람들은 그가 양자역학에 반대하는 것을 조롱의 눈길로 바라봤기 때문이다. 실험적 발견이 보어, 하이젠베르크, 보른, 디랙, 그리고 다른 사람들이 옹호하는 통합된 양자역학적 그림을 계속해서 뒷받침하고 있었기 때문에 그들의 관점을 묵살하려는 아인슈타인의 모습은 옹졸하고 불합리해 보였다.

슈뢰딩거는 아인슈타인의 의심에 동조하는 몇 안 되는 사람 중 한 명이었다. 두 사람은 양자역학을 확장해서 좀더 완전하게 만들 방법에 대해 계속해서 대화를 이어갔다. 아인슈타인은 주류 양자역학계의 독단에 대해 슈뢰딩거에게 불평했다. 예를 들면 그는 1928년 5월 슈뢰딩거에게 보낸 편지에 이렇게 적었다.

"하이젠베르크-보른의 마음을 진정시키는 철학(혹은 종교?)은 아주 정교하게 고안되어 있기 때문에 당분간은 이것을 진정으로 믿는 사람에게 푹신한 베개가 되어주겠지. 이 베개를 베고 있으면 쉽게 깨울 수도 없을 거야. 그러니 당분간은 그렇게 잠들어 있게 놔두자고. 하지만 이 얼토당토않은 종교는 나에게 거의 아무런 영향도 미치지 못한다네."[20]

주류 학계로부터 운둔해 있는 동안 아인슈타인은 양자역학을 대체할 통일장이론을 개발하기 위해 노력했다. 양자 방정식들이 큰 성공을 거둔 상태였기 때문에 아인슈타인의 시도에 흥미를 갖는 물리학자는 별로 없었다. 머지않아 아인슈타인의 논문은 물리학계 자체의 주목을 받기보다는 언론에서 더 폭넓게 다뤄지게 되었다.

지금 와서 돌이켜보면 솔베이회의 이후로 아인슈타인이 기여했던 부분은 과학에 거의 아무런 영향도 미치지 못했다. 아인슈타인의 연구는 대체로 통일의 서로 다른 가능성을 탐사하는 수학적 훈련에 불과한 것들이었다. 아인슈타인이 1925년 이후로 중요한 이론을 전혀 개발하지 못했음을 지적하며 파이스는 이렇게 빈정거렸다.

"아인슈타인이 남은 인생 30년 동안 연구를 하지 않고 낚시나 다녔더라도 그의 명성이 더 높아지지는 않았을망정 떨어지지는 않았을 것이다."[21]

물리학계는 고립된 결정론의 성에 아인슈타인만 덩그러니 남겨두고 모두 확률론적인 양자적 실재의 왕국으로 이사갔지만, 언론은 여전히 아인슈타인을 찬양하기에 바빴다. 그는 헝클어진 머리의 천재이자, 과학계 명사였고, 별빛의 휘어짐을 예언한 기적의 학자였다. 그는 실질적인 영향력은 이미 오래 전에 잃어버린 채 이름만 허울 좋게 남아 있는 왕과 비슷한 존재였다. 언론은 실제로 과학을 변화시키고 있는 무명의 과학자보다는 아인슈타인에게 더 관심이 많았다. 그의 한마디 한마디는 계속해서 언론에 보도되고 있었지만 동료들에게는 전반적으로 무시당하고 있었다.

아인슈타인이 자기만의 비법을 몰래 준비해 놓고 있다는 인상은 그의 평생에 걸쳐 계속 남아 있었다. 1920년대 말 베를린에서 개발된 그의 통일이론들은 그가 계속해서 대중의 주목을 받는 데 도움을 주었다. 아인슈타인은 자신을 점점 더 퇴물로 바라보는 주류 물리학계에게는 버림받았지만 국제 언론에게는 여전히 총애받는 인물로 남아 있었다.

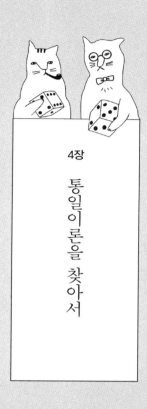

4장

통일이론을 찾아서

자기가 아는 것이 별로 없다고
늘 생각하고 있던 우리에게 이런 아인슈타인의
모습은 큰 위안을 준다. 그는 우리가 똑똑하다 생각했던
사람들도 우리와 똑같이 어리석음을 보여주었다. …
나는 이 독일인이 세상을 조용히
비웃고 있지 않을까 생각한다.

– 윌 로저스, '윌 로저스가 본 아인슈타인 이론'

베를린에서 연구하는 중에도 아인슈타인은 끊임없이 이루어지는 활동에 둘러싸여 있었다. 베를린은 과학과 기술의 중심지였을 뿐 아니라 예술의 안식처이기도 했다. 베를린 중심가의 주요 간선도로인 운터 덴 린덴은 1920년대 말에 세계적으로 가장 밀집된 문화중심지 중 한 곳이었다. 유명한 브란덴부르크 문에서 중심지 대성당, 도시 궁전, 조각상들이 빽빽이 들어선 박물관 섬^{Museum Island}에 이르기까지 이곳은 국립도서관, 국립오페라, 베를린대학교 주요 건물 등의 본거지였다. 인플레이션이 독일을 괴롭히고 있었지만 베를린은 자랑거리가 많았다. 날로 뻗어나가고 있는 도시는 세계 최대의 면적을 자랑하고 있었다. 백화점, 레스토랑, 재즈클럽 등의 장소가 빽빽이 들어선 지역들이 곳곳에 새로 들어서고 있었다. 오페레타* 제작사들은 최고의 경가극^{light opera} 무대라는 찬사를 빈으로부터 빼앗아올 정도로 번성했다. 베르톨트 브레히트와 쿠르트 바일은 오페라를 통속어와 재즈와 솜씨 좋게 뒤섞어 〈서푼짜리 오페라〉라는 걸작을 만들어냈고, 이 오페라는 1928년 8월 쉬프바우어담 극장에서 초연됐다.

1927년 말 플랑크가 베를린대학교에서 은퇴한다. 그리고 아인슈타인의 입김으로 슈뢰딩거가 이 명망 높은 교수 자리에 초청받는다. 취리히는 장점이 많은 곳이고, 특히 산과 가깝다는 점이 좋았지만, 그래도 슈뢰딩거는 기쁘게 이 제안을 받아들였다. 다시 한 번 독일로 돌아가게 된 슈뢰딩거와 베르텔은 행복한 마음으로 북적거리는 수도로 이사했다. 베르텔은 당시의 흥분을 이렇게 회상했다.

"베를린은 가장 경이로운 곳이었고, 모든 과학자가 선망하는 절대적으로 독특한 분위기를 갖고 있었죠. 과학자들도 그 점을 잘 알았고, 또 거기에 감사했어요. ... 극장 공연도 절정이었고, 음악도 절정이었고, 과학 기관을 비롯해서 과학과 산업도 절정을 구가하고 있었어요. 그리고 제일 유명한 세미나도 열렸죠. ... 제 남편은 그런 것들을 정말로 좋아했어요."[1]

독일의 수도에 입성한 슈뢰딩거는 과학계의 중심인물이 되어 강의와 논의에도 쉽게 참여할 수 있게 되었을 뿐 아니라 국제적인 언론의 관심도 누리게 되었다. 아인슈타인이 누리던 어마어마한 관심에 비하면 새발의 피에 불과했지만 그래도 그가 명성을 맛보기에는 충분했다. 일례로 1928년 7월 《사이언티픽 아메리칸》에서는 슈뢰딩거의 관점을 보어의 모형을 대체하는 표준 관점으로 묘사하는 기

---

* 소형 오페라.

사를 실었다.[2] 《뉴욕 타임스》는 독자들에게 슈뢰딩거의 이론이 새로운 유행을 타고 있다고 알렸다. 이 보도에 따르면 보어의 연구는 '발목 길이 치마'처럼 한물 간 유행이니 상식에 밝은 독자라면 그 대신 슈뢰딩거의 원자의 파동 이론에 익숙해질 필요가 있다는 것이었다.[3]

슈뢰딩거가 언론의 관심을 즐기기 시작한 반면 아인슈타인은 그것을 싫어하기 시작했다. 다만 언론의 관심이 자신이 후원하는 자선운동에 도움이 되거나 대중 기사나 그가 발표하는 책을 통해 용돈을 벌 수 있는 경우는 예외였다. 아인슈타인은 대중에게도 과학 관련 정보를 알려주어야 한다고 생각했지만 과연 얼마나 많은 사람이 자신의 이론을 이해할지에 대해서는 의문을 가졌다. 아마도 그의 이런 생각이 가장 직설적으로 표현된 경우가 그가 1921년 미국을 방문한 직후에 했던 일련의 불행한 발언들이었을 것이다. 그는 미국을 방문했을 때 미국인더러 천박하다고 비난했다. 미국인들이 자신의 연구에 흥미를 느끼는 이유를 두고 그가 이상한 추측을 하자 《뉴욕 타임스》에 이런 제목으로 기사가 실렸다. '아인슈타인, 이곳은 여자가 지배하는 곳이라 선언―이 과학자가 말하길 미국 남성들은 이성異性의 애완용 강아지이며, 사람들이 엄청나게 따분하다고.' 기사는 아인슈타인의 말을 인용하여 그가 미국 여성들에 대해 다음과 같이 주장했다고 썼다.

"미국 여성들은 유행이라면 무엇이든 가리지 않고 따라하고, 지금은 때가 맞아 아인슈타인이라는 유행에 매달리고 있다. … 미국 여성들을 마법의 주문으로 빠져들게 만드는 것은 자신이 이해할 수 없는 것이 가지고 있는 신비로움이다."

반면 미국 남성들에 대해서는 다음과 같이 말했다.

"미국 남성들은 그 어떤 것에 대해서도 관심이 없다."[4]

엘자는 일반적으로 언론의 관심을 환영했고 아인슈타인의 이미지를 가꾸고 홍보하는 것이 자신의 역할 중 하나라 여겼다. 하지만 대중적으로 많이 알려진 인물은 미친 사람으로부터 달갑지 않은 관심을 받는 경우가 많다는 것을 그녀도 1925년 1월 31일의 한 간담서늘한 사건을 통해 깨닫게 된다. 그날 한 러시아 인 과부 마리 디크슨이 아인슈타인의 아파트로 무단침입해 들어왔다. 이 여자는 무기로(혹자는 총알이 장전된 리볼버 권총이라고도 하고, 혹자는 모자 고정용 핀이라고도 한다) 엘자를 위협하며 아인슈타인을 만나게 해달라고 요구했다. 전하는 바에 따르면 디크슨은 아인슈타인이 제정 러시아 황제의 첩보원이라는 망상에 빠져 있었다고 한다. 이 여자는 그 전에도 프랑스의 소비에트 대사를 위협해서 3주간 투옥되었다가 강제추방당했었다. 그러자 곧장 베를린으로 와서 아인슈타인을 대상으로 삼은 것이다.[5]

남편이 위층 서재에 있음을 알고 있던 엘자는 꾀를 냈다. 그녀는 아인슈타인이 집에 없는 척하면서 전화를 걸어 불러오겠노라고 거짓말을 했다. 마음이 진정된 디크슨은 집을 떠나며 나중에 다시 오겠다고 말했다. 일단 디크슨이 집을 떠나자 엘자는 경찰에 신고했다. 그렇게 해서 다섯 명의 형사가 집에 도착했고, 디크슨이 다시 집에 왔을 때는 그 형사들이 잠복하고 있었다. 한바탕 싸움이 벌어진 후에 형사들은 디크슨을 체포해서 정신병원으로 보냈다. 이런 사건이 벌어지는 동안 아인슈타인은 안전하게 자신의 서재에 머물면서 자신의 이론에 푹 빠져 있었고, 자기가 어쩌면 엘자 덕분에 목숨을 구했는지 모른다는 사실도 까맣게 모르고 있었다.[6]

아인슈타인이 아내에게 목숨을 빚지기는 했으나 두 사람은 자주 싸웠다. 아인슈타인이 자신의 외모에 너무 신경을 쓰지 않아서 엘자는 당황했다. 그는 머리 자르기를 싫어한 것으로 유명하다. 덕분에 엘자는 머리를 다 자를 때까지 그를 자리에 앉혀 놓으려면 깨나 고생해야 했다. 그는 양말 신는 것도 싫어했다. 두 사람은 엘리트 계층이었기 때문에 엘자는 그가 사진사들 앞에서 그에 걸맞는 모습을 보이기를 원했다. 하지만 아인슈타인은 꾸미는 일에는 조금도 관심이 없었다. 어떤 대중적 이미지를 유지하는 일도 그에게는 그저 또 하나의 부담일 뿐이었고, 그는 자신의 연구 프로젝트를 진행하며 혼자 있는 쪽을 좋아했다. 그리고 엘자가 비싼 옷을 사면 어리석은 행동이라며 불평했다.[7]

슈뢰딩거가 베를린에 도착할 즈음 아인슈타인은 과도한 스트레스에 운동 부족, 방종한 생활, 파이프 담배를 입에 물고 사는 습관 등이 한데 맞물려 건강에 타격을 받기 시작했다. 아인슈타인은 1928년 3월 스위스를 방문했을 때 쓰러져 심장비대 진단을 받았다. 베를린으로 돌아온 후 그는 장기요양에 들어가 엄격한 무염 식단을 따르며 치료를 받았다. 그는 여러 달 동안 정상적인 생활을 못하고 누워 있어야 했는데, 오히려 이 조용한 시간이 그에게는 새로운 통일장이론에 대해 연구할 기회가 되어주었다. 같은 해 3월 아인슈타인은 크게 들떠서 한 친구에게 이렇게 알렸다.

"아파서 평온하게 누워 지내는 동안 일반상대성이론 분야에서 아주 멋진 알을 낳게 되었네. 과연 이 알을 깨고 나올 새가 활력이 넘쳐 오랜 세월 살아남을지는 신만이 알겠지. 그래도 지금은 이 알을 낳게 해준 내 병에 오히려 감사하고 있다네."[8]

자연의 모든 힘은
어떻게 맞물리는가

1929년 아인슈타인 탄생 50주년이 되자 대중적으로 개인적으로 성대한 축하행사가 벌어졌다. 대중적으로 보면 이때는 그가 침대에서 요양하는 동안에 시도했던 통일장이론이 발표되어 처음으로 폭넓게 알려진 시기와 대략 일치한다. 그는 그 전에도 통일장이론을 시도하여 발표한 적이 있으나 그때는 대중의 환호가 거의 없었다. 하지만 탄생 50주년을 맞이했다는 사실, 새로운 연구결과를 낳았다는 사실, 그리고 그 주체가 다름 아닌 아인슈타인이라는 사실 때문에 그의 새로운 접근방법은 언론에 대대적으로 보도됐다.

1920년대를 거치는 동안 다른 연구자들이 내놓은 통일이론들 때문에 아인슈타인은 자연의 모든 힘이 어떻게 함께 맞물리는지 기술해줄 '악마'의 비밀공식을 밝혀내고 말겠다는 마음이 동했다. 중력과 전자기력은 양쪽 힘 모두 물체 사이의 거리의 제곱에 비례해서 약해지는 등 서로 독립적인 힘이라고 보기에는 너무 유사한 부분이 많았다. 하지만 일반상대성이론은 하나의 힘, 즉 중력만 수용할 수 있다는 한계가 있었다. 여기에 다른 힘이 끼어들 여지를 만들어주려면 일반상대성이론 방정식의 기하학 변에 항을 추가해야 했다. 하지만 성공적인 이론에 다른 요인을 별 생각 없이 아무렇게나 갖다 붙일 수는 없는 노릇이다. 물리적 원리를 통해서 갖다 붙이기가 불가능하다면 수학적 추론이라도 동원해야 한다.

아인슈타인은 칼루자, 바일, 에딩턴의 개념들을 조금씩 손대며 변형해보았지만 그 결과가 마음에 들지 않았다. 아무리 노력해도 입자와 닮은, 물리학적으로 현실성 있는 해를 찾아낼 수 없었다. 심지어는 클라인의 5차원 이론과 비슷한 논문을 작성하기도 했지만, 결국 클라인이 이미 선수 쳤다는 것을 깨달았을 뿐이다. 파울리는 아인슈타인에게 두 이론이 비슷하다고 말하면서 그 논문 말미에 민망하더라도 그 논문의 내용이 클라인의 이론과 사실상 동일하다는 점을 인정하는 주석을 포함시킬 것을 권했다.

그러다가 1928년 중반부터 몇 년에 걸쳐 아인슈타인은 '원거리평행distant parallelism'(또는 원격평행teleparallelism, 절대평행absolute parallelism)이라는 개념으로 방향을 틀었다. 그의 새로운 접근방식에서는 리만 기하학과 유클리드 기하학을 병치시켜 공간 속에서 서로 떨어진 두 지점 사이의 평행선을 정의하는 것이 가능해진다. 그는 일반상대성이론의 휘어진 비유클리드 시공간 다양체에서 시작해 각각의 지점에 테트라드tetrad라는 추가적인 유클리드 기하학을 결합시켰다. 아인슈타인은 테트라드가 상자처럼 생긴 단순한 데카르트 좌표계를 가지고 있기 때문에 그 구조물 안에 존재하는 선들이 평행한지 아닌지 아주 쉽게 알아볼 수 있다는 점에 주목했다. 떨어져 있는 평행선을 비교하면 표준 일반상대성이론에는 존재하지 않는 추가 정보를 보탤 수 있어서 전자기력을 중력과 함께 기하학적으로 기술할 수 있다.

표준 일반상대성이론에서는 시공간의 곡률 때문에 각각의 점이 서로 방향이 다른 좌표계를 갖고 있다. 좌표계가 장소에 따라 다른 각도로 기울어져 있는 것이다. 이것은 우주에서 지구를 바라보는 것과 비슷하다. 호주에서 수직으로 쏘아올린 로켓과 스웨덴에서 쏘아올린 로켓이 같은 방향을 향할 리가 없다. 그와 마찬가지로 시공간의 한 영역의 방향 화살표는 다른 영역의 화살표와 방향이 다를 것이다. 그 결과 표준 일반상대성이론에서는 서로 떨어져 있는 선이 평행한지 그렇지 않은지 판단할 수가 없다. 선들 사이의 거리는 정의할 수 있지만 그 상대적 방향은 정의할 수가 없다.

그런데 원거리평행은 상자처럼 생긴 추가적인 구조를 갖고 있기 때문에 두 직선 사이의 거리와 함께 그 상대적 방향도 명시할 수 있다. 이것은 표준 일반상대성이론이 제공하는 기본적인 도로지도를 보강할 우주 내비게이션 시스템을 추가해준다. 이런 이유로 아인슈타인은 이것이 좀더 포괄적이라고 판단했다.

아인슈타인이 통일장이론을 구상할 때마다 일단 제일 먼저 생각하는 목표는 기하학적인 방식으로 맥스웰의 전자기 방정식을 재현해서 그 방정식을 일반상대성이론 아래에 통합하는 것이었다. 그는 원거리평행으로 이것을 달성할 수 있어서 기뻤다. 적어도 텅 빈 공간에서는 이런 목표를 달성한 것이다. 하지만 그는 이번에는 일반상대성이론에서 그랬던 것처럼 검증 가능한 실험적 예측을 내놓거나 믿을 만한 물리적 해를 찾아내지 못했다.

그는 양자규칙을 재현한다는 목표도 달성하지 못했다. 1920년대 말부터 통일이론을 제안할 때마다 아인슈타인은 그 방정식들이 과결정overdetermined 방정식이 되기를 바랐다. 과결정 방정식이란 독립 변수의 개수보다 방정식의 개수가 더 많은 방정식을 말한다. 그는 이런 과잉으로 인해 해가 양자 준위quantum level 등의 불연속적인 유형의 행동을 나타낼 수밖에 없는 상황이 만들어지기를 바랐다.

과결정의 예를 들자면, 야구공의 운동을 기술할 때 그 방정식에 그 수직적 위치가 특정 높이를 가져야 한다는 추가적인 조건을 다는 것이다. 이런 조건이 없다면 야구공은 연속적으로 움직이며 곡선 경로를 따라 허공을 가로지르겠지만, 이런 조건을 갖다 붙이면 그 위치가 두 개의 불연속적인 값으로 제한된다. 즉 이 야구공은 올라가다가 한 번, 그리고 내려오다가 한 번 그 높이에 도달하게 될 것이다. 따라서 연속적인 방정식이 이 조건과 함께 작용하면서 불연속적인 값을 만들어낸다. 그와 유사하게 아인슈타인은 통일장이론이 과결정 방정식으로 나와서 전자가 보어-조머펠트 모형, 그리고 슈뢰딩거 방정식으로 발견되는 고유상태 같이 특정 궤도에 들어갈 수밖에 없게 만들어주기를 바랐다. 하지만 그는 이런 목표는 달성할 수 없었다.

아인슈타인이 아무리 노력해도 원거리평행은 입자의 고전적 행동이나 양자적 행동을 재현하는 데 전반적으로 실패한다. 따라서 그의 제안은 대체적으로 엄격한 물리 이론이라기보다 수학적 훈련에 머물렀다. 심지어는 아인슈타인이 자신의 이론에 사용한 수학도 새로운 것이 아니었다. 아인슈타인이 뒤늦게 알게 되었듯이 프랑스의 수학자 엘리 카르탕과 오스트리아의 수학자 롤란트 바이첸뵈크가 원거리평행을 주제로 이미 논문을 발표한 상태였다. 카르탕은 아인슈타인에게 두 사람이 1922년 세미나에서 원거리평행에 대해 한 번 논의한 적이 있었음을 상기시켜주었다. 아인슈타인은 아마도 이 만남을 잊고 있었던 것 같다. 아인슈타인은 결국 자신의 이론을 뒷받침하는 수학이 카르탕의 것임을 인정하게 된다.

나중에 밝혀졌듯이 길이, 방향, 차원, 기타 매개변수에 대한 일반상대성이론의 규칙을 조작하면 맥스웰 방정식을 포함하는 일반상대성이론을 만들어내기는 비교적 쉽다. 당시에 아인슈타인은 원거리평행이 상대성이론을 타당하게 변경해준다고 생각했다. 그의 판단기준에는 단순성, 논리성, 수학적 우아함 등이 포함되어 있었다. 하지만 파울리나 다른 사람들이 아인슈타인에게 충고하였듯이 별빛의 휘어짐 같은 일반상대성이론의 성공적 예측을 폐기하는 것은 가볍게 여겨서는 안 될 너무 급진적인 조치였다. 아인슈타인이 추상적인 개념에 더 큰 흥미를 갖게 되면서 실험자료와의 조화를 등한시하자 그의 동료들은 실망하고 만다.

구름 위에서
고립되다

1929년 1월 아인슈타인은 자신의 새로운 통일전략을 기술하는 짧은 논문을 발표할 준비를 했다. 물리적 증거가 결여되어 있음에도 그는 이 논문의 과학적 중요성을 강조하고 이것이 표준 일반상대성이론보다 우월하다는 점을 강조하는 짧은 성명을 발표한다.[9] 논문 발표가 임박했음을 전세계 언론이 알자마자 100명이 넘는 기자들이 새로운 개념을 알기 쉽게 설명해달라고 인터뷰 요청을 하며 아인슈타인을 성가시게 따라다녔다. 이 논문이 얼마나 추상적이고 비물리적인지 깨닫지 못한 기자들은 상대성이론에 버금가는 혁신적 돌파구가 마련되었다고 생각했다. 아인슈타인은 처음에는 더 이상의 언급 없이 기자들을 피했다.[10] 그러다 결국에는 대중을 위해 좀 더 상세한 설명을 제공했고, 《런던 타임스》, 《뉴욕 타임스》, 《네이처》 등에서는 그 내용을 발표했다. 《네이처》에서는 그의 말을 다음과 같이 인용했다.

"이제, 아니 이제야 우리는 전자가 원자핵 주변에서 타원을 그리며 움직이게 만드는 힘이 우리 지구가 1년에 한 번씩 태양 주위를 돌게 만드는 힘과 같은 힘이며, 또한 이 행성에서 생명이 존재할 수 있게 해준 빛과 열의 광선을 실어날라주는 힘과 같은 힘이라는 것을 알게 되었다."[11]

이 이론이 발표되자 1919년의 일식실험 발표와 견줄 만한 언론의 관심이 쇄도하기 시작했다. 이 이론이 대단히 난해하고 가설의 수준에 머물고 있으며 실험적 검증 또한 결여된 상태였음을 고려하면, 이 이론에 쏟아진 언론의 관심은 실로 엄청난 것이었다. 이 이론과 관련해서 《뉴욕 타임스》에서만 거의 12편의 기사가 쏟아져 나왔다. 전세계 과학자들은 아인슈타인의 연구결과를 해석해서 한마디

해달라는 요청을 받았다. 증거가 부족한데도 열정이 흘러넘쳤다. 특히나 뉴욕대학교 물리학과 학과장 H. H. 셸던은 너무나 터무니없는 반응을 보였다. 그는 이런 이치에 맞지 않는 추측을 내놓았다.

"이 이론 덕분에 엔진이나 물리적 지지 없이 비행기를 하늘 높이 띄우고, 떨어질 걱정 없이 높은 창문 밖으로 걸어나가고, 달로 여행을 떠나는 등의 일을 연구할 길이 열렸습니다."[12]

이 이론은 문화적으로도 반향을 일으키는 듯 보였다. 몇몇 성직자들은 이 이론의 신학적 의미에 대해 언급했다. 뉴욕 5번가 장로교회의 헨리 하워드 목사는 이 이론에 담긴 메시지를 자연의 통일성에 대한 성 바오로의 설교와 비교했다.[13] 풍자가 윌 로저스 같은 재치 넘치는 사람들은 이 이론의 불가해성에 대해 농담을 던지기도 했다.[14] 어떤 사람은 이 이론을 골프공 검사에 사용할 수 있겠다고 농담하기도 했다.[15]

아인슈타인 이전에는 이론적인 물리학 논문에 언론이 이렇게 막대한 관심을 보이는 경우가 사실상 전무했다. 아인슈타인은 추상적이기 이를 데 없고 현실과 동떨어진 이론조차 섹시하고 신비로운, 세상을 깜짝 놀라게 할 발견으로 보이게 만들었다. 그의 가설이 실제의 물리세계를 설명하고 있음을 말해주는 실험적 증거가 결여된, 무미건조한 방정식만을 제공하고 있다는 사실도 언론 보도를 막지 못했다. 아인슈타인이 직접 손을 놀려 자신의 수학적 음악을 작곡했다는 사실만으로도 언론에게는 결정적인 증거나 다름없었다.

아인슈타인은 유명인사로 띄워지는 것에 당혹했다. 그는 분명 자기 자신이 아니라 자신의 이론과 그 함축적 의미가 조명받기를 원했다. 하지만 언론에서는 당연히 아인슈타인이라는 물리학자 자신에게 초점을 맞추려 들었고, 이에 대해 아인슈타인이 의지할 수 있는 방법은 언론의 눈을 피해 숨는 것밖에 없었지만 성공적이지 못할 때가 많았다.

과도한 대중적 관심과는 대조적으로 이론물리학계에서는 이렇다 할 반응이 나오지 않았다. 당시에는 양자혁명 때문에 아인슈타인의 개념들은 주류 물리학계와의 연관성을 빠른 속도로 잃고 있었다. 가장 활발하게 활동하는 젊은 세대의 양자 이론가들 중에서 그의 연구에 뜨거운 관심을 유지하는 사람은 파울리밖에 없었다. 아인슈타인은 개인적으로는 계속 존경을 받고 있었지만 그가 잇따라 내놓는, 무의미해 보이는 통일이론들은 마치 농담처럼 받아들여졌다. 가령 코펜하겐의 젊은 물리학자들은 '파우스트'에 비유하여 왕(아인슈타인)이 벼룩들(통일장이론들)에 포위되었다며 그가 내놓은 개념들을 조롱했다.

파울리는 무엇이든 고분고분히 들어 넘기는 사람이 아니었다. 직설적인 화법으로 유명한 명성 그대로 그는 아인슈타인에게 정신이 번쩍 드는 찬물을 끼얹었다. 원거리평행에 관해 펴낸 소론에 대해 논평하며 그는 독자 투고란에 이렇게 써서 보냈다.

"'정밀과학 연구결과' 란에 아인슈타인의 새로운 장이론에 관한 소론을 실은 편집자들의 행동은 실로 용감하다 아니할 수 없다. 끝이 없이 발명을 이어가는 그의 재능, 그리고 최근 몇 년 동안 오직 하나의 목표만을 추구하는 그의 지치지 않는 에너지는 우리를 놀라게 했고, 결국 평균 1년에 한 번 꼴로 그런 이론이 만들어졌다. 저자가 잠깐이나마 자신의 이론을 '확정적인 해'라 여긴다는 것은 심리학적으로도 무척 흥미롭다. 따라서 ... 이렇게 외쳐도 무방할 것이다. '아인슈타인의 새로운 장이론은 죽었다. 아인슈타인의 새로운 장이론이여, 영원하라!'"[16]

파울리는 개인적으로 파스쿠알 요르단에게 아인슈타인의 원거리평행을 받아들일 정도로 잘 속아넘어가는 사람은 미국의 기자들밖에 없을 것이라고 말했다. 유럽 연구자들은 말할 것도 없고 미국의 물리학자들이라도 그렇게 순진하지는 않으리라는 것이다. 그러면서 파울리는 아인슈타인에게 분명 1년 안에 그 이론을 취소하게 되리라 장담했다.

한편 아인슈타인의 연구결과에 쏟아진 대중적 관심과는 대조적으로 당시 괴팅겐에서 이루어진 바일의 중요한 연구는 거의 인정받지 못하고 있었다. 이 연구는 바일이 오래 전에 내놓은 게이지라는 개념이 전자의 파동함수에 적용될 수 있고, 또 전자기적 상호작용을 자연스러운 방식으로 설명할 수 있음을 보여주었다. 그 이유는 전자에 대한 기술과 함께 추가적인 게이지 요소를 포함시키려면 공간을 가로질러 전파되는 새로운 '게이지장$^{gauge\ field}$'을 추가해야 할 수학적 필요성이 생기기 때문이다. 이 추가적인 장을 전자기장으로 취급할 수 있기 때문에 전자기 게이지 이론$^{gauge\ theory\ of\ electromagnetism}$이 등장한다.

게이지 요소는 회전하는 동안 어느 방향이라도 자유롭게 가리킬 수 있는 일종의 선풍기라 생각할 수 있다. 이 선풍기가 계속 돌아가게 하려면 전자기장선^{線}의 유입이라는 '바람'이 필요하다. 바일이 내놓은 전자기 양자 게이지 이론quantum gauge theory of electromagnetism은 무척 탁월한 것이었음에도 불구하고 물리학계에서 이 이론을 사용하기까지는 그 후로 20년 정도의 세월이 더 필요했다. 그리고 뛰어난 통찰력의 소유자인 파울리는 이 이론의 중요성을 알아차린 최초의 인물들 중 한 사람이었다.

라비의
양파

일단 자신의 통일이론 전략에 대한 이야기가 대중에게 퍼지자 아인슈타인은 서둘러 수문을 닫고 밀려드는 파파라치의 물결을 밀어냈다. 그의 생일이 멀지 않은 상태였기 때문에 그는 숨을 곳이 간절하게 필요했다. 그가 50세를 맞기 이틀 전인 3월 12일 아인슈타인이 공식적인 축하행사를 피해 비밀장소로 숨어버리는 바람에 언론은 혼란과 실망에 빠진다. 《뉴욕 타임스》는 "아인슈타인의 가장 친한 친구들조차 그가 어디에 있는지 모를 것이다"라고 보도하며 그가 자신의 통일장이론에 대해 쏟아지는 질문에 미칠 지경이 되었다고 지적했다.[17]

하지만 한 익명의 기자가 용케도 아인슈타인이 숨은 곳을 찾아내 그의 은밀한 생일축하 행사에 대한 이야기를 올렸다. 이 요령 좋은 기자는 '베를린의 구두약 왕'으로 알려진 아인슈타인의 돈 많은 친구 프란츠 렘이 이 행사를 위해 가토의 나무가 우거진 한 지역에 있는 자신의 별장을 빌려주었다는 사실을 알아냈다. 베를린 시 중심부에서 뚫어져라 자신을 노려보는 시선으로부터 벗어난 아인슈타인은 자신의 가족과 조용하게 생일을 보내고 있었다.

기자가 걸어들어갔을 때 아인슈타인은 선물로 받은 현미경을 뚫어져라 바라보고 있었다. 자신의 손가락에서 뽑은 피 한 방울을 경이로운 마음으로 바라보았다. 헐렁한 스웨터와 바지를 대충 걸쳐 입고 슬리퍼를 신은 채 가끔씩 현미경에서 눈을 떼 파이프 담배를 빨아들이는 그에게서 어린아이 같은 만족감이 배어나왔다. 어쩌면 그는 어린 시절에 받은 나침반 선물을 떠올렸는지도 모른다. 그가 받은 다른 선물로는 실크 가운, 담배 파이프, 담배, 그리고 친구들이 그를 위해 건조할 계획을 세우고 있던 요트의 스케치가 있었다.

아마도 가장 특이한 선물은 그의 의붓딸 마고가 만들어준 인형이었을 것이다. 그 인형은 두 손에 각각 양파를 하나씩 들고 있는 라비의 인형이었다. 마고는 조각을 좋아했고 성직자들의 신비스러운 모습을 전문적으로 조각하는 조각가였다. 사랑하는 의붓아버지를 위해 라비의 형상을 만드는 일은 사랑이 듬뿍 담긴 노력이었다. 자신의 작품에 자부심을 느끼며 마고는 그 작품에 관한 시 '라비의 양파'를 아인슈타인에게 읽어주었다.[18]

마고는 라비의 양파가 아주 뛰어난 치유제라고 설명했다. 유대인들 사이에서 전해 내려오는 이야기에 따르면 양파는 심장에 좋다고 한다. 아인슈타인도 그 이전 해의 회복기간 동안 그런 치료법을 시도했었다. 마고는 신령스러운 지혜와 마법의 양파를 조각해 아인슈타인의 건강과 장수를 기원했다. 그럼 아인슈타인이 더욱 많은 통일장이론을 만들어낼 수 있을 테니 말이다. 아인슈타인은 자기가 행여 통일이론을 점점 더 많이 만들어내게 되지나 않을까 움찔 놀랐는데, 결국 이것은 정확한 예측이 되고 말았다.

아인슈타인이 베를린의 집으로 돌아와보니 산더미 같은 선물들이 그를 기다리고 있었다. 그 선물 중에서도 눈에 띄는 것은 하펠 강, 그리고 그 강이 관통해 흐르는 호수들 근처에 그를 위해 집과 땅을 구해서 그가 고요한 풍경과 뱃놀이를 즐길 수 있도록 해주겠다는 베를린 시 정부의 관대한 제안이었다. 베를린 시는 최근 한 부유한 신사로부터 입수한 부동산에 있는 한 저택을 자유로이 사용할 수 있게 해주겠다고 제안했다. 하지만 엘자가 그 저택을 살펴보러 가보니, 이전 소유자가 말하기를 그 매매계약에는 자기가 그곳에 무한정 머물 수 있는 권리가 포함되어 있다는 것이었다. 그 사람은 점잔빼는 말 한마디 없이 엘자더러 그 땅에서 손을 떼라고 잘라 말했다.

좋은 선물을 하려다가 서투르게 일을 망쳐 민망해진 시 정부에서는 해결책을 찾기 위해 동분서주했다. 그리고 시민들 사이에서도 아인슈타인에게 알맞은 계획이 무엇이냐를 두고 몇 달 간 논쟁이 벌어졌다. 결국 아인슈타인은 자기가 직접 문제를 해결하기로 마음먹고 포츠담 근처 카푸트에 있는 땅을 사들였다. 슈비에로우 호수와 템플린 호수가 만나는 교차지점이었다. 그는 콘라드 왁스만이라는 야심찬 젊은 건축가를 고용해 자신과 가족을 위해 조금만 걸어 나가면 숲이 우거진 오솔길과 호수로 갈 수 있는 안락한 목재 오두막집을 짓게 했다. 집을 지어 올리는 동안 그가 애타게 기다리던

'돌고래^{Tümmler}'라는 이름의 요트가 도착했다. 일단 건축이 마무리되어 그곳으로 이사 가자, 그는 진정 천국에 와 있는 것 같았다.

슈비에로우 호숫가에서

카푸트는 아인슈타인이 하이킹을 하거나 뱃놀이를 즐기기에 완벽한 장소였다. 이런 활동 속에서 그는 다른 부담거리들을 잊고 자기만의 생각으로 탈출할 수 있었다. 그는 나무가 우거진 은신처에 있을 때면 최대한 편한 복장을 했다. 맨발로 나갈 때도 많았고 잠옷을 입거나 아예 웃통을 입지 않고 다녔다. 차려 입고 돌아다니는 경우는 절대로 없었다. 한번은 고위인사들이 그를 방문하러 오자 엘자가 아인슈타인에게 옷 좀 제대로 차려 입으라고 애원했다. 하지만 그는 거절하며 만약 그 사람들이 자기를 보러 온 것이면 자기가 있는 이곳으로 오면 될 일이고, 자기 옷을 보러 온 것이면 옷장이 있는 곳으로 가보면 될 일이라고 했다.

슈뢰딩거는 편하고 자유로운 분위기를 껄끄러워 하지 않고 아인슈타인의 오두막을 자주 찾는 방문객 중 한 사람이었다. 슈뢰딩거 역시 격식을 갖춘 옷차림새를 싫어했다. 당시 독일 대학교의 교수들은 정장과 넥타이를 하고 강의하는 것이 관례였지만 슈뢰딩거는 거의 항상 스웨터를 입고 들어갔다. 찌는 듯 무더운 여름이면 그는 반소매 셔츠와 바지만 입고 강의실에 들어가기도 했다. 한번은 경비원이 그를 학교 정문에서 통과시켜주지 않은 적도 있었다. 그가 너무 꾀죄죄해 보였기 때문이다. 그는 한 학생이 그가 정말 이 학교 교수라는 것을 확인해주고서야 들어갈 수 있었다.[19] 디랙이 기억하는 또 다른 사건에서는 솔베이 회의 때 호텔 직원이 슈뢰딩거를 고급스런 그 호텔에 들여보내기를 주저했었다고 한다. 그가 배낭여행객처럼 보였기 때문이다.[20]

1929년 7월 프러시아 과학아카데미는 슈뢰딩거를 자기네 회원으로 받아들인다. 회원가입 의식은 대단히 격식을 갖춘 모임이었기 때문에 그때만큼은 슈뢰딩거도 잘 차려입었다. 그는 물리학의 가능성에 대해 강연하면서 하이젠베르크-보른 관점을 지지하지도 비판하지도 않는 균형 잡힌 입장을 취했다. 그도 이 민감한 주제에 대해서는 몸을 사려야 한다는 사실을 알고 있었다. 이렇게 해서 그는 결정론 진영과 비결정론 진영 모두가 각자 원하는 방식으로 자신의 방정식을 사용할 수 있도록 했다.

전반적으로 슈뢰딩거는 프러시아 과학아카데미처럼 명망 높은 조직의 일원이 되는 것에 기뻐했다. 하지만 그는 아카데미가 다소 고루하다는 느낌을 아인슈타인과 공유하게 된다. 두 사람 모두 무미건조한 모임에 참석해서 지겨워하느니 차라리 산책이나 뱃놀이가는 쪽을 더 좋아했다. 결국 두 사람은 학회가 아니라 카푸트의 오솔길과 수로를 함께 오가며 유대감을 키워 가까운 친구가 됐다. 숲길을 산책하고 호수로 소풍을 가면서 아인슈타인과 슈뢰딩거는 자신들의 공통 관심사를 이해하게 됐다. 아마도 슈뢰딩거가 음악을 좋아하지 않는다는 사실 말고는 두 사람이 더 가까워지지 못하도록 막을 것은 없었을 것이다. 아인슈타인은 절친한 친구들과 실내악 연주하기를 좋아했다. 그 시기에 두 사람은 물리학에서 파생되어 나오는 철학적 결과에 함께 매료되었다. 두 사람 모두 최근의 실험결과보다는 스피노자나 쇼펜하우어의 관점을 어떻게 현대과학에 적용할 것인가에 대해 이야기 나누는 것이 더 마음 편했다.

하지만 양자역학의 주류 해석을 더 흔들림 없이 반대한 쪽은 아인슈타인이었다. 슈뢰딩거의 태도는 너무 자주 바뀌었다. 그는 1930년 5월 뮌헨박물관에서 강연할 때는 파동방정식에 대한 하이젠베르크-보른의 해석을 사실상 받아들였다가 몇 년 뒤에는 번복했다. 아인슈타인의 확고한 입장은 1931년 3월의 한 인터뷰에서 표출되었다. 인터뷰에서 그는 인과론을 믿고 비결정론을 반대하는 태도를 분명하게 밝혔다. 그는 씁쓸하게 이렇게 말했다.

"인과관계를 사물의 속성 중 일부로 바라보는 제 개념이 노망의 징조라 해석되고 있다는 것을 저도 잘 알고 있습니다. 하지만 인과관계라는 개념이 자연과학과 관련된 문제에 본질적으로 내재되어 있음을 확신하고 있습니다. … 저 역시 슈뢰딩거-하이젠베르크 이론이 위대한 발전이라고 믿고, 양자^{quantum}의 관계에 대한 이 공식화가 기존의 어떤 시도보다도 진리에 더 가깝게 다가섰다고 확신합니다. 하지만 저는 본질적으로 통계학적인 이 이론의 특성이 결국에는 사라지게 될 것이라고 생각합니다. 이런 특성이 결국에는 자연을 부자연스럽게 기술하기 때문입니다."[21]

원인과 결과를 두고 아인슈타인과 슈뢰딩거의 관점이 충돌하는 것에 대한 기사가 1931년 11월 《크리스천 사이언스 모니터》에 실렸다.[22] 이 기사는 아마도 두 물리학자의 관점에 대해 처음으로 언급한 기사일 것이다. 이 기사는 그 즈음에 양자역학을 주제로 두 사람이 강연한 내용에 대해 소개하면서 인과의 법칙이 여전히 적용된다는 아인슈타인의 확고부동한 의견과 물리학자들이 비인과율 같은 다양한 대안에 대해 더욱 열린 마음을 가질 필요가 있다는 암시가 담긴 슈뢰딩거의 믿음을 비교했다. 슈뢰딩거는 주장하기를 관점이 진화하다보면 자연의 행동을 바라보는 방식에 변화가 찾아올지도 모르며, 인과의 법칙도 쓸모없게 될 가능성이 있다.

두 사람 모두 지속적으로 철학적 관심을 갖고 있기는 했지만 아인슈타인은 세상의 법칙이 시작부터 정해져 있고 그 법칙을 논리적으로 연역해낼 수 있다고 바라본 스피노자의 엄격한 관점을 선호한 반면, 슈뢰딩거는 환상의 베일이라는 동양적 믿음에 의해 다듬어진 좀더 유연한 관점을 선호했음을 알 수 있다. 환상의 베일이란 변화하는 사회의 관점에 따라 진리도 달라진다는 관점이다. 슈뢰딩거는 오늘은 진리였던 것이 내일이면 그릇된 개념이라 여겨질 수도 있다고 주장한다. 따라서 우리는 결코 궁극의 진리를 찾아내지 못할 가능성도 있다는 것이다.

철학, 그리고 철학을 과학에 응용하는 부분에 대한 관심사 말고도 이 두 물리학자는 좀더 세속적인 고민도 함께 공유했다. 두 사람 모두 집안상황이 그리 행복하지 않았다. 두 사람 모두 여러 여자와 만났다. 엘자가 사사건건 자기를 통제하려 든다고 느낀 아인슈타인은 탈출할 방법을 찾아 나섰다. 아인슈타인이 전속기사가 딸린 화려한 리무진을 타고 돌아다니는 아름다운 상속녀 토니 멘델과 콘서트와 연극을 보러 다닌 것을 알게 되자 엘자는 경악했다. 아인슈타인은 금발의 오스트리아 미녀 마르가레테 레바흐와도 정기적으로 데이트 했다. 레바흐는 엘자가 도저히 참아줄 수 없는 사람이었다.[23]

슈뢰딩거와 베르텔은 우정은 강했지만 서로에게 성적으로 불꽃이 튀는 경우는 거의 없었다. 그리고 두 사람은 아이도 낳지 않았다. 두 사람은 이혼은 하지 않는 대신 개방적인 결혼생활을 유지하기로 결정한다. 완전히 갈라서기에는 서로 함께 있으면서 받는 위안이 너무 컸던 것이다. 결혼생활의 실패에 대해 후회한 아인슈타인과는 대조적으로 슈뢰딩거는 자신의 은밀한 만남들을 일기에 낭만적으로 묘사해 놓았다. 어떤 만남은 여러 해 동안 지속되기도 했다. 한때 그는 그가 가정교사로 수학을 가르쳤던 젊은 여성 이타 융거에게 홀딱 반해버렸다. 두 사람의 정사는 결국 계획에 없던 융거의 임신으로 이어진다. 슈뢰딩거는 아이를 간절히 원하기는 했지만 베르텔을 떠날 생각은 없었다. 이타는 슈뢰딩거의 바람을 거슬러 아이를 유산하고 그를 떠나버린다.[24] 이타와의 사이에서 애정이 식는 동안 슈뢰딩거는 그가 인스브루크 시절부터 알고 지내던 물리학자 아르투어 마치의 젊은 아내인 힐데군데 마치와 관계를 시작한다. 두 사람의 열정적인 인연은 결국 두 번째 결혼 비슷한 것으로 끝나게 된다.

당시 아인슈타인과 슈뢰딩거는 베를린과 카푸트에서 함께 했던 그 시간들이 얼마나 취약하고 특별한 것이었는지 깨닫지 못했다. 그 시절의 즐거움, 느긋한 태도, 허심탄회함은 일단 바이마르 공화국이 나치의 군홧발에 짓밟히고 나면 흔적도 없이 사라지게 될 것

이었다. 유명세를 누리며 안락하게 사는 삶에 익숙해져 있던 두 과
학자는 결국 망명생활로 떠밀려나게 되고 두 번 다시는 하펠 강에
서 뱃놀이를 할 수 없었다.

사나운 바람
바다의 미풍

1930년대 초반 독일은 대량실업과 사회적 불안이 만연해 있었다.
1929년 주식시장 붕괴가 일으킨 연쇄반응 때문에 안 그래도 취약
했던 독일의 전쟁 후 성장엔진은 물론이고 불안정했던 전세계 경제
가 잇달아 쓰러졌다. 나치즘 운동과 또 다른 극우 집단들이 민족주
의적 동요를 획책하는 가운데 휴전협정 조항에 대한 독일인들의 분
노가 복수를 요구하는 함성으로 이어졌다. 그리고 노동자 권력을
촉구하는 공산주의자와 사회주의자들의 목소리에 수많은 사업체
소유주들과 주류 보수주의자들이 겁을 먹었다. 그래서 이들 중 일
부는 그래도 나치가 공산주의자와 사회주의자들보다는 덜 사악하
다고 보고, 이들을 공산주의와 맞서 싸워줄 방어벽으로 여겼다.

　베를린에서는 수십만 명에 이르는 실업 노동자들이 다른 할 일
이 아무것도 없었기 때문에 살짝만 찔러주면 언제라도 양극단의 정
치적 운동에 동참할 분위기가 무르익어 있었다. 베를린의 주요 광
장 중 하나인 알렉산더 광장에서 일어난 대규모 집회는 시위자들을
일망타진하기 위해 탱크를 동원한 경찰력에 진압되었다. 힘없는 연

합정부가 들어서고 무너지기를 반복하는 동안 우익과 좌익은 표와 지지자들을 얻기 위해 싸움을 벌였다.

아인슈타인은 어느 특정 정당에서 활발하게 활동하지는 않았지만 전반적으로 진보적 사회주의 운동과 노동자 권리 진작을 지지했다. 그는 스스로를 국제주의자라 여겼고 민족주의는 위험한 힘이라 보았다. 평화주의자였던 아인슈타인은 '전쟁반대자연맹'을 지지했다. 평소 자신의 관점을 표현하는 데 솔직했던 그는 나치도 거리낌 없이 공개적으로 비난했다. 처음에 그는 사람들이 나치를 지지하는 것은 일시적 일탈에 불과하다고 생각했다. 하지만 머지않아 나치가 권력을 장악하기 전이었음에도 그들이 무시무시한 위협을 가하고 있음을 깨닫게 되었다. 이와는 대조적으로 슈뢰딩거는 정치에 전혀 관심이 없어서 정치 얘기는 피하려 했다. 그는 나치주의 운동도 대수롭지 않게 여기다가 뒤늦게야 그 심각성을 깨닫게 된다.

경제위기 동안에는 두 물리학자 모두 경제적인 부분에 걱정이 많아서 임시라도 외국에 나가 일할 기회가 생기면 놓치지 않았다. 먼저 기회를 잡은 쪽은 아인슈타인이었다. 그는 1931년 겨울에 미국 캘리포니아 패서디나에 있는 캘리포니아공과대학교로부터 초대를 받고, 윌슨산천문대도 방문하게 되어 무척 기뻤다. 이 천문대는 허블이 우주의 팽창을 발견한 곳이다. 아인슈타인은 이 두 달의 일정으로 7,000달러의 봉급을 약속받았는데, 이는 당시로서는 믿기 어려울 정도로 후한 액수였다. 이 정도면 정교수의 1년치 봉급에 해당하는 돈이었다.

그즈음 아인슈타인은 급료를 주고 두 명의 조수에게 도움을 받고 있었다. 한 사람은 비서인 헬렌 두카스고, 또 한 사람은 수학 보조인 발터 마이어다. 두카스는 홍수처럼 오고가는 아인슈타인의 편지를 정리하고 빽빽한 연설 일정을 조정했다. 마이어는 아인슈타인의 연구, 특히 통일장이론에 필요한 수학 계산을 도왔다. 아인슈타인은 파울리의 말이 옳고 원거리평행이 물리적으로 실현 가능하지 않다는 사실을 깨닫기 시작했고, 그래서 다른 통일 방안을 추구하기 시작했다.

아인슈타인이 미국 서부 해안으로 출발하기 전인 1930년 11월 《뉴욕 타임스 매거진》은 앞서 3장에도 언급되었던 아인슈타인의 기고문을 발표했다. 여기서 아인슈타인은 과학과 종교에 대한 자신의 관점을 선언하고, 스피노자의 신성 개념을 옹호했다. 이 글은 뜨거운 논쟁을 불러일으켰고, 아인슈타인의 곧 있을 방문에 대중의 관심을 집중시키는 데 도움을 주었다.

12월 30일 샌디에이고 항구에서는 왕이나 왕비의 방문을 반기러 온 것처럼 엄청난 인파가 아인슈타인, 그리고 그를 수행하는 사람들의 도착을 환영했다. 대형선 벨겐란트에서 내리는 그의 동행 중에는 아내 엘자, 두카스, 마이어도 있었다. 알고 보니 엘자는 대단한 통역자였다. 그녀의 영어 실력이 아인슈타인보다 훨씬 뛰어났던 것이다. 마이어는 아인슈타인이 계산할 여유 시간이 날 때마다 항상 그 옆에 대기하고 있었다.

아인슈타인은 캘리포니아공과대학교에서 유명한 실험물리학자 로버트 밀리컨이 이끄는 물리학 교수진들과 정직 교수를 맡을 가능성에 대해 논의를 시작했다. 하지만 아인슈타인이 베를린, 특히나 카푸트에서의 생활방식에 대단히 애착이 많았던 점을 생각하면 이런 논의는 시기상조였다. 하지만 그래도 아인슈타인은 남부 캘리포니아를 무척 좋아했다. 특히 패서디나의 아름다운 정원들과 온화한 기후가 마음에 들었다. 그의 방문 일정에서 한 가지 하이라이트는 허블을 만나고 윌슨산천문대의 망원경을 구경한 것이다. 그와 엘자는 시간을 내어 찰리 채플린 같은 헐리우드 스타와 어울렸다. 채플린 영화의 열성 팬이었던 아인슈타인은 찰리 채플린의 영화 〈시티 라이트〉의 세계 초연에 손님으로 초대되는 영예도 누렸다.

그 다음 겨울에도 아인슈타인은 또 다시 두 달 동안 캘리포니아공과대학교로 초청을 받는다. 정규 교수직을 맡을 것인가 하는 문제가 다시 수면 위로 떠올랐다. 독일이 처한 온갖 문제들과 나치가 주도하는 정부의 위협과 같은 문제 때문에 이때는 아인슈타인도 이민을 고려하기 시작했다. 하지만 그즈음 그에게는 옥스퍼드대학교의 교수직을 비롯해 다른 제안들도 들어오기 시작한 상태였다. 밀리컨은 아인슈타인을 설득하는 과정에서 한 가지 치명적인 실수를 저지르고 만다. 아인슈타인을 교육자 아브라함 플렉스너에게 소개한 것이다. 플렉스너는 프린스턴에 고등연구소를 설립하는 문제를 논의하기 위해 캘리포니아공과대학교에 와 있었다. 이 연구소는 돈 많은 후원자들로부터 자금을 지원받아 세워진 곳으로 기초과학 연구를 전문으로 한다.

결국 플렉스너는 아인슈타인을 교수로 끌어들이는 데 성공한다. 이 자리는 처음에는 비상근직으로 운영할 계획이었다. 그는 아인슈타인에게 1년에 15,000달러라는 엄청난 급료를 제안했다. 미국에서 가장 높은 급료를 받는 물리학 교수로 만들어줄 만한 액수였다. 아인슈타인은 자신의 통일장이론 계산을 보조할 수 있도록 마이어에게 정규 교수직을 마련해줄 것을 추가 조건으로 제시했다. 아인슈타인의 요구에 플렉스너는 할 말을 잃었지만, 고개를 젓다가 결국에는 그러기로 합의한다. 그리고 결국 아인슈타인은 연구소에서 맡은 직책에 전념한다.

그와 대략 비슷한 시기에 아인슈타인은 시간을 내서 슈뢰딩거, 하이젠베르크 순서로 두 사람을 노벨 물리학상 후보로 지명했다. 노벨상 수상자인 아인슈타인에게는 그 명예로운 자리에 지목될 후보를 추천할 수 있는 특권이 있었다. 노벨상 후보로 슈뢰딩거를 제일 앞자리에 지명한 이유는 그가 보기에 슈뢰딩거의 발견이 하이젠베르크의 발견보다 훨씬 중요했기 때문이다. 하지만 그가 하이젠베르크의 확률론적 관점에 반대하는 입장이었음을 고려하면 그가 하이젠베르크를 노벨상 후보로 지목했다는 사실 자체가 대단히 관대한 행동이었다. 두 사람을 양자역학의 공동 창립자로 대등한 위치에 올려놓는 물리학자가 많다는 사실을 그도 알고 있었다. 그렇기 때문에 그는 두 사람 모두 후보에 포함시키면서 덧붙여 자신의 개인적 선호도도 거기에 함께 반영하는 것이 타당하다고 느꼈다.

1932년 12월 아인슈타인 부부와 그 일행은 남부 캘리포니아를 세 번째로 방문하기 위해, 그리고 마지막으로 캘리포니아공과대학교를 방문하기 위해 항해를 시작한다. 이 방문은 달콤하면서도 씁쓸한 것이었다. 아인슈타인이 프린스턴으로 가게 된 것에 대해 밀리컨이 약간 화가 나 있기 때문이기도 했고, 당시 보수정당과 나치가 제휴한 연합정부에서 부수상 자리에 올라 있던 아돌프 히틀러가 이제 곧 독일을 이끌게 되리라는 것을 점차 깨닫고 있었기 때문이기도 했다. 전하는 얘기로는 카푸트의 오두막 문간을 나서며 아인슈타인이 엘자에게 이것이 이 오두막을 볼 마지막이 되리라 말했다고 한다. 하지만 그의 마음속에는 언젠가 다시 이곳으로 돌아올 기회가 있으리라는 생각이 자리잡고 있었음이 분명하다. 그가 베를린에 있는 동료에게 보낸 편지를 보면 그가 그 다음해에 그곳에 머물 계획에 대해 쓴 글이 있기 때문이다.

밀리컨은 아인슈타인이 도착하고 곧 연설을 하도록 준비해두었다. 역설적이게도 독일과 미국의 관계를 찬양하는 연설이었다. 한 기부자의 환심을 사려는 것이 목적이었다. 자신을 초대해준 사람을 실망시키고 싶지 않았던 아인슈타인은 그 연설을 했다. 그는 자신이 쓴 글을 영어로 번역해서 낭독했다. 그는 이 연설을 미국과 독일 모두에서 대립되고 있는 정치적 관점과 종교적 신념에 대해 관용의 정신을 고취하는 기회로 삼았다.

이 연설에서 미국에 대해 언급한 것은 여성애국조합이라는 우익 단체가 공개적으로 제시한 불만을 돌려 말한 것이다. 이 단체는 아인슈타인 같이 알려진 '혁명가'를 미국에 들이는 것에 불만을 표했다. 그렇다고 어떤 일이 생긴 것은 아니었지만 미국연방수사국[FBI]에서는 그에 대한 정보 파일을 수집하기 시작했고, 이 파일에는 수십 년에 걸쳐 그의 애국심과 관련해서 제기된 비슷한 의문점들이 축적되었다.

하지만 약 일주일 후인 1933년 1월 30일 독일의 대통령 파울 폰 힌덴부르크는 히틀러를 수상으로 임명한다. 아인슈타인이 전한 관용의 메시지와는 현저히 대조를 이루는 일이었다. '나치 돌격대'라는 갈색 셔츠를 입은 수십만 명의 준군사조직 폭력단원을 등에 업은 악명 높은 인종차별주의자이자 반유대주의자가 독일의 권력을 손아귀에 넣자, 그의 반대자들은 하다못해 그에게 비꼬는 말이라도 던지려면 정신적으로 단단히 무장해야 했다. 사람들은 궁금해졌다. 히틀러가 과연 악의에 찬 자신의 말들을 실제 행동으로 옮길까? 아니면 그 말들은 훌리건 같은 자신의 지지자들을 끌어들이기 위해 고안된 정치적 제스처에 불과한 걸까?

라이히스탁의
불

1930년대 초반에는 독일의 정치가 하도 변화무쌍했기 때문에 히틀러가 수상직을 맡는 것도 그저 일시적 현상에 불과하리라 생각하는 전문가가 많았다. 중도 보수진영에서는 히틀러가 공산주의자들에 대한 노동계급의 지지를 물리치고 중앙 정치로 이동하리라 조용히 기대하고 있었다. 그리고 경기가 좋아지면 유권자들이 제정신을 차리고 좀더 합리적인 정치인을 뽑을 것이고, 극단주의도 완화되리라 생각하는 사람이 많았다. 히틀러가 권좌에 오른 직후에도 아인슈타인은 베를린으로 돌아갈 희망을 어느 정도는 품고 있었다. 슈뢰딩거는 나치와 그들의 편협성을 경멸하면서도 처음에는 정치에 관심조차 없었다.

그러다가 그 어떤 전문가도 예상치 못했던 반전이 찾아온다. 1933년 2월 27일 한 방화범이 독일의 국회의사당 건물인 라이히스탁^{Reichstag}에 불을 지른 것이다. 역사가들은 그 사건의 범인이 아마도 나치 돌격대원들일 것이라 믿고 있지만, 히틀러는 즉각 공산주의자들을 범인으로 지목했다. 의회는 용의자의 시민권을 유예하고 무기한 구금을 용인하는 법률을 통과시킨다. 공산주의 정치인들과 좌익운동을 하던 사람들이 즉석에서 체포되어 강제수용소로 보내졌다. 그리고 3월 5일에는 새로이 선거가 열려 결국 나치가 가장 큰 교섭단체로 등극한다.

라이히스탁 방화사건이 일어날 무렵 아인슈타인은 나치가 권력을 잡고 있는 동안에는 독일로 돌아갈 수 없음을 깨달았다. 그는 마르가레테 레바흐에게 보낸 편지에 독일 땅에 발을 들여놓기가 두려워서 프러시아 과학아카데미에서 하기로 했던 강연을 취소했다고 썼다. 기차를 타고 패서디나를 떠나 뉴욕을 여행한 후에는 나치가 그의 카푸트 집을 샅샅이 뒤졌다는 신문기사가 나는 바람에 그는 더욱 겁을 먹었다. 맨해튼에서 그는 다양한 기관을 상대로 나치의 자유에 대한 도발을 맹비난하는 연설을 했다. 이 사실을 포착한 독일 언론에서는 조국을 배신하는 행위라며 그를 역으로 맹비난했다.

뉴욕에서 아인슈타인과 그의 동행인들은 유럽으로 돌아가기 위해 벨겐란트에 승선했다. 바다를 가로질러 여행하는 동안 그는 프러시아 과학아카데미에 편지를 써서 지금까지 보내준 지지에 감사하는 마음이지만 정치적 상황 때문에 아카데미에서 탈퇴시켜달라고 정중하게 요청했다. 그리고 벨기에의 앤트워프 항구에 도착하자 자신의 독일 여권을 영사관에 넘겨주며 독일과의 모든 관계를 포기하겠다고 선언했다. 그리하여 그는 인생에서 두 번째로 무국적자가 된다. (첫 번째는 스위스에서 학생으로 있을 때였다.)

다행히도 아인슈타인은 벨기에, 그리고 그와 이웃한 네덜란드에 도와주겠다는 친구가 많았다. 독일 바이에른에서 태어나 벨기에의 왕가와 결혼한 엘리자베스 왕비는 특히나 협조적이었다. 아인슈타인은 네덜란드의 레이덴과 뉴욕의 은행계좌에 돈을 갖고 있었는데, 그가 베를린의 은행에 저축해 놓은 돈을 나치가 몰수하자 그 돈은 없어선 안 될 소중한 돈이 되었다. 그는 집도 없고 조국도 없는 몸이었지만, 해외에서는 안전한 미래가 확보되어 있었다.

아인슈타인은 운이 좋아 때늦지 않게 독일을 떠날 수 있었다. 독일 의회에서 3월 23일에 통과된 수권법은 모든 이의제기 권한을 유예시켜 사실상 히틀러에게 전권을 부여했다. 나치는 곧 모든 지방 의회를 해산하여 자신의 철권통치를 공고히 했다. 그 이후로 12년 동안 이어질 독재는 세계 역사상 유례가 없이 가혹한 것이었다. 아인슈타인 부부는 프린스턴 고등연구소에 자리가 준비될 때까지 임시로 거처할 곳을 찾아 나섰다. 그리하여 북해에 있는 르 꼬끄 수르 메르le Coq sur Mer에서 당분간 머물 작은 집을 찾아냈다. 해변가의 이 오두막은 카푸트처럼 편안하지는 않았지만 미국으로 떠날 때까지 벨기에에서 몇 달간 지낼 안식처가 되어주었다.

아인슈타인에게는 여러모로 슬픈 시기였다. 그가 조국을 등지고 떠나야 했을 무렵 그가 사랑하는 사람 중 두 명이 비극적인 운명을 맞이했다. '테테'라는 별명으로 불리던, 학교생활도 똑똑하게 해내고 정신과 의사가 되고 싶어 했던 그의 아들 에두아르트가 정신분열증을 앓기 시작해 취리히의 한 정신병원에 들어간 것이다. 심리학의 세계와 지그문트 프로이트의 저작에 대해 아들과 편지를 교환하던 아인슈타인은 아들의 장래에 큰 기대를 걸고 있었지만, 그 희망이 꺾이는 바람에 비탄에 빠졌다. 그러다 1933년 9월에는 그의 가장 친한 친구 중 한 명인 파울 에렌페스트가 자살하고 만다. 에른페스트는 자살하기 전에 다운증후군이었던 자신의 막내아들 바시크를 총으로 쐈다. 아이가 아내에게 짐이 되지 않게 하겠다는 비뚤어진 동기 때문이었다.

하지만 머지않아 대서양의 차갑고 푸른 바다가 유럽과 그곳의 고통으로부터 아인슈타인을 떨어뜨려놓았다. 이제부터 그는 그렇지 않아도 나빴으나 갈수록 악화되는 동포들의 삶을 외국에서 지켜보게 된다. 신세계 아메리카 대륙에 영구적으로 망명했을 때도 그는 결코 자신이 겪은 역경을 잊지 않았다. 그는 결코 유럽으로 돌아가지 않을 테지만 그의 고통 받은 마음과 고뇌에 찬 생각은 언제나 그곳에 남아 있었다.

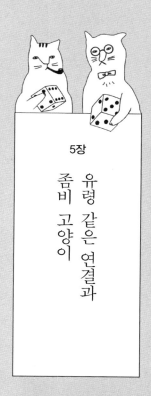

5장

유령 같은 연결과
좀비 고양이

결정이 정말로 어렵고, 심각하고, 고통스럽고,
혼란스러워서 그 결정을 보류하기 위해 전지전능한
존재 앞에 무릎을 꿇게 될 경우가 생길지도 모른다.
하지만 이 부분에서 신은 한없이 냉정하다!
우리는 결정해야 한다. 한 가지 일은 반드시 일어나야 하고,
또 일어날 것이다. 그리고 삶은 계속 이어진다.
삶에는 파동함수가 없다.

– 에르빈 슈뢰딩거, 〈비결정론과 자유의지〉

슈뢰딩거는 똑똑한 사람이기는 했지만 특별히 용감한 사람은 아니었다. 그는 동료들로부터, 대중으로부터, 그리고 자기 삶의 여인들로부터 존경받기를 갈망했고, 그 상대의 마음을 사기 위해 말을 바꾸는 경우도 많았다. 정치나 종교가 자신과 타인을 가로막는 장애물이 되기를 결코 원치 않았던 그는 민감한 주제에 대해서는 최대한 중립적인 입장을 유지하려 했다. 그는 자신의 에세이에서 철학적인 관점을 드러내기는 했으나 이것들은 신조가 아닌 철학적 반추로 표현됐다.

그럼에도 불구하고 나치의 등장과 게르만 남성의 우월성에 대한 그들의 숭배는 슈뢰딩거의 성격과 너무 맞지 않았기 때문에 이 경우만큼은 그도 자신의 감정을 도저히 숨길 수가 없었다. 하이젠베르크와 달리 그는 어떤 형태의 민족주의도 경멸했다. 그는 외국어, 종교적 다양성, 이국적 문화를 사랑했다. 그에게는 독일의 전통과 독일 사람들을 다른 나라의 전통이나 다른 나라 사람들보다 더 높은 수준이라 여길 이유가 없었다.

베르텔은 슈뢰딩거가 나치의 행동을 너무 혐오한 나머지 격분한 나치 돌격대원들과 정면으로 충돌한 적이 있었다고 회상했다. 어느 날 그가 베를린에서 가장 큰 백화점 중 하나인 베르트하임 백화점 쪽으로 산책을 갔는데, 그 백화점이 유대인 소유라는 이유로 불매운동이 벌어지고 있는 모습을 목격했다. 나치는 1933년 3월 31일 유대인 상인들에 대해 전국적으로 불매운동을 선포한 상태였다. 고객들이 백화점에 들어가지 못하도록 하켄크로이츠[5] 완장을 찬 패거리들이 가로막고 있었고, 유대인으로 생각되는 사람이 보이면 모두 싸움을 걸고 있었다. 베르텔의 말에 따르면 슈뢰딩거가 얼마나 위험한 짓인지도 모르고 그 패거리들과 말싸움을 벌이다 거의 두들겨 맞을 뻔 했다고 한다. 때마침 그때 나치 지지자인 젊은 물리학자 프리드리히 뫼글리히가 그를 알아보고 끼어든 덕분에 위기를 모면한다.[1]

슈뢰딩거는 프러시아 과학아카데미 모임도 피하기 시작한 상태였다. 아마도 아카데미가 정치적 상황에 휘말리게 될지도 모른다는 사실을 감지했던 것 같다. 그리고 실제로 그런 일이 일어났다. 아인슈타인이 프러시아 과학아카데미, 그리고 독일과의 관계를 끊는다고 발표한 데 따른 반응으로 4월 1일 아카데미 지도부는 가혹한 징계를 발표한다. 널리 공표된 발표문을 통해 프러시아 과학아카데미는 아인슈타인의 '반독일' 행동을 공개적으로 비난했다. 아카데미의 현역 회원이었던 막스 폰 라우에는 이러한 행동에 충격을 받고 아카데미의 성명을 철회하기 위한 투표를 요청했다. 하지만 주도적으로 활동하는 다른 회원들 중 그 누구도 나서서 아인슈타인을 옹호하지 않았다. 심지어는 아인슈타인의 강력한 지지자였던 플랑크마저도 나서지 않았다. 투표는 실패로 끝났고, 아카데미의 성명은 철회되지 않았다. 슈뢰딩거는 이 논의에 참석하지 않았기 때문에 공식적으로 어떤 입장을 취하지는 않았다.

아인슈타인은 프러시아 과학아카데미의 비겁한 행동을 결코 용서할 수 없었다. 폰 라우에, 슈뢰딩거, 그리고 어느 정도는 플랑크를 제외하고 나머지 아카데미 회원들에게 버림받은 것은 그에게는 쓰라린 고통이었다. 플랑크도 아인슈타인에 대한 지지를 사적으로는 표현했지만, 공개적으로는 표현하지 않았다. 아카데미가 나치에 저항하기를 거부한 것은 아인슈타인이 전쟁이 끝난 후에도 두 번 다시는 독일 땅에 발을 딛지 않은 이유 중 하나다.

프러시아 과학아카데미의 아인슈타인에 대한 비판과 징계는 훨씬 거대한 지진이 기다리고 있음을 말해주는 미진에 불과했다. 4월 7일 독일 의회는 '직업공무원 복원법'이라는 악랄한 법안을 통과시킨다. 이 법은 유대인과 정치적 반대자들이 교직과 학회 등을 비롯해 공직에 진출하지 못하도록 막았다. 처음에는 제1차 세계대전 때 전방에서 복무한 참전용사, 전쟁에서 친척을 잃은 사람, 전쟁 이전부터 직위를 갖고 있던 사람은 예외로 두었지만, 이런 예외조항 역시 오래 가지 못했다.

나치의 금지령으로 가장 큰 타격을 받은 대학교는 유대인 교수가 많았던 괴팅겐대학교다. 막스 보른은 양자물리학계의 명사였음에도 불구하고 자리에서 물러나라는 통고를 받았다. 수학자 에미 뇌터와 리하르트 쿠란트도 그와 비슷한 방식으로 해고되었다. 노벨상을 수상한 실험물리학자 제임스 프랑크는 자리를 비우라는 요청이 들어오기 전에 자기가 먼저 사임했다. 폰 라우에는 이런 숙청작업을 규탄하기 위해 다시 한 번 동료들의 지지를 끌어모으려고 했지만 헛수고로 끝나고 말았다. 플랑크가 직접 나서서 목소리를 높였다면 더 큰 무게가 실렸을 것이다. 하지만 플랑크는 상황의 전개를 목격하며 개인적으로는 경악을 금치 못했음에도 불구하고 공개적으로 나치의 움직임에 반대하는 것은 거부했다.

다른 나라 대학교의 교직원 채용 담당자들은 독일의 손해가 곧 자기네에게는 이득이라는 사실을 알아차렸다. 이 기회를 처음으로 알아차린 사람은 옥스퍼드대학교의 물리학자 프레더릭 린드만이다. 그는 자기네 학과의 연구활동을 보강하기 위해 몇몇 중요 인물에게 손을 뻗었다. J. J. 톰슨, 어니스트 러더퍼드 등 여러 사람들 덕분에 케임브리지대학교는 과학 분야에서 옥스퍼드대학교보다 훨씬 앞서 있는 상태였기 때문에 린드만은 적어도 이런 불균형은 해소할 수 있기를 바랐다. 린드만은 정규 교수직 자리에 아인슈타인을 눈독 들였지만 아인슈타인은 짧은 연 단위 객원교수로만 찾아왔다. 반유대인 법률이 의미하는 것은 다른 사람들도 아인슈타인을 따라 독일을 빠져나오리라는 것이었다. 린드만은 어쩌면 이런 사람들을 설득해서 옥스퍼드대학교를 그들의 새로운 거처로 삼게 할 수 있겠다고 생각했다.

독일에서 태어나 베를린대학교에서 공부한 린드만은 독일에 대해 잘 알고 있었고, 독일의 정치도 관심 있게 지켜보고 있었다. 나치 정권이 세계를 위협하리라는 것을 즉각적으로 감지한 그는 자신의 우려를 가장 가까운 친구 중 한 명이었던 윈스턴 처칠과 공유했다. 제2차 세계대전 동안 수상이었던 처칠은 그를 수석 과학자문관에 임명하고 그가 처웰 경이라는 작위를 받아 영국의 귀족계급에 오를 수 있도록 도왔다. 린드만은 영국의 군사정책에 막강한 영향력을 발휘했다. 그가 독일 노동자 계층의 민간 가옥 폭격을 옹호한 사실은 유명하다. (관점에 따라서는 악명이 될 수도 있다.) 린드만이 장래에 전쟁에서 맡게 될 역할을 생각하면 그가 1933년 부활절 기간 동안 운전기사가 딸린 롤스로이스 자동차를 타고 별 어려움 없이 독일을 자유롭게 돌아다니며 여러 학자들을 만날 수 있었던 것은 참으로 역설적이다.

조머펠트의 제안에 린드만은 프리츠 런던을 설득해보기로 마음먹는다. 런던은 원자가 결합해 분자를 이루는 방식에 관한 중요한 이론들을 개발한 뛰어난 양자물리학자다. 린드만은 슈뢰딩거의 집을 방문해 런던에게 교수직을 제안했다는 얘기를 꺼냈다. 그런데 놀랍게도 슈뢰딩거가 만약 런던이 교수직을 받아들이지 않으면 자기를 한번 생각해봐달라고 부탁하는 것이 아닌가. 린드만은 슈뢰딩거 같은 비유대인 학자가 독일을 떠날 생각을 하리라고는 생각해보지 않았다. 하지만 그는 새로운 교수 자리의 자금을 지원하게 될 사람에게 이 문제를 꺼내보겠다고 말했다.

독일을 버린
슈뢰딩거

당시 슈뢰딩거는 아인슈타인이 다른 나라에서 교수직을 얻는 데 성공했음을 잘 알고 있었다. 그는 경제적인 면에서 걱정이 있었고 나치에 대해서도 적대감을 갖고 있었기 때문에 옥스퍼드대학교 교수자리가 매력적으로 느껴졌다. 그런데 아인슈타인처럼 슈뢰딩거도 자신을 보조해줄 다른 누군가를 함께 고용한다는 조건을 내걸었다. 아인슈타인의 마이어에 해당하는 슈뢰딩거의 인물은 아르투어 마치였다. 슈뢰딩거는 린드만에게 자신과 함께 연구할 수 있도록 마치에게도 옥스퍼드대학교 교수 자리를 줄 수 있는지 물어보았다. 하지만 조수를 원하는 동기는 아인슈타인과 슈뢰딩거가 사뭇 달랐다. 나이가 오십을 넘긴 이후로 아인슈타인은 세세한 부분까지 계산할 수 있는 인내심이 크게 줄어 있었다. 그가 학문적 생산성을 유지하려면 마이어는 없어서는 안 될 존재였다. 그런데 마치의 경우에는 상황이 달랐다. 슈뢰딩거는 그와 함께 책을 쓰게 될 가능성에 대해 논의하기도 했지만, 둘이 실제로 공동작업하는 일은 결코 일어나지 않았다. 사실 슈뢰딩거는 마치와 동행할 그의 아내 힐데군데에게 푹 빠져 있었다.

　린드만은 영국으로 돌아가 슈뢰딩거와 마치를 비롯해서 그가 만들어주기로 한 교수 자리에 필요한 자금을 마련하기 위해 동분서주했다. 한편 독일의 상황은 훨씬 더 악화되고 있었다. 5월은 4월보다 훨씬 사정이 나빠졌고, 유대인들의 해고가 더 많이 일어났다. 베를린대학교 바로 앞에 있는 베벨 광장에서는 유대인과 다른 금지 저자들의 책들이 대량으로 불태워져 지적 생활이 얼마나 악화되었는지를 극명하게 보여주었다. 보른은 케임브리지대학교에 교수직을 약속받고 이탈리아로 떠났다.

이 아수라장을 탈출하고 싶은 마음도 있고 해서 슈뢰딩거와 마치 부부는 스위스와 이탈리아에서 여름을 보내면서 파울리, 보른, 바일도 방문하기로 한다. 바일은 앞서 괴팅겐대학교에서 교수로 임명됐지만 그의 아내가 유대인이기 때문에 자리에서 물러나 독일을 빠져나오기로 결심했었다. 그는 나중에 프린스턴 고등연구소에 자리를 잡게 된다.

산악 지형인 이탈리아 북부에서 슈뢰딩거는 힐데군데에게 단 둘이서 장거리 자전거 여행을 가자고 설득했다. 이 여행 동안 두 사람은 열정적인 관계로 발전했고, 그즈음 힐데군데가 슈뢰딩거의 아이를 임신했다. 그들은 각자의 배우자와 이혼하는 대신 특이한 관계를 유지하기로 결심했다. 사실상 집단혼이라 할 수 있는 관계였다.

린드만은 9월에 이탈리아의 가르다 호숫가에 자리잡은 아름다운 마을 말체시네에서 다시 슈뢰딩거를 만났다. 그는 영국의 회사인 임페리얼 케미컬 인더스트리에서 슈뢰딩거의 2년 교수직과 마치를 위해 별개로 마련된 객원교수 자리를 비롯해 몇몇 교수 자리를 유지하는 데 필요한 자금을 지원하기로 했다고 전했다. 슈뢰딩거는 옥스퍼드대학교의 일류 단과대학인 모들린대학에 임명될 것이다. 구체적인 급료는 아직 결정되지 않았지만 슈뢰딩거는 베를린으로 돌아가고픈 마음이 눈곱만큼도 없었기 때문에 따뜻하게 제안

을 받아들였다. 그와 베르텔, 그리고 힐데군데는 11월 초에 옥스퍼
드로 이사했다. 마치는 자기가 교수로 있던 인스부르크대학교를 떠
나는 문제로 협상을 해야 해서 한동안 그곳으로 돌아가 있었다.

슈뢰딩거가 독일을 떠난 것에 나치는 분노했다. 그는 독일을 떠
나는 비유대인 물리학자 중 가장 명망이 높은 사람이었다. 하이젠
베르크는 나치 당원도 아니고 나치의 지지자도 아니었지만 슈뢰딩
거가 독일을 버렸다는 사실에 화가 났다. 하이젠베르크의 관점에서
는 조국 독일과 독일의 과학 발전에 대한 충성심은 정치를 초월하
는 것이었다. 그는 그냥 도망갈 것이 아니라 좀더 합리적인 정부가
들어설 때까지 현 정부를 참고 견뎌야 한다고 믿었다. 하지만 그는
아인슈타인과 보른 등이 내놓은 '유대인 물리학'은 모두 금지하고
'독일 물리학'(즉 비유대계 독일인들의 물리학)만을 인정해야 한다
고 주장한 필립 레나르트와 요하네스 스타르크의 생각에는 강력하
게 반대했다. 하이젠베르크는 전쟁이 시작되기 바로 전까지도 유대
인 물리학자들과 친밀한 관계를 유지했고, 전쟁이 끝난 다음에는
다시 그런 관계를 이어갔다. 그는 보른 같은 유대계 독일인 물리학
자들에게 최대한 오랫동안 과학활동을 유지해야 한다고 강조했다.
그런 그가 보기에 슈뢰딩거의 결정은 독일 과학계에게 패배를 의미
하는 것이나 다름없었다.

슈뢰딩거가 떠나온 베를린은 이미 그가 사랑했던 베를린이 아니
었다. 반 년 전까지만 해도 독일의 수도 베를린은 예술적인 삶, 과
학적인 삶, 정치적인 삶 등 온갖 삶으로 충만한 도시였다. 베를린의
전위예술적인 연극과 오페레타는 전세계인들의 이목을 끌었다. 베

를린은 신념과 관점에 상관없이 모든 사람을 환영하는 도시였다. 하지만 1933년 말의 베를린은 오직 정권의 승인을 받은 미술, 음악, 연극만 허용되는 문화적 황무지가 되어 있었다. 이론물리학에 아인슈타인이 기여한 부분을 논의하는 것은 금기시되었다. 언론 규제도 워낙 심해서 슈뢰딩거가 떠난 것을 알린 신문도 한 곳밖에 없었다.

머지않아 나치의 얼굴에 먹칠을 하는 동시에 이미 잔뜩 바람이 들어가 있던 린드만의 자존심을 더욱 드높여주는 소식들이 날아들었다. 옥스퍼드에 도착하고 얼마 지나지 않아 슈뢰딩거는 파동방정식을 내놓은 공로를 인정받아 1933년 노벨 물리학상을 디랙과 공동으로 수상하게 되었음을 알게 되었다. 린드만은 자신의 성과를 옥스퍼드대학교에 과시하며 임페리얼 케미컬 인더스트리에는 자신의 급료를 올려줄 것을 요구했다.

이렇게 몇 달 동안은 모든 것이 좋았다. 그러다가 힐데군데가 슈뢰딩거의 딸을 낳게 된다. 이들은 이 아이에게 루트^{Ruth}라는 이름을 지어주었다. 옥스퍼드대학교는 자기들에게서 나온 돈으로 자기네 교수 중 한 명이 정부^{情婦}를 거느리게 되었다는 소식에 시끄러워졌다. 그 이후로 슈뢰딩거가 옥스퍼드대학교에서 정규 교수직을 얻을 가능성은 거의 사라져버렸다. 빛나는 노벨상에도 불구하고 말이다.

미묘할지언정
악의적이지는 않은

1933년 중 상당 기간을 벨기에서 왕가의 보호 아래 지낸 아인슈타인에게 유럽과 이별해야 할 때가 찾아왔다. 이 이별은 결국 영원한 이별이 될 것이었다. 아인슈타인, 엘자, 헬렌 두카스, 발터 마이어는 마지막으로 벨겐란트에 몸을 싣고 10월 17일 뉴욕에 도착했다. 이번에는 인파나 기자가 그들을 맞이하지 않았다. 나치 스파이의 방해공작을 피하기 위해 아인슈타인과 그 일행은 배에서 내린 후 작은 배로 갈아타고 뉴저지로 신속하게 이동한 다음 곧장 프린스턴으로 갔다.

고등연구소 건물이 아직 완공되지 않은 상태였기 때문에 아인슈타인과 다른 사람들은 프린스턴대학교 파인홀에 있는 수학과 공간을 함께 사용했다. 이 건물에서 편안함을 제공해준 한 가지는 커다란 화로가 딸린 세미나실이었다. 화로덮개 위로는 아인슈타인이 했던 말이 원래의 독일어로 새겨져 있었다. 이것을 해석하면 다음과 같다. '신은 미묘할지언정 악의적이지는 않다.'

올바른 해를 찾아내는 일이 쉽지는 않을지라도 신이 연구자들로 하여금 자연에 대해 잘못된 이론을 믿게끔 인도하지는 않으리라는 아인슈타인의 바람이 담긴 표현이다. 아인슈타인은 여전히 모든 힘을 하나로 통일할 궁극의 이론을 발견하리라는 희망을 품고 있었다.

아인슈타인이 직면한 한 가지 급한 문제는 계산을 도와줄 사람을 찾아내는 일이었다. 그가 마이어를 고용한 이유가 바로 그것이었지만 실망스럽게도 마이어는 자신의 수학 연구를 이어가기로 마음먹어버렸다. 설상가상으로 마이어의 교수 자리가 정규직이었기 때문에 플렉스너는 아인슈타인에게 또 다른 조수를 붙여줄 수는 없다고 거절했다.

플렉스너는 편집증 때문에 아인슈타인의 일정을 일거수일투족 모두 관리했고, 그가 고등연구소에서 맡은 임무에만 집중하도록 했다. 그 바람에 두 사람은 머지않아 갈등에 휘말리게 됐다. 아인슈타인은 플렉스너가 자신의 편지까지 검열하고 자기에게 일언반구도 없이 다른 사람들의 초대마저 거절한 것을 알고 굴욕감을 느꼈다. 플렉스너는 심지어 백악관에서 루즈벨트 대통령 부부를 함께 만나자는 초대까지도 거절해버렸다. (하지만 결국 아인슈타인은 통지를 받아 초대에 응할 수 있었다.) 아인슈타인은 자신의 계산을 도와줄 사람도 없이 프린스턴 고등연구소에 붙잡힌 죄수가 된 기분이 들었다.

다행히도 고등연구소에는 인정받는 과학자들과 함께 연구하고 자신의 이름을 떨치고 싶어 안달이 난 똑똑하고 젊은 연구자들이 꾸준히 들어오고 있었다. 그런 젊은 인재가 두 명 있었으니, 바로 얼마 전에 캘리포니아공과대학교에서 박사학위를 마무리한 러시아 태생의 물리학자 보리스 포돌스키와 매사추세츠공과대학교에서 공부했던 미국의 물리학자 네이선 로젠이다. 두 사람은 생산적인 이론물리학 연구를 위한 준비가 되어 있었다. 아인슈타인은 이 기회를 놓치지 않았고 이들은 양자물리학을 비판적으로 검토하는 공동연구를 시작했다.

아인슈타인은 플렉스너를 싫어했음에도 불구하고 유럽으로 돌아가는 것이 얼마나 위험한 일인지 잘 알고 있었다. 그는 조용한 곳에 위치해 있고 학생들을 가르칠 필요가 없는 고등연구소야말로 통일장이론을 연구하고, 일반상대성이론을 마무리하고, 그가 소중히 여기는 다른 연구를 할 수 있는 최고의 기회임을 깨달았다. 그리하여 결국 그는 무기한 이곳에 남기로 결심한다.

프린스턴이 좋은 점 한 가지는 해안이 비교적 가까워 요트를 타러 갈 수 있다는 것이었다. 그는 배를 사서 티네프^{Tinef}(독일어와 유대어에서 사각형 돛을 달고 바닥이 평평한 중국 배를 뜻하는 구어)라고 이름 짓고 여름 대부분을 롱아일랜드 해협과 뉴욕 주 북부의 애디론댁 산맥에 있는 사라나크 호수에서 보냈다. 그는 수영을 할 줄 몰랐기 때문에 가끔 배가 뒤집어지면 근처 젊은이들의 구조를 받아야 했다. 그가 코네티컷 올드라임에 머물고 있던 1935년 여름에도 그런 일이 일어나는 바람에 《뉴욕 타임스》에는 이런 제목의 기사가 떴다.

'상대론적 조류와 모래톱이 아인슈타인을 덫에 빠뜨리다. 올드라임에서 배가 좌초'[2]

1941년 사라나크 호수에서 또 다른 항해사고가 일어났는데, 아인슈타인이 그물에 발이 묶여 물속에 잠겨 있는 것을 한 어린 소년이 구해주었다. 당시 아인슈타인을 구조한 열 살짜리 소년 돈 두소는 여러 해가 지난 후 이렇게 말했다.

"아인슈타인은 의식을 잃고 있었어요. 제가 근처에 없었더라면 아마 익사했을 걸요."[3]

프린스턴에 오래 살게 될 가능성이 크다고 느낀 아인슈타인과 엘자는 살 집을 구하기 시작했다. 그리고 대학과 고등연구소 임시 건물로부터 몇 블록밖에 떨어지지 않은 곳에서 완벽한 장소를 찾아냈다. 걷거나 자전거를 타고 사무실로 출퇴근할 수 있는 곳이었다. 이들은 1935년 8월 지붕에 널이 얹혀진 이 집을 구입했다. 머서 가 112번지였다. 위층은 서재로 바꾸고 나무가 내다보이는 새 전망창을 만들어 밝은 분위기로 꾸몄다. 그리고 아래층에는 베를린 집에서 겨우 빼돌린 골동품 가구들을 놓았다. 그는 곧 벨기에의 엘리자베스 여왕에게 편지를 썼다.

"사교생활과는 멀어진 기분이 들지만 프린스턴은 작아도 아주 멋진 동네입니다. … 정신을 산만하게 만드는 것들로부터 벗어나 연구에도 도움이 되는 분위기로 제가 직접 꾸밀 수 있었습니다."[4]

집을 더 안락한 곳으로 만들기 위해 부부는 치코라는 이름의 테리어 강아지와 고양이 몇 마리를 데려왔다. 치코는 아인슈타인의 사생활을 지켜주는 경호원이었다. 아인슈타인은 이렇게 말했다.

"치코는 아주 똑똑한 개다. 그 녀석은 내게 오는 편지가 너무 많아서 나를 가엾게 여긴다. 그 녀석이 우편배달부를 물려고 하는 것도 다 그런 이유 때문이다."[5]

하지만 아인슈타인도 슈뢰딩거에게서 온 편지만큼은 즐거운 마음으로 뜯어보았다. 두 사람은 따뜻한 내용이 담긴 편지를 계속 교환했고, 둘 다 조국에서 멀리 떨어져 있는 상황이다 보니 철학적으로도 훨씬 더 가까워졌다. 아인슈타인은 보른과도 계속해서 편지를 주고받았다. 확률론적 양자역학에 대한 견해에서는 극명한 차이가 있었음에도 불구하고 아인슈타인은 그의 의견을 대단히 가치 있게 여겼다. 아인슈타인은 플렉스너를 설득해서 두 사람 모두 고등연구소로 데려오려고 했지만 헛수고였다. 플렉스너는 아인슈타인을 돕는 일에서는 손을 뗀 상태였다.

슈뢰딩거와
프린스턴

슈뢰딩거는 실제로 프린스턴에 객원교수로 올 기회를 잡게 되었지만, 이것은 고등연구소를 통해서가 아니라 프린스턴대학교 물리학과를 통해 얻은 기회였다. 존스교수라는 기금교수직 덕분이다. 이 교수직은 대학에서 수학과 과학 분야의 연구기회가 늘어나기를 바라는 프린스턴대학교 동문들에 의해 마련됐다.

객원교수 초청은 1933년 10월로 거슬러올라간다. 이때 물리학과 위원회에서는 이 교수직을 누구에게 줄지 결정하기 위해 비밀리에 모임을 열었다. 위원장이었던 루돌프 라덴부르크는 독일에서 망명한 원자물리학자로 하이젠베르크와 슈뢰딩거의 연구에 대해 아주 잘 알고 있었고 이 두 사람을 초청하고 싶은 마음이 간절했다. 위원회에서는 하이젠베르크에게 정교수직을 제안하기로 결정하고, 그 자금 중 일부는 슈뢰딩거를 한 달에서 석 달 정도 객원교수로 초청하는 데 사용하기로 한다. 슈뢰딩거는 이 초청을 받아들였지만 하이젠베르크는 거절했다. 독일의 정치적 상황 때문에 해외로 나가기 어렵다는 것을 거절의 이유로 들었다.

옥스퍼드대학교 교수직을 잠시 쉬면서 슈뢰딩거는 1934년 3월부터 4월 초에 걸쳐 객원교수로 프린스턴을 방문했다. 그동안 슈뢰딩거는 생생한 비유를 사용하는 인상적이고 유창한 강의 스타일을 발전시켜놓은 상태였다. 시와 연극 등 문학에 대한 그의 관심은 난해한 과학적 개념에 생명을 불어넣는 데 큰 도움이 되었다. 그리고 고대 역사와 철학에 대한 풍부한 지식은 현대적인 주제에 대한 논의를 더욱 풍성하게 해주었다. 게다가 그는 영어가 완벽할 정도로 유창했다. 사실상 오스트리아 억양이 전혀 느껴지지 않는 명확하고 완벽한 발음이었다. 이와는 대조적으로 당시 아인슈타인은 강의 내용을 미리 준비해온 경우에만 뜨문뜨문 읽으며 영어로 강의할 수 있는 수준이었고, 발음에도 독일 남부 억양이 짙게 배어 있었다. 물리학과에서는 슈뢰딩거에게 대단히 만족하여 과학학부 학부장이던 루터 아이젠하트에게 그를 정식 교수로 존스교수직에 임명할 것을 제안한다.

옥스퍼드대학교로 돌아온 후 슈뢰딩거는 프린스턴대학교의 제안에 심사숙고하지만 결국에는 거절하기로 마음먹는다. 프린스턴의 큰 매력은 다시 한 번 아인슈타인과 같은 마을에 살면서 연구할 수 있다는 점이었다. 슈뢰딩거는 아인슈타인의 재촉을 받은 플렉스너가 고등연구소 자리를 제안하기를 바랐지만 일이 그렇게 풀리지는 않았다. 아인슈타인이 높은 급료를 받고 학생을 가르칠 필요가 없는 혜택을 누리고 있는 것을 눈여겨보고 있던 슈뢰딩거는 자기도 그와 비슷한 대우를 받을 수 있기를 바랐다. 프린스턴대학교의 제안은 어느 면으로 보아도 후한 조건을 걸고 있음에도 불구하고 슈뢰딩거의 기대에는 미치지 못했다. 아인슈타인과 비슷한 대우를 바랐던 것을 보면 슈뢰딩거는 아인슈타인의 상황이 얼마나 특별한 것이었는지 깨닫지 못한 듯하다. 아인슈타인은 프린스턴대학교 같은 일류 대학교에서 고참 물리학 교수에게 지급하는 급료보다 50퍼센트 정도 더 받고 있었다. 슈뢰딩거는 10월에 라덴부르크에게 편지를 써서 급료문제가 제일 크게 걸려서 애석하지만 제안을 사양한다고 전했다.

프린스턴으로 옮기지 않은 데는 경제적인 문제도 있었지만 그가 감당해야 했던 독특한 가족상황도 큰 이유로 작용했다. 그는 힐데군데를 사랑했고 그토록 바라마지 않던 자식인 딸 루트와 함께 시간을 보내고 싶었기 때문에 그 두 사람과 바다를 사이에 두고 떨어져 살고 싶지 않았을 것이다. 그는 자기가 베르텔과 함께 두 사람을 데려가면 프린스턴 사람들이 어떤 반응을 보일까 궁금했다. 이중결혼으로 고발당할 수도 있을까? 전하는 이야기로는 슈뢰딩거가 자신의 상황을 프린스턴대학교의 학장 존 히븐에게 언급했더니, 그가 두 아내를 거느리고 아이를 공동육아하는 가족이라는 개념에 부정적인 반응을 보여 실망했다고 한다.[6]

또 다른 평행우주에서는 슈뢰딩거가 프린스턴대학교 교수직을 받아들여 아인슈타인과 훨씬 더 가까워지고 여생을 편안하고 안전하게 살았을지도 모른다. 그리고 어쩌면 힐데군데와 루트를 조심스럽게 이민시킬 방법을 찾아냈을지도 모른다. 하지만 이곳에서 슈뢰딩거는 그러는 대신 오스트리아가 나치의 침공을 받아 합병되기 바로 직전에 오스트리아로 돌아가기로 결정한다. 상황이 이렇게 전개되자 그는 위험에 직면하여 탈출할 수밖에 없는 지경으로 내몰렸다. 인과관계는 미래가 아니라 과거에 의해 결정되는 것이고 그에게는 불완전한 데이터밖에 없었다. 그렇다 보니 평소에는 무척이나 영리하던 그의 이성이었건만, 이런 형편없는 계산을 하고만 것이다.

유령 같은
연결

1935년 즈음에는 자신들의 기본적 통찰이 옳았음에 만족한 수많은 양자이론물리학자들이 원자핵 연구로 넘어갔다. 양자론이 자리를 잡았다고 여겨지자 핵 이론이 활동무대가 된 것이다. 그해에는 일본의 물리학자 유카와 히데키가 핵자^{nucleon}(양성자와 중성자)가 어떻게 중간자^{meson}라는 다른 입자를 통해 상호작용하는지 설명하는 모형을 제안했다. 이 상호작용은 결국 강력$^{strong\ force}$으로 알려지게 된다. 유카와의 이론은 원자핵이 어떻게 하나로 결합되어 있는지 설명하고자 했다. (지금은 그 상호작용의 매개체가 중간자가 아니라 글루온^{gluon}으로 알려져 있다.) 그보다 1년 조금 더 앞서서는 이탈리아의 물리학자 엔리코 페르미가 베타붕괴$^{beta\ decay}$라는 과정에 대해 밝히기 시작했다. 베타붕괴란 중성자가 전자와 다른 입자들을 방출하면서 양성자로 전환되는 과정을 말한다. 특정 종류의 방사능을 설명해주는 이 상호작용은 결국 약력$^{weak\ force}$의 이론에 포함된다.

슈뢰딩거는 이런 전개과정에 흥미를 느끼고 있던 반면 아인슈타인은 사실상 이것들을 무시해버렸다. 그는 자기 젊은 시절의 이중주였던 중력과 전자기력의 메들리를 편곡하는 일에 집중했고, 검증되지도 않은 도구를 도입하여 삼중주나 사중주를 만들어내는 일에는 관심을 두지 않았다. 따라서 1930년대 이후로는 그가 시도한 통일장이론을 더 이상 '만물의 이론'이라 생각할 수 없었고, 자연의 힘을 전부가 아닌 일부만 통일하는 이론이라고 생각해야 했다.

한편 아인슈타인은 주류 물리학계의 양자에 대한 접근방식에 계속해서 마음이 불편했다. 그가 보어를 마지막으로 만난 것은 1930년 솔베이 회의다. 1927년 솔베이 회의에서와 마찬가지로 이번에도 아인슈타인은 양자 개념의 모순을 주장하는 사고실험을 제안했는데, 보어는 오랜 숙고 끝에 이 주장을 반박해냈다.

아인슈타인이 제안한 가상의 장치는 방사선으로 가득 찬 상자로 이 상자 속에는 타이머가 설치되어 있어 정확한 순간에 광자를 방출하도록 설계되어 있다. 그는 방출이 일어나기 전과 후에 이 상자의 무게를 측정해보면 광자의 정확한 에너지를 계산할 수 있다고 주장했다. 따라서 하이젠베르크의 불확정성 원리와 다르게 광자의 방출시간과 에너지를 동시에 결정할 수 있다는 것이다.

하지만 보어가 현명하게 깨달았듯이 아인슈타인은 일반상대성이론의 효과를 포함시키는 것을 깜빡하고 말았다. 보어는 아인슈타인 자신의 이론을 반박의 근거로 삼았다. 그는 스프링 저울 등을 이용해 상자의 무게를 재는 과정에서 지구 중력장 안에서의 상자의 위치가 살짝 바뀌게 된다고 주장했다. 일반상대성이론에 따르면 중력장 안에서 물체의 시간 좌표는 그 물체의 위치에 달려 있다. 따라서 이런 위치 변화가 결국에는 시간값을 흐리게 만드는 역할을 한다. 이는 불확정성 원리와 일맥상통한다. 양자 논리의 정당성이 입증됨으로써 보어는 다시 한 번 아인슈타인보다 한 수 앞섰다.

5년 후 아인슈타인은 자신이 보어와 벌였던 논쟁을 분명 잊지 않고 있었다. 그는 일련의 논의를 통해 포돌스키, 로젠과 함께 양자역학에 관한 트집거리를 내놓았다. 그즈음에는 아인슈타인도 양자역학이 입자와 원자에 관한 실험적 결과와 정확히 맞아떨어진다는 사실을 기꺼이 인정하고 있었다. 하지만 그가 젊은 연구자들에게 지적했듯이 양자역학이 물리적 실재에 관한 완벽한 기술이 될 수는 없다고 믿고 있었다. 그 이유는 이러했다. 만약 위치와 운동량 같은 물리량의 쌍이 자연에 대한 실제 기술이라면 원칙적으로 이 값들은 항상 확정된 값을 갖고 있어야 한다. 그런데 그런 값에 대해 알지 못한다는 것은 양자역학이 자연에 대한 종합적인 모형이 될 수 없다는 의미다. 또는 만약 위치를 측정할 때 운동량이 실제로 모호해져 정확히 알 수 없게 된다면 그것은 운동량이 어쩐 일인지 잠시 현실 밖으로 사라져버렸다는 의미가 된다. 따라서 아인슈타인에 따르면 불확정성 원리가 내포하고 있는 흐릿함은 이론을 실재에 맞추는 데 있어서 양자역학의 한계를 보여주고 있는 것이다.

아인슈타인이 제기한 또 다른 문제는 비국소성[nonlocality] 또는 '유령 같은 원거리 작용'이다. 한 입자가 또 다른 입자에 즉각적으로 영향을 미치는 것은 그가 말하는 '분리[separation]의 원리'를 위반한다는 것이다. 그는 인과관계란 인접해 있는 존재들 사이의 상호작용이 동반되는 국소적 작용이며, 이런 국소작용은 광속 이하의 속도로 한 지점에서 다른 지점으로 공간을 통해 전파된다고 주장했다. 서로 떨어져 있는 물체는 하나의 시스템으로 연결되어 있는 존재가 아니라 물리적으로 별개인 존재로 취급되어야 한다는 것이다. 그렇지 않으면 지구에 있는 전자와 이를테면 화성에 있는 전자 사이에 일종의 '텔레파시'가 존재할 수 있게 된다. 이 각각의 전자가 상대방 전자가 무엇을 하고 있는지를 어떻게 즉각적으로 '알' 수 있단 말인가?

그때 즈음해서 존 폰 노이만은 원래 하이젠베르크가 제안했던 파동함수 붕괴라는 개념을 공식화해 놓았다. 이 공식화에서는 한 입자의 파동함수를 위치 고유상태나 운동량 고유상태 중 하나로 표현할 수는 있지만 동시에 두 가지로 표현할 수는 없다. 이것은 채소를 얇게 써는 것과 비슷하다. 채소를 얇게 썰려면 가로방향으로 썰 수도 있고, 길이를 따라 세로방향으로 썰 수도 있다. 깍둑썰기를 하려는 것이 아닌 이상 두 방향 중 한 방향으로만 썰 수 있다.

그와 유사하게 한 입자의 파동함수를 얇게 썰 때도 자신이 측정하려는 요소가 어느 쪽인가에 따라 위치 요소와 운동량 요소 중 하나만을 선택해야 한다. 그럼 위치나 운동량을 측정하는 것과 동시에 파동함수가 어떤 확률로 위치 고유상태나 운동량 고유상태 중 하나로 즉각 붕괴한다. 이제 그런 붕괴를 일으키는 원인이 원거리에 있다고 가정해보자. 연구자는 입자에게 아무 예고도 하지 않고 어떤 양을 측정할지 결정한다. 그럼 그 파동함수는 자신이 붕괴할 때 어느 쪽에서 고유상태를 선택해야 하는지 어떻게 먼 거리에서 즉각 알 수 있을까?

아인슈타인, 포돌스키, 로젠 사이의 대화에서 비롯된 논문인 〈물리적 실재에 대한 양자역학적 기술은 완전하다고 할 수 있을까?〉라는 논문은 포돌스키가 단독으로 작성하고 제출해서 발표되었다. (이 논문을 세 사람 이름의 앞 글자를 따서 흔히 EPR 논문이라고 부른다.) 1935년 5월 15일 《피지컬 리뷰》에 발표된 이 논문은 양자역학계에 큰 동요를 일으켰다. 이 논쟁이 끝난 지 오래라고 생각했던 보어는 특히나 동요가 컸다. 그 당시 막 핵 이론을 파고들기 시작했던 보어는 다시 한 번 자신이 양자역학 방어에 나서야 할 상황이 되었음을 깨달았다.

이 논문은 두 전자로 이루어진 계와 같이 쌍을 이룬 입자가 충돌 이후 서로 다른 위치로 이동했을 때 처하는 상황에 대해 기술하고 있다. 이 두 입자는 서로 떨어져 있지만 양자역학에서는 공동^common^의 파동함수가 이 공동계^joint system^를 기술한다고 말한다. 슈뢰딩거는 이런 상황을 '얽힘'이라고 명명했다.

한 연구자가 첫 번째 입자의 위치를 측정한다고 가정해보자. 그럼 전체 계를 기술하는 파동함수가 자신의 위치 고유상태 중 하나로 붕괴할 것이고, 따라서 두 번째 입자의 위치도 즉각적으로 드러난다. 반면 첫 번째 입자의 운동량이 기록되었다면 이번에는 두 번째 입자의 운동량이 갑자기 분명하게 드러날 것이다. 연구자가 어떤 것을 측정하려 계획하고 있는지 두 번째 입자가 미리 알 수는 없기 때문에 이 입자의 위치 고유상태와 운동량 고유상태, 양쪽 모두가 준비되어 있었을 것이 분명하다. 하지만 위치 고유상태와 운동량 고유상태 모두가 동시에 존재한다면 두 번째 입자는 불확정성 원리에서 금지하는 상황에 처하게 된다. 이 논문은 양자측정 이론이 이음매 없이 완전히 매끈하게 이어진 옷이 아니라 모순되는 것들을 누더기로 이어붙인 것에 불과하다고 주장했다. 슈뢰딩거는 곧 아인슈타인에게 편지를 써서 이러한 결과에 찬사를 보냈다.

"당신이 독단적이기 짝이 없는 양자역학의 멱살을 사람들 앞에서 잡고 흔든 것에 저는 무척 기쁩니다. 이것은 우리가 이미 베를린에서 많이 얘기했던 부분이지요."[7]

하지만 과학철학자 아서 파인과 돈 하워드가 각각 지적했듯이 아인슈타인은 EPR 논문에 표현된 주장과 자신의 개인적 관점을 구분하는 신중함을 보인다. 아인슈타인은 제출하기 전에 이 논문을 한 번도 검토해보지 않았다. 아인슈타인 같이 저명한 사람이 그랬다니 놀라운 일이다. 그가 포돌스키가 구축한 추론과정에 대해 무언가 꺼림칙한 부분이 있었다는 얘기다. 그는 슈뢰딩거에게 이런 답장을 보냈다.

"그 논문은 여러 차례에 걸친 논의 끝에 포돌스키가 썼다네. 하지만 내가 실제로 원했던 것만큼 논문이 잘 나오지는 않았어. 본질이 학문적 지식 속에 묻히고 말았네."[8]

아인슈타인은 불확정성 원리가 참인가 거짓인가 하는 문제를 강조하고 싶지는 않았다. 그보다는 모든 물리량에 대해 국소적이고 완벽하게 기술할 수 있는 자연법칙의 필요성을 강조하고 싶었다. 하이젠베르크, 폰 노이만 등 다른 사람들이 옹호하는 양자역학은 좀더 종합적인 설명을 필요로 하는 비국소적이고 애매모호한 측면을 가지고 있는 듯 보였다. 그는 슈뢰딩거에게 이렇게 설명했다.

"모든 물리학은 '실재'를 기술한다네. 하지만 이 기술은 완전할수도, 완전하지 않을 수도 있지."[9]

슈뢰딩거에게 자신의 주장을 분명하게 설명하기 위해 아인슈타인은 뚜껑이 덮인 두 상자 중 어느 한 상자에 공 하나가 들어 있는 상황을 기술했다. 확률론의 설명을 액면 그대로 받아들이면 이 공의 절반은 한 상자에, 그리고 절반은 다른 상자에 들어 있게 될 것이다. 하지만 이 공이 실제로 두 상자에 절반씩 나눠져 있을 리는 없다. 공은 분명 두 상자 중 어느 한곳에 들어 있어야 한다. 이 상황을 완벽하게 기술하려면 어느 주어진 시간에 공이 어디에 있는지를 모호하지 않게 진술해야 한다.

이 논문이 발표되기 전에도 아인슈타인은 자신의 관점을 세상에 알린 바 있다. 1935년 5월 4일 《뉴욕 타임스》는 '아인슈타인이 양자론을 공격하다'라는 정신 번쩍 드는 제목으로 기사를 내보냈다. 이 기사는 '양자역학이 '옳을지는' 모르지만, '완벽하지는' 않다'는 아인슈타인의 관점을 설명하고 있다.[10]

아인슈타인의
화약

이론물리학에 대한 관심에서 파동방정식의 개발에 이르기까지, 그리고 베를린대학교 교수 임명에서 노벨상 수상에 이르기까지 슈뢰딩거가 내놓은 개념이나 물리학자로서의 경력에 아인슈타인이 지대한 영향을 미쳤다는 사실은 앞에서 거듭 살펴본 바 있다. 슈뢰딩거가 똑똑하고 독창적인 이성을 지닌 인물이었다는 것은 분명한 사실이다. 대중적으로 잘 알려진 바와 같이 그는 상자 안의 고양이라는 영리한 사고실험도 개발했다. 하지만 이것 역시 아인슈타인이 영감을 불어넣은 것이다.

아인슈타인의 EPR 실험은 양자 측정의 어떤 '모호'한 측면에 대한 슈뢰딩거의 반감에 다시 불을 지피는 데 도움이 되었다. 아인슈타인 덕분에 슈뢰딩거는 표준 양자역학적 관점에 들어 있는 모순을 탐험해보고자 하는 새로운 열정을 느꼈다. 그 보답으로 아인슈타인에게는 자신이 꺼림칙하게 여기는 부분을 귀담아 들어줄 사람이 생겼다. 아인슈타인은 1935년 8월 8일 슈뢰딩거에게 이렇게 편지를 보냈다.

"내가 정말로 함께 머리를 맞대고 논쟁하고 싶은 사람은 사실상 자네가 유일하다네. ... 자네는 사물을 필요한 방식으로 속속들이 들여다볼 줄 아니까 말이지."[11]

아인슈타인이 느끼기에 다른 거의 모든 사람은 새로운 도그마에 들어 있는 불편한 암시를 객관적으로 생각해보지 않고 그것을 고집하고 있었다. 양자적인 문제와 관련해서 아인슈타인이 마음을 털어놓고 이야기할 수 있는 중요한 친구가 된 것에 슈뢰딩거가 크게 기뻐했음은 의심의 여지가 없다.

같은 편지에서 아인슈타인은 화약과 관련된 역설적 상황에 대해 계속해서 써나갔다. 화약이 가연성이 있다고 가정할 때 우리는 경험을 통해 그 화약이 이미 폭발을 했거나, 아니면 아직 폭발하지 않은 상태라는 것을 알 수 있다. 하지만 아인슈타인이 지적했듯이 한 더미 화약을 나타내는 파동함수에 슈뢰딩거 방정식을 적용하면 그 화약더미는 두 가지 가능성이 기이하게 섞여 있는 형태로 진화할 수 있다. 이 화약은 폭발한 상태이면서 동시에 폭발하지 않은 상태가 될 것이다.[12]

따라서 아인슈타인이 이해한 바에 따르면 우리에게 익숙한 거대한 계를 양자역학의 언어로 표현할 경우 서로 상반되는 진리를 논리적으로 모순된 하나의 실재로 결합시켜놓은 괴물 같은 잡종이 탄생할 수도 있다. 자기모순적 진술을 비롯한 논리적 모순은 오스트리아의 수학자 쿠르트 괴델의 주장을 낳은 원동력이기도 했다. 괴델은 힐베르트의 수학체계가 불완전하다고 주장했고 이 주장은 1931년에 논문으로 나왔다.* 그리고 1934년에는 프린스턴 고등연구소 강연에서 발표되었다. 그와 유사하게 아인슈타인은 양자역학 역시 자신의 방법론을 무너뜨릴 자기모순을 담고 있다고 주장했다.

이상한
고양이

부분적으로는 아인슈타인의 화약 아이디어에 기반을 두고 거기에

---

* 괴델의 불완전성 정리를 말한다.

아인슈타인의 상자 속 공 사고실험을 추가해서 슈뢰딩거는 양자 측정의 애매모호함이 돋보이도록 설계된 고양이 사고실험을 고안해낸다. 그는 8월 19일자 편지에서 자신이 아인슈타인에게 빚졌음을 밝힌다. 이 편지에서 그는 자신이 아인슈타인의 폭발하는 화약과 닮은 양자 역설을 개발했다고 썼다. 슈뢰딩거는 이 가상실험을 아인슈타인에게 이렇게 설명했다.

"강철 상자 안에 가이거 계수기, 그리고 그 계수기를 작동시킬 수 있을 정도의 적은 양의 우라늄을 집어넣습니다. 이 우라늄의 양은 한 시간 안에 계수기에 핵붕괴가 기록될 가능성과 기록되지 않을 가능성이 정확히 반반으로 나올 정도의 양입니다. 그리고 만약 원자에서 붕괴가 일어나면 독성이 있는 시안화수소산 플라스크가 깨지도록 장치가 설치되어 있습니다. 아주 잔인한 방법이기는 합니다만 이 강철 상자 안에는 고양이도 한 마리 같이 집어넣습니다. 그리고 한 시간 뒤면 이 계의 결합된 파동방정식 안에는 살아 있는 고양이와 죽은 고양이가 똑같은 양으로 뒤섞여 있게 될 것입니다."[13]

이 사고실험에서 암시하는 바는 상자의 뚜껑을 열어 그 안의 내용물을 확인하기 전에는 우라늄이 붕괴했을 가능성과 붕괴하지 않았을 가능성이 똑같은 것과 마찬가지로 고양이 역시 독살되었을 가능성과 독살되지 않았을 가능성이 똑같다는 것이다. 따라서 가이거 계수기의 판독상태와 고양이의 상태, 양쪽을 나타내는 결합된 파동함수는 우라늄이 절반은 붕괴하고 절반은 붕괴하지 않은, 따라서 고양이도 절반은 죽어 있고, 절반은 살아 있는 이상한 병치상태에 놓이게 된다. 어느 누군가가 상자를 열어보고 났을 때야 비로소 결합된 파동함수가 두 가능성 중 하나로 붕괴하게 될 것이다.

실험자가 고양이가 들어 있는 상자를 열기 전에는 그 고양이의 파동함수에 삶과 죽음이 똑같이 뒤섞여 있는 상태를 상정함으로써 슈뢰딩거는 아인슈타인의 화약 시나리오보다 훨씬 말도 안 되는 상황을 만들어냈다. 이를 통해 그는 양자역학이 일종의 웃음거리가 되고 말았다는 것을 보여주고 싶었다. 왜 하필 고양이였을까? 슈뢰딩거는 어떤 상황 속에 담긴 부조리를 이끌어낼 때 집안에서 흔히 볼 수 있는 물체나 애완동물 등 친숙한 존재로 비유를 만들어내기를 즐겼다. 그렇게 하면 더욱 실감나는 비유가 되었다. 그가 고양이에 대해 어떤 원한이 있었던 것은 아니다. 오히려 그 반대로 루트가 회상했던 것처럼 그는 동물을 무척 사랑했다. 아니면 그는 이 비유를 통해 고양이를 영원불멸의 존재로 만들고 싶었는지도 모를 일이다.[14]

두 존재가 아무리 서로 성격이 다르거나 멀리 떨어져 있다 해도 이들을 얽힘상태에 갖다 놓을 수 있을까? 원래는 미시 척도에서 전자에 적용되었던 파동함수 공식을 다른 것의 특성을 정의하는 데 사용하는 것이 가능하기는 할까? 슈뢰딩거는 살아 있는 존재의 운명을 입자와 한데 묶는다는 개념 자체가 터무니없다고 주장했다. 양자역학을 살아 숨쉬는 고양이에게 적용할 수 있다면 그것은 양자역학의 원래 사명에서 한참 벗어난 것이었다. 아인슈타인은 열렬한 동의를 표하며 슈뢰딩거에게 답장을 보냈다.

"자네가 든 고양이 사례는 오늘날의 양자 이론이 갖고 있는 특성을 평가함에 있어서 우리 두 사람의 의견이 완벽하게 일치한다는 것을 보여주었네. 살아 있는 고양이와 죽은 고양이가 둘 다 포함되어 있는 파동함수는 한마디로 실제 상태에 대한 기술이라 생각할 수 없단 말이지."[15]

　슈뢰딩거가 좀더 신뢰할 만한 대안도 제시하지 않은 채 아인슈타인과 손잡고 성공적인 이론을 조롱하고 있는 것으로 보여 보어는 적잖이 실망하고 말았다. 양자역학을 대신할 통일이론이 대안으로 등장한다면 어떨까? 아인슈타인이 제시하는 모형이 원자 관련 자료를 바탕으로 하지 않고 핵력$^{nuclear force}$도 감안하지도 않는 한, 보어는 아인슈타인이 추구하는 통일장이론이 어떤 형식이나 형태로 나오더라도 그것을 신뢰할 만하다고 여기지 않았을 것이다. 하지만 그럼에도 보어는 자신을 비난하는 사람을 향해서도 늘 공손하고 인내심을 잃지 않았다.

　슈뢰딩거의 고양이 수수께끼는 〈양자역학의 현주소〉라는 논문의 일부로 1935년 11월에 발표된다. 그가 '얽힘'이라는 용어를 만들어낸 바로 그 논문이다. 이 책 서문에서도 언급했지만 수십 년이 지날 때까지 그의 사고실험은 대중에게 거의 알려져 있지 않았다. 그 당시에는 물리학계에 속한 사람들만 슈뢰딩거의 기이한 가상 시나리오를 보며 웃거나 비명을 지르거나 투덜거릴 기회가 있었다.

　고양이 역설의 중심 주제 중 하나는 미시 수준에서 일어나는 일과 거시 수준에서 일어나는 일 사이에서 일어나는 충돌이다. 자신의 논문에서 슈뢰딩거가 기술하였듯이 원자 척도에서의 불확정성은 인간 척도에서의 모호함과 연결될 수 있다. 하지만 그런 거시적인 모호함은 결코 관찰된 적이 없으므로 미시적인 불확정성 역시 그와 마찬가지로 존재하지 않는 것이 분명하다는 것이 그의 생각이었다.[16] 슈뢰딩거는 확률론적인 양자규칙을 살아 있는 존재에 적용할 수는 없다고 주장했다. 그는 일부 동시대 학자들이 양자 주사위 굴리기로 지각 있는 생명체가 내리는 선택을 설명할 수 있다고 주장하는 것이 불편했다. 그는 입자의 행동과 달리 사람의 행동에 대해서는 확률 도표를 만들어낼 수 없다고 지적했다.

영어로 써서 1936년 7월에 《네이처》에 발표한 〈비결정론과 자유의지〉라는 논문에서 슈뢰딩거는 입자의 상호작용과 인간의 의사결정 사이의 차이점에 대해 언급하면서 그 둘을 비유하는 것에 반박한다. 그는 이렇게 썼다.

"내 의견으로는 이런 비유 자체가 틀렸다. 취할 수 있는 행동이 다양하게 존재한다는 생각은 자기기만이기 때문이다. 다음과 같은 경우를 생각해보자. 당신이 격식을 갖춘 저녁모임에 참가해 자리에 앉아 있는데, 상대방이 대단히 중요한 사람이지만 끔찍할 정도로 지루하다. 그럼 당신이 갑자기 식탁 위로 뛰어올라 식기들을 모두 밟아 깨뜨릴 수 있을까? 그냥 재미로 말이다. 어쩌면 정말 그럴 수 있을지도 모른다. 아마 그러고 싶은 마음이 들 것이다. 하지만 어쨌거나 결국 당신은 그런 행동을 할 수 없다."[17]

바꿔 말하면 식탁 예절이나 성격 등 이미 결정나 있는 요소들이 그 사람이 결국 어떤 행동을 취할지 결정한다는 말이다. 이런 '자유의지' 개념은 겉으로 보기에는 자발적인 행동들도 실제로는 필연적인 인과에서 나온 것이라는 쇼펜하우어의 개념과 밀접하게 관련되어 있어 보인다. 어떤 사람의 내면에 깔려 있는 동기와 배경을 이해하면 그 사람이 어떤 상황에서 어떤 행동을 보일지 대체적으로 예측할 수 있을 것이다. 하지만 슈뢰딩거에 따르면 한 가지 일을 할 가능성은 75퍼센트고 또 다른 일을 할 가능성은 25퍼센트라는 식으로 말할 수 있는 것은 아니다. 그보다는 당신이 그 사람과 상황에 대해 얼마나 잘 알고 있느냐에 따라 정확히 예측하거나 예측에 실패하거나 둘 중 하나로 나타날 것이다. 슈뢰딩거는 하이젠베르크의 방법론을 이용하면 사람이 어떤 일을 얼마나 자주 할지 결정할 수 있다는 생각을 비웃었다. 그는 이렇게 적었다.

"만약 내가 아침식사 전에 담배를 피울 것이냐 말 것이냐 하는 행동(아주 나쁜 행동이다!)이 하이젠베르크의 불확정성 원리의 문제라면 불확정성 원리는 두 사건이 일어나는 빈도를 명확한 통계로 규정할 것이다. 그럼 이 통계가 틀렸다는 것을 내가 행동으로 확실히 입증해 보일 수 있다. 하지만 그게 아니라 만약 내가 통계를 거부할 수 없다면 내가 한 일에 대해 내가 책임감을 느껴야 할 이유가 대체 무엇이란 말인가? 내가 죄를 저지르는 빈도가 하이젠베르크의 불확정성 원리에 의해 결정된다는 데 말이다."[18]

거절했어야 했던 제안

불확정성 원리나 다른 어떤 방법도 사용하지 않고 슈뢰딩거가 내린 결정을 정확하게 설명할 수 있는 알고리즘은 지금까지 그 어떤 역사가도 개발하지 못했다. 1935년 말 그는 옥스퍼드대학교에서 얻은 교수 자리가 겨우 2년만 자금이 지원되고서 만료되리라는 것을 알게 되었다. 그 후로는 다른 자리로 옮겨야 했다. 하지만 어디로?

한편 아르투어 마치는 힐데군데와 루트를 데리고 오스트리아로 돌아갔다. 힐데군데에게 우울증이 찾아와 요양원에서 치료를 받아야 할 상황이었다. 딸아이의 엄마가 사라져버리자 슈뢰딩거는 한지바우어-봄이라는 또 다른 연인을 만난다. 이 여성은 빈 출신의 유대인 사진작가로 당시 영국에서 살고 있었다. 힐데군데와 마찬가지로 이 여성도 유부녀였지만 훨씬 자신감이 넘치고 자기주장이 강한 여성이었다. 여러 달을 함께 보낸 후 그녀는 자기 고향으로 돌아갈 것이라고 슈뢰딩거에게 알렸다. 자신의 연인들 중 한 명은 오스트리아에 있고 나머지 한 명도 곧 그곳으로 돌아간다고 하니, 어쩌면 그 역시 위험을 무릅쓰고 다시 오스트리아로 돌아갈 수밖에 없도록 주사위가 던져진 셈이었다.

우연인지 운명인지, 아니면 학문적 의사결정의 어떤 신비로운 과정 때문인지 슈뢰딩거는 오스트리아의 두 대학교로부터 솔깃한 제안을 받는다. 그라츠대학교 교수 자리와 빈대학교 명예교수 자리 제안이 함께 들어온 것이다. 빈대학교의 자리는 학생 때부터 오랜 친구였던 한스 티링이 주선한 자리다. 이 둘 말고 다른 데서 들어온 제안은 에든버러대학교 교수 자리였는데, 그는 그쪽도 잠시 고려했다가 급료가 무척 낮은 것을 알고는 고려 대상에서 제외시켰다. 그리하여 결국 그는 그라츠대학교의 제안을 받아들였고, 에든버러대학교 자리는 2지망자인 보른에게 돌아갔다.

뒤돌아보면 안슐르쓰^{Anschluss}(나치 독일에 의한 오스트리아 합병)가 일어나기 바로 직전에 오스트리아로 돌아간 것은 믿기 어려울 정도로 어리석은 결정이었다. 이미 베를린대학교의 중요한 교수직을 박차고 나와 나치를 화나게 만들었던 사람에게는 특히나 어리석은 결정이었다. 베르텔은 이렇게 말했다.

"정치에 대해서 조금이라도 생각해본 사람이면 이렇게 말했을 거예요. '오스트리아로 가지 말게. 그곳은 이미 아주 위험한 곳이야.'"[19]

슈뢰딩거가 돌아간 오스트리아는 그가 15년 전에 떠나온 오스트리아와는 한참 달랐다. 1933년 3월 이후로 오스트리아는 '애국전선'이라는 민족주의 운동이 지배하는 단일 정당의 파시스트 통치 아래 놓여 있었다. 베니토 무솔리니의 이탈리아 파시스트와 비슷한 정신으로 무장하고 있던 이 정당은 사회민주주의 좌파와 오스트리아 나치 우파 모두를 억압했다. 처음에는 엥겔베르트 돌푸스가 이 정당을 이끌었지만, 1934년 7월 오스트리아 나치가 쿠데타를 시도해 그를 암살한다. 쿠데타 모의자들의 목표는 히틀러의 지배 아래 있는 독일제국과 통일하는 것이었다. 하지만 쿠데타는 실패로 끝났고 쿠르트 슈슈니크가 수상의 자리에 오른다. 그는 오스트리아가 히틀러를 공개적으로 지지할 것을 요구하는 압력에 저항하며 계속해서 독립국가로 남는 쪽을 옹호한다. 하지만 오스트리아에서 나치 운동은 계속해서 세를 불려갔다. 독일 나치와 마찬가지로 오스트리아 나치도 성난 실업노동자들과 다른 지지자들을 조직해서 가공할 준군사조직을 만들어냈다. 이들은 모든 독일어 사용자를 아우르는 더 큰 제국을 만들자고 호소하는 히틀러의 말에 고무되었다. (히틀러도 오스트리아 출생이다.)

1936년 7월 슈슈니크는 히틀러와 합의서에 서명한다. 표면적으로는 오스트리아의 독립을 보장해주는 듯 보이는 합의서였다. 이 합의서에서 오스트리아와 독일은 서로 상대방의 자주권을 존중하고 국내문제에 대해서는 일절 간섭하지 않기로 했다. 그에 대한 보답으로 슈슈니크는 독일 정부에 맞추어 외교정책을 수립하고 몇몇 친나치 정치인을 자신의 정부에 들일 것을 약속했다. 언뜻 보기에는 별로 해롭지 않아 보였지만 결국 이들은 히틀러가 들여보낸 트로이 목마라는 것이 밝혀진다. 이를 통해 히틀러는 자신의 지지자를 오스트리아 지도층으로 끌어들여 오스트리아를 예속하기 위한 압력을 행사하기 시작했다.

슈뢰딩거는 그해 10월부터 그라츠대학교에 교수로 나가기 시작했다. 이번에도 역시 그는 정치를 무시하고 연구에만 집중하려 했다. 그는 양자물리학을 일반상대성이론과 통일하고 우주론적 논쟁을 통해 불확정성을 설명하려는 아서 에딩턴의 최근 제안에 흥미를 느끼고 있었다. 오스트리아의 혼란 속에서도 그의 시선은 자신의 방정식에 고정되어 있었다.

양자세계와 우주

1910년대 말부터 1920년대 초까지 일반상대성이론을 선도적으로 옹호하고 해석하고 검증한 사람으로서 역할을 다한 덕분에 에딩턴은 물리학계에서 상당한 존경을 받았다. 1920년대 중반부터 말까지 그의 연구는 아주 큰 것과 아주 작은 것을 연결하는 수학적 관계를 통해 자연의 속성을 설명하는 일에 점점 초점이 맞춰져갔다. 입자물리학과 우주론을 최초로 조합한 사람 중 한 명일 정도로 그는 여러모로 선지자였다. 하지만 그가 나중에 내놓은 이론적 연구는 과학이 아니라 숫자놀이에 불과하다며 묵살해버리는 물리학자가 많았다. 일례로 영국의 천체물리학자 허버트 딩글은 그의 연구, 그리고 추측에 근거한 다른 이론들을 함께 싸잡아서 '무척추 우주신화학이라는 사이비과학'이라고 표현했다.[20]

반면 아인슈타인과 슈뢰딩거는 에딩턴의 독립적인 사고방식을 크게 존경했다. 이 둘이 보기에 에딩턴 역시 자신들과 마찬가지로 구식 과학자들 중 한 사람은 분명 아니었다. 두 사람은 에딩턴이 내놓은 처방에 동의하지는 않았지만, 양자역학이 안고 있는 질병과 그 질병을 낫게 만들 방법을 임상적으로 바라보는 그의 방식을 가치 있게 여겼다.

현대물리학에서 가장 중요한 '관계' 두 가지를 들라면 슈뢰딩거의 파동방정식과 아인슈타인의 일반상대성이론 방정식이다. 그런데 이 두 방정식은 해당 영역이 사뭇 다르다. 슈뢰딩거의 방정식은 시간과 공간에서 물질과 에너지의 분포와 행동을 기술하는 반면 아인슈타인의 방정식은 시간과 공간의 구조가 물질과 에너지의 분포에 의해 어떻게 스스로 형성되는지를 보여준다. 따라서 두 방정식의 핵심적 차이점 중 하나는 시간과 공간이 슈뢰딩거의 방정식 안에서는 수동적인 반면 아인슈타인의 방정식에서는 능동적이라는 점이다.

또 한 가지 차이점은 적어도 양자역학의 코펜하겐 해석에서는 슈뢰딩거 방정식의 해인 파동함수가 실제의 관찰내용과 간접적으로만 관련되어 있다는 점이다. 고양이 역설에서 극명하게 드러나듯이 관찰된 물리량은 실험자가 측정을 가해서 파동함수가 자신을 구성하는 고유상태 중 하나로 붕괴하도록 만들고 난 후에야 발현되어 나온다. 하지만 당연히 일반상대성이론에서는 실험자가 없어도 확정적인 값이 나올 수 있다. 그렇지 않고서야 138억 년에 이르는 우주적 진화 기간 동안 대체 누가 관찰자 노릇을 했단 말인가?

1928년 디랙이 보여주었듯이 슈뢰딩거 방정식을 특수상대성이론에 맞도록 다시 고쳐 쓰기는 꽤 간단한 것으로 밝혀졌다. 반정수 스핀을 갖는 입자인 페르미온을 기술하기 위해 고안된 디랙 방정식은 '스피너spinor'라는 해를 내놓는다. 스피너는 벡터와 비슷하지만 추상 공간에서 회전할 때 변환방법이 다르다. 디랙 방정식의 스피너 해를 다루는 대수학은 파울리 행렬Pauli Matrix의 곱하기를 포함하고 있어서 슈뢰딩거 방정식의 파동함수 해보다 조금 더 복잡하다.

디랙 방정식은 전자가 전하는 반대지만 질량은 똑같은 대응물을 갖고 있으리라는 놀라운 예측을 내놓는다. 디랙은 이것을 전자가 등장할 때 우주의 에너지 바다에 남은 '구멍'이라고 생각했다. 하지만 이것은 양전자positron라는 실제 입자로 밝혀졌다. 전자의 반물질 버전인 것이다. 이 양전자는 칼 앤더슨이 우주선宇宙線을 연구하다가 1932년에 처음으로 발견했다.

양자역학을 특수상대성이론과 조화시키는 것과 비교하면 양자역학을 일반상대성이론과 결합시키는 일은 훨씬 어려운 문제로 밝혀졌다. 1930년대를 거치면서 수많은 물리학자가 이 둘을 결합시켜려 했지만 번번이 실패하고 말았다. 가끔 양자역학을 비판하거나 양자역학을 다른 것으로 대체하려는 시도 말고는 양자역학 관련 문제와 대체적으로 거리를 두고 있던 아인슈타인까지도 이 부분을 시도해보았다. 베를린에 머물던 마지막 해인 1932년에서 1933년에 걸쳐 아인슈타인과 마이어는 스피너와 관련된, 네 개의 성분을 가지는 수학적 개념인 세미벡터semivector를 이용해 일반상대성이론을 표현할 방법을 연구했었다.

아인슈타인의 동기 중에는 질량이 다르고 전하가 반대인 입자를 허용하는 통일장이론, 즉 전자뿐 아니라 양성자도 다루는 통일장이론을 구성하려는 것도 있었다. 원거리평행 접근방식을 비롯해 그가 앞서 내놓았던 통일장이론들은 모두 같은 질량을 가진 입자인 전자만을 다룰 수 있었다. 양성자도 그림 속으로 끌어들이기 위해 아인슈타인과 마이어는 디랙 방정식을 일반화하여 일반상대성이론을 준수하면서 동시에 질량이 다른 입자를 예측하게 만들 수 있기를 바랐다.

하지만 안타깝게도 기존의 통일장 접근방식처럼 아인슈타인의 세미벡터 방법도 물리적으로 타당한 결과를 내놓는 데 실패하고 만다. 프린스턴 고등연구소로 옮긴 다음에는 마이어가 더 이상 그와 함께 연구하지 않았기 때문에 아인슈타인은 세미벡터 방법론을 버리기로 결심한다. 아인슈타인이 이론들을 내놓는 모습을 보면 마치 중고차를 들여와 여러 해에 걸쳐 시운전을 해보고는 결국 고물차로 밝혀지면 또 다른 차를 들여오는 모습과 비슷했는데, 이 방법론 역시 그런 이론들 중 하나가 될 팔자였다.

에딩턴도 디랙 방정식에 비슷한 흥미를 느끼고 있었고, 이것이 양자역학과 특수상대성이론의 4차원 영역을 연결하고 있다는 사실에 감질났다. 그 이전 해에 등장한 하이젠베르크의 불확정성 원리와 더불어 디랙 방정식은 그에게 우주에 대해 근본적으로 완전히 새로운 통찰을 내놓겠다는 의욕을 불어넣었다. 분석을 위해 그는 몇 가지 기본 명제에서 출발했다. 이를테면 '우주는 휘어져 있고 유한하다(아인슈타인이 처음에 내놓았던 우주상수가 들어간 우주 모형과 유사)', '모든 물리량은 상대적이다' 등이다. 에딩턴은 위치나 운동량 같은 물리량을 측정하려면 연구자가 그것을 다른 참조점의 값과 비교해보아야 한다고 주장했다. 중력에 의해 휘어진 시공간이라는 맥락 안에서 이런 비교가 이루어지면 '모호함의 척도'가 도입되어 이것이 불확정성 원리로 이어진다. 작은 물체일수록 그 위치와 운동량을 이미 알고 있는 다른 물체의 위치와 운동량과 관련시켜 측정하기가 어려워지기 때문에 천문학적 수준보다는 원자 수준에서 불확정성이 더 커진다. 따라서 양자적 불확정성은 자연의 근본적 속성이 아니라 인간이 우주만물을 절대적인 정확도로 측정할 능력이 없기 때문에 생긴 결과다.

파동함수를 근본적인 것이 아닌 합성물이라 여긴 에딩턴은 자신의 '상대적 물리량'이라는 개념으로 수정한 일반상대성이론을 이용해 입자 집단의 위치, 운동량, 기타 물리량의 분포를 파악했다. 그런 다음 그는 이 자료를 통합해서 파동함수와 파동방정식을 구축했다. 그의 목표는 위치와 운동량을 알아내는 데 한계가 있는 인간의 흐릿한 렌즈로 시공간의 법칙을 바라보면 양자역학 방정식과 닮은 방정식이 나온다는 것을 보여주려는 것이었다. 에딩턴은 우주에 들어 있는 입자의 숫자, 우주의 곡률, 그리고 다른 양들을 바탕으로 플랑크 상수의 추정치를 내놓았다. 그는 양자도약의 불연속성은 유한한 양의 공간과 유한한 개수의 입자를 가진 우주와 관련된 것이라 주장했다. 우주를 흑체와 비슷한 것으로 취급한 그는 우주의 구성성분 각각의 가용 에너지를 계산해서 플랑크 상수의 수치에 맞춰보려 했다.

에딩턴의 글은 명료하고 호감이 갔지만 그의 기본 이론과 관련해서 이루어진 계산은 다소 불분명한 구석이 있었다. 언제나 큰 그림에 흥미가 있었던 슈뢰딩거는 에딩턴의 이론에 매료되었지만 그런 결론에 도달할 때까지 에딩턴이 짚어나간 단계들을 따라잡을 수가 없었다. 1937년 6월 슈뢰딩거는 에딩턴에게 편지를 써서 플랑크 상수 계산에 대해 좀더 분명하게 설명해달라고 했고 에딩턴은 거기에 답장을 보냈지만, 슈뢰딩거는 여전히 만족할 수 없었다.

당시 이탈리아는 오스트리아와 긴밀한 동맹관계에 있었기 때문에 국경을 넘어 여행하기가 비교적 수월했다. 그래서 1937년 한 해 동안 슈뢰딩거는 여러 번에 걸쳐 이탈리아로 여행을 떠난다. 6월 방문 때는 로마로 가서 교황청 과학원의 회원이 되는 영광을 누렸고, 10월에는 볼로냐로 가서 에딩턴의 이론에 관해 학술강연을 했다. 그런데 그 강연의 청중이었던 보어, 하이젠베르크, 파울리로부터 에딩턴의 계산과 관련해서 아주 어려운 질문이 날아드는 바람에 슈뢰딩거는 곤혹을 치러야 했다. 자기가 제대로 이해하지도 못하는 이론을 방어해야 하는 위태로운 상황에 처하고 만 것이다.

슈뢰딩거는 에딩턴의 이론에 대해 의혹을 갖고 있었지만, 그래도 이 이론은 슈뢰딩거가 자신의 통일이론을 만들기 위해 노력하게 되는 도약판이 되어주었다. 아인슈타인과 에딩턴처럼 그에게도 불확정성, 상태 간의 도약, 얽힘 등 양자역학의 골치 아픈 측면들을 설명할 때 일반상대성이론을 수정해서 나온 더 큰 이론을 이용하면 장점이 따른다는 것이 보이기 시작했다.

또 다른
차원으로

슈뢰딩거가 에딩턴의 기초 이론에 담긴 미묘한 의미와 씨름하고 있는 동안 아인슈타인은 칼루자와 클라인의 고차원 영역으로 다시 돌아왔다. 한 바퀴 돌아 원점으로 돌아온 그는 5차원이 제공하는 덧차원을 다시 한 번 이용해 일반상대성이론을 확장시켜서 중력의 법칙과 아울러 전자기력의 법칙도 포함하게 만들려고 했다. 아인슈타인은 예전에 마이어와 연구했을 때와는 달리 이번에는 그냥 수학적 덧차원이 아니라 물리적인 덧차원을 포함시키기로 마음먹었다. 5차원을 추가하면 일반상대성이론 방정식에 다섯 개의 좀더 독립적인 요소를 보강할 수 있다. 그는 이 추가적인 항을 포함시킴으로

써 입자의 완전한 행동, 즉 중력에 의한 행동과 아울러 전자기력에 의한 행동까지도, 그리고 고전역학적인 행동과 아울러 양자역학적인 행동까지도 모두 기술할 수 있기를 희망했다.

통일을 향한 새로운 접근방식에 수반되는 껄끄러운 세부사항을 해결하는 데 아인슈타인은 운 좋게도 두 명의 능력 있는 조수를 구할 수 있었다. 그중 한 명인 유대계 독일인 물리학자 피터 베르그만은 1936년 9월에 고등연구소에 합류했다. 그는 프라하대학교에서 아인슈타인의 자리를 뒤이은 필립 프랑크 밑에서 박사학위를 땄다. 또다른 한 명은 수리물리학자 발렌틴 바르그만이었다. 그 역시 독일 태생이었지만 유대계 러시아 집안 출신이었다. 그는 그 다음해부터 연구를 시작했다. 바르그만은 취리히대학교에서 파울리 밑에서 박사학위를 마무리했다. 둘 다 유대계 독일인이었기 때문에 유럽에서는 미래가 보이지 않았다. 그리하여 결국 미국으로 오게 되었고, 아인슈타인은 두 팔 벌려 두 사람을 환영했다. 헬렌 두카스는 이 두 사람의 성이 신기하게 닮았다고 해서 두 사람에게 '베르그와 바르그'라는 별명을 붙여주었다.[21]

두 조수를 만나는 일을 제외하면 아인슈타인에게 더 이상 시간을 제약할 것은 많지 않았다. 1936년 엘자가 콩팥과 심장에 걸린 병으로 오랫동안 앓다가 세상을 떠난 이후 그는 홀아비가 되었다. 엘자의 딸 일제는 그보다 2년 앞서 암으로 쓰러지고 말았다. 그래서 아인슈타인과 머서 가에서 함께 살고 있던 두카스가 집안일도 대부분 도맡아 하게 되었다. 의붓딸 마고, 그리고 나중에는 아인슈타인의 여동생 마야도 그들과 함께 살았다.

아인슈타인의 하루 연구일과는 자리가 잡혔다. 매일 아침 11시쯤이면 베르그만과 바르그만이 그의 집에 들른다. 그리고 허물없는 담소를 나누고 수학 계산을 할 시간이나 저녁 실내악 연주시간 등을 비롯해서 하루의 계획을 잡는다. 두카스는 세 사람을 문 앞까지 배웅하며 아인슈타인이 날씨에 맞게 제대로 옷을 갖춰 입고 나가는지 확인했다. 아인슈타인, 베르그만, 바르그만은 아인슈타인의 고등연구소 연구실까지 녹음이 우거진 동네를 가로질러 함께 산책하기도 했다. 1939년까지 그들의 목적지는 프린스턴대학교 교정에 있는 파인홀 109번 방이었지만, 그 후로는 도심지 바로 바깥에 위치한 예전 올든팜 자리에 지어진 새로운 본부 풀드홀이 되었다. 산책을 하는 동안 세 사람은 그때까지 진행되어온 연구에서 어려웠던 부분과 성과를 거둔 부분에 대해 이야기하고는 했다. 이들이 대화하는 내용을 들으면 대부분의 사람은 대체 무슨 말을 하고 있는 건지 이해할 수 없었을 것이다.

일단 사무실에 들어오고 나면 아인슈타인은 세 사람이 최근에 이끌어낸 결과를 신중하게 검토하고, 거기에 질문을 던지며 엄밀히 조사해보았다. 그의 풀드홀 연구실은 두 개의 방으로 나뉘어 있었고, 큰 방에는 큰 칠판이, 작은 방에는 작은 칠판이 걸려 있었다. 이 두 칠판은 용도가 달랐다. '지울 것'이라고 표시되어 있는 큰 칠판에는 성공적인 결론으로 이어지지 않을 때가 많은 일시적인 계산이나 갖은 낙서와 메모, 일시적인 중요성만 갖는 온갖 것들을 적었다. '지우지 말 것'이라고 표시되어 있는 작은 칠판은 '궁극의 방정식'이 적힐 신성한 칠판이었다.[22] 사실 말이 '궁극'이지 보통은 몇 주나

아인슈타인의 연구실이 있던 프린스턴 고등연구소의 풀드홀(위키미디어 제공)

몇 달이 지나고 나면 다른 방정식으로 대체되는 경우가 다반사였다. 하지만 그때까지는 이 방정식이 찾아헤매던 그 방정식일지 알 수 없는 일이기 때문에 행여 누가 모르고 지우지 않도록 '지우지 말 것'이라고 표시해 놓은 것이다.

이즈음에는 방정식의 옳고 그름 여부를 판단하는 아인슈타인의 기준이 경험세계와는 크게 동떨어져 있었다. 그는 전통적 의미로는 여전히 비종교인으로 남아 있었지만, 스피노자에 바탕을 둔 우주 종교가 그의 판단을 인도하고 있었다. 그는 신이 만물의 이론을 설계할 때 어떤 선택을 했을지 생각해보라는 말을 조수들에게 자주 했다.[23] 특이점(물리량이 무한이 되는 지점), 그리고 방정식으로 결정할 수 없는 다른 값들은 그의 말에 따르면 '죄악'이었다. 방정식은 그 무엇도 우연에 맡기지 않고 설계도처럼 치밀해야 했다.

미진한 부분이 전혀 없이 우주를 완벽하게 기술하는 이론을 찾아내겠다는 그의 욕망을 생각해보면 5차원에 대한 아인슈타인의 새로운 열정은 일종의 속임수 같은 것이었다. 그런 덧차원을 이용하면 멀리 떨어진 물체 사이에 비국소적 연결이 허용된다. 그런 연결이 관찰 불가능한 고차원의 영역에 머물기만 한다면 말이다. EPR 사고실험과 편지에서 아인슈타인은 파동함수가 입자에 대해 숨겨진 정보를 가지고 있다는 개념에 격렬하게 반박했었다. 모든 물리량은 측정되고 있지 않다고 해도 항상 '실재'하는 것이어야 했다. 하지만 5차원을 통해 통일이론을 만들어내려고 하면 거기서는 정보가 접근 불가능한 공간 속에 묻혀 있을 수 있다. 이것은 마치 정치인이 언론에 이렇게 말하는 것과 비슷하다.

"상대측은 해외 법인과의 그 어떤 관련성도 서류로 입증해 보이지 못하지만, 나는 그것을 완벽하게 입증해줄 서류를 가지고 있습니다. 그 서류들은 영원히 접근 불가능한 내 금고 안에 안전하게 보관되어 있지요."

5차원을 통한 통일이론의 가장 큰 장점은 일반상대성이론 그 자체는 건드리지 않고 그냥 놔둘 수 있다는 점이었다. 일식 관측이나 다른 실험적 검증과 맞아떨어지는 중력의 4차원 기술은 그대로 보존한 상태에서 추가적인 동역학을 구축할 수 있는 것이다. 원거리 평행 등 아인슈타인이 제안한 다른 통일이론 중 일부는 이런 중요한 결과를 보존하지 못했기 때문에 처음부터 의심의 눈초리를 받아야 했다. 아인슈타인이 양자역학을 대체해줄 것으로 기대하는 방정식은 차원의 수를 4에서 5로 늘리는 과정에서 등장하는 추가 항으로부터 비롯될 것이다. 이는 마치 위풍당당한 역사적 저택의 소유자가 추가적인 공간이 필요해졌는데, 기존의 저택을 리모델링해서 그 매력을 망치기보다는 새로 건물을 증축하기로 결심한 것과 비슷하다.

아인슈타인의 조수 두 사람은 아인슈타인의 인내를 존경했다. 이들은 통일이론의 아이디어가 떠오르면 장애물에 부딪힐 때까지 그것을 가지고 몇 날 며칠이고 앞으로 나아갔다. 그러다가 잘못된 길로 들어왔다는 생각이 들면 아인슈타인은 실망이나 후회를 표하는 법 없이 두 사람을 다시 새로운 길로 이끌고 들어갔다. 그에게는 결국 목표에 도달하게 될 것이고, 모든 것은 시간문제일 뿐이라는 믿음이 있었다.

잘못된 선택의
수렁으로

1937년 마지막 달에 슈뢰딩거의 가장 시급한 과제는 학생을 가르치고, 관심사를 연구하고, 자기 인생의 세 여자인 베르텔, 힐데군데, 한지와 함께 시간을 보내는 일을 곡예 부리듯 동시에 처리하는 것이었다. (한지는 예상대로 오스트리아로 돌아와 있었다.) 그는 그라츠대학교에 안정적으로 보이는 교수직을, 빈대학교에도 훌륭한 객원교수 자리를 확보하고 있었다. 이 객원교수 자리 덕분에 그

는 사랑하는 고향 도시와 좋은 친구 티링을 방문할 수 있는 구실이
생겼다.

이 모든 것이 1938년 초에 무너지고 말았다. 안슐르쓰로 오스트
리아가 나치의 철권통치 아래 들어간 것이다. 히틀러의 야심이 고
삐 풀린 망아지처럼 날뛰고 있었고, 당시 독일의 군사력이 오스트
리아보다 막강했던 점을 고려하면 이는 피할 수 없는 결과였는지도
모른다. 슈슈니크는 독재자의 요구에 맞춰주면서도 오스트리아의
독립을 유지하기 위해 필사적으로 노력했다. 그의 노력은 2월 12일
히틀러와의 회담에서 절정을 이룬다. 이 회담에서 그는 자신의 국
내 정책과 외교정책을 독일에 맞춰 조정하고 오스트리아 나치의 완
전히 자유로운 활동을 허용하기로 동의한다. 하지만 그 후에는 상
황을 오판해서 3월 13일에 오스트리아의 독립을 위한 국민투표를
실시하기로 결심한다. 이에 히틀러는 격노하여 오스트리아 침공을
명령한다. 패배를 예상한 슈슈니크는 결국 3월 11일 자리에서 물러
난다. 그 다음날 아침 나치의 부대가 진군해 들어와 오스트리아를
독일제국의 한 지방으로 만들었을 때 어떤 저항이 있었다는 보고는
없었다.

슈뢰딩거는 나치의 반대자이자 아인슈타인의 절친한 친구로 알
려져 있었다. 정치를 싫어했던 그는 일반적으로 자신의 관점을 세
상에 알릴 필요를 느끼지 않았다. 나치가 인기를 끌고 있던 그라츠
에서 그는 자신의 신념에 대해서는 조용히 입 다물고 있었다. 그런
데 안슐르쓰가 일어나기 몇 주 전 빈에서 에딩턴의 연구에 대해 강
연을 한 슈뢰딩거는 그 강연을 마감하면서 국가가 다른 국가를 지

배하려 시도하는 것에 대해 비난했다. 그가 어떤 지배세력을 가리키는 것인지 곧바로 눈치챈 청중은 열정적으로 그에게 박수갈채를 보냈다.

합병 이후 나치는 신속하게 사회주의자, 공산주의자, 평화주의자, 그리고 나치에 정치적으로 반대하는 모든 사람들을 대학에서 숙청하는 작업에 들어갔다. 유대인들은 모두 대학교와 다른 공직에서 쫓겨났다. 열정적인 평화주의자였던 티링은 바로 일자리를 잃고 말았다. 당연히 슈뢰딩거의 눈에도 그 불길한 조짐이 보였다. 떠돌이 연구자 생활에 진저리가 난 슈뢰딩거는 어떻게 해서라도 자신의 교수 자리를 지키기 위해 최선을 다해야겠다고 마음먹는다. 한지는 유대인 배경을 갖고 있었기 때문에 슈뢰딩거는 그녀와 거리를 두기 시작했다. 한지는 그의 냉정한 처사에 마음이 상했다. 그는 나치에서 임명한 그라츠대학교 총장 한스 라이헬트에게도 찾아가 조언을 구했다. 라이헬트는 그에게 독일제국에 대한 자신의 충성심을 밝히는 편지를 써서 대학평의회에 보낼 것을 제안했다. 해고될까 봐 겁을 먹은 슈뢰딩거는 그 제안을 따르기로 한다.

그런데 그가 안슐르쓰를 지지한다고 진술한 내용이 독일제국 전역의 신문사로 보내지고 3월 30일에 여기저기서 발표되는 바람에 슈뢰딩거는 톡톡히 망신을 당한다. 외국의 과학자들도 곧《네이처》의 기사를 통해 그 소식을 알게 되었다. 그의 예전 동료들은 그의 '고백'을 읽고 할 말을 잃고 만다. 마치 그가 히틀러 신봉자로 다시 태어난 것처럼 보였기 때문이다. 슈뢰딩거는 이렇게 적었다.

"나는 진정한 의지와 … 내 조국의 운명을 철저히 잘못 판단하고 있었습니다. 핏속에서 끓어오르는 목소리가 의심 많았던 자들에게 외치고 있습니다. 아돌프 히틀러에게로 돌아갈 길을 찾아내라고 말입니다."[24]

4월이 되자 슈뢰딩거는 충성심 점수를 더 따기를 바랐던 것인지 플랑크의 80세 생일을 축하하는 모임에 참여하기 위해 다시 베를린으로 향했다. 여기에 참가함으로써 그는 시계 바늘을 되돌려 독일 물리학계에서 자신의 위상을 회복할 수 있는 가능성을 잡았다. 하지만 정권과의 연대를 보여주려는 슈뢰딩거의 제스처는 결국 헛된 노력으로 끝나고 말았다. 그라츠대학교로 돌아가고 머지않아 그는 자신이 빈대학교의 명예교수직을 박탈당했음을 알게 된다. 더욱이 그해 8월에는 그라츠대학교의 자리마저 잃고 만다. 나치는 그를 신뢰할 만한 사람으로 여기지 않기 때문에 그의 사회적 지위를 유지해주지 않았다. 영혼을 팔면서까지 히틀러 정권과 거래를 시도해보았지만 결국 그는 아무런 교직도 맡지 못하는 지옥의 나락으로 떨어졌을 뿐이다.

빈
탈출작전

할리우드 영화 〈사운드 오브 뮤직〉은 한 가족이 오스트리아에서 탈출하는 장면을 극적으로 묘사해 놓았는데 이것은 사실 실제 사건과 다르다. 영화 속의 폰 트랩 가족은 몰래 산을 넘어 스위스로 탈출하지만, 실제 폰 트랩 가족은 이탈리아와의 연줄을 이용해서 조용히 나치 정권으로부터 탈출했다. 게오르크 폰 트랩은 이탈리아 시민권자였기 때문에 기차를 타고 이탈리아로 자유롭게 이동할 수 있었다. 그리고 그 다음에는 런던으로 간 후 결국 미국으로 이동해 이미 계획에 잡혀 있던 콘서트를 열 수 있었다.

그와 비슷하게 슈뢰딩거가 교수직을 잃고 베르텔과 함께 고국을 떠날 때가 되었다고 결심하고 난 후에는 이탈리아가 편리한 탈출구가 되어주었다. 하지만 이들의 탈출은 폰 트랩 가족의 탈출과정보다 훨씬 더 끔찍했다. 우선 그는 새로운 교수 자리를 얻게 될 가능성에 대해 간접적으로 전해 듣기는 했지만 조건이 아주 불분명했다. 그리고 오스트리아는 더 이상 독립국가가 아니었기 때문에 제대로 된 여행증명서가 없었다.

슈뢰딩거의 구세주는 그가 전에 한 번도 만나본 적이 없는 사람이었다. 바로 아일랜드 수상 이몬 데 발레라였다. 미국에서 아일랜드 출신 어머니와 쿠바 출신 아버지 사이에서 태어난 그는 두 살 때 가족과 함께 아일랜드 리머릭으로 이사했다. 더블린 로열대학교에서 윌리엄 로언 해밀턴의 연구를 받아들여 수학을 공부한 후 메이누스의 성 패트릭 대학교와 아일랜드 이곳저곳에서 강의를 했다. 1916년에는 아일랜드 문화가 억압받고 있다는 각성이 자라면서 아일랜드 의용군에 가입하여 부활절 봉기에 참여했다. 부활절 봉기는 민주주의 아일랜드공화국을 세우기 위해 영국의 통치에 저항해서 일어난 반란이었다. 그는 커다란 밀가루 창고인 볼랜드 제분소 초소에서 3대대를 지휘했다.

영국군의 병력과 화력에서 압도당한 아일랜드 의용군은 항복할수밖에 없었다. 데 발레라와 다른 지도자들은 붙잡혀서 한 명만 빼고 모두 사형당했다. 데 발레라는 목숨을 구할 수 있었는데 아마도 그가 미국 출생이어서 그랬을 가능성이 크고, 어쩌면 사형 집행을이제 그만하라는 압력이 들어와서 그랬는지도 모른다. 1년간 감옥에 갇혀 있다 나온 후에 그는 아일랜드로 돌아와 신페인 당의 지도자가 되어 아일랜드 독립을 위한 조건을 마련하는 데 일조한다. 하지만 그는 영국과의 협상을 두고 신페인 당과 의견을 달리했기 때문에 결국에는 피아나 페일 당을 세워 수상이 된다.

정당의 당수로서 그는 1937년 아일랜드공화국의 헌법을 거의 혼자서 써내려갔고, 영국으로부터 분리된 중립국가를 향해 조국을 이끌어나간다. 전문적인 수학교육을 받은 데 발레라는 예전 해밀턴의 연구센터였던 던싱크천문대의 형편이 악화되는 것에 크게 낙심한다. 그는 그것을 아일랜드 쇠락의 상징으로 보았다. 그는 아일랜드의 영광을 새로이 하고 싶었고, 더욱이 아일랜드를 수학과 과학 분야의 선두주자로 만들고 싶었다. 이런 목표를 달성하기 위해 그는 프린스턴 고등연구소를 모델로 삼아 더블린 고등연구소를 설립할 계획을 세운다. 하지만 대체 아인슈타인과 맞먹을 인물로 누구를 데려다가 앉힐 것인가?

슈뢰딩거가 빈대학교에서 해고된 것을 알게 된 데 발레라는 설립 예정인 연구소를 이끌 교수 자리에 그가 적격이라는 판단을 내린다. 슈뢰딩거와 직접 접촉하면 나치의 경계심을 불러일으킬 수 있어 위험했기 때문에 데 발레라는 연쇄적 접촉을 통해 그에게 안테나를 뻗었다. 그는 대학 시절 자신의 지도교수 중 한 명이었던 에든버러대학교의 수학자 E. T. 휘터커에게 자신의 생각을 말했다. 휘터커는 이 말을 자신의 동료인 보른에게 전했고, 보른은 다시 취리히에 사는 슈뢰딩거의 친구 리하르트 베어에게 편지를 썼다. 그리고 베어는 다시 네덜란드 친구에게 빈으로 가서 슈뢰딩거에게 이 사실을 알려달라고 부탁했다. 하지만 슈뢰딩거는 당시 그라츠에 있었기 때문에 그 친구는 슈뢰딩거를 만나지 못했다. 그래서 그는 베르텔의 어머니에게 전할 이야기를 남겼다. 그리고 마침내 베르텔의 어머니가 데 발레라의 제안에 대해 간단한 편지를 써서 슈뢰딩거에게 보냈다. 슈뢰딩거와 베르텔은 그 편지를 세 번 읽은 후 불에 던져 태워버렸다.

슈뢰딩거는 그 제안을 받아들이는 것 말고는 다른 선택의 여지가 없음을 알고 있었다. 내심 그는 아직도 옥스퍼드대학교의 정교수 자리를 원하고 있었지만, 자금확보 문제와 자신을 향한 린드만의 반감 때문에 그것은 자기가 노릴 수 있는 패가 아님을 직감하고 있었다. 히틀러를 향한 슈뢰딩거의 고백 때문에 린드만은 그에게 더욱 화가 나 있는 상태였다. 스위스 국경에 있는 콘스탄츠로 차를 몰고 간 베르텔은 베어를 만나 더블린 고등연구소 교수 자리에 흥미가 있다는 이야기를 전했다. 베어는 이 사실을 편지로 보른에게 알렸고, 이 좋은 소식을 보른이 다시 휘터커에게, 그리고 휘터커가 다시 데 발레라에게 전했다.

9월 14일 슈뢰딩거와 베르텔은 그라츠로부터 탈출을 감행한다. 택시를 타고 갔다가는 택시 운전사가 두 사람을 고발할까 두려웠던 베르텔은 짐을 싣고 차를 몰아 기차역으로 간 다음 세차를 부탁하며 차를 차고에 맡겼다. 이것을 마지막으로 베르텔은 더 이상 그 차를 보지 못했다. 주머니에 달랑 10마르크만 들고서 두 사람은 로마로 향하는 기차에 몸을 실었다.

영원한 도시 로마에 도착한 슈뢰딩거는 데 발레라에게, 그리고 린드만에게도 편지를 써서 자신의 상태를 알리고 싶었다. 그는 데 발레라의 제안을 받아들이고 싶었고, 한편으로 린드만에게는 그 일이 성사될 때까지 잠시 옥스퍼드대학교에 머물 수 있는지 묻고 싶었다. 로마대학교의 교수였던 페르미는 슈뢰딩거에게 그가 보내는 편지는 모두 검열을 당할지도 모른다고 충고했다. 슈뢰딩거는 교황청과학원의 회원이었으므로 바티칸이 더 안전한 선택같아 보였다. 아름다운 바티칸 정원에 둘러싸여 슈뢰딩거는 편지를 써서 제네바에 있는 국제연맹을 통해 데 발레라에게 보냈다. 당시 데 발레라는 이 국제 조직의 회장을 역임하고 있었다. 이틀 후 데 발레라는 일을 논의하기 위해 두 사람을 제네바로 초청했다. 그는 아일랜드 영사관으로 하여금 두 사람에게 1등석 기차표, 그리고 경비로 각각 1파운드씩을 지급하게 했다.

슈뢰딩거는 들뜬 마음으로 스위스행 특급열차에 올랐다. 그런데 국경을 지날 때 두 사람은 크게 겁을 먹고 말았다. 경비가 두 사람의 이름이 적힌 종이를 들고 나타나 기차에서 내려 각자 떨어져서 보안수속을 밟으라고 지시한 것이다. 베르텔은 경찰들이 지켜보는 가운데 자신의 핸드백과 다른 개인 물품을 엑스레이 기계에 통과시키며 무척 초조해 했다. 하지만 다행히도 두 사람은 다시 기차로 돌아가도 좋다는 허락을 받았고 제네바까지 무사히 여행을 마쳤다. 둘은 제네바에서 데 발레라의 따뜻한 환대를 받았다. 그와 함께 사흘 동안 머물면서 연구소와 관련된 계획에 대해 논의한 다음 두 사람은 영국으로 향했다.

옥스퍼드대학교에 도착한 슈뢰딩거는 린드만의 냉담한 반응에 크게 실망했다. 린드만은 나치 지지 발언을 한 슈뢰딩거를 용서할 마음이 없었다. 슈뢰딩거는 그건 남이 신경 쓸 바가 아니며 자기는 해야 할 일을 한 것뿐이라고 주장하여 상황을 더 꼬이게 만들었다. 하지만 다행히도 그는 린드만의 도움에 기댈 필요가 없어졌다. 곧 벨기에의 겐트대학교에서 1년 임기의 교수 자리를 제안한 것이다. 더블린 고등연구소는 아직 계획 단계에 머물고 있어 언제 문을 열지 알 수 없는 상태였기 때문에 슈뢰딩거는 이 기회를 붙잡았다.

더블린 고등연구소
설립을 기다리며

슈뢰딩거는 11월 19일 더블린을 잠시 방문하는 동안 데 발레라 수상의 계획에 대해 좀더 자세히 알게 되었다. 수상의 구상대로 이 연구소에는 이론물리학 분과와 켈트 어 연구 분과가 포함될 예정이었다. 슈뢰딩거도 힐데군데와 루트를 자기와 베르텔이 있는 아일랜드로 데리고 오는 문제 등을 비롯해서 자신의 염려를 털어놓았다.[25] 힐데군데가 남편이 따로 있다는 점을 고려하면 이것은 대단히 특이한 요청이었다.

데 발레라는 여기에 반대하지 않았다. 다른 걱정거리에 비하면 슈뢰딩거의 요청은 오히려 별것이 아니었기 때문이다. 그는 아일랜드 의회로부터 연구소의 설립을 승인받아야 할 상황이었다. 이는 여러 달 동안 정치적 논쟁을 벌여야 할 고된 과정이 될 것이다. 슈뢰딩거가 겐트대학교에 있는 동안 데 발레라는 야당인 통일 아일랜드 당의 리처드 멀카히 같은 의원들과 논쟁을 벌여야 했다. 리처드 멀카히는 아일랜드에 이미 좋은 대학교들이 많이 있고, 이런 대학이 더 많은 자금을 필요로 하는 상황에서 연구소를 새로 설립하는 것은 불필요한 일이라 생각했다. 비평가들은 유사점은 찾아볼 수 없는 이론물리학과 켈트 어라는 두 분과를 하나의 연구소로 합친다는 생각을 비웃었다. 이 두 분과의 딱 하나 공통점이라면 두 분야 모두 수상의 관심 분야라는 것밖에 없어 보였다. 멀카히는 물리학 분과는 배제해야 한다고 주장했다.

데 발레라는 각각의 분과가 서로의 명성을 드높일 수 있다고 반박했다. 해밀턴이 남긴 유산을 언급하며 그는 과학 분야에서의 국제적 성취가 아일랜드에 새로운 영광과 존경을 가져다줄 것이라고 주장했다. 피아나 페일 당이 다수당이었기 때문에 결국에는 법안을 통과시킬 수 있으리라는 것을 그도 알고 있었다. 다만 법안통과 과정을 빨리 진행시키기 위해 그는 중립적인 입장을 취하고 있는 의원들을 설득의 표적으로 삼아 논쟁을 진행했다.

이 논쟁에 대해, 특히나 물리학 분과의 배제 가능성에 대해 소식을 들은 슈뢰딩거는 초조해졌지만 데 발레라는 결국에는 모든 것이 잘 해결될 것이라며 그를 안심시켰다. 슈뢰딩거가 해야 할 일은 인내심을 갖고 기다리는 것밖에 없다고 말이다. 뾰족한 다른 수가 없었던 슈뢰딩거는 그저 데 발레라의 말을 믿는 수밖에 없었다.

슈뢰딩거가 더블린에 교수 자리가 나기를 기다리면서 겐트대학교에서 1년을 머무는 바람에 이득을 본 부분 한 가지는 벨기에의 이론물리학자 겸 사제인 조르주 르메트르를 알게 되었다는 점이다. 르메트르는 우주가 엄청나게 밀도가 높은 상태로부터 팽창해 나왔다는 개념을 최초로 제안한 사람이다. 이것이 훗날 빅뱅이론으로 알려진다. 슈뢰딩거는 이 개념에서 영감을 받아 어떻게 몇몇 유형의 우주적 팽창이 물질과 에너지의 생성을 수반하게 되는지 보여주는 계산에 일조했다. 그가 내놓은 결과는 1940년대에 프레드 호일, 토마스 골드, 헤르만 본디가 제안한 정상우주론, 그리고 우주의 물질 중 상당 부분은 원시 급팽창 시기에 생성되었다는 현대적 개념도 미리 예견했다.

좌절감에 빠져 있던 이 시기에 슈뢰딩거의 생각은 스피노자, 쇼펜하우어, 베단타 철학 등의 맥락을 따라 종교적, 철학적 질문으로 옮겨간다. 그가 더블린으로 가져가게 될 미발표 원고들을 보면 자연의 질서를 찾는 것에 관한 그의 개념들이 어떻게 아인슈타인의 우주 종교와 비슷한 신념체계로 수렴하게 되었는지 알 수 있다. 슈뢰딩거는 이렇게 썼다.

"과학적 문제를 제출할 때 그 상대방 선수는 선한 신이다. 신은 문제를 설정했을 뿐 아니라 게임의 규칙들도 고안해냈다. 하지만 게임의 규칙들이 완전히 공개된 것은 아니다. 당신이 발견하거나 추론할 수 있도록 규칙의 절반은 공개하지 않고 남겨두었다."[26]

1939년 9월로 겐트대학교에서의 임기가 만료되자 슈뢰딩거가 벨기에를 떠나야 할 시간이 찾아왔다. 힐데군데와 루트는 슈뢰딩거와 베르텔이 사는 곳으로 옮겨온 상태였고, 아르투어는 그대로 인스부르크에 남았다. 그런데 몇 가지 복잡한 문제가 발생한다. 우선 더블린 고등연구소의 설립이 아직 승인 나지 않았다. 더군다나 나치의 폴란드 침공으로 제2차 세계대전이 발발한 상태였다. 슈뢰딩거는 다시 한 번 실직상태가 되었을 뿐 아니라 연합국의 관점에서 엄밀하게 따지자면 그는 적국의 시민이었다. 이것은 아주 큰 문제였다. 아일랜드로 가려면 영국을 통과해야 하기 때문이다. 다행히도 데 발레라, 그리고 놀랍게도 대단히 협조적으로 나온 린드만 등 몇몇 후원자들이 나서서 그와 그의 대가족이 영국을 거쳐 더블린으로 가는 데 필요한 서류를 얻어준 덕분에 이들은 10월 7일 더블린에 무사히 도착할 수 있었다.

1940년 6월 1일이 되어서야 아일랜드공화국 의회는 더블린 고등연구소 설립 법안을 통과시킨다. 그리고 그해 11월 연구소 이사회가 처음으로 소집된다. 그즈음에 연구소 설립이 지연된 가장 큰 이유는 바로 전쟁이었다. 슈뢰딩거가 연구소 설립을 기다리는 동안 미안해진 데 발레라는 그가 왕립 아일랜드 아카데미에서 객원교수 자리를 얻고 더블린 아일랜드 국립대학교에서 강의할 수 있도록 주선해주었다. 그리고 그 사이 슈뢰딩거와 그의 가족들은 조용한 교외지역인 클론타르프의 킨코라 가 26번지에 집을 구했다. 자전거 타기를 좋아했던 슈뢰딩거는 그곳이 기분 좋게 자전거를 타고 다닐 수 있을 정도로 도심부와 가깝다는 점이 마음에 들었다. 아일랜드 문화역사가 브라이언 펄론은 다음과 같이 말했다.

"1940년 더블린 고등연구소의 설립은 연구소들 설립과 관련해서는 하나의 획기적인 사건이었다."[27]

이 연구소는 일부 사람들이 말하는 '게일 르네상스'에서 하나의 이정표였다. 이론물리학 분과를 감독할 사람으로 슈뢰딩거 같은 르네상스 인보다 적합한 사람이 그 누구이겠는가? 메리언 광장에 연구소가 드디어 문을 열었을 때 아마도 데 발레라 말고는 슈뢰딩거만큼 기뻐한 사람은 없었을 것이다.

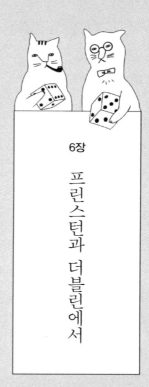

6장

프린스턴과 더블린에서

아인슈타인과 에딩턴의 이론은 효과가 없었고,
그들은 포기했다. 그 이론이 이제 와서 작동할
이유가 무엇인가? 아일랜드의 기후 때문에?
어쩌면 그럴지도 모른다. 아니, 어쩌면 메리언 광장
64번지의 아주 좋은 기후 때문인지도 모른다.
이곳에서는 생각할 시간이 있으니까.

– 에르빈 슈뢰딩거, '최종 아핀장 법칙'

과학에서는 절대로 권위에 의존하지 말라.
가장 위대한 천재라도 틀릴 수 있다. 그 사람이 노벨상을
한두 번 받은 사람이든, 한 번도 받지 못한 사람이든 말이다.

– 에르빈 슈뢰딩거, '최종 아핀장 법칙'

더블린 중심부에는 줄을 지어 늘어선 웅장한 조지 왕조 풍의 연립주택으로 아늑하게 둘러싸이고 녹음이 우거진 우아한 거주지가 있다. 트리니티 칼리지, 정부 건물, 박물관 등과 가까이 자리잡은 메리언 광장은 더블린 고등연구소를 설립하기 딱 좋은 아름다운 곳이었다. 데 발레라는 학자들을 위한 평화로운 안식처로 그곳에 두 개의 연구 분과를 설립하기로 결정했다. 바로 이론물리학 분과와 켈트 어 연구 분과다. 나중에는 우주물리학 분과가 광장 맞은편에 들어설 것이다.

몇 년 만에 처음으로 슈뢰딩거는 안전하다는 기분, 인정받는다는 기분이 들었다. 그에게는 생물학 등 새로운 관심사에 대해 탐구할 시간이 충분했다. 그의 생물학에 대한 관심은 결국 큰 영향력을 발휘한 책 《생명이란 무엇인가?》에서 절정에 달한다. 인재를 데려오는 데 성공한 것이 자랑스러웠던 데 발레라는 여러 강의에 거국

슈뢰딩거의 연구실이 있던 더블린 고등연구소 이론물리학
분과 건물(더블린 고등연구소 제공)

내각 전체를 끌고 다녔다.

　자기를 받아준 아일랜드에, 데 발레라가 자신에게 쏟은 관심에
감사했던 슈뢰딩거는 아일랜드와 관련된 모든 부분에서 전문가가
되겠다는 열망이 생겼다. 그는 켈트 디자인에 매료됐다. 슈뢰딩거
의 집을 방문한 사람들은 그가 손으로 정교하게 만든 가구 축소모
형을 볼 수 있었다. 이 가구 모형을 위해 슈뢰딩거는 아일랜드 직기
로 천도 짰다. 그는 게일 어도 배우려고 책상 위에 게일 어 입문서
도 마련해두었다. 하지만 외국어를 배우는 데 능통한 그도 아일랜
드 어 문법은 배우기가 너무 어려워서 결국에는 포기해버렸다. 그

럼에도 그의 아일랜드 동료들 중에는 그의 노력을 인정해주는 사람이 많았다. 무엇보다도 그는 오만한 옥스퍼드보다는 더블린이 훨씬 좋다는 말로 더블린 사람들을 기쁘게 했다.

슈뢰딩거는 연구소 활동도 열심히 하고 동료들과도 친근하게 지냈다. 그는 보통 밤늦도록 연구하는 일이 많았기 때문에 아침에 일찍 일어나는 것은 절대로 좋아하지 않았다. 그럼에도 그는 동료 연구자들과 함께 아침 차를 마시고 즐거운 대화를 나누기 위해 때맞춰 일찍 일어나 더블린 고등연구소까지 자전거를 타고 출근했다.[1]

슈뢰딩거가 이곳을 편안하고 안전하게 느낀 데는 여러 가지 이유가 있었다. 중립국에 살게 됨으로써 그는 전쟁의 공포와 정치적으로 민감한 관점을 표현하는 데 따르는 위험을 피할 수 있었다. 더군다나 권력자인 데 발레라를 자신의 멘토 겸 보호자로 두고 있었기 때문에 그는 자신의 독특한 생활방식을 자유롭게 추구할 수 있었다.

데 발레라는 아일랜드공화국의 수상일 뿐 아니라 주요 전국 언론사인 《아이리쉬 프레스》의 창립자 겸 소유주이기도 했다. 데 발레라는 이 신문사 편집국에 소속되어 있었고, 이 신문이 취하는 입장은 보통 데 발레라의 입장에 맞춰져 있었다. 아주 나중에는 이 신문사와 관련해서 대형 스캔들이 발생한다. 이 신문사는 미국과 아일랜드에 수천 명의 외부 투자자를 두고 있었는데도 데 발레라가 이윤의 대부분을 자신과 자신의 가족에게 빼돌릴 수 있도록 해놓았음이 까발려진 것이다. 가짜 주식을 보유하고 있던 대부분의 투자자는 배당금을 전혀 받지 못한 반면 진짜 주식을 보유하고 있던 데 발레라와 그 가족은 부를 마음껏 빨아들일 수 있었다.[2]

《아이리쉬 프레스》의 기자들은 사람들로 북적거리는 환경과 아수라장 같은 분위기 속에서 일했다. 이들은 데 발레라와 그의 친구들을 좋은 사람처럼 보이게 만드는 것도 자신의 임무 중 하나라는 것을 어느 정도는 파악하고 있었다. 신문 1면이나 2면에 슈뢰딩거를 치켜세워주는 기사가 종종 올라왔던 것은 그의 타고난 명석함과 매력이 기자들에게 강한 인상을 남긴 탓도 있겠지만, 아마 이런 부분도 작용했을 것이다. 그 예로 《아이리쉬 프레스》에서 슈뢰딩거의 가정생활에 대해 언급한 기사를 몇 편 살펴보자.

1940년 11월 기사 '집에서 만나본 교수'에서 그는 '현대에 와서 세상에 알려진 수리물리학자 중 가장 크게 이름을 날린 인물'로 묘사되고 있다. 이 기자는 슈뢰딩거가 아주 차가운 사람일 것이라 생각했다가 결국에는 다음과 같은 기사를 썼다.

"기발한 유머감각에서 조용히 뿜어져 나오는 쾌활한 목소리 뒤에 숨어 있던 부드러운 말투의 사내가 문을 여는 순간, 내가 틀렸다는 것을 깨달았다. 그는 대단히 인간적인 사람이었다."[3]

아인슈타인은 유명하기는 했지만 그가 뱃놀이를 간다고 해서 뉴스가 나오지는 않았다. 1935년 그의 배가 코네티컷 해안에서 좌초되었을 때처럼 그에게 무슨 사고라도 나야 뉴스거리가 됐다. 반면 《아이리쉬 프레스》에서는 슈뢰딩거가 휴가를 갔다는 사실도 뉴스거리가 됐다. 1942년 8월 그가 케리로 자전거 여행을 가리라 마음먹었을 때 《아이리쉬 프레스》는 충실하게 그 이야기를 뉴스로 실었다.[4]

1946년 2월의 또 다른 기사 '집에서 만나 본 '원자의 사나이': 에르빈 슈뢰딩거 교수의 하루 휴가'에서는 슈뢰딩거가 베르텔, 힐데군데, 루트와 보내는 가정생활을 자세히 다루고 있다. 이 기사에는 이 가족이 처한 상황을 특이하게 묘사하는 문장은 한 줄도 나오지 않았다. 이 기사는 힐데군데와 루트가 아일랜드에 함께 있게 된 이유에 대해 슈뢰딩거가 한 말을 그대로 인용했을 뿐 거기에 어떤 의문도 제기하지 않았다. 체스에서 방금 자기를 이긴 루트를 가리키며 슈뢰딩거는 이렇게 말했다.

"루트와 루트의 엄마, 마치 부인은 벨기에에서 저희와 함께 있는 도중에 전쟁을 맞았습니다. 그래서 우리와 함께 이곳으로 왔죠."[5]

루트는 더블린 생활에 전반적으로 만족했고, 세 명의 부모로부터 관심 받는 것을 즐겼다. 하루는 루트의 친한 친구가 루트에게 왜 엄마는 둘인데 '아빠'(아르투어)는 함께 있지 않느냐고 물었다.[6] 루트는 그 이유를 알지 못했다. 루트에게는 이 상황이 완전히 정상적인 일이었다. 루트는 집에서 키우는 개 부르쉬에(대략 사내아이라는 뜻)를 무척 아꼈다. 이 개는 새끼였을 때 위클로 산맥에서 구한 콜리 종 강아지였는데, 전쟁 기간 동안 훈련 공습경보 사이렌이 울리면 이 강아지도 함께 울부짖는 바람에 루트는 겁을 먹기도 했다. 훗날 루트는 부르쉬에가 죽어서 슬펐던 것을 빼고는 아일랜드 시절을 특별한 사건이 없었던 시절로 기억했다.[7]

데 발레라를 후원자로 둔 슈뢰딩거는 확실히 자신의 연애생활에 대해 스캔들에 휘말릴 걱정이 필요없었다. 오히려 또 다른 여성에게 구애할 수 있겠다는 생각이 들었다. 베르텔과 힐데군데가 루트와 집안을 돌보고 있는 동안 그는 계속해서 다른 여자들을 만났다. 그가 일기에 적어놓은 것처럼 이 모든 일은 은밀히 일어났다. 그는 공개적으로는 언론에서 부르듯 '위대한 두뇌$^{Great\ Brain}$'였다.

근무일마다 슈뢰딩거는 교외의 집과 안락한 사무실 사이를 자전거로 오가며 출퇴근했다. 그는 휴가도 자주 냈고 강의는 1년에 몇 번만 하면 됐다. 그래서 그는 이론물리학의 멋진 세계를 자유로이 떠돌아다닐 수 있었다. 전쟁 기간 동안 그의 동료 중 많은 사람들이 고통 받아야 했지만 데 발레라 덕분에 슈뢰딩거는 안락한 삶을 누릴 수 있었다.

이 모든 행운에도 불구하고 슈뢰딩거에게는 갚아야 할 빚이 있었다. 그는 연구소를, 그리고 아일랜드의 과학계 전반을 일으켜 세울 거라는 기대를 한몸에 받고 있었다. 아인슈타인은 베를린대학교에서 교수직을 맡을 때 자기가 알 낳을 능력은 잃어버리고 허울 좋은 '이름만 남은 암탉'이 되는 것은 아닐까 우려했었다.[8] 슈뢰딩거도 그와 유사한 압박에 직면했다. 게다가 아일랜드의 최고 권력자가 어깨 너머로 항상 그를 지켜보고 있었다. 아일랜드 사람들은 그를 물리학에서 아일랜드에 국제적 명성을 안겨줄 희망, '새로운 해밀턴', 아일랜드의 유일한 노벨상 수상자, 그리고 아인슈타인과 대등한 인물이라 여겼다. 언론은 슈뢰딩거를 이런 과대포장된 이미지로 꾸며냈고, 그 바람에 그에 대한 기대치가 감당 못할 만큼 높아져 있었다.

무언가를 창조하고 싶은 슈뢰딩거의 충동은 내면에서 우러난 것이기도 했다. 일상에 지겨워진 그는 자신을 도전에 내맡겨 다른 모습을 보여주기를 좋아했다. 그는 사람들에게 르네상스 인으로 비쳐지는 것이 좋았다. 어쩌면 고대 그리스 철학자들의 계승자로 비쳐지고 싶었는지도 모른다. 그의 활발한 이성은 새로운 지적 모험으로 들어가는 길을 찾아내리라는 희망에 이 주제에서 저 주제로 바쁘게 옮겨다녔다.

어떤 물리학자들은 혁신의 필요성에 직면하면 공동연구를 시도한다. 하지만 1940년대 초에는 그런 가능성이 제한되어 있었다. 슈뢰딩거는 여전히 국제 물리학계에서 유명한 상태였지만 대부분의 물리학자들은 전쟁에 동원되어 있었다. 이론물리학은 핵물리학과 입자물리학 같은 새로운 방향으로 옮겨간 상황이었다. 슈뢰딩거의 관심사는 주류에서 벗어나 있었다.

어쩐 일인지 더블린 고등연구소는 중심지에 위치해 있으면서도 한동안 아일랜드의 다른 과학 연구소들과는 떨어져 고립된 상태로 남아 있었다. 아인슈타인의 전 조수 레오폴드 인펠트는 1949년 이곳을 방문하고는 이렇게 말했다.

"전세계로부터 학생들을 끌어모으고 있는 이 연구소는 과학적 성취를 통해 아일랜드의 이름을 알렸다. 하지만 이 연구소가 자신의 조국 아일랜드, 그리고 아일랜드의 지적 생활과 대학에 미치는 영향력은 그리 크지 않다."[9]

웃음거리가
되다

슈뢰딩거가 《아이리쉬 프레스》에서는 총애를 받는 특별한 인물이었던 반면 《아이리쉬 프레스》의 라이벌 신문이었던 《아이리쉬 타임스》는 그에게 존경을 보이면서도 《아이리쉬 프레스》처럼 호들갑을 떨지는 않았다. 《아이리쉬 타임스》는 데 발레라와 그의 정책에 대해 비판적인 시각을 유지하고 있었다. 독립성과 개방성을 추구하는 과정에서 《아이리쉬 타임스》는 정부의 검열과 명예훼손 고소를 감안해야 할 때가 종종 있었다.

데 발레라의 반대측, 특히나 통일 아일랜드 당 사람들의 관점에서 보면 더블린 고등연구소는 스스로를 세계 최고의 수학자, 과학자, 언어학자들과 동급이라 착각하는 지도자의 허영심을 채워주는 기획에 불과했다. 그렇기 때문에 《아이리쉬 타임스》는 《아이리쉬 프레스》에 비해 이 연구소를 조금 덜 진지하게 다루었다. 명예훼손으로 고소하겠다는 위협을 받고 잠잠해지기 전까지만 해도 이 신문사는 한 칼럼니스트가 더블린 고등연구소 교수진을 소설가 조너선 스위프트 식으로 조롱하기까지 했다. 고등연구소에서 하는 연구를 조너선 스위프트의 소설 《걸리버 여행기》에 등장하는 고상한 섬 라퓨타*의 연구처럼 아무런 의미도 없는 웃음거리로 묘사한 것이다.

1942년 4월에는 《아이리쉬 타임스》의 'Cruiskeen Lawn'(더블린 속어로 항아리를 가득 채운 위스키를 의미)이란 유머 칼럼에 논란의 소지가 있는 글이 등장했다. Myles na gCopaleen이라는 가명을 쓰는 상상력이 풍부하고 별난 작가 브라이언 오놀란이 쓴 이 칼럼은 현대 아일랜드의 삶을 불손한 눈길로 바라보았다. 아마추어로

---

* Laputa, 공상에 빠진 인간들이 살고 있는 공중에 떠 있는 섬을 말한다.

서 과학과 철학에 예리한 관심을 가지고 있고, 게일 어도 유창한 오놀란은 더블린 고등연구소의 두 분과에서 나오는 보고서들을 계속 지켜보고 있었다. 그는 켈트 어 연구 분과의 F. 오라힐리 교수가 성 패트릭*이 두 사람을 합쳐놓은 인물이라는 개념을 제시했다는 점에 눈길이 갔다. 그에게는 이것이 이상하게 비쳐졌다. 이는 심지어 신성을 모독하는 개념이기도 했다.

오놀란은 슈뢰딩거가 1939년에 더블린대학교 형이상학회에서 '인과론에 대한 생각'이라는 제목으로 강연했던 것도 떠올렸다. 평소처럼 슈뢰딩거는 우주가 인과론을 따르느냐 따르지 않느냐 라는 질문에 명확한 답변을 하지 않고 애매한 말로 넘어갔다. 그즈음에는 슈뢰딩거도 자기가 이 주제에 대해 바람에 흔들리는 갈대처럼 갈팡질팡하고 있다는 것을 깨닫고 있었기 때문에 스페인의 작가 미겔 데 우나무노의 말을 인용했다.

"스스로 모순되는 말을 한 번도 해보지 않은 사람이 있다면 혹시 그 사람이 아예 아무 말도 내뱉지 않았던 것은 아닌지 의심해볼 일이다."[10]

학회장이었던 A. A. 루스 목사는 강연 말미에 슈뢰딩거에게 자유의지의 가능성을 열어두어 '현대의 에피쿠로스'가 되어준 것에 감사한다고 말했다. 하지만 오놀란은 이를 다르게 해석해서 인과론에 대해 슈뢰딩거가 반신반의하는 것을 두고 '제1원인'**의 존재를

---

* St. Patrick, 아일랜드의 수호성인이다.
** 모든 운동의 궁극적 원인으로서 신을 우주의 창시자로 보는 철학용어다.

의심하는 것이라 오해했다. 바꿔 말해서 오놀란에 따르면 슈뢰딩거는 불가지론으로 들어가는 문을 열어놓은 것이다. 제1원인이 없으면 신이라는 존재도 필요없었다.

더블린 고등연구소를 혹평하는 오놀란의 칼럼은 연구소의 사명에 어울리지 않는 이교도적인 연구의 사례로 오라힐리의 연구와 슈뢰딩거의 강연을 집중 조명했다. 그는 이렇게 썼다.

"이 연구소에서 처음으로 내놓았다는 결실이 하나는 성 패트릭이 두 명이라는 것이고, 또 하나는 신은 존재하지 않는다는 것을 입증한 일이다. 이단과 불신앙을 전파하는 것은 고상한 학습과는 아무런 상관도 없는 일이다. 우리가 잘 지켜보지 않으면 이 연구소가 우리를 세계의 웃음거리로 만들 것이다."

오놀란은 또한 이 연구소를 악명 높은 곳이라 부르며 이렇게 썼다.

"신이시여, 이 연구소의 교수 자리를 얻으려면 제가 무엇을 내놓아야 하겠나이까? 대부분의 사람들이 오락이라 여기는 '일'을 연구 활동이랍시고 하고 있는 그 자리를 얻으려면 말입니다."[11]

슈뢰딩거는 오놀란의 말을 일종의 유머로 보고 관대하게 웃어넘긴 반면 더블린 고등연구소의 지도부는 격분했다. 이들은 《아이리쉬 타임스》에 사과를 요구하며 압박했다. 결국 예상대로 그곳의 편집부는 이 요구에 응하여 오놀란이 자신의 칼럼에 다시는 이 연구소를 언급하는 일이 없을 것이라고 약속했다.

과학계에서 슈뢰딩거가 오놀란의 유일한 표적은 아니었다. 에딩턴이 1942년 7월 더블린 고등연구소에서 통일이론에 대해 세미나를 하면서 상대성이론을 진정으로 이해하는 사람은 소수에 불과하다고 설명하자 오놀란은 자신의 칼럼에서 상대성이론을 아일랜드의 아동들에게 게일 어로 교육해야 한다고 제안했다. 그는 이런 농담을 던졌다.

"그럼 아이들은 두 언어에 문맹이 되는 대신 그래도 4차원에 대해 문맹이 될 수 있을 테니까 말이다."[12]

오놀란은 소설가이기도 해서 또 다른 가명인 플란 오브라이언이란 이름으로 소설을 발표하기도 했다. 그의 소설 중 가장 잘 알려진 작품 중 하나인 《세 번째 경찰관》은 1939년에서 1940년 사이에 쓰였다. 이는 슈뢰딩거가 아일랜드에 도착해서 인과론에 대해 강연한 시기와 겹친다. 이 책은 오놀란의 살아생전에는 출판사를 찾지 못하다가 1967년에 가서야 처음 발표된다. 이 소설에는 직접 등장하지는 않지만 여러 주석들을 통해 독자에게 존재를 드러내는 독특한 학자 데 셀비가 등장한다. 데 셀비는 화산 분출과 석탄 연소 때문에 밤중에 '검은 공기'가 쌓인다는 둥 자연에 관한 이상한 이론들을 신봉하는 인물이다.[13]

오놀란이 어리석은 과학적 생각을 조롱한 부분에 대해서는 많은 분석이 이루어졌다. 데 셀비라는 등장인물은 적어도 부분적으로는 다른 누군가의 '고상한' 관점에서 영감을 받아 나왔을 가능성이 크다. 이름이 '데'로 시작하는 사람, 즉 데 발레라 말이다. 하지만 아인슈타인과 슈뢰딩거도 당시에 무척 저명했다는 점을 고려하면 이 등장인물에 영향을 미쳤을 가능성이 있다.

해밀턴의
우표

데 발레라에게 해밀턴보다 소중한 수학자는 없었다. 세계적으로 보면 1943년은 처참한 유린의 해였다. 독일과 소련의 군대는 스탈린그라드를 차지하기 위해 치열한 전투를 벌였다. 유대인 거주지역의 투사들은 바르샤바에서 나치의 군대를 상대로 용맹하게 싸웠다. 하지만 데 발레라에게 있어서 1943년은 아일랜드의 해밀턴이 이뤄낸, 수학적 개념 사원수 발견 100주년을 기념하는 해였다.

사원수는 복소수를 네 개의 성분을 가지도록 확장한 것이다. 실수 요소와 허수 요소(-1의 제곱근)를 가지고 있는 복소수는 2차원 평면상의 한 점으로 표현할 수 있다. 해밀턴은 3차원 공간에서 한 점에 대응하는 등가물을 찾고 싶었다. 그의 깨달음의 순간은 더블린의 브로엄 다리를 건너다가 찾아왔다. 세 개가 아니라 네 개의 요소가 필요하리라는 것을 깨달은 것이다. 사원수의 정의가 머릿속에 번뜩 떠올랐고, 그는 그 자리에서 바로 다리 옆면에 방정식을 새겼다.

데 발레라의 주도 아래 아일랜드 정부는 해밀턴과 그의 발견을 기념하는 우표를 발행했고, 그해 11월에는 경축행사를 열어 국제적인 명사들을 초대했다. 하지만 외국 학자들은 몇 명 참석하지 못했다. 전쟁 때문이었다. 한창 전쟁 중에 데 발레라는 왜 순수 수학에 그렇게 사로잡혀 있었을까? 아일랜드는 중립국이었음에도 경제는 망신창이가 되어 있었다. 전세계 여러 곳에서 그랬던 것처럼 식량배급제가 실시되었고, 여러 가지 물품이 제한되어 있었다. 하지만 그럼에도 데 발레라는 자신의 개인적 관심사에 대해 신기할 정도로 고집을 부렸고, 그를 비판하는 사람들은 이런 부분을 도무지 이해할 수가 없었다. 영국계 아일랜드 인 귀족 그라나드 경이 데 발레라와 만난 후에 이렇게 지적한 적이 있다.

"그는 천재와 광기의 경계선에 있다."

물론 유난히 어느 한 가지에만 빠져 있는 사람들을 보면 이런 말을 할 수 있다. 하지만 데 발레라는 온갖 악조건과 그의 유별난 목표에도 불구하고 정치적으로 인기를 유지했다. 마치 공부밖에 모르는데도 항상 학생들이 잘되기만을 바라서 존경을 받는 학교 선생님하고 비슷한 경우다.

사원수 기념의 해가 시작되었다는 것은 슈뢰딩거가 새로운 해밀턴이 되어 아일랜드의 과학적 영광을 재건시켜주리라는 기대를 충족시켜야 한다는 압박도 그만큼 커진다는 의미였다. 아일랜드에 한번도 와본 적이 없는 디랙 같은 유명인사들과 더불어 에딩턴을 더블린 고등연구소로 데리고 옴으로써 그는 아일랜드를 세상에 알리기 시작했다. 그는 또한 뛰어난 물리학자 발터 하이틀러를 조교수로 영입하는 것을 도와 이론물리학 분과의 브레인 파워를 키우는 데도 한몫했다. 그럼에도 불구하고 그는 《아이리쉬 프레스》에 실린 다음과 같은 말을 정당화시켜야 한다는 부담을 느낄 수밖에 없었다.

"이곳에서 해밀턴의 전통을 이어가기 위해 가장 노력하고 있는 사람은 에르빈 슈뢰딩거 교수다."[14]

천재라고 하면 사람들은 제일 먼저 아인슈타인을 떠올리는 상황이었기 때문에 슈뢰딩거는 존경받는 물리학자인 아인슈타인과의 연줄은 과시하면서 그의 업적은 미묘하게 깔아뭉개는 역설적인 전략을 채용한다. 조머펠트가 아인슈타인의 편지를 수업시간에 크게 읽었던 것처럼 슈뢰딩거 역시 자기와 아인슈타인이 꾸준히 편지를 교환해왔다는 사실을 동료와 언론에 흘리고 다녔다. 하지만 조머펠트와 슈뢰딩거의 동기는 분명 다른 것이었다. 조머펠트는 아인슈타인의 글이 학생들에게 영감을 불어넣으리라 생각했다. 반면 슈뢰딩거는 아인슈타인과의 친분을 대중에게 알려서 과시하기를 즐겼다. 《아이리쉬 프레스》에서는 할리우드의 여배우를 언급하며 다음과 같은 기사를 썼다.

"이 두 지성 사이에 오고간 편지들 속에는 라나 터너를 능가할 정도로 신비로운 대수학 공식들이 깨알 같이 적혀 있다."[15]

슈뢰딩거는 아인슈타인과 긴밀한 관계였음에도 불구하고 해밀턴에 관한 또 다른 글에서는 그를 깎아내렸다. 기념행사에 관해 언급하며 슈뢰딩거는 이렇게 썼다.

"해밀턴의 원리는 현대물리학의 주춧돌이 되었다. 이것은 모든 물리현상이 따를 것으로 기대되는 원리다. 그런데 얼마 전에 아인슈타인이 '해밀턴의 원리가 적용되지 않는 이론'이라는 개념을 꺼내들어 선풍을 일으켰다. ... 사실 이것은 실패로 입증되었다."[16]

어떤 면에서 보면 당시의 슈뢰딩거는 하이젠베르크를 향한 아인슈타인의 태도, 그리고 아인슈타인을 향한 하이젠베르크의 태도가 뒤섞인 양자중첩 상태를 유지하고 있었다. 슈뢰딩거는 아인슈타인과 함께 할 때면 하이젠베르크 같은 확률론 신봉자들이 일상적 경험과의 접촉을 잃어버렸다며 공격했다. 고양이 패러다임이 그런 비판의 좋은 사례다. 하지만 아인슈타인이 듣지 않는 곳에서는 이 나이든 물리학자가 한물갔음을 암시하는 말을 흘리고 다녔다. 이것은 하이젠베르크가 주장하는 내용과 일치하는 부분이다. 하지만 슈뢰딩거가 자기에게 농간을 부렸음을 아인슈타인이 완전히 깨닫기까지는 더 오랜 시간이 걸렸다.

프린스턴의
은둔자

전쟁 기간 동안 아인슈타인은 어느 정도 고립되어 있었다. 비교적 규모가 작은 공동체인 프린스턴에서조차 그와 알고 지내는 사람은 소수에 불과했다. 엘자가 세상을 떠난 이후로 그는 옷을 차려입거나 이발할 생각도 별로 들지 않았다. 그는 통일이론을 향한 고투를 계속해서 이어갔다. 함께 돕는 조수들이 있다는 점을 빼면 무척 외로운 싸움이었다. 그는 현재 이스라엘인 팔레스타인 지구의 하이파로 이사한 베를린 출신의 친구 한스 뮈샴에게 이런 편지를 보냈다.

"나는 외로운 늙은이가 되어버렸네. 양말을 안 신고 다니고, 다양한 행사에 기인으로 등장해서 유명해진 족장 같은 인물이랄까. 하지만 연구에 있어서만큼은 그 어느때보다도 열정적으로 끓어오르고 있네. 물리장physical field의 통일이라는 내 해묵은 문제를 드디어 풀어냈는지도 모르겠다는 희망을 품고 있다네. 하지만 이것은 마치 비행선에 올라타 있는 것 같은 상황이네. 구름 사이를 누비며 마음껏 항해할 수는 있지만 어떻게 하면 현실, 즉 땅 위로 돌아갈 수 있는지가 분명하게 눈에 들어오지 않은 상황 말이지."[17]

1939년 프린스턴대학교 졸업반 학생들이 지은 익살맞은 글을 보면 사람들이 아인슈타인을 어떻게 바라보았는지가 드러난다. 프린스턴대학교 학생들이 자신의 교수에 대해 농담을 하는 것은 하나의 전통이었다. 아인슈타인은 프린스턴대학교 교수진이었던 적이 한 번도 없었지만 학생들은 다음과 같은 시를 만들어 읊었다.

> 수학을 공부하는 모든 이에게
> 알베르트 아인슈타인은 길을 보여주지.
> 그리고 그가 집밖에 나서는 일은 좀처럼 없지만
> 그래도 제발 머리는 자르고 다니기를 바라네.[18]

식민지시대 풍의 풀드홀에 새로 만들어진 고등연구소 본부에서 연구하게 된 아인슈타인은 더 이상 대학교 수학과 교수진과 공간을 함께 쓸 필요가 없어졌다. 그리고 플렉스너를 상대해야 할 필요도 없어졌다. 플렉스너는 연구소장 자리에서 내려오고 그 대신 성격이 온순한 프랭크 아델로트가 소장 자리에 올랐기 때문이다. 여러 오솔길이 나 있는 숲으로 둘러싸인 전원적인 환경에서 아인슈타인은 방문객뿐 아니라 새로 임명된 쿠르트 괴델 같은 동료들과 길고 즐거운 산책을 즐길 수 있었다.

그런 방문객 중에는 아인슈타인이 여러 해 동안 만나보지 못했던 보어도 있었다. 보어는 1939년 겨울에 두 달 동안 이곳에 머물렀다. 논쟁을 즐기던 두 친구가 다시 만났으니 정감 어린 농담이라도 오고가리라 예상할지도 모르겠지만, 오히려 기분 나쁜 침묵이 두 사람 사이를 갈라놓았다. 두 사람은 각자 자신의 생각에 빠져 있었다. 아인슈타인은 현실적인 물리적 해를 갖춘 일반상대성이론의 5차원으로의 확장을 찾아내기 위해 베르그만, 바르그만과 함께 열심히 노력하고 있었다.

보어는 훨씬 심각한 문제로 걱정하고 있었다. 그는 막 오스트리아의 물리학자 오토 프리쉬로부터 베를린에서 오토 한과 프리츠 슈트라스만이 중성자를 우라늄과 충돌시키는 실험에 성공했다는 소식을 들었다. 핵물리학자 리제 마이트너(오토 프리쉬는 리제 마이트너의 조카다)는 이들과 함께 프로젝트에 참여하다가 절반은 유대인인 자신의 혈통 때문에 스웨덴으로 탈출한다. 이 연구결과를 분석한 후에 마이트너와 프리쉬는 핵분열(원자핵이 쪼개지는 현상)이 일어났다고 결론 내린 상태였다. 프리쉬가 이 이야기를 보어에게 전하자, 보어는 나치가 원자폭탄의 비밀을 발견할지도 모른다는 생각으로 큰 두려움에 빠졌다. 실제로 전쟁 기간 동안 하이젠베르크는 한과 다른 사람들이 함께 동원된 핵폭탄 개발을 담당하게 된다.

더 긴박한 문제에 마음이 가 있었음에도 불구하고 보어는 아인슈타인의 최신 통일이론 연구성과에 대한 강연에 정중하게 참가한다. 그는 멍한 표정으로 자리에 앉아 일반상대성이론의 창시자가 옹호하는 이른바 '만물의 이론'에 귀를 기울였다. 이 이론은 그 시대까지 이루어진 모든 발전을 깡그리 무시하고 있는 듯했다. 스핀은 어쩌고? 중성자는? 핵력은? 아인슈타인이 최후의 결정타를 날리지 않았더라면 보어는 깜빡 졸았을지도 모를 일이었다. 강연 막바지에 아인슈타인은 보어를 정면으로 바라보면서 자신의 목표는 양자역학을 대체하는 것이라고 말했다. 보어는 아인슈타인을 노려보았지만, 한마디도 하지 않았다.[19]

보어가 방문하고 몇 달이 지난 후 아인슈타인은 원자폭탄 문제에 대해 직접 연설해달라는 요청을 받았다. 동부 롱아일랜드로 항해 여행을 떠나 있던 1939년 7월 헝가리의 물리학자 레오 실라르드와 유진 위그너가 대단히 심각한 경고를 가지고 그의 집에 도착했다. 두 사람은 나치가 벨기에 령 콩고로부터 우라늄을 입수하기 시작해서 그것을 이용해 원자폭탄을 만들지도 모른다며 크게 걱정하고 있었다. 실라르드는 하나의 우라늄에서 핵분열이 일어나면, 거기서 방출되는 중성자가 더 많은 원자핵을 분열시키는 연쇄반응을 통해 막대한 양의 파괴적 에너지가 만들어질 수 있다는 계산을 내놓은 상태였다.

8월에 아인슈타인은 프랭클린 루스벨트 대통령에게 경고의 편지를 썼다. 실라르드가 이 글을 영어로 번역하고 아인슈타인이 여기에 서명하여 발송했다. 2년여 후 루스벨트 대통령은 원자폭탄을 개발하기 위해 로버트 오펜하이머가 과학적인 영역을 지휘하는 1급 비밀 맨해튼 프로젝트를 가동했다. 아인슈타인은 맨해튼 프로젝트의 주요 활동에는 절대로 참여 승인을 받지 못했지만, 이론적으로 군사 프로젝트에 기여해달라는 요청을 전쟁 기간 동안 몇 번에 걸쳐 받았다.

아인슈타인은 세계가 크게 분열되어 있던 그 사이에도 우주적 통일이론을 위한 계획을 계속해서 밀어붙였다. 평소에는 낙관적이던 아인슈타인도 거의 20년에 걸쳐 힘의 통일에 대해 연구하면서 이따금씩 절망의 나락으로 빠져들기도 했다. 1940년 5월 15일 워싱턴에서 열린 미국과학학술대회의 한 연설에서 아인슈타인은 이렇게 고백하기도 했다.

"이 과제는 도무지 희망이 없어 보입니다. 우주에 대한 모든 논리적 접근이 결국에는 막다른 길에서 끝나고 마는군요."[20]

하지만 이런 암흑의 순간에도 아인슈타인은 여전히 세상이 우연에 의해 지배된다는 생각을 받아들이기를 거부했다. 그는 학술대회에서 이렇게 말했다.

"하이젠베르크의 불확정성 원리가 참이라는 데는 의문의 여지가 없지만, 자연의 법칙이 주사위 놀이와 비슷하다는 관점을 우리가 받아들여야 한다는 건 믿을 수 없습니다."

이런 자기회의는 순간적인 일탈에 불과했다. 기약도 없이 북서항로*를 찾아 나섰던 여행가들처럼 한쪽 길이 막혀버리면 그는 다른 길을 찾아 나섰다. 그가 가능성 있는 새로운 탐구경로를 세심히 계획하고 있는 동안 음악이 그의 영혼을 달래주었다. 그러고 나면 그는 자기 조수들과 의논해서 다른 경로를 따라 연구활동을 다시 이어나갔다.

1941년 아인슈타인과 베르그만, 바르그만은 자신들의 마지막 작

---

* 유럽에서 북아메리카 대륙의 북쪽 해안을 거쳐서 태평양으로 나오는 항로를 말한다.

품을 발표한다. 5차원 통일에 관한 논문이었다. 베르그만은 그해 블랙 마운틴 칼리지에 자리를 얻어 프린스턴 고등연구소를 떠난다. 나중에 그는 시러큐스대학교에서 중요한 일반상대성이론 연구단체를 결성하여 자기만의 중력 양자론을 개발하게 될 것이다. 그리고 바르그만은 프린스턴대학교에서 수학교수가 된다. 그리하여 아인슈타인은 다시 한 번 새로운 조수를 찾아야 할 처지가 되었다.

신의 채찍과 함께

통일이론과 관련해서 아인슈타인이 그 다음으로 함께 한 사람은 그의 오랜 친구이자 그를 자주 비판하기도 했던 볼프강 파울리다. 파울리는 친구와 적을 가리지 않고 그 앞에서 잔인할 정도로 최대한 솔직해지는 것이 자신의 임무라 생각했다. 그는 에렌페스트가 자기에게 붙여준 꼬리표를 자랑스럽게 달고 다녔다. 바로 '신의 채찍'이다. 그는 편지를 쓸 때 가끔은 이 별명으로 서명하기도 했다. 아인슈타인은 파울리가 자신의 논문을 꼼꼼하게 읽고 평가해주는 것에 고마워했던 것 같다. 하지만 그의 무자비한 비판에 대비해 항상 마음을 단단히 다져먹을 필요가 있었다. 어찌 보면 파울리도 아인슈타인의 우주 종교에서 한자리 차지하고 있었다. 자연의 법칙에 관한 '신의 생각'을 잘못 이해한 '죄'를 지으면 파울리의 조롱이라는 고통에 직면해야 했으니 말이다.

1940년 프린스턴 고등연구소 수학 분과에서는 파울리를 임시 연구원으로 초대했다. 서류들을 확인해보면 이들이 파울리와 슈뢰딩거를 고민하다가 슈뢰딩거 대신 파울리를 선택했음을 알 수 있다. 그 이유는 파울리가 위험이 덜하다고 판단했기 때문이다. 이들은 슈뢰딩거에 대해 다음과 같이 평가했다.

"똑똑하기는 하지만 파울리에 비해 덜 안정적이다. 1937년에 이미 우리는 두 사람의 상대적 장점을 비교하여 파울리 쪽으로 결정한 바 있다."[21]

고등연구소 수학 분과에서 왜 슈뢰딩거를 '덜 안정적'이라고 생각했을까? 그의 독특한 가족관계에 대해 그곳의 누군가가 알고 있던 걸까? 슈뢰딩거가 프린스턴대학교의 총장과 그 문제에 대해 논의했었다는 소문이 도는 것을 보면, 그 이웃 기관에도 소문이 흘러들어갔을 가능성이 있다. 아니면 슈뢰딩거의 논문발표 기록을 살펴보고는 계산을 바탕으로 한 논문뿐 아니라 철학적 논문까지 포함하더라도 발표가 좀더 뜨문뜨문 이루어졌다고 판단했을지도 모른다. 어쨌거나 수학 분과에서는 파울리를 택했다.

파울리는 전쟁 기간 동안 혼란에 빠져 있는 유럽을 떠나 더 조용한 곳으로 모험을 떠날 수 있어 기뻤다. 파울리가 연구활동을 했던 취리히는 유대인 친척을 둔 사람에게 상대적으로 안전한 장소이기는 했으나, 어쨌거나 히틀러의 제국과 지역적으로 가깝다는 것은 그리 이상적인 환경은 아니었다. 그래서 그는 전쟁 기간 동안 프린스턴에 머물게 되었다.

아인슈타인은 풀드홀에서 파울리와 한 지붕 아래 머물게 되었다는 점을 충분히 활용하고 자연의 힘에 대해서도 공동의 거처를 제공해줘야겠다고 마음먹었다. 아인슈타인은 베르그만, 바르그만과 함께 개발한 개념들을 확장하여 파울리와 함께 5차원 통일 모형에 대해 연구했다. 이는 그가 조수가 아닌 저명한 물리학자와 공동연구를 진행한 몇 안 되는 사례 중 하나다.

파울리의 세심한 접근방식 덕분에 두 사람은 이런 모형에서는 특이점(무한이 나오는 항)이 존재하지 않는, 물리적으로 현실성 있는 해가 나오지 않는다는 확실한 결론에 도달했다. 이들이 찾아낸 해 중에서 특이점이 나오지 않는 유일한 해는 광자처럼 질량도 없고 전기적으로 중성인 경우밖에 없었다. 하지만 통일이론의 목표 중 한 가지는 전자처럼 질량과 전하가 있는 입자의 행동을 기술하는 것이었다. 1943년 아인슈타인과 파울리는 신뢰할 만한 해가 존재하지 않는다는 결론을 알리는 공동논문을 발표했다. 두 사람은 이렇게 언급했다.

"칼루자의 5차원 이론에 어떤 진리가 담겨 있다는 생각을 떨치기는 힘들지만, 그 토대가 만족스럽지 못하다."[22]

고차원을 통해 통일이론을 이끌어내려 했던 아인슈타인의 야심은 결국 막다른 골목에 부딪히고 말았다. 그는 칼루자와 클라인이 취했던 접근방식을 버리고 그 대신 표준 개수의 차원, 즉 3차원의 공간과 1차원의 시간을 갖는 이론에 초점을 맞추기로 한다. 나중에는 다른 사람들이 또 다시 칼루자-클라인 이론을 받아들여 성공을 이끌어내려 할 테지만, 아인슈타인은 자신이 모든 가능성을 조사했다고 믿었다. 그의 '지우지 말 것' 칠판은 다시 지워져야 했다. 분명 새로운 시도로 넘어가야 할 때가 온 것이다.

아편을 이용한
일반통일이론

아이러니하게도 통일을 향한 아인슈타인의 노력이 교착상태에 도달했을 즈음 오히려 슈뢰딩거가 통일이론의 열렬한 지지자가 되기 시작한다. 그가 가장 존경하는 이론물리학자 세 사람, 즉 아인슈타인, 에딩턴, 바일에게 자극받은 그는 자신의 행운도 시험해봐야겠다고 마음먹는다. 그는 일반상대성이론과 통일장이론에 대한 이들의 초기 논문들을 숙독한 다음 자기만의 접근방식을 고안하기 시작한다.

슈뢰딩거와 아인슈타인은 각각 자신이 속한 연구소에서 상대적으로 고립되어 있는 상황이었기 때문에 자연스레 공통의 관심사에 대해 편지를 주고받게 됐다. 슈뢰딩거는 1943년 겨울부터 다른 힘들을 포함하도록 일반상대성이론을 확장할 가능성에 대해 정기적으로 아인슈타인에게 편지를 쓰기 시작했다. 그해 마지막 날에 그는 아인슈타인에게 이론물리학자가 아니고는 보낼 수 없는 종류의 연하장을 보낸다. 이것은 해밀턴의 최소작용의 원리를 바탕으로 라그랑지안 기법을 이용하여 일반상대성이론의 방정식을 유도하는 편지였다. 추신에서 슈뢰딩거는 라그랑지안을 수정해서 거기서 만들어지는 장방정식을 조사해볼 것을 제안했다.

앞에서 얘기했듯이 해밀턴은 물체가 모든 가능한 경로 중에서 가장 효율적인 경로를 취한다고 상상해서 물체의 운동을 기술할 방법으로 최소작용의 원리와 라그랑지안 기법을 개발했다. 이것은 등산로 개척자들이 평지 이동과 산악 이동을 최소화해서 가장 빠른 경로로 산맥을 가로지르는 것과 비슷하다. 고도나 다른 요소를 함께 고려하면 지도상에 나와 있는 직선 경로가 최선의 경로가 아닐 수도 있다. 그와 유사하게 입자가 공간을 가로지를 때 취하는 경로도 포텐셜 에너지의 모양에 달려 있다. 이런 지형의 양적 지도 quantitative map가 라그랑지안에 포함되어 있다. 이 라그랑지안은 운동 방정식을 찾는 데 사용할 수 있다.

힐베르트가 입증했듯이 아인슈타인의 일반상대성이론 방정식은 두 스칼라 량(변환에 대해 불변)의 곱으로 이루어지는 라그랑지안을 이용해서 재현할 수 있다. 두 스칼라 량 중 하나는 거리가 측정되는 방식을 전달하는 계량 텐서와 관련이 있고, 나머지 하나는 곡률을 기술하는 리치 텐서Ricci tensor(앞에서 언급한 아인슈타인 텐서와 연관)와 관련이 있다. 계량 텐서와 리치 텐서는 각각 4×4 배열의 행렬 형태로 표현할 수 있다. 각각의 행렬은 16개의 요소를 갖지만, 대칭조건 때문에 그중 10개만 독립적이다. (나머지 6개는 복사된 값이다.) 표준 일반상대성이론에서는 10개의 독립적인 곡률 요소가 응력-에너지 텐서의 독립적인 10개 요소와 연결되어 물질과 에너지를 나타낸다. 간단히 말하면 10개의 독립적인 관계가 관여하여 물질과 에너지가 시공간을 휘게 만든다는 얘기다.

하지만 곡률은 시공간 기하학의 한 측면일 뿐이다. 물체가 공간을 어떤 경로로 이동하는지 알아내려면 한 지점에서 또 다른 지점까지의 거리를 어떻게 결정해야 하는지 알려주는 계량 텐서의 요소를 알 필요가 있다. 이 요소들은 그 특정 영역에서 피타고라스 정리의 변형 버전을 만들어낸다. 앞에서 비유를 통해 설명했듯이 계량 텐서는 흩어져 있는 바위(물질과 에너지) 때문에 모래가 움푹 들어가거나 튀어나오는(곡률) 뜨거운 사막 모래 위로 발판을 엮는 것과 비슷하다. 이 계량 텐서 발판을 만들려면 막대기둥(국소 좌표축)이 지점마다 어떻게 휘어지는지 말해주는 일종의 비계를 구축할 필요가 있다. 이 비계를 연결해주는 것이 바로 아핀 연결이다. 표준 일반상대성이론에는 아핀 연결이 64개가 있고, 대칭의 제한 때문에 이중 40개만 독립적인 것으로 여긴다.

여기까지가 중력에 대한 아인슈타인의 표준 기술이다. 여기에 전자기력과 관련된 추가적인 요소를 포함시키려면 차원의 수를 늘리거나(슈뢰딩거는 이 부분에 대해서는 진지하게 고려하지 않았다) 원거리평행 같은 구조를 추가하거나(이것 역시 슈뢰딩거의 고려 대상이 아니었다) 대칭 요구를 느슨하게 만들어 아핀 연결을 근본적인 것으로 만드는 등의 옵션을 통해 방정식을 수정해야 한다. 에딩턴이 선택했고, 또 1923년에는 아인슈타인도 잠시 고려했던 방식을 따라 슈뢰딩거는 대칭 요구를 빼고 아핀 연결에 초점을 맞추는 쪽을 선택한다. 슈뢰딩거는 자신의 접근방법을 일반통일이론General Unitary Theory이라고 불렀다. (GUT라는 약자는 나중에 약전자기력electroweak force을 강력과 통일하는 방법으로 제안된 Grand Unified Theory(대통일이론)를 지칭하는 데 사용된다.)

아인슈타인이 미처 연하장에 답장하기도 전에 슈뢰딩거는 이미 자신의 접근방법의 기초적인 부분을 작성해 놓았다. 그는 가능한 아핀 연결의 집합 중 가장 일반적인 것에서 출발해서 이것을 이용해 리치 텐서와 좀더 유연한 형태의 라그랑지안을 구축했다. 이 유연성 덕분에 전자기 요소를 포함할 수 있는 가능성이 열렸다. 그는 자신이 중간자장$^{\text{meson field}}$(지금은 강력이라 부른다)이라 부르는 것의 요소도 추가하고 싶었지만, 그것은 나중의 연구를 위해 남겨두기로 한다. (머지않아 이 연구를 시작한다.) 그러고 나서 그는 어떤 수학적 속성을 이용해 라그랑지안을 특수한 사례로 제한하여 결국 힐베르트의 라그랑지안과는 다른 것을 내놓는다. 그의 방정식은 지구의 자기장이나 태양의 자기장 같은 자기장이 고도에 따라 종래의 이론에서 주장하는 것보다 더 빠른 속도로 약해진다는 특이한 예측을 내놓았다. 원래 이런 감소가 일어나는 이유는 전자기력에 대한 일종의 '우주상수' 때문이다. 이것은 아인슈타인이 여러 해 전에 중력을 대상으로 도입했던 항과 비슷한 것이다. 자신의 이론에 대한 기본적인 개념이 대략적으로 그려지자 슈뢰딩거는 자신의 연구결과를 동료 학자들에게 보고할 준비가 되었다고 생각했다.

일반통일이론
발표

1943년 1월 25일 슈뢰딩거는 자신의 일반통일이론을 왕립 아일랜드 아카데미에서 발표한다. 그의 논문은 약 다섯 달 후 왕립 아일랜드 아카데미 회보에 실리게 될 것이다. 슈뢰딩거는 강연에서 자신이 에딩턴과 아인슈타인이 중단했던 지점에서 어떻게 다시 시작하게 되었는지 설명했다. 해밀턴을 기념하는 해에 이 아일랜드 수학자의 방법을 이용해 그를 더욱 찬양할 수 있게 되어 슈뢰딩거는 무척 기뻤다.

《아이리쉬 프레스》는 그가 '아인슈타인을 뛰어넘었다'는 점을 강조하며 이 내용을 대대적으로 보도했다. 2월 1일 '아인슈타인을 뛰어넘어 전진하다'라는 표제를 달아 마이클 라우러 기자는 이런 깜짝 놀랄 기사를 썼다.

"우주의 본성에 관해 현대물리학자들의 개념에 혁명을 일으킨 아인슈타인의 그 유명한 상대성이론에 버금갈 정도로 심오하고 중요한 과학 이론이 에르빈 슈뢰딩거 교수에 의해 개발되었다. … 아인슈타인은 인간의 지성을 위해 새로운 세계로 향하는 문을 열어젖힌 사람이라고들 한다. 일반상대성이론의 웅장한 구조를 바탕으로 결론을 이끌어낸 슈뢰딩거 교수는 이제 여기서 또 다른 거대한 발걸음을 내딛었다. 이 발걸음은 너무도 거대한 것이어서 어쩌면 앞으로 다가올 미래에는 이 새로운 이론이 우리 시대에 아인슈타인의 이론이 했던 것과 같은 역할을 하게 될지도 모를 일이다."[23]

그 다음날 《아이리쉬 프레스》는 슈뢰딩거의 연구에 대해 몇몇 아일랜드 과학자와 인터뷰한 내용이 포함된 또 다른 기사를 실었다. 인터뷰 대상 중 한 명이었던 트리니티 칼리지의 A. J. 매코널은 특히나 당시가 순수 과학 연구소에게는 어려운 시기였다는 점을 들어 그의 노력에 더욱 큰 갈채를 보냈다. 그의 동료인 C. H. 로우 교수는 슈뢰딩거의 업적을 두고 '아일랜드의 과학 역사에서 두드러지는 사건'이라 평가했다.[24]

슈뢰딩거는 그달 '생명이란 무엇인가?'라는 전혀 다른 주제를 가지고 일반 대중을 대상으로 세 번의 강의가 예정되어 있었다. 그는 생물학 교육을 받거나 연구를 진행해본 경험이 전혀 없었지만, 젊은 시절 살아 있는 유기체에 대한 과학에 아버지가 열정을 가지는 모습을 보며 그 열정의 일부를 흡수했고, 그 주제에 대한 통찰을 사람들과 나누고 싶었다.

그가 첫 번째 강의를 위해 트리니티 칼리지의 물리학 강당[Physics Theatre]에 도착해보니 강당이 사람들로 너무 붐볐고, 청중 일부는 돌아가야 했다. 그는 헛걸음한 사람들을 위해 며칠 뒤에 다시 강의하기로 했다. 당연한 일이지만 그의 가장 열렬한 팬인 데 발레라 수상은 수백 명의 청중 가운데 눈에 잘 띄는 곳에 자리잡고 앉았다. 강연이 끝난 후에 슈뢰딩거는 박수갈채를 받았다.

이 강연에서 슈뢰딩거가 선보인 통찰 중에는 원자의 속성과 살아 있는 생명체의 행동 사이에 나타나는 관계에 대한 것도 있었다. 그는 자연에서 나타나는 대부분의 계는 엔트로피(무질서)가 증가하는 경향이 있음을 지적하면서 생명이 태양에너지 같은 에너지를 흡수하여 어떻게 자신의 질서를 유지하는지 보여주었다. 그는 또한 생명의 발달과정에서 비주기적 결정체(원자가 반복 없이 배열된 것)가 어떠한 역할을 할 것이라 추측했다. 이와 같이 슈뢰딩거는 생명이 화학적 순서를 통해 암호화되었다고 처음 주장한 사람 중 한 명이다. 슈뢰딩거의 강의를 바탕으로 해서 출간된 책은 1950년대에 제임스 왓슨과 프란시스 크릭 같은 생물학자들이 DNA의 이중나선 모형을 개발하는 동안 그들에게 영감의 원천이 되어줬다. 이 대중강연은 《타임》지의 관심을 끌어 이런 기사가 실렸다.

"슈뢰딩거는 자신을 어떻게 표현해야 하는지 잘 알고 있다. 그의 부드럽고, 경쾌한 말투와 묘한 미소는 사람의 마음을 끄는 매력이 있다. 더블린 사람들은 노벨상 수상자가 자기들과 함께 살고 있다는 데 큰 자부심을 느끼고 있다."[25]

《아이리쉬 프레스》는 슈뢰딩거의 일반통일이론에 대해 처음 기사를 냈을 때 아인슈타인의 반응을 떠보기 위해 그에게도 신문 한 부를 보냈다. 그리고 4월 아인슈타인은 마침내 대단히 절제되고 공손한 답변을 전보로 보냈다.

"슈뢰딩거 교수는 대단히 신중하고 비판적인 사고를 갖고 있습니다. 따라서 그가 이 어려운 문제를 풀기 위해 새로이 시도한 부분에 대해서 물리학자라면 마땅히 큰 관심을 보여야 할 것입니다. 지금으로서는 저도 이 이상은 말씀드리기 어렵습니다."[26]

《아이리쉬 프레스》는 아인슈타인의 답변에 대해 슈뢰딩거에게 물어보았다. 그러자 슈뢰딩거는 다음과 같이 대답했다.

"아인슈타인 교수가 아직 제 논문을 전체적으로 검토한 것은 아니니 더 이상 할 말이 없는 것은 당연합니다."

《아이리쉬 프레스》를 통한 이 의견교환은 화기애애한 분위기에서 이루어졌기 때문에 아직 두 사람의 우정을 손상시킬 정도는 아니었다. 하지만 자신의 이론에 대한 자신감이 커짐에 따라 슈뢰딩거는 자신의 연구가 아인슈타인의 연구보다 더 우월하다는 점을 점점 더 과감하게 주장하게 된다.

아인슈타인의 희망이 무덤 밖으로?

6월 28일 왕립 아일랜드 아카데미의 한 모임에서 슈뢰딩거는 자신의 일반통일이론이 실험적 증거를 통해 정당성이 입증되었다고 주장하여 다시 한 번 사람들을 들뜨게 만들었다. 아인슈타인이 20년 전에 버렸던 개념을 자신이 되살려냈다고 설명하면서 그는 아인슈타인이 이루지 못한 것을 자신이 이루어냈다고 자랑했다. 그는 그 모임에서 아인슈타인이 자신에게 개인적으로 보냈던 편지 중 하나를 큰 소리로 낭독했다. 그 편지에서 아인슈타인은 자신이 일찍이 아픈 이론을 만들려고 시도했었지만 결국에는 '그 희망을 무덤에 묻고 왔다'고 썼다. 슈뢰딩거는 이렇게 말했다.

"저는 이제 우리가 그의 희망을 되살려낼 수 있다고 생각합니다. 최근 제가 이 이론적 부분에 대해 상당히 강력한 관찰상의 증거를 확보했기 때문입니다."[27]

《아이리쉬 프레스》는 구체적인 내용도 밝히지 않은 채 이 이야기에 '아인슈타인은 실패했다'라는 표제를 달아 아인슈타인이 실패를 고백했던 부분에서 슈뢰딩거가 성공을 거두었다는 기사를 실었다. 오해의 소지가 다분한 기사였다. 아인슈타인이 마치 오래 전에 통일이론 개발을 포기한 듯한 인상을 주었기 때문이다. 실상은 그 반대였다. 그는 기존에 제시했던 개념들이 잘못된 것이었음을 종종 인정했지만 결국에는 성공하리라는 희망을 놓은 적이 없었다.

슈뢰딩거의 이론을 지지하는 결정적인 실험적 증거란 과연 무엇이었을까? 사실 실체가 존재하지 않는 증거였다. 슈뢰딩거가 주장하는 증거는 지구의 자기장 측정과 관련된 내용이었다. 어린 시절 아인슈타인이 소중히 아꼈던 장치인 나침반이 그의 개념들을 쓸모없는 것으로 만들려는 시도에 사용되었다는 점은 참으로 역설적이다. 그런데 슈뢰딩거가 인용한 측정 자료는 최근의 것이 아니었다. 하나는 1885년의 자료이고, 또 다른 자료는 1922년의 자료였다. 좀 더 최신의 자료를 입수할 수 있었는데도 슈뢰딩거는 거기에 대해서는 언급조차 하지 않았다. 심지어 슈뢰딩거가 강연을 했던 바로 그 달에 지구물리학자인 조지 울라드가 북아메리카 대륙의 자기와 중력 프로필을 체계적으로 탐구한 논문을 발표했다.[28] 그런데도 슈뢰딩거는 구태여 먼지 쌓인 낡은 책에서 자료를 뽑아온 것이다.

지구물리학자들은 자기장선에서 기대했던 행동과 실제 행동 사이에서 차이를 발견할 때가 있다. 이런 차이는 보통 지표면 바로 아래에 기존에는 알려지지 않았던 자화 구조물이 있음을 가리킬 때가 많다. 이를테면 보통의 바위보다 자철석 함량이 더 많은 바위 같은 것이 있는 경우다. 따라서 지구물리학자가 나침반 바늘의 복각*이 비정상적으로 아래를 향하는 것을 발견하면, 대체 어떤 종류의 지

---

* 자침과 수평면이 이루는 각을 말한다.

하 형성물이 그런 현상을 불러왔을지 생각하기 시작한다. 일반적으로 지구의 자기장을 판독해보면 시간과 장소에 따라 요동친다. 지구 자기장은 지구의 핵, 맨틀, 지각 속에 들어 있는 자화물질의 상태 변화로부터 영향을 받는 복잡한 발전기를 통해 만들어지기 때문이다.

하지만 슈뢰딩거는 이런 차이를 다른 방식으로 해석했다. 그는 이 차이를 이용해 고전 전자기 이론이 살짝 빗나가는 예측을 내놓았다고 주장하고, (표준 일반상대성이론과 함께) 이 이론을 자신의 통일이론으로 대체해야 한다고 했다. 《아이리쉬 프레스》는 1면 기사에 다음과 같이 썼다.

"지구 자기의 강도 변화를 기록하는 나침반 바늘의 반응이 예기치 않게 슈뢰딩거 교수의 위대한 이론을 입증하는 증거를 제공했다. 이것은 별빛의 이동이 아인슈타인의 상대성이론이 정당함을 확인해준 것과 아주 비슷한 방식으로 이루어졌다. 슈뢰딩거 교수의 새로운 이론은 상대성이론을 보충하면서 부분적으로는 상대성이론을 대체하고 있다."[29]

슈뢰딩거가 파동방정식을 개발했을 때 그는 에너지 보존, 파동의 연속성 등 알려져 있던 물리학의 원리를 바탕으로 삼았다. 파동방정식이 성공할 수 있었던 이유는 원자의 정확한 스펙트럼선과 잘 맞아떨어진 덕분이었다. 아인슈타인이 일반상대성이론을 제안했을 때는 등가원리를 바탕으로 삼았다. 등가원리는 공간을 가로지르는 물체가 어떻게 가속하는지 측정한 것에 기반을 둔 견고한 가설이다. 일반상대성이론이 아니면 별빛이 휘어지는 현상은 설명하기 힘들다. 일반상대성이론은 태양에 의한 별빛의 휘어짐을 비롯해서 몇 몇 독립적인 수단을 통해 검증되었다.

하지만 슈뢰딩거의 일반통일이론이 나침반 바늘의 복각에서 나타나는 비정상적인 행동을 통해 입증되었다는 주장에 대해서는 강력한 이론적 입증도, 중요한 실험적 증거도 존재하지 않았다. 그는 오래된, 아니면 하다못해 가설로 나와 있는 물리학적 원리를 바탕으로 이론을 개발한 것이 아니라 추상적인 수학적 추론을 통해 개발했다. 더군다나 슈뢰딩거의 이론을 입증하기 위해 사용된 증거는 지구의 자기장에서 자연적으로 나타나는 다양성을 이용하면 훨씬 단순하게 설명할 수 있었다. 당시에는 슈뢰딩거조차 자신의 이론을 최종 이론이 아니라 예비 단계의 이론이라 생각했다. 그는 그 후로 몇 년 더 이 이론을 연구하다가 다시 한 번 승리를 선언하게 될 것이었다. 하지만 신문기사는 그 이론을 반박의 여지가 없는 중요한 과학적 발전인 듯 보이게 만들었다.

8월에 슈뢰딩거는 아인슈타인에게 편지를 써서 자신의 이론이 옳다는 전자기적 증거를 제시했다.[30] 아인슈타인은 여기에 회의적이었다. 그는 9월에 보낸 답장에서 지구의 자기장을 비대칭으로 만들 수 있는 다른 이유들을 목록으로 제시했다. 이를테면 북반구와 남반구가 바다로 뒤덮인 영역의 넓이에서 차이가 나는 점도 그런 이유에 포함되었다.[31] 슈뢰딩거는 10월에 보낸 답장에서 다음과 같이 인정했다.

"늘 그렇듯이 이번에도 당신의 말씀이 옳을 겁니다."[32]

아인슈타인의 비판에도 슈뢰딩거는 기가 죽지 않았다. 그는 중력장, 전자기장, 중간자장(강력), 이 세 가지 장을 포함하도록 아핀 이론을 확장할 계획에 대해 들뜬 마음으로 아인슈타인에게 설명했다. 중력장과 중간자장은 아핀 연결의 대칭 요소를 이용해 다룰 것이고, 전자기장은 역대칭 요소로 강등될 것이다. 이 개념이 아인슈타인의 호기심을 자극해서 두 사람은 편지를 통해 더욱 많은 논의를 하게 된다. 아인슈타인은 물리 이론에 대해 의견을 주고받을 수 있는 일종의 펜팔 친구가 있어서 즐거웠다. 그는 슈뢰딩거에게 이런 따뜻한 편지를 보냈다.

"자네가 자신의 연구내용을 기꺼이 내게 공개하고 싶어 한다는 점에 크게 고맙게 생각한다네. 나도 어느 정도는 그럴 자격이 있지 않나 생각해. 난 수십 년 동안 그 어려운 문제에 코를 박고 싸워온 사람이니까 말이지."[33]

'생명이란 무엇인가?' 강연과 일반통일이론 덕분에 새로이 유명세도 얻게 되었고, 아인슈타인과 따뜻한 편지도 왕래하고, 물리학에서 나름 큰 걸음을 내딛었다고 생각한 슈뢰딩거는 구름 위를 걷는 기분이었다. 이런 그는 분명 똑똑한 사람이었지만 일종의 자기도취가 그의 판단력을 흐려놓고 말았다. 그는 여자들로부터 존경받고 싶어 했고 여성을 유혹하면서 짜릿함을 느꼈기 때문에 또 다른 정사를 벌일 분위기가 무르익어 있었다. 그는 그 후로 1~2년 안에 두 명의 여자를 더 만나게 되고, 양쪽 모두 여자아이를 임신했다.

첫 번째 여성은 쉴라 메이 그린이라는 유부녀였다. 이 여성은 지적인 사회운동가이자 데 발레라 행정부를 비판하는 사람이었다. 두 사람은 1944년 봄에 관계를 시작했다. 그리고 그해 가을 쉴라가 임신하고, 1945년 6월 9일 그들의 딸 블라스나이드 니콜레트가 태어났다. 이 딸은 쉴라와 그녀의 남편 데이비드가 맡아 키우다 두 사람이 갈라선 후에는 남편이 키웠다. 이렇게 얻은 딸 말고도 두 사람의 정사로 인해 생긴 또 다른 결과물은 슈뢰딩거가 쉴라에게 보낸 사랑의 시를 엮은 책이다. 이 책은 결국 시집으로 출판되어 나왔다.

두 번째 정사는 케이트 놀란(이 여성의 사생활을 지키기 위해 가명 사용)이라는 여성과 일어났다. 이 여성은 공무원으로 힐데군데와 함께 적십자 자원봉사 활동을 하다가 그녀와 친구가 된 여성이었다.[34] 두 사람은 짧은 만남을 통해 결국 1946년 6월 3일 린다 메리 테레즈라는 딸을 낳았다. 처음에 케이트는 계획에 없던 임신 때문에 충격을 받아 린다의 양육을 슈뢰딩거에게 맡겼다. 하지만 2년 뒤에는 딸을 데려와야겠다고 마음먹는다. 어느날 슈뢰딩거가 고용한 유모가 린다를 태운 유모차를 끌고 동네를 산책하고 있었다. 케이트는 유모차에서 린다를 들어 그대로 데리고 가버렸다. 법적으로는 케이트가 엄마였기 때문에 슈뢰딩거가 할 수 있는 일은 많지 않았다. 케이트는 린다를 지금의 짐바브웨인 로디지아로 데려가 키웠다. 슈뢰딩거의 손자인 린다의 아들 테리 루돌프는 1973년 그곳에서 태어난다.[35] 그는 양자물리학자가 되었고, 현재 임페리얼 칼리지 런던에서 연구활동을 하고 있다.

전쟁에 동원된
과학자들

전쟁 기간 동안 중립국인 아일랜드에 산 덕분에 슈뢰딩거는 군사활동에 참여할 것이냐 말 것이냐 하는 어려운 도덕적 결정에 휘말리지 않아도 됐다. 반면 독일에 남아 있던 하이젠베르크는 그런 제안을 거절하기 어려운 입장에 처해 있었다. 나치의 준군사조직인 SS 친위대와 게슈타포(나치의 비밀경찰)에서 막강한 힘을 자랑하는 대장 하인리히 힘러가 하이젠베르크의 친척이었기 때문이다. 보른 같은 유대인 과학자와 너무 친하다는 비난으로부터 하이젠베르크를 보호해준 사람도 바로 하인리히 힘러였다. 이런 연줄은 그가 전쟁 기간 동안 과학자로서 선도적인 지위를 얻는 데도 도움이 되었다. 하이젠베르크는 나치 정권을 지지하지는 않았지만, 주춤거리거나 불평하는 대신 오히려 이를 자기 조국에 봉사할 기회라 여겨 기꺼이 받아들였다.

전쟁 기간 동안 나치의 핵 프로그램을 인도했던 하이젠베르크의 역할에 대해서는 많은 글들이 발표되었다. 전쟁이 끝난 후 그는 핵폭탄 개발활동에 대해서는 별 언급 없이 핵에너지의 평화적 측면에 대한 연구를 강조했다. 그의 동료인 물리학자 카를 프리드리히 폰 바이츠제커는 독일의 과학자들은 히틀러가 핵폭탄을 손에 넣는 것을 결코 원치 않았기 때문에 연구를 질질 끌었다고 주장했다. 이들은 어떻게 보면 독일의 과학자들이 연합국의 과학자들보다 좀더 윤리적으로 행동했다고 주장했다. 독일 과학자들은 핵무기 개발에 성실하게 임하지 않았고 핵무기를 사용한 적도 없었기 때문이다. 하이젠베르크 역시 아인슈타인을 향해 주도적인 평화주의자에서 연합국 전쟁 준비의 충실한 지지자로 돌변한 위선자라며 비난했다.

그런데 2002년 보어가 하이젠베르크 앞으로 써놓고 붙이지 않았던 편지들이 공개되었다. 이 편지에서 보어는 두 사람이 1941년에 코펜하겐에서 나누었던 논의를 기록해 놓았다. (이 만남은 마이클 프레인의 유명한 연극 〈코펜하겐〉의 밑바탕이 된다.) 보어는 이 편지들을 하이젠베르크에게 보내지 않았다. 오래된 상처를 다시 드러내고 싶지 않았기 때문이다. 보어는 하이젠베르크가 자신에게 독일인들이 원자폭탄을 만들기 위해 활발하게 연구 중이며 결국에는 이 경쟁에서 승리하게 되리라 말했다고 회상했다. 보어는 하이젠베르크의 자신감에 충격을 받았다. 1943년 9월 보어는 어쩔 수 없이 고기잡이배를 타고 덴마크를 빠져나와 스웨덴으로 탈출한다. 그리고 린드만의 주선으로 군용기를 타고 영국으로 가서 연합국의 핵무기 개발 프로그램에 합류한다.

하이젠베르크와 독일의 핵무기 개발 프로젝트를 감시하는 일이 연합국 정보기관의 중요한 과제가 되었다. 보어가 탈출할 때와 대략 같은 시기에 사무엘 호우트스미트(조지 울렌벡과 함께 양자스핀 개념을 제안했던 사람)가 알소스 특명*의 책임자로 임명되어 추축국**의 핵폭탄 개발 진척상황을 평가하는 임무를 맡게 되었

* 유럽 전역에 걸쳐 나치 독일과 파시스트 이탈리아의 핵 프로그램을 조사하고 차단하는 임무를 가리킨다.

다. 가장 뜻밖의 스파이는 모 버그였다. 그는 메이저리그의 그저 그런 야구선수 겸 코치였지만, 외국어에 대단한 능력을 가진 동시에 과학 전문가 흉내를 내는 데도 일가견이 있었다. 그와 같은 팀에서 뛰었던 한 동료는 이렇게 빈정거렸다.

"그 친구는 12개 언어를 말할 줄 알면서 공은 하나도 못 맞춘다니까!"[36]

버그는 1943년 CIA의 전신인 전략사무국^{OSS}에 합류한 후 곧 나치의 핵무기 개발 프로그램을 저지하는 1급 비밀 프로젝트에 참여한다. 양자물리학과 핵물리학의 미묘한 차이에 대해 설명을 들은 후 버그는 물리학자인 척 위장해서 1944년 12월 취리히 학술대회에 참가한다. 이곳에서 하이젠베르크는 강연이 예정되어 있었다. 버그는 엄한 명령을 받아들고 권총과 청산가리 캡슐을 챙겨갔다. 만약 하이젠베르크가 핵폭탄 개발에 진전이 있는 것으로 보이면 그를 암살하고, 그가 무해한 연구를 진행하는 것으로 보이면 건들지 말라는 것이 버그가 받은 명령이었다. 하이젠베르크로서는 다행스럽게도 후자였다. 그는 양자물리학의 산란행렬$^{scattering\ matrix}$에 대해 강연했다. 이것은 핵폭탄과는 거의 관련이 없는 주제였다. 결국 버그는 하이젠베르크의 목숨을 살려두어도 안전하겠다고 판단한다.

1945년 연합군이 베를린에 진군하면서 영국과 미국은 독일 과학자들이 알아낸 원자폭탄의 비밀이 소련에 넘어갈 수도 있겠다는 사

** 제2차 세계대전 당시 연합국과 싸웠던 나라들이 형성한 국제 동맹을 가리키는 말로서 독일, 이탈리아, 일본 세 나라가 중심이었다.

실을 깨닫는다. 연합군 측은 독일 최고의 핵물리학자들을 붙잡아 영국으로 데려오기 위해 엡실론 작전을 가동했다. 이들은 하이젠베르크와 함께 폰 바이츠제커, 폰 라우에, 한 등 아홉 명의 과학자들을 케임브리지 근처의 호화 저택 팜홀로 데리고 가 6개월 동안 붙잡아뒀다. 이 과학자들은 세상과 단절되어 감시를 받는 처지이기는 했지만 그래도 편안하고 좋은 대접을 받았다.

곳곳에 도청장치가 되어 있던 팜홀은 과학자 자신을 실험대상으로 삼는 아주 독특한 실험실이었다. 이 실험의 목표는 잘 대접받아 긴장이 풀린 연구자들이 자신이 감시당하고 있다는 사실을 알지 못한 상태에서 자신들이 하려고 했던 일이 무엇이고, 실제로 발견한 내용은 무엇인지 마음을 열고 털어놓을지 살펴보는 것이었다.

8월에 연합군이 일본의 히로시마와 나가사키에 원자폭탄을 투하했을 때 이 과학자들의 반응이 기록됐고 세밀하게 분석되었다. 분명 이들은 연합국의 핵폭탄 프로젝트가 이렇게 빨리 진척된 것에 경악했다. 독일의 과학자들이 실제로 핵폭탄을 만들기 위해 연구를 진행한 것은 사실이지만 이들의 연구활동은 자금 부족, 그리고 하이젠베르크의 형편없는 실험설계 감각 때문에 진척되지 않았다. 핵폭탄을 만들기에는 그의 사고방식이 너무나 추상적이었다. 그래서 이들은 상관에게 핵폭탄을 만드는 일은 여러 해에 걸쳐 더 많은 연구가 필요하고 가까운 시일 내로 현실화되기는 힘들다고 보고했다.

팜홀에서 풀려난 후 하이젠베르크는 학자로서의 경력을 다시 이어갔다. 전쟁이 연합군의 승리로 끝나자 독일의 국경은 전쟁 이전으로 되돌아갔고 약간의 조정이 이루어졌다. 독일은 네 개의 점령지역으로 나뉘었고, 각각의 점령지역은 연합국 중 한 나라에 의해 관리되었다. 베를린은 별도로 네 개의 구역으로 분할되었다. 하이젠베르크는 영국 점령지역에 속한 괴팅겐에 정착했다.

슈뢰딩거는 오스트리아가 해방되어 다시 공화국으로 재건되는 것을 보며 기뻐했다. 하지만 오스트리아 역시 동쪽의 소련 점령지역을 비롯해 여러 개의 점령지역으로 분할되고 말았다. 그는 오스트리아로 돌아갈 것을 고려하기 시작했지만, 정치적 상황 때문에 잠시 동안은 더블린에 그대로 남아 기다리기로 한다. 이 기다림의 시간이 결국에는 10년이라는 세월이 된다. 그 중간에 그는 이론물리학 분과의 책임자 자리를 하이틀러에게 넘겨주고 그냥 수석교수로 남기로 결심한다. 겉으로는 연구에 좀더 집중하기 위한 것이라 말했지만, 전하는 얘기로는 그가 이제 행정업무는 지겹게 했다고 생각해서 연구소의 관리팀 직원들과 갈등이 있었다고 한다.

가족생활에도 변화가 찾아왔다. 힐데군데와 루트가 오스트리아로 떠난 것이다. 베르텔은 킨코라 가에서 몇 년 동안 함께 지내면서 루트와 아주 가까워졌다. 베르텔은 루트에게 이를테면 둘째 엄마 같은 존재가 되어 있었다. 힐데군데가 루트를 데리고 인스부르크로 돌아가 아르투어와 재결합하기로 결심하자 베르텔은 무척 심난해졌다. 그녀는 깊은 우울증으로 빠져들었다. 슈뢰딩거가 연이어 다른 여자들과 계속해서 정사를 벌이는 바람에 이 우울증이 더욱 깊어졌을 것이라는 점에는 의심의 여지가 없다.

아인슈타인은 독일로 돌아갈 생각이 눈곱만큼도 없었다. 만약 그가 독일로 돌아갔다면 처참하게 유린된 광경을 목격했을 것이다.

베를린 중심부와 마찬가지로 바이에른 구역의 그가 살던 아파트 건물도 파괴되었다. 당시 소련 점령지역의 일부였던 카푸트의 호숫가 집도 다른 용도로 전용되어 었었다. 독일 대부분의 도시는 모습이 완전히 달라져 수십 년에 걸친 재건이 필요한 상황이었다. 하지만 가장 충격적인 부분은 사망자 수였다. 나치는 600만 명의 유대인을 비롯해 수백만 명의 유럽인들을 조직적으로 학살했다. 그밖에 전쟁에서 사망한 사람도 수백만 명에 이르렀다. 셀 수 없이 많은 사람들이 집을 잃고 불구가 되고 배우자를 잃고 부모를 잃고 병에 걸렸다. 아인슈타인은 말로 형언할 수 없는 이 참상을 결코 잊을 수도, 용서할 수도 없었다.

커다란 슬픔과 분노에도 불구하고 아인슈타인은 통일장이론을 향한 노력을 이어갔다. 아인슈타인은 에른스트 슈트라우스와 함께 자신이 '상대론적 중력 이론의 일반화'라고 부른 이론을 탐구하기 시작했다. 어떤 면에서는 슈뢰딩거의 연구와 비슷하게 아인슈타인 역시 시공간에서의 한 점을 또 다른 점과 연관짓는 아핀 연결을 만지작거리면서 이런 변화가 장방정식에 어떤 영향을 미치는지 살펴보았다. 그는 애초 이 프로젝트를 혼자 시작해서 연구내용을 단일 저자 논문으로 발표했지만, 계산에 오류가 발견되어 슈트라우스가 수정해주었다. 두 사람은 1946년 공동논문을 발표한다.

아인슈타인은 통일장이론에 관한 자신의 연구가 마무리되었다고는 결코 생각하지 않았다. 생의 마지막 10년 동안 그는 절충적인 접근방식을 취해서 일반상대성이론의 다양한 변형을 최종적인 것이 아닌 선택사항으로 취급했다. 그럼에도 불구하고 그의 엄청난 명성 때문에 그가 제아무리 추상적이고 예비적인 내용을 작성해 발표하더라도 사람들은 그의 말에 귀를 기울였다. 그는 또한 경쟁자들, 특히 그중에서도 더블린에 있는 한 오랜 친구와 격한 논쟁도 벌여야 했다.

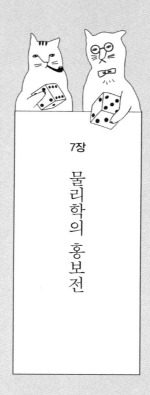

7장

물리학의 홍보전

나는 스타인^{Stein} 집안이 싫다.
스타인 집안에는 거트^{Gert}가 있고,
엡^{Ep}이 있고, 아인^{Ein}이 있다.
거트루드 스타인의 시는 허풍이다.
엡스타인의 조각은 쓰레기다.
그리고 아인슈타인은 아무도 이해하지 못한다.

— 저자 미상, 《타임》, 1947년 2월 10일자

나는 스타인[Stein] 집안이 싫다.
스타인 집안에는 거트[Gert]가 있고,
엡[Ep]이 있고, 아인[Ein]이 있다.
거트루드 스타인의 시는 허풍이다.
엡스타인의 조각은 쓰레기다.
그리고 아인슈타인은 아무도 이해하지 못한다.

— 저자 미상, 《타임》, 1947년 2월 10일자

전쟁이 끝난 후에는 아인슈타인의 대중적 이미지가 훨씬 더 복잡해졌다. 역설적이게도 히로시마와 나가사키의 원폭 투하 때문에 대중은 아인슈타인 하면 원자폭탄을 떠올리게 되었다. 심지어 그는 원자폭탄 프로젝트에서 군사적 연구에 대한 허가조차 받지 못했는데도 말이다. 원자폭탄의 폭발과정에서 질량이 에너지로 변환된다는 사실 때문에 버섯 모양의 구름 이미지가 상대성이론에 영원히 각인되고 말았다. 심지어 오늘날에도 아인슈타인이 '핵폭탄의 아버지'라는 생각이 남아 있다. 전쟁 이전에 아인슈타인이 똑똑한 과학자로 비쳐졌다면, 전쟁 후에는 그 위에 슈퍼영웅의 이미지가 덧입혀졌다.

이런 이미지는 1948년 5월 23일 월터 윈첼의 유명한 신문 칼럼에 등장한 이상한 소문에 잘 반영되어 있다. '과학자들, 레이저빔에 녹아내리는 강철 블록을 지켜보다'라는 칼럼에서 윈첼은 수십만 명의 독자들에게 아인슈타인이 열 명의 전직 나치 과학자들과 초강력 살인광선을 개발하기 위해 연구 중이라고 주장했다. 그는 이렇게 썼다.

"아인슈타인의 주도 아래 열한 명의 과학자들이 석면 옷을 입고서 레이저빔에 가로 세로 50센티미터의 강철 블록이 집에서 스위치를 올리듯 신속하게 녹아내리는 것을 지켜보았다. ... 이 새로운 비밀병기는 비행기에서도 작동이 가능하며 도시 전체를 파괴할 수도 있다."[1]

최근 정보공개법에 따라 해제된 아인슈타인 관련 FBI 파일에 따르면 이 소문이 사람들에게 워낙 진지하게 받아들여지는 바람에 미군 정보과에서 이렇게 반박에 나서야 했다.

"이 정보는 그 어떤 사실적 근거도 없다. ... 작용범위가 몇 십 센티미터가 넘는 장치를 만들어내기는 불가능하다."[2]

아인슈타인의 FBI 파일에서는 그가 변절해서 소련으로 갈지도 모른다는 우려에 대해서도 언급하고 있다. 이런 두려움에는 그가 핵무기 관련 비밀을 소련에 가서 알려줄지도 모른다는 불안감도 한몫했을 것이다. 그가 원자폭탄과 관련해서 연구 허가를 받은 적이 없고, 그에 관한 구체적인 사안에 대해서도 아는 바가 전혀 없었다는 점을 생각하면 이런 걱정은 순전히 기우에 불과했다.

역설적인 일이지만 보아하니 FBI도 모르게 아인슈타인은 러시아 여성 마르가리타 코넨코바와 연인관계에 있었던 모양이다. 혹자는 이 여성이 소련의 스파이였다고 주장한다. 아인슈타인은 1935년에 코넨코바와 만났다. 그녀의 남편인 유명 조각가 세르게이 코넨코프가 고등연구소에 세울 아인슈타인의 흉상을 만들고 있었던 때다. 어느 시점에선가 두 사람은 정사를 시작했고, 이 관계는 전쟁이 끝날 때까지 지속되었다. 역사가들이 두 사람의 관계에 대해 알게 된 것은 아인슈타인이 1945년에서 1946년까지 코넨코바에게 보낸 연애편지가 1998년 경매에 올라온 덕분이다.[3] 브래드 피트와 안젤리나 졸리를 합쳐서 '브란젤리나'라고 부르는 것처럼 이름을 합쳐서 부르는 유행을 미리 내다보기라도 한 듯이 알베르트 아인슈타인과 마르가리타 코넨코바도 자기네 두 사람에게 '알마'라는 별명을 붙여주었다. 이 편지들이 세상에 알려질 즈음해서 한 전직 소련 스파이가 주장하기를 코넨코바는 마치 마타 하리*처럼 아인슈타인을 유혹해 미국 원자폭탄 개발 프로그램의 비밀을 누설하게 만들려 했었다고 한다. 실제로 그녀는 뉴욕에서 아인슈타인을 소련의 부영사관에게 소개하기도 했다. 하지만 지금까지 그녀가 스파이였다는 확실한 증거는 나오지 않았다. 아인슈타인을 유혹해서 비밀 군사정보를 빼가지도 않았음은 물론이다. 아인슈타인은 그런 정보에 대해 아는 것이 전혀 없었기 때문이다. 다행히도 이 이야기를 당시의 3류 타블로이드 신문사에서는 모르고 있었다. 아인슈타인은 이미 언론에 대한 불신이 커질 대로 커져 있었다.

아인슈타인은 신문에 실리는 자기 이야기를 보며 계속 터무니없다고 느꼈다. 한번은 한 스위스 신문사에서 젊은이들이 읽을 만한 글에 대해 질문했는데, 여기에 아인슈타인이 한 대답을 보면 그가

---

* 제1차 세계대전 당시 독일과 프랑스 사이를 오가며 스파이로 활동했다.

언론을 얼마나 경멸했는지 알 수 있다.

"죽어라 신문만 읽는 사람을 보면 … 대단히 근시인데도 창피하다며 안경을 쓰지 않는 사람의 모습이 떠오릅니다. 이런 사람은 오로지 자기 시대의 판단과 유행에만 매달리고 나머지 다른 것은 아무것도 보지도, 듣지도 않습니다."[4]

더블린으로부터 슈뢰딩거가 통일장이론 개발에서 아인슈타인을 이긴 것으로 보인다는 소식이 날아들었을 때 아인슈타인은 자신에게 폭포처럼 쏟아지는 관심에 아무런 대비도 되어 있지 않았다. 오해를 바로 잡기 위해 아인슈타인은 어쩔 수 없이 꼬치꼬치 캐물어 들어오는 신문기자들과 정면으로 부딪힐 수밖에 없었다. 언론기사가 소나기처럼 쏟아져 나올 수밖에 없었던 이유 중에는 데 발레라

더블린 고등연구소 앞에서 이론물리학 분과 연례 콜로키움 때 찍은 기념사진. 맨 앞 오른쪽에서 두 번째 자리에 슈뢰딩거가 앉아 있다.(더블린 고등연구소 제공)

가 마주하고 있는 상황도 부분적으로 한몫을 했다.

아일랜드가 직면한 심각한 경제 현실에 포위되어 있던 데 발레라는 자기에게는 이성의 올림포스나 다른 없는 더블린 고등연구소만이라도 환히 빛나기를 바랐다. 그리하여 그의 스타 선수였던 슈뢰딩거는 아일랜드 과학계를 위해 좀더 많은 승리를 챙겨와야 할 상황이었다. 데 발레라의 대변인 《아이리쉬 프레스》는 자기네 홈팀을 응원하고, 그 승리를 열렬히 세상에 알려야 한다는 의무감이 들었다. 그렇지 않으면 데 발레라가 실수하기만을 기다리고 있는 정적들이 어떻게 나올지 알 수 없는 일이었다. 그의 정적들은 권력에 굶주려 있었고 적절한 기회가 오기만을 호시탐탐 노리고 있었다.

빛을 잃어가는
데 발레라

전쟁은 끝났고 10년 넘게 권좌에 머물러 있던 데 발레라 수상의 별은 분명 빛을 잃어버린 상태였다. 대량실업 사태, 식량 배급, 감자기근 시절*을 떠올리게 하는 이민현상 등으로 인해 데 발레라 수상이 국민들의 공통 관심사를 제대로 파악하지 못하고 있다는 인식이 점점 커졌다. 새로 등장한 사회민주당 클랜 나 포블락터가 피아나 페일 당의 지지세력을 자기편으로 끌어들이기 시작했다. 정부 정책을

---

* 1840년대 아일랜드를 휩쓸어 전 인구의 5분의 1을 아사시킨 대기근을 말한다.

공격하는 정치인들이 데 발레라를 부를 때 그의 공식 직함으로 부르도록 일깨워줘야 할 정도로 의회의 토론은 점점 더 지저분해졌다.

데 발레라는 더블린 고등연구소 일에 계속해서 깊숙이 관여하고 있었다. 더블린 고등연구소가 국제적 명성을 얻는다는 당초의 목표를 달성했다는 주장은 근거가 부족했음에도 불구하고 데 발레라와 그의 정당은 계속해서 더블린 고등연구소 설립을 중요한 업적으로 들고 있었다. 1948년에 이루어진 아일랜드 총선거 기간 동안에도 데 발레라의 정당에서는 더블린 고등연구소의 설립을 정당의 주요 업적 중 하나로 들었다.[5]

사회적 불안이 한창인 가운데 데 발레라와 더블린 고등연구소 지도부는 우주물리학 분과를 증설하기로 결정한다. 새로운 분과를 추가하는 것은 애초부터 연구소의 권한에 해당하는 일이었지만, 증설을 위해서는 의회로부터 필요한 추가 자금을 승인받아야 한다는 사실을 데 발레라는 깨달았다. 곤궁한 시기에 나라의 금고 문을 열려고 애쓰다가 그는 후폭풍을 맞고 만다. 1947년 2월 13일에 열린 의회 토론에서 데 발레라 행정부를 강력하게 비판하던 통일 아일랜드 당의 의원 제임스 딜런이 악의에 찬 공격을 주도한다. 딜런은 이렇게 주장했다.

"저는 국민의 신임을 잃은 행정부가 사기성 짙은 행각을 통해 싼값에 홍보효과를 얻을 목적으로 이 일을 진행하고 있다고 주장하는 바입니다. 《데 발레라의 삶》에는 정치가 그에게는 견딜 수 없는 시련이었다고 적혀 있습니다. 그의 진정한 행복은 속세의 온갖 일에서 멀어져 사람들이 따라오기 힘든 수학의 고귀한 영역을 자유롭게 떠돌아다니는 것이라고 말입니다. 이것이 바로 우리가 지금 처한 상황입니다. 수상, 그리고 메리언 광장에 자리잡고 앉은 우주물리학자가 우주 에테르를 타고 하늘로 날아오르는 동안 통일 아일랜드당과 클랜 나 포블락터 당, 노동당의 무식쟁이들은 나이든 연금 수령자, 암소 같은 하찮은 문제들에나 매달리고 있으니 말입니다."[6]

딜런의 말에서 '메리언 광장에 자리잡고 앉은 우주물리학자'가 슈뢰딩거를 지칭하는 것인지 다른 사람을 지칭하는 것인지는 분명치 않다. 데 발레라 말고 또 누가 그의 가시 돋친 말의 표적이 되었든 간에 더블린 고등연구소가 엘리트주의로 인해 비난받고 있음은 분명했다. 슈뢰딩거는 절대적으로 곤궁한 시기에 꼬박꼬박 월급을 받고 사무실을 제공받는 것을 정당화해야 할 엄청난 압박에 직면했다.

깊은
동지애

1920년대 초반 파동역학에 관한 대화에서 시작해 1920년대 말 카푸트 근처에서 함께 짧은 여행을 즐기고, 1930년대 중반에는 양자철학에 대해 이야기를 나누면서 아인슈타인과 슈뢰딩거의 우정은 해가 갈수록 깊어졌다. 그리고 1940년대 초에 통일장이론에 대해 편지를 왕래하는 과정에서 공통의 관심사가 분명하게 드러나면서 두 사람은 훨씬 더 가까워졌다. 하지만 두 사람의 이론적 목표와 방법이 가장 근접했었다고 할 수 있는 시기는 1946년 1월에서 1947년 1월까지의 시기다. 이때는 두 사람이 각각 일반상대성이론의 대칭조건을 제거하여 일반상대성이론을 확장하려고 노력할 때였다. 두 사람은 거의 한마음으로 통일이론을 찾아 나섰다. 두 사람의 아이디어에는 아주 작은 차이밖에 없었다. 두 사람은 논문을 공동으로 발표하지 않았을 뿐 거의 모든 면에서 공동연구자나 다름없었다. 그런데 데 발레라로부터 성과를 보여달라는 압박을 받고 있던 슈뢰딩거가 왕립 아일랜드 아카데미에서 자기가 아인슈타인을 이겼다고 극적으로 선포하는 바람에 두 사람의 협력이 갑자기 파국을 맞고 만다.

슈뢰딩거는 어째서 갑자기 돈독한 2인조 관계를 박차고 나와 독자노선을 걸었을까? 두 사람의 이론적인 관심사는 대칭이었지만, 당시 아인슈타인과 슈뢰딩거의 삶이 처해 있던 상황은 대칭에서 너무나 벗어나 있었다. 아인슈타인은 자신의 상관을 기쁘게 하는 일에 대해서는 거의 신경쓰지 않았다. 그 점에 관한 한 프린스턴 고등연구소의 지도부와 일반 물리학계는 그를 유물 취급했다. 그는 과학 연구용이라기보다는 과시용이었고, 아인슈타인도 그 점을 알고 있었다. 엘자가 세상을 떠나고 없었기 때문에 그는 가족을 부양하기 위해 생산적으로 활동해야 한다는 걱정도 필요없었다. 그를 끝없는 연구로 내몬 존재는 오히려 그의 내부에 있었다.

반면 슈뢰딩거는 여전히 자기 자신을 입증해 보여야 하고, 자신의 급료에 어울리는 성취를 보여줘야 하고, 급료도 인상받아야 한다고 생각했다. '생명이란 무엇인가?' 강연이 국제 언론에 언급된 덕분에 그의 입지가 높아졌다. 여기에 아인슈타인과 비슷한 무언가를 한다면 더 큰 도움이 될 것이었다. 그래서 그는 아인슈타인이 무슨 일을 하고 있는지, 그리고 자기가 그 일을 돕거나 혹은 그보다 더 잘할 수 있을지 알아내는 일에 마음이 쏠렸다. 그는 스승의 모든 동작을 세심하게 관찰하고 따라하면서 언젠가는 자기가 스승을 능가할 수 있으리란 꿈에 젖어 있는 무림 제자와 비슷한 처지가 되었다.

그렇다고 슈뢰딩거가 마키아벨리처럼 권모술수만을 좇는 사람이었다는 의미는 절대 아니다. 그는 이 프로젝트에 진정으로 흥미를 느끼고 있었다. 그의 수학적 재능과 잘 맞아떨어졌기 때문이다. 그는 결코 아인슈타인에게 상처를 주거나 그를 배신할 생각이 없었다. 영문은 알 수 없지만 아인슈타인에게 개인적으로 영향을 미치지 않으면서 데 발레라와 고등연구소의 후원자들에게 감명을 줄 수 있으리라 잘못 믿었을 뿐이다. 자신의 성공 선언이 친구에게 망신과 모욕을 안기리라는 것을 깨달았을 때는 이미 너무 늦어버렸다.

두 사람 사이에 오갔던 편지를 보면 그들의 개념이 어떻게 발전했는지 이해할 수 있다. 1946년 1월 22일 아인슈타인은 슈뢰딩거에게 편지를 보내 계량 텐서의 비대칭 항을 유지함으로써 어떻게 상대성이론을 일반화할 수 있는지 설명했다. 이것은 그가 막 슈트라우스와 함께 마무리한 연구였다. 계량 텐서는 시공간에서 거리를 측정하는 방법을 정의하는 것이고, 피타고라스의 정리를 휘어진 공간으로 확장한 것임을 떠올려보자. 이것은 16개의 요소가 포함된 4×4 행렬로 기술할 수 있다. 일반적으로는 대칭성 때문에 이 요소들 중 독립적인 요소는 10개밖에 없다. 하지만 아인슈타인은 대칭성을 제거하여 나머지 6개의 요소도 개별적인 존재로 복귀시키기로 결심한다. 그가 계량 텐서에 좀더 많은 독립적 요소를 추가하려

한 이유는 예전에 덧차원을 통해 시도했던 것과 마찬가지로 전자기력을 위한 여지를 확보하기 위함이었다.

아인슈타인은 슈뢰딩거에게 파울리가 자신의 새로운 방법론에 반대했다는 점을 밝혔다. 파울리는 일반적으로 대칭 요소와 비대칭 요소를 섞는 개념을 좋아하지 않았다. 그렇게 하면 계의 변환이 제대로 이루어지지 않아서 비非물리적이라고 믿었기 때문이다. 한번은 파울리가 성경에 나온 말을 외우며 바일에게 이렇게 말한 적이 있었다.

"신이 뿔뿔이 흩트려놓은 것을 인간이 합쳐놓지 말지어다."[7]

아인슈타인은 슈뢰딩거에게 이렇게 불평했다.

"파울리가 혀를 내밀며 나를 놀리지 뭔가."[8]

여기서 새로운 점은 무엇이었을까? 아인슈타인이 어떤 기술을 시도할 때마다 파울리는 늘 신속하게 비판에 나섰다. 아인슈타인으로서는 섭섭하게도 그때마다 매번 파울리가 옳았다. 하지만 제아무리 '신의 채찍'이라 해도 이 경우만큼은 무언가 놓친 것이 있지 않을까? 아인슈타인은 슈뢰딩거가 자기를 인도해주기를 바랐다. 2월 19일에 보낸 답장에서 슈뢰딩거는 어떤 제안을 한다. 그는 계량 텐서를 달리 표현하는 방법을 보여주며 이렇게 썼다.

"그럼 파울리도 더 이상은 혀를 내밀며 놀리지 못할 겁니다."[9]

그는 또한 아인슈타인에게 자연의 힘들을 좀더 완벽하게 통합할 수 있도록 중간자장(강한 상호작용)도 포함시킬 것을 권했다. 결국 이 중간자장이 두 사람 사이의 논의를 가로막는 걸림돌이 되고 말았다. 아인슈타인은 또 다른 상호작용을 추가해서 문제를 복잡하게 만들고 싶지 않았다. 그는 성가신 특이점 없이 수학적으로 타당한 중력과 전자기력의 이론을 만들면 그것으로 족하다고 생각했다. 반면 슈뢰딩거는 당시 이미 가정되고 있는 상호작용 세 가지 중 두 가지만 통일하는 것으로는 부족하다고 느꼈다. 그는 알려진 세 가지 힘 모두를 빠짐없이 한꺼번에 정복하기를 원했다. 봄 내내 두 사람은 이 문제를 두고 옥신각신했지만, 두 사람 모두 뜻을 굽히지 않았다.

한편 슈뢰딩거는 어느 시점에 가서는 아인슈타인이 전자의 행동을 완전하게 기술하는, 특이점 없는 이론을 개발하려 하는 것은 지나친 야심이라 느끼게 되었다. 그의 스타일대로 슈뢰딩거는 동물에 비유해서 자신의 느낌을 설명했다. 그는 3월 24일에 아인슈타인에게 다음과 같은 편지를 보냈다.

"선생님은 큰 사냥감을 쫓고 있군요. 선생님은 사자 사냥에 나섰는데 저는 계속 토끼 얘기만 하고 있었나 봅니다."[10]

악마의 할머니가
보낸 선물

접근방식에는 차이가 있었지만 아인슈타인과 슈뢰딩거는 계속해서 더욱 가까워졌다. 4월 7일 아인슈타인은 큰 찬사를 담은 편지를 보내기 시작한다.

"이 편지교환이 내게 큰 즐거움을 준다네. 자네는 나와 가장 가까운 형제고, 자네의 머리가 내 머리와 아주 비슷하게 돌아가기 때문이지."[11]

슈뢰딩거는 아인슈타인과 이렇게 가까운 친구가 될 수 있다는 것이 짜릿하고 명예롭게 느껴졌다. 물리학자의 입장에서 자기 머리가 아인슈타인의 머리처럼 돌아간다는 것보다 빛나는 찬사는 없으리라. 그리고 그 찬사를 다름 아닌 그 위대한 인물이 직접 써서 보낸 편지에서 읽었다면 하늘을 날 듯한 기분이었을 것이다. 또 한 번은 아인슈타인이 슈뢰딩거를 '영리한 악동'이라고 불렀는데, 이 말에 슈뢰딩거의 마음은 더더욱 부풀어올랐다.

한 달에 한두 번 정도 상세한 설명을 담은 편지를 주고받으며 긴 대화를 이어가는 동안 두 사람은 자신들이 마주한 장애물 때문에 몇 번 웃음을 터트리기도 했다. 아인슈타인은 자신이 직면한 수학적 문제에 대해 농담을 이어간 적이 있었다. 그는 이 문제를 '악마의 할머니가 보낸 선물'이라고 불렀다. 아인슈타인은 그가 결국에는 실패할 운명이라는 오싹한 기분이 들어서 사악한 존재를 지칭하는 의미로 한 말이었지만, 슈뢰딩거는 이 표현이 무척 재미있다고 느꼈다. 답장에서 슈뢰딩거는 자신의 이야기를 이렇게 풀어놓았다.

"'악마의 할머니가 보낸 선물'이라는 글을 읽고 한바탕 크게 웃었습니다. 이렇게 크게 웃음을 터트려본 것도 정말 오랜만입니다. 앞 구절에 선생님께서 그 고난을 아주 정확하게 표현해 놓으셨군요. 저 역시 그런 고난을 겪어보았습니다만, 결국에는 선생님이 얻은 결과만큼이나 부적절한 결과로 끝나고 말았습니다."[12]

아인슈타인은 이렇게 답장했다.

"자네가 일전에 보낸 편지는 말로 다할 수 없을 만큼 흥미로웠어. 자네도 '악마의 할머니'에게 그렇게 매달렸었다는 얘기에 나도 많이 자극받았다네."[13]

두 사람은 사방에서 수학의 악마들과 직면했다. 두 물리학자를 방해한 한 가지 주제는 불변성不變性이라는 개념이었다. 표준 일반상 대성이론은 좌표계의 변화나 회전 같은 간단한 종류의 변환이 물리적 결과에 영향을 미치지 않는 이상적인 특성을 갖고 있다. 하지만 일반상대성이론의 일부 확장 버전은 그런 불변성이 결여되어 있다. 요소의 일부가 나머지와 다르게 변환되는 것이다. 이것 때문에 이론이 덜 이상적으로 변하고 만다. 이것은 매끄럽게 움직이는 차에다가 트레일러를 달고서 차가 오른쪽으로 방향을 틀 때 트레일러도 똑같은 속도로 따라오기를 바라는 것과 비슷하다. 안 그러면 차와 트레일러의 연결부위가 V자로 접히면서 망가져버릴 것이다.

1946년 말에는 두 사람이 워낙 가까워져서 슈뢰딩거가 아인슈타인더러 아일랜드로 오라고 설득하기도 했다. 그렇게 된다면 함께 일하기에 이상적일 것이다. 아인슈타인은 이렇게 써 보내며 공손하게 사양했다.

"늙은 나무를 새 화분에 옮겨 심지는 않는 법이지."[14]

1947년 1월 어느 시점에서 슈뢰딩거는 중요한 돌파구로 여겨지는 결과를 얻었다. 그는 자신의 일반통일이론과 잘 맞아떨어지는 간단한 라그랑지안이 중력, 전자기력, 중간자장의 장방정식을 만들어낸다는 것을 알게 되었다. 적어도 그의 생각에는 그랬다. 그는 흥분해서 왕립 아일랜드 아카데미에서 발표할 보고서를 준비하고, 1월 27일 모임에서 그 내용을 발표한다.

일생일대의
발표

아일랜드의 1947년 겨울은 혹독했기로 악명 높다. 매서운 추위와 폭설로 인해 그렇지 않아도 심각했던 연료부족 현상이 훨씬 고통스러워졌다. 정부의 인기가 추락하는 것은 당연했다. 1월 말 즈음에는 더블린의 기온이 영하로 곤두박질치고 가벼운 눈이 내리기 시작했다. 그리고 겨울이 깊어갈수록 날씨는 훨씬 더 나빠질 수밖에 없었다.

땅바닥이 눈으로 뒤덮여 있는데도 자전거를 탄 사람들이 도시 중심가를 따라 꾸준히 들어오고 있었다. 슈뢰딩거는 날씨에 기죽지 않았다. 완수해야 할 사명이 있었기 때문이다. 그는 자전거를 타고 더블린의 주요 도로 그라프튼 가와 나란히 이어진 큰 간선도로 도슨 가를 따라 이동해 아카데미 하우스에 도착했다. 그의 배낭에는 '우주로 들어가는 열쇠'가 들어 있었다. 이 열쇠는 우표 한 장에 끼적일 수 있을 정도로 간단한 기호들의 조합이지만, 그는 이것이 우주의 모든 것을 표현하는 라그랑지안이라 믿었다. 이 라그랑지안 열쇠를 해밀턴이 개발한 운동방정식에 끼워 돌리기만 하면 모든 힘이 기적과도 같이 눈앞에 나타나리라.

해밀턴의 영혼은 그 웅장한 벽돌 건물에 깃들어 있었다. 왕립 아일랜드 아카데미가 도슨 가 19번지로 옮겨온 해인 1852년에 해밀턴은 아일랜드의 선도적인 과학사상가였고, 아카데미 모임에도 꾸준히 참석했다. 시간과 공간 사이의 관계에 큰 흥미를 느꼈던 그이기에 물리학자들이 수학 이론을 통해 그 둘을 어떻게 연결하는지 보았다면 마음을 빼앗겼을 것이다. 한번은 그가 이렇게 말한 적이 있다.

"어떻게 하나의 시간과 세 개의 공간이 그것들을 에워싼 일련의 기호들 속에 담길 수 있단 말인가?"[15]

저명한 건축가 프레더릭 클라렌든이 설계한 아카데미의 회의실은 우아함의 극치를 보여주었다. 발코니 위에 위치한 키 큰 창문을 통해 들어오는 흐릿한 햇빛을 높은 천정에서 내려온 거대한 샹들리에가 보충해주었다. 그리고 회원들에게 지나간 학문의 가치를 상기시켜주려는 듯 묵직한 학술서적들이 빽빽이 들어찬 책장들이 벽면을 따라 서 있었다. 여기에 후세를 위해 아카데미 회보에 꼼꼼하게 기록된 일련의 강의들이 더해졌다.

수상 데 발레라는 학생과 교수들을 비롯해 스무 명 정도의 다른 참석자들과 함께 그곳에 자리를 잡고 앉았다. 그는 의회에서 성난 반대자들과 논쟁을 벌이지 않고 이곳에 있을 수 있어서 무척 행복했을 것이다. 그가 참석했다는 것은 사실상 언론에 보도될 거라는 의미였다. 이 모임이 기삿거리가 될 거라는 제보를 받은 《아이리쉬 프레스》와 《아이리쉬 타임스》의 기자들은 무슨 이야기가 나올지 눈을 부릅뜨고 기다리고 있었다. 의사이자 애서가이자 의료사가인 아카데미의 회장 토마스 퍼시 클로드 커크패트릭이 단상에 올랐다. 그도 차가 없어서 자전거로 왔다. 커크패트릭이 새로운 회원인 로스 백작과 첫 번째 연사인 식물학자 데이비드 웹을 소개했다. 데이비드 웹은 아일랜드 토종식물의 종류에 대해 강의했다.

그리고 드디어 슈뢰딩거가 연설할 차례가 되었다. 회의실은 조

왕립 아일랜드 아카데미 전경. 슈뢰딩거는 이곳에서 여러 번의 중요한 강의를 했다.
(Geograph 제공)

용해졌고 모든 시선이 이 오스트리아 출신의 노벨상 수상자에게 쏠렸다. 슈뢰딩거는 이런 말로 시작했다.

"진리에 가까워질수록 모든 것은 더욱 단순해지게 마련입니다. 저는 오늘 영광스럽게도 여러분 앞에서 아핀장 이론의 핵심을 밝히고, 그리하여 30년 묵은 오랜 문제에 대한 해법을 제시하려 합니다. 바로 아인슈타인의 위대한 1916년 이론을 필요한 요구사항에 맞추어 일반화한 이론입니다."[16]

기자들은 새로운 과학혁명에 관해 꼼꼼하게 받아 적었다. 그들의 머릿속에는 이미 기사의 제목이 번뜩이며 춤을 추고 있었다. 이들은 이 이론의 중요성을 독자에게 전달할 수 있도록 여기에 나오는 수학을 어떻게든 이해할 수 있기를 바랐다.

슈뢰딩거는 아인슈타인과 에딩턴이 리치 텐서의 행렬식에 −1을 곱한 값의 제곱근인 올바른 라그랑지안을 우연히 거의 발견할 뻔했지만 그것을 실제로 찾아낸 사람은 자신이 된 경위에 대해 설명했다. (리치 텐서는 시공간 곡률을 기술하는 한 방법임을 기억하자. 리치 텐서의 행렬식은 그 요소들을 더하는 한 가지 방법이다.) 슈뢰딩거는 기존에 시도되었던 방법과 자신이 시도한 방법에서 결정적인 차이는 자신의 경우 비대칭 아핀 연결을 이용했다는 점이라고 지적했다. 이름이 밝혀지지 않은 동료들이 그게 아니라고 그를 설득해보려 했지만 그는 주장을 굽히지 않았다. 슈뢰딩거는 자기가 좋아하는 동물 비유를 통해 대칭이 아닌 아핀 연결을 이용해 독립적 요소를 추가시킨 것을 정당화하려 했다.

"어떤 사람이 말에게 장애물 경주를 시키려고 합니다. 그런데 그 사람이 말을 보며 이렇게 말하죠. '가여운 것, 다리가 네 개나 되잖아. 다리 네 개를 한꺼번에 조종하려면 굉장히 어려울 거야. 나는 그 해결방법을 알고 있지. 두 발로 뛰는 법을 알려줘야겠다. 뒷다리를 묶어놔야겠어. 그래서 앞다리로만 뛸 수 있게 가르쳐야겠다. 그러면 훨씬 간단할 테니까. 그럼 나중에는 다리 네 개를 모두 써서 뛰는 법도 배울 수 있을지 모르니까 지켜봐야지.' 이 비유가 지금의 상황을 정확하게 꼬집고 있습니다. 가여운 아핀 연결이 대칭조건 때문에 뒷다리가 묶여서 64개의 자유도 중 24개를 빼앗기고 만 것이죠. 아무짝에도 쓸모없는 것처럼 치워져버린 것입니다. 그 결과 뛸 수 없는 지경이 되고 말았습니다."[17]

강연 말미에 슈뢰딩거는 지구처럼 회전하는 질량이 자기장을 띠는 이유도 자신의 이론으로 설명할 수 있으리라는 깜짝 놀랄 야심찬 예측도 내놓았다. 1943년 이후로 그의 목표는 지구의 자기장에서 나타나는 변칙적 현상의 원인을 밝혀내는 것에서 시작해서 아예 자기장 자체를 설명하는 것으로 뻥튀기되어 있었다. 도를 넘어도 너무 넘었다! 그는 지구자기학에 대해서는 아는 바가 거의 없었고, 지구의 핵 모형을 통해 지구 자기장을 잘 이해하게 되었다는 사실도 몰랐던 것으로 보인다.

예를 들어 1936년에는 덴마크의 지구물리학자 잉게 레만이 지진파 분석을 통해 지구가 내핵과 외핵을 모두 가지고 있음을 입증해 보였다. 1940년에는 미국의 지구물리학자 프란시스 버치가 지구 내부에 들어 있는 철 성분이 고압에서 나타내는 행동을 추정해서 그것을 바탕으로 지구 자기장 모형을 개발했다. 이런 역사를 고려할 때 지구 자기장 현상을 설명하려던 슈뢰딩거의 시도는 과녁을 벗어났을 뿐 아니라 과녁 자체도 엉뚱한 곳을 향하고 있었다.

동굴에
갇힌 용

학회가 끝나자 슈뢰딩거는 궁금한 것이 많은 기자들을 피해 자전거를 타고 쏜살같이 달렸다. 그는 최대한 빨리 차들 사이를 비집으며 눈밭을 뚫고 힘껏 페달을 밟았다. 기자들은 킨코라 가의 그의 집에 가서야 그를 따라잡을 수 있었다. 슈뢰딩거는 강연내용의 복사본을 나눠주고 일반인을 위해 쉽게 표현한 글도 보내주었다. 이 보도기사는 분명 국내 신문은 물론이고 어쩌면 국제 신문에도 실리게 될 것이다.

슈뢰딩거가 나눠준 보도자료 '새로운 장이론'은 고대 그리스 인에서 출발해 아인슈타인에서 끝나는, 입자와 힘의 개념에 대한 역사적 설명으로 시작했다. 그는 힘과 물질을 기하학을 통해 기술하려는 욕망이 어떻게 끊이지 않고 이어져 내려왔는지 보여주었다. 그것이 바로 그의 연구를 뒷받침하는 빛나는 배경이었다. 그가 제시한 연대기는 자신이야말로 고대 그리스 인들과 아인슈타인의 뒤를 잇는 후계자임을 암시하는 듯했다. 자기 이론의 본질을 기술한 후에 그는 아인슈타인과 에딩턴이 마음이 좀더 열려 있었더라면 1920년대에 똑같은 결과를 얻어낼 수 있었을 것이라는 점을 다시 한 번 지적했다. 그는 자신이 거의 확실히 옳다고 믿고 있다 말했다. 그는 지구의 자기장을 검사하면 자신의 이론을 입증할 수 있으리라 말했다. 지구의 자기장은 자신의 이론을 통해서만 설명될 수 있다고 믿었기 때문이다. 《아이리쉬 프레스》에서는 다음날 슈뢰딩거의 강연이 역사를 새로 썼다고 보도했다. 이 신문은 슈뢰딩거의 말을 이렇게 인용했다.

"이 이론은 장물리학의 모든 것을 표현하고 있다."

이 기사는 그의 강연내용을 요약한 후에 그와 개인적으로 인터뷰한 내용을 실었다. 인터뷰에서 그에게 이론을 더 알기 쉽게 설명해달라고 하자 그는 이렇게 대답했다.

"이 이론을 일반인이 이해할 수 있도록 요약해서 설명하기는 사실상 불가능합니다. 이 이론은 장물리학의 영역에서 새로운 장을 열어젖히고 있습니다. 무릇 과학자라면 원자폭탄을 만드는 일 대신 이런 일을 하고 있어야 마땅하죠. 이것은 일종의 일반화에 해당합니다. 이제 아인슈타인의 이론은 그저 이 이론의 한 특별한 사례가 된 것이죠. 머리 위로 수직으로 던져 올린 돌멩이가 포물선이라는 일반적 개념의 한 특별한 사례인 것처럼 말입니다."[18]

그에 앞서 아인슈타인이 이 이론의 한 버전을 거부했었던 것에 대해 묻자 슈뢰딩거는 그것이 세상에서 가장 똑똑한 과학자라 해도 틀릴 수 있음을 어린 물리학자들에게 보여준 좋은 교훈이었다고 대답했다. 바꿔 말하면 그는 자신이 아인슈타인의 권위를 무시하고 올바른 해를 향해 스스로 전진해 나갈 수 있을 정도로 똑똑하다고 주장한 것이다. 반대로 자신이 틀렸을 수도 있음을 인정하면서 슈뢰딩거는 만약 그게 사실이라면 자기가 '끔찍한 바보'처럼 보이게 되리라고 말했다.

국제 언론도 곧 《아이리쉬 프레스》의 보도에 대해 알게 되었다. 1월 31일 《크리스천 사이언스 모니터》에서는 자기가 아인슈타인을 이기고 먼저 통일장이론을 만들어내 30년 탐구에 종지부를 찍었다고 한 슈뢰딩거의 주장에 대해 보도했다.[19]

처음에는 자신감이 흘러넘치는 모습이었지만 슈뢰딩거는 곧 자신의 허세가 사람들에게 어떻게 인식될까 하는 불안에 시달리게 되었다. 아인슈타인이 이 사실을 알게 되면 어떻게 생각할까? 그는 아인슈타인도 자신이 처한 상황을 분명 이해해주리라 생각했다. 더블린 고등연구소는 적들의 공격에 둘러싸여 있고, 자금 지원이 절실한 상황이었다. 청중 속에는 그가 감동시켜야 할 인물인 데 발레라가 있었다. 그리고 기자들이 사냥개처럼 따라다니며 괴롭히고 있었다. 그리고 어쨌거나 이것은 그저 학술적 강연일 뿐이었다. 그는 학술적 맥락 안에서 주장을 펼쳤다. 그의 주장을 전파하기 시작한 쪽은 언론이었다. 슈뢰딩거는 이런 이유들로 자신의 행동을 정당화할 수 있으리라 생각했다.

2월 3일 그는 아인슈타인에게 편지를 써서 자신의 새로운 연구 결과를 설명하고, 언론과 관련된 상황에 대해 경고했다. 그는 아인슈타인에게 기자들이 새로운 이론에 대해 어떻게 생각하는지 물어보며 귀찮게 따라다닐 것이라 경고하며 미약하게나마 사과의 뜻을 전했다. 슈뢰딩거는 더블린 고등연구소에서의 급료 및 연금과 관련된 상황이 워낙에 안 좋다 보니 연구소로 관심을 좀더 집중시키기 위해 어쩔 수 없이 조금은 잘난 척 할 수밖에 없었다고 설명했다. 바꿔 말하면 돈줄이 마른 연구소의 홍보를 위해 자신이 발견한 내용의 중요성을 어느 정도 과장했다는 의미다. 편지의 마지막 부분에서 슈뢰딩거는 만약 행렬식에 바탕을 둔 라그랑지안이 틀렸을 경우에는 어떻게 해야 할지에 대해 곰곰이 생각하며 이렇게 적었다.

"저는 행렬식과 함께 잠들었다가 그것과 함께 잠에서 깨려고 합니다. 그것 말고는 한마디로 의미 있는 다른 할 일이 없네요. 만약 제 이론이 옳지 않은 것이라면 저는 이구아노돈이 되어 '춥다, 추워. 정말로 추워'라고 말하며 머리를 눈 속에 처박을 생각입니다."[20]

슈뢰딩거는 아인슈타인에게 이구아노돈은 쿠어트 라스비츠의 소설에 나오는 용이라고 설명했다. 그가 이 소설에 대해 자세히 언급하지는 않았지만 그의 말이 무엇을 의미하는 것인지 한번 살펴보

자. 유명한 공상과학소설 작가인 라스비츠의 작품《홈헨 – 후기 백악기에서 온 동물 이야기》에서 이구아노돈은 선사시대에서 온 목이 긴 용이다. 이 용은 빽빽한 양치식물 속에 살며 뜨거운 햇살에 익숙해져 있었다. 그러던 어느날 이 용은 바깥 날씨가 매섭게 추워진 것을 알고 심란해진다. 용은 동굴 밖으로 목을 삐죽이 내밀어보았다가 재빨리 다시 안으로 들어가며 이렇게 투덜거린다. "춥다, 추워. 정말로 추워." 기후 변화 때문에 용은 아침도 거른 채 날씨가 따뜻해질 때까지 동굴에 갇혀 꼼짝 못할 처지가 된다. 용이 얼마나 오래 기다려야 할지 그 누가 알까?

눈이 많던 1947년 겨울 실제로 슈뢰딩거는 목청 높여 포효했다가 다시 꼬리를 내려야 했던 용 같은 처지가 되고 말았다. 그는 용이 불을 뿜듯 웅장하게 자신의 주장을 발표했지만, 그 불은 가장 가까운 친구와의 우정만 불태우고 말았다. 함께 했던 통일장이론 공동연구는 재만 남고 모두 사라졌다. 아인슈타인은 한동안 슈뢰딩거의 편지에 답장하지 않았다. 슈뢰딩거는 자신이 염려했던 것 그대로 "춥다, 추워. 정말로 추워"라고 말하며 외톨이 신세가 되고 말았다.

조롱당하는
더블린

그러던 중 국제적인 신문기사 하나가 더블린의 자존심에 먹칠을 해버린다. 데 발레라의 지휘 아래 더블린은 과학 연구의 중심지로 자리잡기 위해 노력하고 있었다. 하지만 2월 10일자 《타임》지에 실린 기사는 이러한 노력을 무시할 뿐 아니라 더블린이라는 도시가 마치 과학의 반대말인 것처럼 묘사해 놓고 있었다. 기사는 이렇게 시작한다.

"지난주에 하고 많은 도시들 중에서도 하필 과학과는 거리가 먼 도시 더블린에서 한 남자의 뉴스가 날아왔다. 이 남자는 아인슈타인을 이해하지 못할 뿐 아니라 마치 밴더스내치*처럼 흐릿한 전자기력의 무한으로 저 멀리 신이 나서 껑충껑충 뛰어나갔다. ... 그의 말대로라면 그는 과학의 그랜드 슬램을 달성한 것이다."[21]

이 기사에서는 슈뢰딩거가 제시한 라그랑지안과 관련 공식을 페이지 첫머리에 실으며 이렇게 언급했다.

"과학을 전공하지 않은 사람에게는 이것이 이해 불가능한 낙서처럼 보인다."

아일랜드의 과학을 비하한 이 기사가 더블린 태생의 수학자 존 라이톤 싱의 눈에 들어왔다. 그는 당시 피츠버그에 있는 카네기공과대학교의 교수였다. 그는 3월 3일에 게재된 독자란에 글을 투고하여 해밀턴이 더블린 출신임을 지적하며 편집자에게 더블린을 비하한 근거를 요구한다.[22] 편집자는 싱이 든 유명한 더블린 과학자의 사례를 인정하는 대신 개인적인 부분을 들고 나온다. 반박글에서 편집자는 더블린을 과학자가 아니라 작가들과 엮어서 생각해야 하

---

* 루이스 캐롤의 소설 《거울나라의 앨리스》에 등장하는 광포한 가공의 동물로 타인을 위협하고 폐를 주는 사람이란 의미로 사용된다.

는 이유로 싱의 삼촌인 극작가 존 밀링턴 싱의 사례를 들먹인다.

"더블린 태생의 고등수학자 싱이 부디 그의 도시 더블린 출신의 위대한 인물들을(그중에는 《서쪽 나라에서 온 멋쟁이》의 작가인 그의 삼촌도 포함된다) 떠올려보고 더블린이 과학의 도시가 아니라 작가들의 도시임을 인정하길 바란다."

싱은 자기와 자기 삼촌의 경우를 구분해서 생각하고 더블린이 여러 다양한 분야에서 재능을 가진 사람들이 모여 있는 곳임을 분명하게 밝히고 싶었다. 하지만 편집자의 대답을 보면 선입견을 떨치는 것이 얼마나 어려운 일인지 알 수 있다.

흥미롭게도 그 다음해에 싱은 더블린 고등연구소에 자리를 얻는다. 그리고 그곳에서 여러 해 동안 슈뢰딩거와 나란히 연구하게 된다. 그곳에서 그는 일반상대성이론 연구에 중요한 기여를 하는데, 그 기여한 바가 적지 않아서 그의 전기작가는 그를 '해밀턴 이후 아일랜드에서 가장 위대한 수학자이자 이론물리학자'라고 부른다.[23]

아일랜드의 신문사들은 더블린의 과학적 강점에 대한 논쟁에 주목했다. 《아이리쉬 타임스》는 싱을 '머리 좋은 수학자'라며 치켜세웠다.[24] 또 다른 아일랜드 언론사인 《투암 헤럴드》는 우주물리학 분과와 관련해 의회에서 일어났던 대소동에 대해 언급했다. 이 기사에서는 《타임》지의 기사와 싱이 언급한 내용을 요약해 설명한 후 이렇게 결론 내렸다.

"우주물리학 분과와 관련해 최근 의회에서 일어났던 논쟁에서 우리의 일부 의원들의 태도는 많은 생각할거리를 던져주고 있다."[25]

실제로 더블린이 과연 과학과 거리가 있는 곳인가를 두고 대서

양 양쪽에서 벌어진 논의를 보면 인식의 오류라는 것이 얼마나 강력한지 잘 드러난다. 데 발레라가 더블린 고등연구소를 설립하고 슈뢰딩거를 끌어들였던 것도 모두 이런 선입견을 물리치고 싶은 마음 때문이었다. 하지만 그의 노력에도 불구하고 아일랜드 과학의 부흥을 전세계에 알린다는 그의 목표에는 역부족이었던 듯싶다.

아인슈타인의
반박

자연히 대중의 관심은 상대성이론의 현자인 아인슈타인이 통일이론이라는 목표를 달성하는 데에서 슈뢰딩거에게 패배했다고 생각하는지 여부에 쏠렸다. 아인슈타인의 말년에 그에 대해 관대한 기사를 쓰기도 했던 《뉴욕 타임스》의 기자 윌리엄 로렌스는 그에게 슈뢰딩거의 논문과 보도자료를 보내 그의 반응을 떠보았다. 로렌스는 유진 위그너, 로버트 오펜하이머 등 여러 저명한 물리학자들에게도 복사본을 보냈다. 아인슈타인에게 보낸 편지에서 로렌스는 이렇게 말했다.

"논문을 읽어보시다가 선생님도 슈뢰딩거 박사의 생각에 동의하신다면, 그런 취지로 말씀 한마디 해주시면 정말 감사하겠습니다."[26]

《뉴욕 타임스》는 슈뢰딩거가 주장하는 돌파구에 관해 세 개의 기사를 실었다. 그중에는 "논평을 사양한다"는 아인슈타인의 말을 실은 기사도 있었다.[27] (결국 이것은 잠시 동안의 사양이었다.) 또 다른 기사는 슈뢰딩거의 강연에 대해 전하면서 그 제목에 다음과 같은 글을 달았다. "아인슈타인의 이론이 확장되었다는 소식 – 더블린의 과학자 슈뢰딩거가 사람들이 30년 동안 추구해왔던 통일장 이론을 자신이 달성했다고 주장."[28] 세 번째 기사에서는 슈뢰딩거의 주장이 옳을 수는 있지만 "그가 자신의 앞길에 놓인 함정을 잘 알고 있다"라고 썼다.[29]

그리고 머지않아 또 다른 언론사인 오버시스 통신사도 아인슈타인에게 또 슈뢰딩거의 글을 보낸다. 염장을 지르듯 이 통신사의 상무이사 제이콥 란다우도 비슷하게 '슈뢰딩거가 제시한 공식의 장점과 그 함축적 의미'에 대해 그의 의견을 물어봤다.[30]

그에 대한 반응으로 판단하건대 아인슈타인은 격노했던 것으로 보인다. 그는 슈트라우스의 도움을 받아 언론에 보낼 자료를 직접 작성했다. 이 글은 일단 중립적이고 과학적으로 시작하지만 그 말미에 가서는 비꼬는 분위기로 바뀐다. 아인슈타인은 이렇게 썼다.

"이론물리학의 토대는 현재로서는 결정나지 않은 상태다. 우리는 먼저 이론물리학에서 사용 가능한(논리적으로 단순한) 기반을 찾아내기 위해 고군분투하고 있다. 일반인들은 당연히 이런 기반이 경험적 사실로부터 점진적으로 일반화(추상화)되는 개발과정을 통해 얻어지리라 생각하게 된다. 하지만 이번 경우는 그렇지 못하다."

슈뢰딩거의 이론이 실제 물리학적 결과라기보다는 그저 수학적 훈련(더군다나 수학적 훈련으로서도 특별히 좋은 것도 아닌)에 불과함을 설명한 후에 아인슈타인은 언론을 비판하며 이렇게 결론 내렸다.

"기사가 이렇게 선정적인 용어를 동원해서 보도되면 일반 대중에게 연구의 특성에 대해 잘못된 개념을 심어줄 수 있다. 독자들은 정치적으로 불안정한 작은 나라에서 시도 때도 없이 쿠데타가 일어나듯 과학계에서도 5분마다 한 번씩 혁명이 일어나고 있는 듯한 잘못된 인상을 받게 된다. 실상을 들여다보면 이론과학 분야에서 일어나는 발전은 세대를 거듭하여 최고의 지성들이 지칠 줄 모르고 쌓아올리는 성과를 통해 이루어지며, 이 발전과정은 아주 천천히 자연의 법칙에 대한 심도 깊은 개념으로 이어지고 있다. 정직한 기사를 통해 과학 연구의 이런 특성들이 대중에게 공평하게 전달되어야 할 것이다."[31]

언론보도에 관한 아인슈타인의 지적은 대단히 적절한 것이었다. 하지만 이 지적은 아인슈타인 자신이 시도했던 통일장이론에 관한 보도에도 그대로 적용된다. 그의 이론 역시 그저 연구가 진행 중인 이론이라기보다는 하나의 커다란 돌파구로 대접받는 경우가 많았다. 그가 1929년에 발표한 원거리평행 이론을 두고 언론이 호들갑을 떨 때도 그는 근거 없는 추측을 자제시키기보다는 한술 더 떠서 그 이론의 중요성에 관해 자신이 공개적으로 진술한 부분을 거기에 더했다.

아인슈타인의 비판적 반응이 《아이리쉬 프레스》뿐 아니라 워싱턴에 적을 둔 언론사 《패스파인더》 같은 곳에서도 발표되자, 슈뢰딩거는 보도자료를 발표하여 이것을 학술적 자유의 문제로 틀 지우려 했다.

"분명 아인슈타인 교수 본인도 아카데미 회원이 자신의 아카데미에 가서 연구결과를 발표하고 의견을 자유로이 표현할 수 있는 권리를 가지고 있다는 데 이의를 제기하지 않을 것이다."[32]

베르텔의 회상에 따르면 심지어는 법정 소송에 대한 이야기도 오갔다고 한다. 두 사람이 각각 상대방을 표절로 고소할 생각을 한 것이다. 이 사실을 알게 된 파울리가 중재에 나섰다. 파울리는 두 사람에게 법정 소송이 불러일으킬 언론의 관심이 얼마나 꼴사납게 펼쳐질지 경고했다. 그리고 이렇게 덧붙였다.

"게다가 나는 도대체 뭣 때문에 이 난리인지 이해가 안 됩니다. 이 이론은 잘못 구상된 것입니다. 만약 두 사람이 어떤 방식으로든 이 이론에 제 이름을 엮어 넣었다가는 그땐 제가 당신들을 고소할 겁니다."[33]

슈뢰딩거는 곧 더 이상 논란을 끌고 가는 것은 현명한 처사가 아니라고 판단한다. 그는 이미 자신의 친구와의 관계가 난처할 대로 난처해진 상태였다. 상황은 이미 감당할 수 없는 지경까지 와 있었다. 그는 이 사건을 '아인슈타인 소동'이라고 부르기 시작했다. 슈뢰딩거는 더 이상의 논란을 자제했지만, 어떤 유머 작가가 그를 대신해 타석에 들어선다. 브라이언 오놀란이 가명을 써서 아인슈타인의 우월의식을 혹독하게 비난하는 칼럼을 쓴 것이다.

"당신의 말투가 전혀 마음에 들지 않는다는 것을 아시나요? 우선 말머리 처음에 경멸을 담은 말을 실어서 마치 고상한 승려 같은 역할을 자임하는 것을 보세요. ... 나는 말 그대로 일반인입니다. 일반인이면 당연히 금이 나무에서 자란다는 등 아주 어리석은 생각을 해야 하는 것인가요? ... 이것은 한마디로 일반인을 향한 독설일 뿐 그 이상도 이하도 아닙니다."[34]

　　슈뢰딩거처럼 아인슈타인도 논쟁을 접는다. 아인슈타인은 오늘
란의 글에 대해서는 반응하지 않았는데, 아마 그런 글이 나왔는지
도 몰랐을 가능성이 크다. 하지만 그가 오랜 친구와 다시 편지를 주
고받기까지는 3년이라는 세월이 걸린다.

마지막
스포트라이트

1948년 아인슈타인의 집 근처에 살면서 그를 자주 방문하기도 했
던 물리학자 존 휠러가 그에게 흥미진진한 소식을 전한다. 휠러의
똑똑한 학생 리처드 파인만이 '이력총합법$^{sum\ over\ histories}$'*이라는
양자역학에 대한 독특한 접근방법을 개발했다는 것이다. 이 방법은
해밀턴의 최소작용의 원리를 일반화하여 전자와 전하를 띤 다른 입
자들 사이에서 광자의 이동이 어떻게 전자기력을 발생시키는지 연
구하는 것이다. 전자기력을 발생시키는 과정에서 광자는 '교환입
자'라는 것으로 작용한다. (바일의 전자기 게이지 이론은 이 입자
의 존재를 요구한다.) 파인만은 입자가 유일한 경로를 따라 이동하
는 고전역학에서와 달리 양자 상호작용에서는 입자가 확률에 의해
가중되는 모든 가능한 경로를 취해 최종적인 결과를 만들어낸다는

---

* 경로적분$^{path\ integral}$을 가리킨다.

것을 입증해 보였다.

고전역학과 파인만의 이력총합법의 차이는 부츠를 신고 집에서 학교까지 걸어가는 소년에 비유해서 이해할 수 있다. 이 소년이 세 개의 다른 경로를 선택할 수 있다고 가정해보자. 하나는 모래밭을 통과하는 빠른 길, 또 하나는 진흙탕을 통과하는 그보다 살짝 먼 길, 그리고 또 하나는 자갈밭을 통과하는 훨씬 더 먼 길이다. 고전역학에서는 이 소년이 가장 효율적인 길을 택하기 때문에 부츠에 모래가 잔뜩 묻게 될 것이다. 이것을 양자 버전과 대조시켜보자. 양자 버전에서는 그 결과가 이력총합법으로 나온다. 이 경우 소년의 부츠에는 아주 많은 모래가 묻겠지만 약간의 진흙과 자갈도 묻게된다. 마치 이 소년이 한꺼번에 세 개의 경로를 모두 취한 것처럼 보이지만, 어쩐 일인지 '소년의 대부분'은 가장 빠른 길을 취했다.

파인만의 방식에서 초기에 등장했던 한 가지 문제는 원치 않는 무한의 항이 등장한다는 것이다. 하지만 그는 이런 무한을 상쇄하는 '재규격화renormalization'라는 방법을 개발해낸다. (물리학자 줄리언 슈윙거와 도모나가 신이치로도 독자적으로 이 방법을 개발한다.) 재규격화는 더하기와 빼기를 통해 유한한 합이 남도록 항들을 정리하는 방법이다.

파인만, 슈윙거, 도모나가가 기여한 이 방법을 양자전기역학Quantum Electrodynamcis 혹은 약자로 QED라고 부르는데, 이는 입자의 상호작용을 더욱 잘 이해할 수 있는 문을 열어주었다. 이들의 방법론은 원래 전자기 상호작용을 위해 설계된 것이지만, 수정을 통해 약한핵력과 강한핵력의 특성도 설명할 수 있게 된다. 이것은 이후

힘의 표준모형을 향한 결정적인 단계임이 밝혀진다. 힘의 표준모형이란 전자기력, 약한 상호작용, 강한 상호작용을 통일된 하나의 설명으로 이해하는 방법이다.

아인슈타인은 이런 개념에 거의 관심이 없었다. 휠러의 회상에 따르면 그는 파인만의 이력총합법 개념에 별다른 인상을 받지 않았다. 확률에 의존한다는 것이 문제였다. 아인슈타인은 휠러에게 이렇게 말했다.

"나는 신이 주사위 놀이를 한다고는 믿을 수 없다네. 하지만 덕분에 나도 어쩌면 실수할 수 있는 권리는 벌었는지도 모르겠네."[35]

그해에 슈뢰딩거는 베르텔과 함께 아일랜드 시민이 된다. 그는 오스트리아의 산(그리고 당연히 힐데군데와 루트)에 대한 그리움만 빼면 그가 받아들인 나라에 대해 모든 면에서 만족했다. 유일한 문제라면 수상이 더 이상은 그의 멘토가 아니라는 점이었다. 데 발레라는 1948년 2월 선거에서 수상의 자리에서 밀려나고 말았다. 야당들이 의회연합을 결성하여 피아나 페일 당을 권력에서 몰아낸 것이다. 이것은 아일랜드의 민주주의가 건강하다는 증거였다. 아일랜드는 1930년대 말 이후로 사실상의 공화국이었지만, 곧 공식적인 공화국이 된다.

70번째 생일을 몇 달 앞두고 1949년이 막 시작하려는 참에 아인슈타인은 복부 수술을 받아야 했다. 그는 12월 31일 브루클린 유대병원에 입원해서 수술을 받고 며칠 동안 쉬었다. 퇴원 후 그가 뒷문으로 병원을 나서려는데 파파라치 무리가 그의 주변으로 몰려들어 그에게 자세를 잡아달라고 요청했다. 그는 "싫어, 싫다고!"라고 소리지르며 격하게 거부했다.[36] 하지만 파파라치들은 여전히 그를 내버려두려 하지 않았고, 결국 아인슈타인은 경찰에 호위를 요청한다.

그해 생일 축하행사에서 하이라이트는 전쟁으로 집을 잃은 아이들의 방문이었다. 이 아이들 중에는 그의 먼 친척인 열한 살의 소녀 엘리자베스 케어체크도 있었다. 유대인호소연합의 회장 윌리엄 로젠월드가 난민들을 아인슈타인의 집으로 데리고 왔다. 로젠월드는 아인슈타인에게 그해가 끝날 때쯤이면 이 모든 피난민들이 새로운 집을 찾을 수 있도록 노력하겠다고 약속했다. 자신도 난민 출신이었던 아인슈타인은 유럽 난민들에게 새로운 집과 자리를 찾아주는 일을 강력하게 지지했고, 이런 활동을 지원하기 위해 수많은 편지를 썼다.

당시 프린스턴 고등연구소는 전쟁이 끝나면서 이곳의 소장을 맡게 된 오펜하이머가 지휘하고 있었는데, 프린스턴대학교와 공동으로 주관하여 많은 사람들이 참석하는 학술대회를 개최함으로써 연구소에서 가장 유명한 과학자인 아인슈타인의 명예를 드높였다. 순수 수학을 연구하기 위해 통일이론의 추구를 오랫동안 외면하고 있던 바일도 이 학술대회에 참여해서 아인슈타인에게 경의를 표한 많은 사상가 중 한 명이었다. 물리학자들은 바일의 게이지 이론을 입자세계에 적용하기 시작해서 훌륭한 결과를 내놓고 있었다.

보어는 이 학술대회에 참석할 수 없었지만 미리 작성해둔 축하인사를 보내왔다. 그는 아인슈타인과의 대화를 즐기게 되었다. 그 대화를 양자물리학의 까다로운 측면들을 시험해보는 일종의 '고난의 시험대'로 바라본 것이다. 그는 아인슈타인이 던진 날카로운 질문에 자신과 다른 사람들이 대응하는 과정에서 양자철학이 더욱 강해질 수 있었다고 생각했다.

또 다른 연사인 물리학자 I. I. 라비는 중력이 원자시계에 미치는 영향을 아인슈타인의 80번째 생일 즈음이면 정확하게 검증할 수 있을 것이라 예측했다. 크게 벗어난 예측은 아니었다. 아인슈타인은 그 나이까지 살지 못했지만, 그가 계속해서 살았다면 80세가 되었을 해인 1959년에 하버드대학교의 물리학자 로버트 파운드가 그의 학생 글렌 레브카와 함께 실험에서 중력 적색편이를 성공적으로 측정해낸다. 중력의 일반상대성이론 효과가 빛의 진동수에 미치는 영향을 측정한 것이다. 이것은 아인슈타인 이론이 거둔 또 하나의 업적이었다.

또 다른 참석자인 위그너도 아인슈타인을 칭송했다. 인생 말년에 위그너는 EPR 사고실험과 슈뢰딩거의 고양이 사고실험에 큰 흥미를 갖게 되어 양자측정 이론의 수수께끼를 조사하게 된다. 그의 위그너의 친구 역설은 위그너의 친구가 고양이가 든 상자를 열어 고양이를 관찰하지만 그 결과는 말하지 않는 상황을 상상함으로써 고양이 딜레마를 확장한다. 이 경우 외부 관찰자로서 친구를 바라보고 있는 위그너는 그 친구가 관찰결과를 말해주기 전까지는, 그 친구가 고양이를 보고 충격을 받은 양자상태와 안도하는 양자상태가 혼합된 상태로 있게 될지 궁금하다. 이 사고실험은 양자역학의 정통 해석에서 의식이 맡는 역할을 훨씬 더 강조한다.

신문들 역시 아인슈타인이 우주의 진리를 알아내기 위한 연구를 지속하고 있음을 칭송했다. 《뉴욕 타임스》는 다음과 같이 적절하게 표현했다.

"그는 생의 마지막 날까지 모든 것을 아우르는 개념을 찾아내기 위해 계속 노력할 것이다. 이 개념은 원자핵 내부의 거대한 힘과 더불어 중력과 전자기력까지도 모두 포함하여 하나의 기본법칙 안에 우주를 한데 묶는 개념이 될 것이다."[37]

그리하여 그해 말 즈음에 그는 이미 다시 한 번 성공을 예감하고 있었다. 이 70세의 노학자는 여전히 세상의 상상력에 불을 붙일 수 있는 불꽃을 품고 있었다. 이제 경쟁자들을 밀어내고 다시 한 번 아인슈타인이 스포트라이트를 받을 차례가 된 것이다.

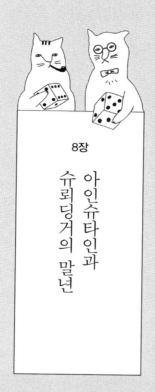

8장

아인슈타인과
슈뢰딩거의 말년

사람들은 자신의 존재에 중요한 것이
무엇인지 거의 알지 못한다. 그리고 분명 다른 사람이
거기에 신경쓸 일도 없을 것이다. ...
씁쓸하고 달콤한 것은 외부로부터 오고,
고난은 내면으로부터, 자기 자신의 노력으로부터 온다.
대부분의 삶에서 나는 나로 하여금 그렇게 할 수밖에
없도록 자연이 내몬 일을 하며 살았다.
그런 일을 한 것을 두고 그토록 많은 존경과
사랑을 받다니 참으로 민망한 일이다. ...
나는 젊은 시절에는 고통스러웠으나 성숙한 노년에는
달콤하기 그지없는 그러한 고독 속에 살고 있다.

– 알베르트 아인슈타인, '자화상'

새로운
통일이론

아인슈타인은 71번째 생일이 가까워진 몇 달도 50번째 생일을 맞이할 때와 똑같은 방식으로 보냈다. 새로운 통일이론을 발표하고 홍보에 나선 것이다. 그와 때맞춰 프린스턴대학교 출판부에서는 1950년 3월 《상대성이란 무엇인가?》의 개정판을 출간하기로 결정한다. 이 책은 아인슈타인이 1921년 5월에 프린스턴대학교에서 했던 강연을 엮은 것이다. 이 개정판에는 아인슈타인이 '중력의 일반화 이론'을 보다 대중적으로 설명하는 부록도 포함될 예정이었다.

시기가 이러했던 만큼 아인슈타인은 언론매체에서 일어나는 싸움으로 또 다시 산만해지고 싶지 않았다. 슈뢰딩거에 대해서는 걱정할 필요가 없었다. 굴욕을 당해서 근신하고 있었기 때문이다. 슈뢰딩거는 분명 두 사람 사이에 흐르는 침묵에 속이 탔을 것이고, 영광을 누릴 실낱같은 가능성만 믿고 우정을 위태롭게 만든 것이 얼마나 어리석은 행동이었는지 깨달았을 것이다. 하지만 아인슈타인은 논란에서 벗어날 수 없었다. 새로운 자료를 성급하게 발표한 것을 두고 막후에서 심각한 논쟁이 벌어졌기 때문이다.

프린스턴대학교 출판부의 총책임자인 다투스 스미스와 편집자인 허버트 베일리는 아인슈타인의 최신 이론 발표 시기에 맞추어 모든 것을 준비해 놓고 있었다. 두 사람은 2월에 보도자료를 배포할 계획을 세웠다. 이때면 책도 출판되어 나와 있을 것이고, 이 책을 구매한 대중은 그 부록을 숙독하여 자연에 관한 혁신적인 비전이 새로 나왔음을 알게 될 것이다. 하지만 1949년 크리스마스 즈음에 스미스와 베일리는 아인슈타인이 따로 《사이언티픽 아메리칸》과도 일반화 이론에 관한 기사를 발표하기로 계획하고 있음을 알게 되었다. 《사이언티픽 아메리칸》에서는 머지않아 이 내용을 기사화할 계획이었다. 프린스턴대학교 출판부에서는 사람들이 이 기사만 읽고 자기네 책은 무시해버리기를 원치 않았고, 그리하여 그들은 출간을 앞당기기로 결정한다.

그런데 출간 기자회견을 하고 머지않아 그들은 링컨 바넷이 쓴 1월 9일자 《라이프》 기사를 읽고 깜짝 놀라고 만다. 바넷은 최근에 《우주와 아인슈타인 박사》라는 책을 쓴 사람이었다.[1] 이 기사는 프린스턴대학교 출판부에서 준비하고 있던 부록보다 선수를 쳐서 아인슈타인의 일반화 이론을 쉬운 용어로 설명하고 있었을 뿐 아니라 프린스턴대학교 출판부나 거기서 준비하는 개정판에 대해서도 아무런 말이 없었다. 대신 이 기사에서는 아인슈타인의 이론이 이미 발표되었다고 주장하고 있었다. 이 주장은 부분적으로 사실이었다. 아인슈타인이 다른 버전의 이론을 이미 발표한 바 있었기 때문이다. 하지만 그 사이에 이 이론은 다시 수정되어 있었다. 스미스와 베일리는 독자들이 혼란스러워 하지는 않을까, 이 책의 판매가 탄력을 받지 못하는 것은 아닐까 걱정이 됐다.

책에 대해 일언반구조차 없었던 것에 화가 난 스미스가 바넷에게 단숨에 편지를 써 보내자 바넷은 미안하다는 답장을 보내 자신의 부주의로 새 책에 대한 이야기를 빠트렸다고 설명했다.[2] 《라이프》는 이 내용을 특종이라 보고 《사이언티픽 아메리칸》보다 먼저 발표하고 싶었다. 더군다나 바넷은 아인슈타인의 새로운 이론에 대한 정보를 미국 과학진흥협회의 학술대회를 통해 독자적으로 얻었다. 이 학술대회에서 그 이론의 초기 버전이 발표되었기 때문이다. 바넷은 《라이프》에서 이 이론에 대해 언급한 다른 기사들을 실을 테고, 책에 대해서는 그 기사들에서 언급하리라 생각했다. 스미스는 바넷의 설득력 있는 해명과 정중한 사과를 받아들인다.[3]

그런데 스미스와 베일리를 더 복잡한 상황에 처하게 만드는 일이 일어났다. 아인슈타인이 전화를 걸어 자신의 일반화 이론 방정식을 더 간단한 형태로 표현할 수 있다고 한 것이다. 그는 책의 부록을 수정할 때까지 책의 출판을 중단해야 한다고 고집했다. 게다가 이 부록은 수정이 완료된 후 다시 바르그만의 아내 소냐가 독일어에서 영어로 번역해야 했다. 이 과정에서 분명 비용이 더 나갈 테지만 프린스턴대학교 출판부는 그의 말을 따르기로 했다. 다른 사람도 아니고 아인슈타인의 말인데 무슨 다른 방도가 있겠는가? 더욱이 책이 인쇄되고 난 후에 아인슈타인은 계산내용에서 몇몇 오류를 발견했고, 그 때문에 책마다 오류 정정 쪽지를 일일이 끼워넣어야 했다.

이 이야기의 굴곡은 여기서 끝나지 않는다. 1월 중순에 아인슈타인은 뉴저지 메이플우드의 프란시스 헤이지먼이라는 사람으로부터 편지를 한 통 받는다. 그녀는 《라이프》 기사에서 사용된 '우주적 법칙의 조화로운 단일체계single harmonious edifice of cosmic laws'라는 문구가 자신의 지적재산이며, 그가 원자에너지위원회를 통해 그것을 훔쳐갔다고 주장했다. 그녀는 이렇게 썼다.

"제 재산에서 손을 떼라고 경고하기 위해 이 편지를 보냅니다. 당신의 책은 아직 읽어보지 않았지만 읽어보고 내 재산권이 조금이라도 침해받았다는 판단이 들면 저작권법을 최대로 동원해서 당신을 고소할 것입니다."[4]

헤이지먼은 똑같은 편지를 베일리에게도 보냈다. 베일리는 답장을 써서 문제의 그 문구는 《라이프》의 것이지 아인슈타인의 것이 아니라고 설명했다.[5] 하지만 헤이지먼은 여전히 만족하지 못했다. 그녀는 화가 나서 자신의 말뿐 아니라 자신의 생각도 저작권으로 보호받는다는 답장을 써서 베일리와 아인슈타인에게 보냈다.[6] 그녀가 정말 법적 소송을 걸었는지는 기록에 남아 있지 않다.

이 이론에 대한 이야기는 국제 언론의 귀에도 흘러들어갔다. 《아이리쉬 타임스》의 한 기자는 슈뢰딩거 같은 몇몇 석학을 제외하면 대부분의 사람은 아인슈타인의 새로운 이론을 이해할 만큼의 교육을 받지 못했다며 이렇게 썼다.

"안타깝게도 아인슈타인 박사는 그 자체로 하나의 영역을 형성하고 있다. 그 영역을 둘러싸고 있는 울타리만이라도 넘어갈 수 있는 사람은 몇몇 소수에 불과하다. … 그래도 아일랜드는 운이 좋은 편이다. 적어도 그 시민 중 한 명인 슈뢰딩거 박사가 새로운 이론을 이해하고, 더 나아가 그 이론의 일부 측면에 대해 설명할 수 있는 선택받은 소수에 해당하기 때문이다."[7]

《뉴욕 타임스》에서는 새 이론을 아인슈타인의 '걸작 이론', '그가 내놓은 최신의 지적 통합'이라고 칭송하며 다음과 같이 추측했다.

"이 이론은 여전히 우리의 시야를 벗어나 있는 상상 너머의 거대한 힘을 인류에게 드러내 보여줄지도 모른다."[8]

아인슈타인이 71번째로 맞이한 해는 그가 마지막으로 혁신적인 이론을 발표한 지 사반세기가 넘게 흐른 때였는데, 그가 아직 실험적 검증을 거치지 않은 통일이론 방정식 몇 개를 제안한 것만으로도 이렇게 난리법석이었다는 사실이 참으로 놀랍다. 아인슈타인이 내놓은 방정식들은 신뢰할 만한 것이든, 그렇지 못한 것이든 간에 기자나 물리학자를 꿈꾸는 사람들에게는 달콤한 꿀과도 같은 것이었다. 이들은 그 꿀을 맛보기 위해 달려들었고, 때로는 이 꿀을 먼저 맛보기 위해 싸우기까지 했다.

이와는 대조적으로 주류 물리학계의 관점에서 보면 아인슈타인의 연이은 통일이론 시도는 점점 더 터무니없어지는 듯했다. 입자세계에 대해 알려진 내용들이 누락되어 있었기 때문이다. 뮤온muon, 파이온pion, 케이온kaon 같은 일군의 새로운 아원자 구성요소들이 우주선宇宙線 자료를 통해 등장했건만 아인슈타인의 이론들은 그런 것에 대해 언급조차 하지 않고 있었다. 그는 핵력도 한결같이 무시하고 있었다. 일례로 로버트 오펜하이머는 아인슈타인을 정말 좋아했고 그의 중요한 초기 연구를 무척 우러러보았음에도 불구하고, 그가 훗날에 진행한 연구활동들은 그답지 못한 터무니없는 연구라고 생각했다. 오펜하이머는 이렇게 썼다.

"이 이론은 다루는 내용이 너무 빈약하고, 지금의 물리학자들은 잘 알고 있지만 아인슈타인의 학생시절에는 별로 알려지지 않았던 내용들이 너무 많이 빠져 있다는 것이 그때는 분명해졌던 것 같다. 그래서 이 이론은 절망적일 정도로 제한적이며, 우연히 그렇게 되었다기보다는 아인슈타인이 처한 역사적 한계에 좌우되어버린 접근방법으로 보였다. 아인슈타인은 자신의 연구 프로그램을 끝까지 관철하겠다는 투지로 인해 만인의 애정, 좀더 정확히는 사랑을 받은 것이 사실이지만, 물리학 종사자들과의 접촉은 대부분 잃어버렸다. 그가 관여하기에는 너무 인생의 말년에 가서 알려진 내용들이 있었기 때문이다."9

굴욕 뒤
희망

슈뢰딩거는 3년 전에 자기와 아인슈타인 사이에 일어났던 논쟁을 생각하면 끔찍한 기분이 들었다. 실수를 만회하기 위해 그는 통일이론을 찾아내려는 아인슈타인의 노력은 관대하게 칭찬하면서 자신의 연구는 깎아내렸다. 슈뢰딩거는 이렇게 인정한다.

"나는 그런 노력을 하면서도 진정 만족할 만한 결과는 얻지 못한 사람들 중 한 명이다. 만약 아인슈타인이 이제 그 노력에 성공했다면 이것은 분명 대단히 중요한 일이다."[10]

슈뢰딩거는 아인슈타인과 화해하고 싶었지만, 그래도 완벽한 이론을 구성하는 요소의 기준에 대해서는 두 사람 사이에 계속해서 큰 차이가 있었다. 아인슈타인과 달리 슈뢰딩거는 핵력을 포함시켜야 한다고 계속해서 강조했다. 아인슈타인은 실험적 예측을 내놓는 것은 포기한 듯 보인 반면, 슈뢰딩거는 항상 그 중요성을 강조했다. 비록 어떤 것이 증거에 해당하는가에 대해서는 그가 완전히 잘못된 생각을 하고 있었지만 말이다. 그는 지구물리학을 제대로 이해하지 못했음에도 불구하고 계속해서 지구의 자기장 사례로 되돌아갔다. 또한 파동방정식의 창시자인 슈뢰딩거는 아인슈타인보다 표준 양자역학의 예측 성공을 강조하는 경우가 더 많았다. 마지막으로, 1917년에 자신이 일반상대성이론에 대해 제일 먼저 내놓았던 논문들로 거슬러올라간 슈뢰딩거는 아인슈타인은 폐기해버린 우주상수 항에 대해 아직도 적극적인 관심을 유지하고 있었다.

허블이 우주팽창을 발견한 이후로 아인슈타인은 우주상수 항은 무시해버렸다. 반면 슈뢰딩거는 그 항이 비록 작은 것이라 할지라도 필수적이라 생각했다. 그는 1950년에 일반상대성이론과 관련 이론들을 종합적으로 검토하는《시공간 구조》라는 책을 펴내어 우주상수의 정당성을 주장했다. 그는 자신의 아편 이론이 가진 한 가지 장점은 이 이론이 우주상수의 기원을 자연스러운 방식으로 설명하고 있으며, 우주상수가 작기는 해도 0이 아닌 값을 가질 것을 요구하고 있다고 주장했다.[11] 슈뢰딩거가 작지만 0이 아닌 우주상수를 옹호한 것은 분명 선견지명이 있는 주장이었다. 이것은 정체를 알 수 없는 암흑에너지의 추진력으로 가속팽창하고 있는 오늘날의 우주의 그림과 잘 맞아떨어진다. 어쩐 일인지 그의 예감이 과녁에 정통으로 들어맞은 것이다.

자신의 책에서 슈뢰딩거는 통일이론을 위한 해가 발견되지 않을 가능성에 대해서도 언급했지만 그것을 장애물로 보지는 않았다. 그는 또한 고전적인 해가 발견된다면 그것은 문제가 되고 있는 입자의 양자적 속성과 맞아떨어지지 않을지도 모른다는 점도 지적했다.[12]

아인슈타인과 달리 슈뢰딩거는 일반상대성이론의 일반화만으로는 현실적인 입자의 해를 만들어내기에 부족하다고 믿었다. 그는 자신의 파동방정식의 해인 간단한 파동함수가 양자역학의 미묘한 부분을 밝히는 데는 더욱 유용하다고 생각했다.

다시 시작한 편지 왕래

1950년 가을 즈음에 아인슈타인과 슈뢰딩거는 다시 편지를 교환하기 시작했다. 아마도 두 사람은 서로가 서로에게 얼마나 중요한 논의 상대였는지 깨닫게 되었을 것이다. 슈뢰딩거는 소중한 친구의 기분을 상하게 하지 않기 위해 극도로 조심했다. 그는 자기 이론의 우월성에 대해 함부로 입 밖에 내서는 안 된다는 교훈을 배웠다. 아인슈타인은 계속해서 자신의 일반화 이론을 만지작거리고 있었다. 9월 3일에 슈뢰딩거에게 보낸 편지에서 그는 자신의 노력이 조금은 돈키호테처럼 보일 수도 있음을 인정했다. 그는 자신의 수학적 추정 중 하나를 언급하며 이렇게 썼다.

"이 모든 것이 옛날의 돈키호테와 비슷한 느낌을 풍기는 것 같군. 하지만 실재를 나타내야 한다는 요구사항을 유지하고 싶다면 다른 선택의 여지가 없다네."[13]

두 사람의 논의는 양자측정의 불만족스러운 측면으로 향했다. 이 부분은 둘 다 좋아하는 주제였다. 바람에 흔들리는 갈대처럼 늘 뒤바뀌는 슈뢰딩거의 관심사가 다시 철학 분야로 옮겨갔다. 그는 양자역학의 정통 해석이 언젠가는 유물로 전락하리라는 점을 역사적 맥락에서 입증해 보이고 싶어 안달이 나 있었다. 그는 1952년 〈양자도약은 존재하는가?〉라는 논문에서 자신의 견해를 밝혔다. 이 논문에서 그는 양자 불연속성을 코페르니쿠스의 지동설로 대체되어 폐기된 프톨레마이오스의 천동설에 비유했다. 그는 자신의 논문 한 부를 아인슈타인에게도 보냈다. 분명 열정적인 반응을 기대하면서 보냈을 것이다.

그리고 머지않아 아핀 개념에 입각한 통일장이론이 공격을 받기 시작한다. 1953년에 그런 논문이 몇 편 발표되었는데, 그중에는 물리학자 C. 피터 존슨 2세와 조셉 캘러웨이의 논문도 있었다. 이 논문은 아인슈타인의 일반화 이론, 그리하여 그 연장선에 있는 슈뢰딩거의 연구에서는 자연에서 나타나는 하전입자의 적절한 행동이 나오지 않는다는 것을 입증해 보였다. 아인슈타인은 신속히 이런 비평에 반박했으나, 슈뢰딩거는 더 큰 실망으로 빠져들었다.

1953년 5월 아인슈타인의 최신 개념에 대한 글을 받아본 후에 슈뢰딩거는 몇 가지 수학적 제안과 함께 약간의 건설적 비판을 한다. 아인슈타인을 화나게 만들지 않았으면 하는 마음에 그는 이렇게 편지를 시작했다.

"부디 제가 고집을 부린다고 화를 내지 않으셨으면 합니다."[14]

아인슈타인은 6월에 답장을 보내 농담으로 받아친다.

"우리는 아핀 이론이 자연스러운가를 두고 수많은 토론을 벌였지만, 그다지 성공적이지는 않았다네. 직관적 판단이 옳은지 그른지 말할 수 있는 존재는 오직 신밖에 없겠지. 여기 대법원에서도 흔히 그렇듯이 신은 그런 항소까지 다 받아줄 필요가 없다네."[15]

양자측정에 대한 봄의 의견

1940년대나 1950년대 초반에 프린스턴에서 시간을 보냈던 물리학자들 중에는 아인슈타인과 관련된 개인적 이야기를 갖고 있는 사람이 많다. 어떤 사람은 그가 시내를 걸어가는 모습을 보기도 했다. 아마도 그는 조수들을 옆에 두고 함께 걸었을 것이다. 어떤 사람은 보통 독일어로 진행되던 그의 강의를 듣기도 했다. 그리고 운이 좋아 그를 만나 개인적으로 이야기해볼 수 있었던 몇몇 사람들은 그 지울 수 없는 순간의 기억을 소중히 간직하고 있다. 이들은 분명 그 이야기를 자기 친구와 가족들에게 여러 번 말했을 것이다. 애머스트대학교의 물리학자 로버트 로머는 '아인슈타인과의 30분'이란 글에서 아인슈타인의 집으로 초대를 받았던 1954년 2월 어느날의 이야기를 소개했다. 그 만남은 유쾌하고 기억에 남을 만한 것이었다. 그는 이렇게 썼다.

"두카스 여사가 나를 반긴 후에 위층에 있는 아인슈타인의 작고 어수선한 서재로 안내했다. 그리고 거기에는 아인슈타인이 정말 아인슈타인 같은 모습으로 있었다. 카키색 바지, 회색 스웨터 등 지금의 나처럼 멋지게 입고 있었다."[16]

로머의 사무치는 기억 중 하나는 EPR 사고실험에 관해 두 사람이 나눈 대화였다. 아인슈타인은 아래쪽 머서 가를 가리키며 이렇게 물었다고 한다.

"자네는 만약 여기서 누군가가 한 원자의 스핀을 측정하면, 그것이 저기 한참 떨어져 있는 또 다른 원자 스핀의 동시 측정에 영향을 미친다는 것을 정말 믿나?"

그 당시를 돌이켜보며 로머는 아인슈타인이 원래의 논문에서처럼 위치와 운동량이 아니라 스핀이라는 관점에서 이 실험을 표현한 것에 놀랐다. 물리학자 데이비드 봄이 도입한 스핀 버전의 EPR을 시간적으로 앞서서 언급하고 있는 듯 보였다. 봄은 1957년 논문에서 이 변형 EPR 사고실험을 야키르 아하로노프와 함께 발표한다.

아인슈타인은 1940년대 말 봄이 프린스턴 고등연구소의 조교수로 있을 때 그를 알게 되었다. 봄은 양자역학에 아주 관심이 많아서 이를 주제로 교과서를 쓰겠다고 마음먹는다. 책을 펴낸 이후 그는 이를테면 '유령 같은 원거리 작용' 등을 포함하여 자신의 책에 실려 있는 정통적인 설명들에 대해 의문을 품기 시작한다. 그는 이런 의심을 아인슈타인에게 전했고, 두 사람은 양자론의 논리적 결함에 대해 여러 가지 유익한 논의를 하게 된다. 그는 '숨은 변수', 즉 감지되지 않고 은밀하게 작용하는 요인을 이용해서 대안적인 결정론적 설명을 개발하겠다고 마음먹는다.

그 즈음은 공산주의자로 의심되는 사람들을 대상으로 마녀사냥이 이루어지던 매카시즘 시대였고, 봄은 하원 비미활동위원회*에서 증언하기를 거부하는 바람에 프린스턴 고등연구소를 떠나야 할 처지였다. 그는 아인슈타인의 도움으로 브라질의 상파울루대학교에 새로운 자리를 얻게 된다. 거기서 그는 표준 양자역학을 인과론적 이론으로 대체하는 탐구활동을 계속 이어갔다. 그 결과 파동함수가 그저 입자에 관한 확률론적 정보를 보관하는 존재가 아니라 물리적으로 실재하는 것이라는 1920년대 드 브로이와 슈뢰딩거의 개념을 떠올리는 이론이 나왔다. 1927년 드 브로이는 입자의 행동을 안내하는 실제 파동을 바탕으로 하는 양자역학의 결정론적 해석을 발표하고, 이 파동을 '향도파pilot waves'라고 불렀다. 그래서 드 브로이와 봄이 각각 독립적으로 개발한 개념이기는 하지만 둘을 하나

---

* 미국 내의 파시스트와 공산주의자의 활동을 조사하기 위해 임시적으로 설립된 기관이다.

로 뭉뚱그려서 '드 브로이-봄 이론'이라고 한다.

봄-아하로노프 버전의 EPR 사고실험에서는 똑같은 에너지 준위를 갖는 두 전자가 서로 다른 방향으로 추진되었다고 상상한다. 파울리의 배타원리에 따르면 두 전자는 정반대의 스핀상태를 가져야만 한다. 만약 한쪽이 업 스핀이면 나머지 한쪽은 반드시 다운 스핀이어야 한다. 그런데 측정이 이루어지기 전에는 어느 쪽이 업 스핀이고, 어느 쪽이 다운 스핀인지 알 수가 없다. 따라서 이 두 전자는 두 가지 가능성이 동일하게 혼합되어 있는 얽힌 양자상태를 형성하게 된다. 이제 한 실험자가 자기장치를 이용해서 한 전자의 스핀을 측정하고, 또 다른 실험자는 나머지 전자의 스핀을 즉각적으로 기록한다고 가정해보자. 정통 양자해석에 따르면 두 개의 전자로 이루어진 이 계는 업-다운이나 다운-업이라는 두 가지 스핀 고유상태 중 하나로 즉각적으로 붕괴한다. 따라서 첫 번째 전자가 업 스핀이라는 판독결과가 나오면 나머지 전자는 자동적으로 다운 스핀이 된다. 두 전자 사이의 공간을 가로질러 전달되는 상호작용이 없는 상태에서 어떻게 두 번째 전자는 자신이 어떤 상태여야 하는지 즉각적으로 '알' 수 있을까?

1964년 물리학자 존 벨은 얽힘상태의 표준 양자해석과 숨은 변수가 수반되는 대안 해석을 구별할 수 있는 수학적 방법을 개발하여 이 주제를 더욱 깊이 탐험한다. 그는 봄-아하로노프 스핀 버전의 EPR 사고실험을 바탕으로 자신의 개념을 개발했다. '벨의 정리'는 관찰자가 양자계를 측정할 때 실제로 무슨 일이 일어나는지 더 깊이 분석하는 경우 결정적인 역할을 하게 된다. 이 정리는 1982년 프랑스의 물리학자 알랭 아스페와 그 동료들이 수행한 편광실험을 통해 입증된다.

봄의 연구와 벨의 연구는 양자역학의 적용보다는 양자역학의 해석과 관련된 연구였다. 좀더 실용적인 연구는 전자기력 외에 다른 힘도 포함할 수 있도록 양자장론quantum field theory를 확장하는 연구였다. 이런 연구의 목표는 핵력과 중력 같은 다른 상호작용도 기술할 수 있는 이론으로 양자전기역학QED을 일반화하는 것이었다.

로머가 '아인슈타인과의 30분'을 보냈을 즈음 그 영역에서 중요한 이론적 돌파구가 마련된다. 1954년 초 물리학자 양첸닝과 수학자 로버트 밀스가 바일의 게이지장 이론을 확장하여 단순 원 대칭군simple circle symmetry group 말고도 다른 대칭군을 포함시키는 논문을 발표했다. 전자기력에 적용되었던 원래의 게이지 이론이 고리 주변으로 어느 방향이든 가리킬 수 있는 풍향계 비슷한 것이었음을 기억하자. 따라서 이것은 일종의 원 회전대칭을 가지고 있다. 원 주변의 회전 대칭군을 U(1)이라고 한다. U(1)의 핵심적인 특성은 이것이 가환군, 즉 연산순서가 중요하지 않은 군이라는 점이다. 선풍기 날개를 먼저 시계방향으로 $\frac{1}{4}$바퀴 돌린 다음 반시계방향으로 $\frac{1}{3}$바퀴 돌렸을 때나 그 반대순서로 돌렸을 때나 선풍기 날개는 똑같은 위치에 오게 된다.

양과 밀스의 연구는 바일의 방법론을 비가환 대칭군으로도 확장해 놓았다. 자연에서 볼 수 있는 간단한 사례는 3차원 회전이다. 이것은 SU(2)로 표현할 수 있다. 계란을 하나 집어서 그 위에 조심스럽게 점 하나를 찍고, 긴 축을 따라 시계방향으로 $\frac{1}{4}$바퀴 회전시킨 다음, 짧은 축을 따라 반시계방향으로 $\frac{1}{3}$바퀴 돌려보자. 2차원 원의 경우와 달리 이번에는 이 순서를 바꾸면 계란 위의 점이 다른 위치에 도착한다. 바꿔 말하면 SU(2) 같은 비가환 대칭군에서는 연산 순서가 중요하다는 의미다.

양-밀스 게이지 이론의 중요한 측면 한 가지는 이것이 양자전기역학과 비슷하게 재규격화가 가능하다는 점, 즉 계산해보면 유한한 답이 나온다는 점이다. 이 특성은 전자기력과 함께 강한핵력과 약한핵력의 모형을 만들기에 이상적인 특성으로 밝혀졌다. 양-밀스 게이지 이론은 나중에 네덜란드 물리학자 헤라르뒤스 토프트와 마르티뉘스 펠트만이 노벨상을 받게 된 연구를 통해 입증된다. 물론 아인슈타인은 양자장 이론에 기반을 둔 통일처럼 확률론적 측면을 포함하는 통일에 대해서는 거의 관심이 없었을 것이다.

하이젠베르크가 1954년 가을 미국 순회강연을 하다가 아인슈타인의 집에 들렀을 때 아인슈타인은 확률론적 부분에 대한 무관심을 잘 보여주었다. 케이크와 커피를 함께 마시며 하이젠베르크는 상대성이론의 창시자에게 자연의 확률론적 측면에 대해 마지막으로 설득해보려 했다. 하이젠베르크는 양자원리에 입각해서 자신만의 통일장이론을 연구하기 시작했다는 말로 아인슈타인의 관심을 끌 수 있기를 바랐다. 그날 오후의 대화가 더 매끄럽게 진행될 수 있도록 두 사람은 정치적인 문제에 대해서는 일절 언급하지 않았다. 하지만 아인슈타인의 마음을 되돌릴 수는 없었다. 그는 하이젠베르크를 책망하며 자신의 오래된 격언만 반복했다.

"하지만 자네도 분명 신이 주사위 놀이를 한다고는 믿지 않겠지."[17]

아인슈타인,
삶의 특이점에 도달하다

하이젠베르크와 만나고 난 뒤로 아인슈타인은 반년밖에 살지 못한다. 1948년 이후로 그는 자신의 가슴속에 언제 터질지 알 수 없는 시한폭탄이 들어 있음을 알고 있었다. 바로 대동맥류다. 그가 여행을 자제하고 대부분의 시간을 프린스턴에서 보낼 수밖에 없었던 데는 그의 취약한 건강상태도 한 가지 요인으로 작용했다. 그는 휴식을 위해 플로리다 사라소타로 한 번 여행을 다녀오기도 했지만, 이렇게 프린스턴을 떠나 여행하는 경우는 드물었다. 1951년에는 여동생 마야의 죽음이 그에게 큰 슬픔을 주었다. 그는 어느때보다도 외로움을 느꼈다. 그의 말년에 그래도 한 가지 위안은 아들 한스 알베르트와 더 가까워졌다는 점이다. 그는 미국으로 건너와 버클리대학교에서 수력공학 교수가 되었다. 한스 알베르트가 아인슈타인의 집을 방문할 때마다 두 사람은 서로의 과학적 관심사에 대해 대화를 나누며 놓쳐버린 시간을 만회했다.

핵전쟁의 가능성에 두려움을 느낀 아인슈타인은 세계정부^{world} government 운동을 하는 데 많은 시간을 할애했다. 그는 대량살상무기의 사용을 막을 수 있는 길은 그런 무기의 통제권을 세계의 중앙권력기구에 이양하는 방법밖에 없다고 생각했다. 자기가 이승에 머물 시간이 얼마 남지 않았음을 알고 있었던 그는 지구를 보존하는 데 최선의 힘을 보태고 싶었다.

유대인 고향찾기 운동의 강력한 지지자였던 그는 1948년에 건국

한 이스라엘이 격렬한 갈등에 휘말리는 것을 보며 크게 실망한다. 그 지역의 유대인들과 아랍인들이 평화 속에서 평등하게 함께 살 수 있기를 바란 그는 협상을 통해 영토 분쟁을 해결할 것을 촉구했다. 그는 자기 이웃들로부터 환영받는 우호적인 이스라엘을 꿈꾸었다. 1952년 이스라엘의 초대 대통령 하임 바이츠만이 사망하자 아인슈타인은 공식적으로 이스라엘 대통령직을 제안받는다. 아인슈타인은 그 제안을 큰 영광이라 생각하면서도 신속하고 정중하게 사양한다. 분명 심장 때문에 장기여행을 하기가 망설여진다는 점도 그의 결정에서 부분적으로 중요한 역할을 했을 것이다. 하지만 가장 큰 이유는 그가 대중의 집중적 관심을 받는 것보다는 혼자 있기를 좋아하고, 한 나라의 수장으로 일하는 것에 흥미가 없었다는 점이다. 특히나 자신이 정부의 결정에 동의하지 않게 될 경우라면 더욱 그랬다.

아인슈타인이 마지막으로 행한 공공 관련 주요 행동은 '러셀-아인슈타인 선언문'에 서명한 것이다. 이 선언은 철학자 버트런드 러셀이 시작한 세계평화요청 운동이다. 이 선언문은 다음에 일어날 세계대전은 대도시를 파괴하고 인류를 전멸로 몰아넣을 수 있는 수소폭탄 같은 핵무기를 사용할 가능성이 크다고 주장하며 무력 분쟁을 종식하고 평화적으로 분쟁을 해결할 것을 촉구했다. 아인슈타인은 사망하기 겨우 1주일 전인 1955년 4월 11일에 이 선언문에 서명한다.

아인슈타인은 마지막 며칠을 심한 고통에 시달려야 했다. 하지만 그럼에도 그는 용기와 기민함을 잃지 않았다. 4월 13일 그가 바닥에 쓰러지자 두카스는 깜짝 놀라 의사에게 전화를 걸었고, 의사는 달려와서 그가 쉴 수 있도록 모르핀을 처방한다. 다음날에는 몇 명의 의사가 도착해서 두카스에게 아인슈타인의 동맥류가 불안정해져서 곧 터지게 될 것이라고 알려주었다. 의사들은 수술을 권했지만 아인슈타인은 자신은 이제 살 만큼 살았으니 세상을 떠날 때가 되었다며 거부했다. 그리고 다음날 그가 통증으로 꼼짝 못하게 되자 두카스는 구급차를 부른다. 그리하여 아인슈타인은 프린스턴 종합병원으로 실려간다.

엄청난 고통에 싸여 있는 와중에도 아인슈타인은 여전히 통일장 이론을 연구하기를 원했다. 죽기 바로 전날 그는 계산을 계속할 수 있게 연필과 공책을 가져다달라고 부탁했다. 그의 아들이 도착해서 아인슈타인이 신뢰한 유언집행자 오토 네이선과 두카스와 함께 하루종일 그의 곁을 지켰다.

4월 18일 이른 시각에 아인슈타인의 세계선^{world line}이 그 마지막 지점에 도달했다. 궁극적인 삶의 특이점에 도달한 것이다. 의사들이 경고했던 대로 대동맥류가 갑자기 터지고 말았다. 그는 마지막 말을 독일어로 간호사에게 중얼거렸지만, 간호사는 독일어를 알아듣지 못했다. 그리하여 안타깝게도 그의 마지막 말은 후대에 전해지지 못했다.

아인슈타인은 기념비도, 심지어는 무덤도 원하지 않았다. 뇌를 제외한 나머지 그의 몸은 화장해서 재로 뿌려졌다. 특이하게도 병리학자 토마스 하비는 화장하기 전 아인슈타인의 시신을 검사하다가 과학 연구를 위해 그의 뇌를 꺼내서 보존해야겠다고 독단적으로 결정을 내린다. 그리고 그 후에 그는 그 뇌의 일부를 절편으로 만들어 분석했다. 오늘날에는 이때 제작된 절편 중 일부가 필라델피아 무터 박물관에 전시되어 있다.

아인슈타인이 사망하고 몇 달 후에 적절한 행사가 이루어진다. 베른에서 파울리가 조직한 주요 학술대회에서 특수상대성이론 50주년 기념회가 열린 것이다. 이 학술대회에는 전세계의 선도적 연구자들이 모여들었고, 그중에는 베르그만처럼 전쟁 이후로 유럽 땅을 처음으로 다시 밟아보는 사람들도 포함되어 있었다. 그리고 아인슈타인의 마지막 조수였던 브루리아 카우프만이 통일장이론에 관한 아인슈타인의 마지막 논문을 사람들 앞에서 발표하여 감동을 자아냈다.

다시
빈으로

아인슈타인의 사망으로 슈뢰딩거는 편지를 주고받던 가장 가까운 친구를 잃게 되었다. 1947년에는 관계가 크게 틀어지기도 했었지만 두 사람은 여전히 서로의 의견을 크게 신뢰했다. 아인슈타인이 사망하기 전에 그가 아인슈타인과의 편지 왕래를 다시 시작한 것은 참으로 다행스러운 일이었다. 그렇지 않았다면 슈뢰딩거의 후회도 그만큼 더 깊었을 것이다.

1946년 이후로 슈뢰딩거는 오스트리아로 돌아가기를 바랐다. 하지만 빈이 부분적으로 소련 군대에 점령당하고 소련 점령지역에 둘러싸이게 되자 그는 그곳으로 돌아가기를 주저했다. 정치에 신물이 났던 그는 냉전의 볼모가 되고 싶은 마음이 전혀 없었다. 그의 사전에서는 중립이 곧 최고의 방책이었다. 그래서 1955년 이전의 연합국들이 오스트리아에서 모든 외국 군대를 철수시키기로 합의하자 그는 무척 기뻤다. 군대 철수에 대한 대가로 오스트리아는 중립 유지와 무기한 비핵화를 약속한다. 오스트리아-헝가리 제국주의, 오스트리아 파시즘, 나치 안슐르쓰 등의 역경을 두루 겪어본 슈뢰딩거의 관점에서 보면 이것은 그의 생에서 최고의 정치적 뉴스였다.

빈대학교에서 교수직을 제안받은 슈뢰딩거는 더블린 이후로도 창조적인 경력을 이어나갈 수 있기를 희망한다. 슈뢰딩거와 베르텔은 제2의 조국이었던 아일랜드를 떠나 고향으로 돌아가는 배에 몸을 실었다. 데 발레라로서는 결코 그 두 사람에게 잘 가라는 인사를 하고 싶지 않았을 것이다. 이것은 씁쓸하면서도 달콤한 순간이었다. 슈뢰딩거는 아일랜드를 사랑한 만큼 자기 고향의 산악 지형도 무척이나 그리워했기 때문이다. 빈에 도착한 그는 교육부 장관의 환영을 받았다. 오스트리아는 자신의 걸출한 동포가 고국으로 돌아온 것에 기뻐했다.

슬픈 일이지만 슈뢰딩거의 고국 귀환은 그가 예상했던 만큼 즐겁고 편한 생활로 이어지지 못했다. 슈뢰딩거와 베르텔은 말년을 건강이 아주 안 좋은 상태로 보내야 했다. 두 사람은 모두 심각한 호흡기 질환을 앓고 있었다. 베르텔은 천식과 더불어 심한 우울증 때문에 전기충격치료를 받고 있었다. 이는 항우울제가 나오기 전에는 표준 치료법 중 하나로 여겨지던 치료법이다. 슈뢰딩거는 여러 차례 한바탕 기관지염과 폐렴을 앓았는데, 평생 이어진 흡연 때문에 증상이 더 심각해졌다. 또한 백내장 수술 때문에 안경도 두꺼운 것을 써야 했다. 더욱이 정맥염, 아테롬성 동맥경화증, 고혈압을 앓았고, 심장에도 문제가 생겼다. 하이킹을 할 때면 그는 자주 멈춰서서 숨을 몰아쉬어야 했다. 그는 예전에는 쉽게 오르던 산을 더 이상은 오를 수 없게 되어 실망이 컸다.

더블린을 떠나기 바로 전에 슈뢰딩거는 아주 심한 기관지염을 앓았는데, 그는 좀 쉴 생각으로 정량보다 많은 양의 수면제를 위스키와 함께 삼키고 잤다. 그 다음날 베르텔은 거의 무의식상태에 빠져 있는 그를 발견하고 깨워보려고 했지만 도저히 일어나질 않았다. 공황상태에 빠진 그녀는 의사를 불렀고 다행히도 의사가 그를 무사히 깨울 수 있었다.

일단 빈대학교에 정착하고 나자 슈뢰딩거는 연구에 집중하려 한다. 병치레를 하고 있었음에도 그는 말년에 몇 가지 프로젝트에 대해 연구할 수 있었다. 그는 레오폴드 핼펀이라는 젊은 물리학자도 지도했다. 핼펀은 그의 마지막 연구조수다. 핼펀은 나중에 폴 디랙과 함께 연구한다. 디랙은 1933년에 슈뢰딩거와 함께 노벨상을 받았다.

젊은 시절에 심사숙고했던 철학적 문제로 돌아간 슈뢰딩거는 〈실재란 무엇인가?〉란 소론을 쓴다. 그가 1925년에 펴냈던 〈길을 찾아서〉의 내용을 보충하기 위해 펴낸 소론이다. 그는 두 연구내용을 합쳐서 《나의 세계관》이라는 책을 펴낸다. 이는 그가 생명, 의식, 실재의 본성에 관해 최종적으로 자신의 의견을 밝히기 위해 쓴

책이다. 그보다 몇 년 앞서 그는 고대 철학에 관한 책인 《자연과 그리스 인》을 펴낸 바 있다. 슈뢰딩거는 계산에도 분명 능했지만 플라톤과 아리스토텔레스의 정신에 입각해서 스스로를 계산 전문가보다는 자연철학자에 더 가깝다고 보았다.

모든 존재는
하나다

1957년 8월 12일 슈뢰딩거는 70세 생일을 맞았다. 그는 곧 대학에서 은퇴할 때가 되었다고 판단한다. 대학교에 머물던 마지막 해에 그는 명예교수 자리를 얻어 교수로서의 편의는 누리면서도 학생 교육은 담당하지 않아도 됐다. 교수 자리에 임명된 후 그렇게 빨리 자리에서 물러나는 일은 그리 흔한 일이 아니었지만, 슈뢰딩거는 과거에도 그렇게 빨리 자리를 이동하는 경우가 많았다. 특히 경력 초기에 그런 일이 많았다. 10년 이상 머물렀던 자리는 더블린 고등연구소 자리밖에 없었다.

1957년 7월 프린스턴의 박사과정 학생 휴 에버렛 3세가 발표한 〈양자역학의 '상대적 상태' 공식화〉 논문에 대해 슈뢰딩거가 어떻게 반응했는지는 기록이 남아 있지 않다. 이 논문은 훗날 양자역학의 '다중세계 해석'으로 알려지게 된 내용을 상세히 다루고 있다. 이 해석은 정통적 관점을 대신하는 영리한 대안이었다. 지금은 이 논문이 고전으로 여겨지고 있지만 당시에는 이 논문을 읽은 물리학자가 소수에 불과했다. 에버렛의 박사논문 지도교수인 휠러는 그의 상상력 넘치는 개념을 격려해주었지만 보어 같은 주류 물리학자들이 이것을 너무 기이하다고 여길까 봐 걱정했다. 실제로 보어는 에버렛의 연구에 감명을 받지도 않았고 관심도 거의 없었다. 이 가설은 1970년대에 물리학자 브라이스 드위트가 이를 홍보하고 난 다음에야 지지자들을 끌어모으기 시작했다.

흥미롭게도 아인슈타인은 그보다 훨씬 일찍 에버렛과 교류한 적이 있었다. 에버렛이 열두 살이었던 1943년에 아인슈타인에게 편지를 써서 우주가 무작위적인지, 아니면 통일된 원리를 가지고 있는지 물었던 것이다. 아인슈타인은 친절하게 답장을 보내서 에버렛이 자기 자신의 철학적 장애물을 창조하고, 다시 그것을 뛰어넘었다고 말해주었다.

다중세계 해석은 슈뢰딩거의 고양이 시나리오를 모호하지 않게 분석할 수 있는 방법을 제공한다. 이 해석에서는 각각의 양자적 관찰이 실재를 셀 수 없이 많은 평행한 경로로 갈라지게 만든다고 주장한다. 에버렛은 관찰자의 의식적 존재가 실재의 가지치기와 함께 이음매 없이 갈라진다고 주장함으로써 결정론과 관찰자의 역할이라는 의문을 영리하게 다루었다. 이렇게 가지치기가 이루어지면 각각의 관찰자들은 자신의 시나리오가 이미 결정되어 있던 진정한 실재이고, 자신이 그 가지에 들어가 있는 것이 옳다고 믿게 된다. 여기서는 붕괴가 일어나지 않기 때문에 측정되는 대상에 미치는 측정자의 영향이 제거된다. 그 결과 방사능 감지 촉발장치가 설치된 강철 상자 안에 고양이를 담는 행위는 방사능 붕괴 가능성에 의해 야기되는 가지치기로 이어진다. 한 가지에서는 방사능 붕괴가 일어나면서 고양이가 독에 의해 죽고, 관찰자는 침울해질 것이다. 또 다른 가지에서는 방사능 붕괴가 일어나지 않아 고양이가 목숨을 구하고, 관찰자는 기쁜 얼굴을 하게 될 것이다.

에버렛은 자신의 해석이 불멸을 암시한다고 믿게 된다.[18] 죽음을 야기할 수 있는 어떤 요인이 주어진다 하더라도 거기에는 항상 생존이 가능해지는 평행한 가지가 존재한다. 따라서 고양이를 강철 상자 안에 하루에 한 시간씩 넣어둔다고 해도 그중 한 버전의 고양이는 언제나 살아남아 그 다음 세상을 보게 되고, 이런 일은 계속해서 반복될 것이다.

만약 이런 불멸이 가능하다면 우리는 잔혹한 운명과 맞닥뜨린 다른 모든 자아에 대해서는 알지 못할 것이다. 다른 모든 평행 가지에서는 자신의 죽음을 문상하러 오는 사람들을 볼 수 없게 된다. 하지만 자기가 사랑하는 사람들이 세상을 떠나는 모습은 보게 된다. 물론 다른 평행 가지에서는 살아 있을지도 모르지만 적어도 자기가 속한 가지에서는 그럴 것이다. 따라서 이런 유형의 불멸이 과연 축복인지 저주인지는 분명하지 않다. 1950년대 후반에 슈뢰딩거와 베르텔도 이와 비슷한 상황에 처하게 된다. 이때쯤 되자 두 사람 모두 병치레를 여러 차례 한 상태였고, 결국 상대방 없이 혼자만 살아남는 경우가 머릿속에 그려지기 시작한 것이다.

1958년 하이젠베르크는 자신만의 통일장이론을 공개적으로 발표함으로써 통일이론의 드라마에 뒤늦게 동참한다. 아인슈타인과 슈뢰딩거의 시도와는 달리 하이젠베르크의 이론은 표준 양자역학과 입자물리학에 기반을 두고 있었다. 스피너(벡터와 비슷하지만 변환이 다르게 이루어진다)에 기반을 둔 이 이론은 패리티^{parity}가 보존되지 않는다는 양첸닝과 리정다오의 최신 발견을 비롯해서 약한 상호작용에 대해 알려져 있는 내용들을 포함하고 있었다. 패리티 보존은 한 과정의 거울상$^{mirror\ image}$이 원래의 과정과 동등해야 한다는 속성이다. 양첸닝과 리정다오가 지적했듯이 여러 유형의 방사능 붕괴를 설명하는 힘인 약한 상호작용이 관여하는 과정들은 이 규칙을 항상 따르지는 않는다. 이즈음 슈뢰딩거는 현역에서 물러나 있었기 때문에 하이젠베르크의 통일이론에 대해서는 공개적으로 언급하지 않았다. 어쨌거나 하이젠베르크의 이론은 실험적 증거가 결여되어 있는 상태였다.

같은 해에 파울리도 사망한다. 그는 하이젠베르크의 통일이론에 기여한 인물이다. 물리학계는 망연자실하고 만다. 그의 나이는 겨우 58세였고 그때까지도 활발하게 활동하고 있었기 때문이다. 파울리와 하이젠베르크는 이 해의 상당 부분을 반목 속에서 보내고 있었다. 이 반목이 시작된 계기는 한 언론에서 파울리를 '하이젠베르크의 조수'라고 부른 사건이었다.[19] 조수라는 말에 발끈한 파울리는 하이젠베르크의 이론을 공개적으로 공격하기 시작했다. 파울리는 하이젠베르크가 한 라디오 강연에서 자신의 이론은 이제 세부사항만 채워넣으면 완성된다고 하는 말을 듣고는 물리학자 조지 가모프에게 텅 빈 사각형이 그려진 편지를 보내며 거기에 이렇게 썼다.

"이 사각형은 내가 거장 화가처럼 그림을 그릴 수 있음을 세상에 보여주기 위해 그린 것입니다. 이 그림에는 기술적인 세부사항만 빠져 있습니다."[20]

파울리에게 단단히 화가 나 있던 하이젠베르크는 그의 장례식에도 가지 않았다. 한때는 대단히 생산적이었던 협력관계가 이렇게 끝나게 된 것은 무척 슬픈 일이다. 파울리와 하이젠베르크에 비하면 아인슈타인과 슈뢰딩거는 언론 때문에 잠시 불화를 일으킨 적은 있었지만 훨씬 너그러운 관계로 남았다.

슈뢰딩거의 말년에 있었던 큰 사건 두 가지는 1956년 5월에 루트가 아르눌프 프라우니체어와 결혼한 것, 그리고 1957년 2월에 루트와 아르눌프 사이에서 첫째 아이인 안드레아스가 태어난 일이다. 몇 해 전에 슈뢰딩거는 루트에게 자신이 생부임을 밝힌 상태였다. 따라서 그는 떳떳하게 할아버지 역할을 즐길 수 있었다. 안타깝게도 루트의 법률적 아버지인 아르투어 마치는 안드레아스가 태어나고 얼마 지나지 않아 세상을 떠나고 말았다.

프라우니체어 부부는 인스부르크 근처의 기분 좋은 산악마을인 알프바흐에 정착했다. 이곳은 공기가 신선하고 꽃이 가득한 곳이어서 슈뢰딩거 역시 무척 좋아하는 곳이었다. 이곳은 북적거리는 빈을 피해 한숨 돌릴 수 있는 쉼터를 제공해주었고, 이들은 이곳에서 큰 위안과 휴식을 얻었다. 지금 이 글을 쓰고 있는 시점에서 루트와 아르눌프는 여전히 생존해 있다.

1960년 5월 슈뢰딩거는 주치의로부터 끔찍한 소식을 듣는다. 그가 수십 년 전에 이겨냈다고 생각했던 결핵이 재발한 것이다. 해가 갈수록 그는 숨쉬기가 점점 힘들어졌고, 결국에는 병원에 입원해 그곳에서 크리스마스 휴일을 보내게 된다. 슈뢰딩거는 베르텔에게 마지막 순간을 병원이 아니라 집에서 보내고 싶다고 알려놓은 상태였다. 슈뢰딩거를 병원에서 퇴원시켜 집으로 데려온 베르텔은 부드럽게 그의 손을 잡고 곁을 지켰다. 두 사람은 여전히 서로를 아끼고 있었고, 건강이 점점 악화되는 노년에 겪은 어려운 일들로 인해 그 애정이 한층 더 깊어져 있었다. 슈뢰딩거가 마지막으로 남긴 말은 그녀를 향한 헌신의 요구였다.

1961년 1월 4일 슈뢰딩거는 이승을 하직한다. 한스 티링의 감독 아래 그의 몸은 검시관에게 가서 사후 부검을 받은 후 알프바흐로 이송되어 1월 10일 교회 묘지에 안장됐다. 티링은 그의 오랜 친구를 위해 추도 연설을 했다. 그의 무덤에는 연철로 만든 십자가와 그 위에 그의 유명한 파동방정식이 새겨진 동그라미를 달아놓았다.

여러 해가 흐른 후 루트는 그 십자가 앞쪽에 슈뢰딩거의 시 중 하나로 명판을 만들어 단다. '모든 존재는 하나다'라는 구절이 포함된 이 명판은 모든 것이 서로 연결되어 있고 영원하다는 베단타 철학을 잘 요약해서 보여주고 있다.[21] 명판에 담긴 시와 표석에 담긴 물리학이 함께 뒤섞이면서 그의 복잡한 영혼과 완벽하게 어울리는 명예를 선사해주고 있는 셈이다.

고양이, 문화 속으로 파고들다

슈뢰딩거가 사망할 당시 물리학자들은 주로 파동방정식 때문에 그를 알고, 생물학자 그리고 생물학 열성가들은 주로 '생명이란 무엇인가?'라는 강연 때문에 그에게 익숙해져 있었다. 하지만 그가 과학에 가장 크게 기여하게 될 고양이 역설에 대해 일반 대중은 전반적으로 잘 알지 못하고 있었다. 그런데 1970년대 들어 몇몇 공상과학소설이 그의 얽힘 이야기에 관심을 불러일으키면서 이런 상황이 바뀌게 된다. 이 역설을 주제로 한 첫 소설 중 하나는 1974년에 등장한 어슐러 르 귄의 《슈뢰딩거의 고양이》다. 르 귄은 《무식쟁이들을 위한 물리학》을 읽고 이 양자 사고실험에 대해 알게 되었다. 그녀는 이렇게 말했다.

"이것은 분명 일부 공상과학소설에는 아주 안성맞춤인 비유다."[22]

그 뒤로 다른 작가들도 기발한 양자 고양이 소설을 발표했다. 이 소설들 중에는 평행우주나 그 관련 주제에 초점을 맞춘 것들이 많았다. 1979년 로버트 안톤 윌슨이 대체 역사alternative history를 다룬 '슈뢰딩거의 고양이' 3부작 중 첫 번째 책인 《이웃 우주》를 발표한다. 1985년에 발표된 로버트 하인라인의 《벽을 뚫고 걸어간 고양이》는 시간여행을 통해 생겨난 새로운 실재를 상상해냈다. 그때 즈음해서 몇 편의 대중과학서에서 이 역설의 함축적 의미에 대해 다루었고, 여러 편의 양자 동물 소설이 뒤따랐다. 보통 이런 소설에서는 고양이가 등장하는 경우가 많았지만 때로는 삶과 죽음의 애매모호한 상황에 빠져버린 다른 동물, 심지어는 사람이 등장하기도 했다.

1982년에 작가 세실 아담스가 자신의 칼럼 '확실한 정보The Straight Dope'에 발표한 시는 양자 고양이 전설의 일부가 된다. 훨씬 뒤에 인터넷에서 쉽게 찾아볼 수 있게 된 후에는 특히 그랬다. 이 이야기는 우주의 우연에 관해 윈^{Win}(슈뢰딩거)과 알^{Al}(아인슈타인) 사이에서 일어난 거대한 전쟁에 대해 말하고 있다. 바로 고양이 역설과 주사위 놀이에 대한 발언을 낳은 전쟁이다. 이 대하시는 윈이 알의 장례식에서 그가 천국에 갈지를 두고 내기를 거는 장면으로 끝난다.

발톱을 세우고 문학계로 진출한 이 섬뜩한 고양이는 티어스 포 피어스$^{Tears for Fears}$라는 밴드그룹 덕분에 다시 대중음악의 세계로도 뛰어든다. 이 밴드그룹은 1990년대 초 싱글 앨범 B면에 '슈뢰딩거의 고양이$^{Schrödinger's Cat}$'라는 곡을 넣었다. 이 밴드그룹은 뒤에 '신의 실수$^{God's Mistake}$'라는 곡도 발표하는데, 이 곡에는 '신은 주사위 놀이를 하지 않는다'라는 가사가 들어 있다. 아인슈타인이 남긴 말을 예측이 불가능한 사랑에 대한 사색으로 바꾸어놓은 것이다. 작곡가 롤랜드 오자발은 이렇게 설명했다.

"제 곡은 그저 사물을 바라보는 고전과학적 방식, 합리적 물질주의를 비꼰 것일 뿐입니다. 다시 합쳐놓을 능력도 없으면서 사물을 분해하는 행위, 나무만 보고 숲은 보지 못하는 행위 등을 비꼰 것이죠. 곡 마지막 부분에서 저는 이렇게 노래합니다. '슈뢰딩거의 고양이는 세상 모르고 잠들어 있다$^{Schrödinger's Cat is dead to the world}$'고 말이죠.* 고양이는 죽어 있는 것일까요? 그냥 잠들어 있는 것일까요? 나는 애매모호함, 불확정성을 좋아합니다."[23]

---

* dead to the world는 '세상 모르고 잠들다'는 의미다. 죽은 상태와 잠들어 있는 상태가 중의적으로 섞여 있다.

근래 들어 슈뢰딩거의 고양이는 대중적인 밈^{meme}*이 되었다. 이 고양이는 티셔츠, 만화(〈xkcd〉 같은 대중 온라인 만화 등), 텔레비전 프로그램(미국 드라마 〈빅뱅이론〉이나 SF 애니메이션 시리즈 〈퓨쳐라마〉 등)에도 등장했다. 아마도 슈뢰딩거의 고양이에 대한 언급 중에서 가장 눈에 띄었던 것은 구글이 슈뢰딩거 탄생 126주년인 2013년 8월 12일 구글의 로고에 그 실험과 관련된 낙서를 집어넣었던 일일 듯싶다. 문화적으로 다양하게 언급되다 보니 이 고양이는 애매모호함을 나타내는 하나의 상징으로 자리잡게 됐다. 이제는 '슈뢰딩거의 XX'라는 식으로 슈뢰딩거를 아무데나 갖다 붙여도 그런 애매모호함을 표현하는 말이 된다.

과학적 유산을 둘러싼 분쟁

우리가 슈뢰딩거와 아인슈타인의 복잡한 삶에 대해 알고 있는 것들 중 상당 부분은 기록물을 통해 밝혀진 것들이다. 안타까운 일이지만 이들의 지적 재산은 엄청난 가치를 가지고 있기 때문에 그 소유권을 두고 오랜 시간에 걸쳐 일련의 분쟁이 일어났다.

1963년 미국에서 한 사람이 베르텔을 방문한다. 과학철학자 겸 과학사가 토마스 쿤이다. 쿤은 양자물리학의 역사를 기록으로 남기

---

* 유전자는 아니지만 모방 등을 통해 다음 세대로 전달되는 비유전적 문화 요소를 말한다.

는 프로젝트에 참여하고 있었다. 인터뷰를 위해 자리에 앉자 베르텔이 쿤에게 180킬로그램이 넘는 커다란 상자를 넘겨주었다. 이 상자 안에는 고인이 된 남편의 편지, 원고, 일기, 그리고 다른 개인 소장품들이 가득 들어 있었다. 이것은 슈뢰딩거의 온갖 기록이 남긴 보물상자와도 같은 것으로, 역사가들에게는 그 가치를 헤아릴 수 없을 정도로 소중한 자료들이다. 쿤은 이 자료의 상당 부분을 주로 마이크로필름을 이용해 복사하고, 원본은 빈대학교 중앙도서관에 기증했다. 연구자들이 전세계의 기록보관소와 연구센터에서 복사본을 정독하고 있는 동안 도서관은 이 상자를 수십 년 동안 보관하고 있었다.

1965년 베르텔이 사망하자 루트는 슈뢰딩거 자산의 단독 상속인이 되었지만, 1980년대까지도 루트는 이 상자에 대해 알지 못했다. 루트는 빈대학교 물리학연구소의 소장 발터 티링과 이야기해보았지만 자료를 돌려줄 수 없다는 말을 들었다. 2006년 루트는 빈대학교 총장에게 이 자료를 되돌려줄 것을 요구했고, 대학 측에서는 법률 자문을 구한 다음 소유권 결정을 위해 소송을 진행하기로 한다. 루트와 그녀의 남편도 따로 변호사를 고용했고, 자료의 정당한 소유권이 누구에게 있는지 결정하기 위한 법적 싸움이 시작됐다.[24]

이 소송은 몇 년을 질질 끌다가 2008년 양측에서 가능한 해법을 위한 단계를 밟아나가기로 동의함에 따라 상당한 진전을 보게 됐다.[25] 새로운 재단을 설립해서 그 자료들을 관리하자는 아이디어가 나온 것이다. 이 소송은 2014년 10월 마침내 합의가 이루어져 슈뢰딩거의 논문들은 유네스코 세계유산으로 지정되었다.

아인슈타인의 논문들도 역시 법률 분쟁에 휘말렸다. 그가 죽고 난 후에는 오토 네이선과 헬렌 두카스가 그의 자산들을 관리했다. 자료의 대부분이 예루살렘 히브리대학교로 옮겨갈 때까지 두 사람은 아인슈타인의 사진과 자료들의 이용을 개인적으로 승인했다. 프린스턴 고등연구소에는 복사본 기록실이 만들어져 있어 연구자들이 그의 논문에 접근할 수 있었다. 네이선과 두카스는 프린스턴대학교 출판부와 합의하여 출판부에서 그의 글을 편집본으로 출판할 수 있도록 했다. 하지만 1970년대에 들어서 편집자의 선택과 관련해 네이선과 출판부 사이에서 논란이 발생했고, 결국에는 법정이 개입해서 중재해야 했다. 그리하여 물리학자 겸 과학사가 존 슈타헬이 이 프로젝트의 수석 편집자가 되었다.

그러다가 그 누구도 예측하지 못했던 일이 벌어진다. 슈타헬과 또 다른 역사학자 로베르트 슐만이 한스 알베르트의 두 번째 아내인 엘리자베스가 아인슈타인과 밀레바 사이에서 오간 약 500통 정도의 편지를 은밀히 보관해 놓은 안전금고가 버클리에 있다는 사실을 알게 된 것이다. 이 편지 모음에는 아인슈타인의 삶에서 지금까지 알려진 내용이 없었던 시기를 새로이 조명해준 약 50통 정도의 연애편지도 포함되어 있었다. 이를 두고 프린스턴대학교 출판부와 분쟁이 계속되다가 출판부가 마침내 이 연애편지들을 출판할 수 있는 권리를 획득한다. 아인슈타인이 두 사람의 연애관계가 시작될 때는 밀레바에게 열렬히 열정을 표현하다가 나중에 결국 이혼하기 전에는 경멸을 표한 것이 너무나 대조적이라 많은 독자들이 충격을 받았다.

아인슈타인과 슈뢰딩거의 삶을 되돌아보면 제아무리 똑똑한 과학자라 해도 결국에는 사람임을 알 수 있다. 이 두 사람은 놀라운 통찰들이 터져 나올 때까지 그 사이사이에는 아무런 추진력도 얻지 못한 채 그저 헛바퀴만 도는 시간을 오랫동안 견뎌내야 했다. 두 사람의 관계를 보면 두 사람은 애정이 넘칠 때도 있었지만, 배신의 순간도 있었다. 두 사람은 순간의 환영을 쫓다가도 자신을 진정으로 아껴주는 사람을 찾아 다시 집으로 돌아오고는 했다.

아인슈타인과 슈뢰딩거 사이에 오간 편지들을 보면 따뜻함, 그리고 서로에 대한 응원이 담겨 있다. 어쩌면 돈키호테와 산초처럼 두 사람은 결국 풍차와 싸우려 돌진했던 것인지도 모른다. 이들은 자신들이 추구하는 것이 돈키호테가 그러했던 것처럼 무모한 짓이라 비웃음을 받고, 자신의 삶이 별나게 비쳐질 수도 있음을 알고 있었다. 하지만 그럼에도 두 친구는 서로의 곁을 지켰다. 언론에 비친 내용을 보면 항상 그런 것은 아니었을지도 모르지만, 마음 속 깊은 곳에서는 언제나 둘도 없는 단짝이었던 것이다.

나오며

아인슈타인과
슈뢰딩거를 넘어

사진은 적어도 한 가지 좋은 점이 있다.
일단 사진을 찍고 나면 그것으로 끝이라는 점이다.
사진찍기는 그것으로 끝이다. 하지만 이론의
경우에는 절대로 끝이란 것이 없다.

— 알베르트 아인슈타인, 《크리스천 사이언스 모니터》, 1940년 12월 14일자

차기 아인슈타인은 누가 될까? 과학에 그를 뛰어넘는 큰 기여를 할 인물이 나타나게 될까? 자연의 통일이론이라는 그의 꿈을 완성할 수 있을 정도로 똑똑한 사람이 나올까? 걸출한 물리학자이자 노벨상 수상자이면서 르네상스 인이었던 슈뢰딩거조차 아인슈타인의 국제적 명성에는 발뒤꿈치만큼도 따라가지 못했음을 지금까지 살펴보았다. 물론 1940년대의 아일랜드를 제외하면 말이다. 오히려 그런 명성을 얻은 쪽은 슈뢰딩거가 아니라 그의 고양이다. 적어도 문화적 밈으로서는 말이다. 하지만 아인슈타인의 자리를 채우려고 시도한 사람이 분명 슈뢰딩거만 있지는 않았다.

태양 일식 관측연구의 발표를 통해 상대성이론을 처음 맛보았던 1919년 이래로 대중은 아인슈타인이나 그의 후계자 후보에 대한 소식을 늘 갈망했다. 앞에서 살펴보았듯이 그가 살아 있는 동안에 언론은 그가 제안한 모든 통일장이론을 마치 중요한 돌파구가 마련된 것처럼 대대적으로 선전했다. 그가 사망한 후에는 그의 사명을 거의 완수할 뻔한 똑똑한 사람들의 이야기가 뉴스의 헤드라인을 계속해서 장식했다. 대체적으로 보면 아인슈타인, 그리고 마무리되지 못한 그의 탐구, 그리고 누가 그의 왕좌를 이을 것인가 하는 질문은 거의 한 세기 동안 일종의 시금석 역할을 했다.

과학자들은 어떤 분야는 과학적 진보가 몇 년, 심지어는 몇 십 년에 걸쳐 점진적으로 이루어진다는 사실을 알고 있다. 혁신적인 발견은 그리 흔치 않다. 과학자가 성공해서 이름을 날리려면 아주 운이 좋아 때와 장소를 잘 만나야 할 때가 많다. 그리고 오늘날의 과학적 연구들은 대부분 한 개인보다는 대규모 연구진을 통해 완성되고 있다.

하지만 외로운 천재 한 명이 세상 모든 것을 바꾸어놓는다는 신화는 좀처럼 사라지지 않는다. 인터넷 검색엔진을 아무것이나 골라서 '차기 아인슈타인next Einstein'이라고 쳐보면 성공적인 교육 비결에서 이력서나 개인광고에 등장하는 주장까지 온갖 검색결과가 소나기처럼 쏟아진다. 최근에 언론에 등장했던 갖은 사례들을 살펴보자.

'차기 아인슈타인은 서퍼surfer dude가 될 것인가?',[1] '그는 놀라운 IQ를 가진 신동인가?',[2] '차기 아인슈타인이 컴퓨터라면?',[3] '스마트폰 애플리케이션으로 그 사람을 찾아낼 수 있을까?',[4] 아니면 '혹시 아동을 위해 만들어진 구닥다리 DVD*가 재주를 부려 아이들을

---

* 디즈니에서 제작한 〈리틀 아인슈타인〉 시리즈를 말한다.

아인슈타인으로 만들 수 있을까?'

2009년 《뉴욕 타임스》 기사에서는 농담하듯 이렇게 충고했다.

"아이가 아인슈타인이 되지 않았다고요? 환불 받으세요!"[5]

아인슈타인이 만들어질 수 있었던 공식은 긴급한 해결이 필요한 중요한 과학적 문제, 상식이 된 믿음을 뒤집는 놀라운 통찰, 그리고 역설적으로 사진이 잘 받는 얼굴(구겨진 스웨터, 강철 솜 수세미 같은 수염, 그리고 빗지 않은 회색의 더벅머리 머리카락이 그렇게 매력적으로 보일 줄 누가 알았겠는가?), 그리고 장소를 가리지 않고 터지는 카메라 플래시가 완벽하게 버무려진 것이었다. 그가 국제적 명성을 얻게 된 시기는 할리우드의 황금기와 대략 맞아떨어진다. 이때는 영화 상영 전에 극장용 뉴스에서 명사들의 최신 패션, 업적, 기이한 취미 등을 뉴스로 엮어 화면에 내보내던 시절이다. 1920년대, 1930년대, 1940년대에 더글러스 페어뱅스, 메리 픽포드, 찰리 채플린, 베리모어 집안, 그리고 셀 수 없이 많은 다른 영화 스타들이 그랬듯이 아인슈타인 역시 도시 중심가에 자리잡은 수천 개의 극장 화면 속을 걸어다녔다. 대중은 그가 산책을 하다가 멈춰 서서 팬들에게 손을 흔들고, 시사적인 문제에 대해 강연하고, 다양한 자선단체를 위한 자선공연에서 주역을 맡고, 가끔씩 자신의 연구에서 이루어진 진척상황에 대해 보고하는 모습을 지켜보았다. 사회면 기사 할당량을 채우기에 바빴던 기자들은 엎질러진 우유를 게걸스럽게 핥아먹는 배고픈 고양이처럼 이 유대계 독일인 과학자의 소식이라면 무엇이든 덥석 물었다.

이런 공식이 다시 반복될 수 있을지는 분명치 않다. 우선 발표되는 논문의 수가 폭발적으로 증가했다. 아인슈타인과 슈뢰딩거의 시절보다 훨씬 많은 이론들이 등장해서 성공을 위해 경쟁하고 있다. 반면 그런 이론들을 검증하는 데 필요한 에너지를 얻기 위해서는 스위스 제네바 근처의 대형강입자충돌기Large Hadron Collider, LHC같이 점점 더 많은 비용과 시간을 잡아먹는 프로젝트가 요구되고 있다. 예전에는 일식 관측처럼 비교적 간단한 연구를 통해 결과를 얻는 경우가 많았지만, 요즘의 실험과학은 일반적으로 좀더 느리고 신중하게 전진해왔고, 어떤 결과를 발표하려면 훨씬 더 막대한 양의 자료가 필요해졌다. 고에너지 물리학에서는 한 사람의 개척자가 아니라 수백 명의 연구자가 팀을 이루어 연구하는 경우가 많다. 그리고 그와 동시에 언론매체가 다양화되면서 모든 사람의 시선이 어느 한 과학 명사에게 집중되기도 힘들어졌다.

2013년 노벨 물리학상 수상자 중 한 명인 피터 힉스는 현대에 와서 대중에게 알려진 탁월한 이론물리학자의 드문 사례다. 하지만 그의 명성을 감히 아인슈타인의 명성에 견주기는 힘들다. 그의 이름을 딴 힉스 보손이라는 입자를 흔히들 '신의 입자God particle'라고 부른다. 2012년 이 입자가 발견되었을 때 힉스에 대해 쓴 상당수의 언론기사에는 신에 관한 이야기가 함께 등장했다. (보손이라는 용어의 어원이 된 인도 출신 물리학자 사티엔드라 보즈에 대한 언급은 거의 없어 인도 사람들의 실망이 컸다.)

표준모형의 승리

힉스 보손의 발견은 입자물리학의 표준모형에서 비어 있던 마지막 퍼즐 조각을 채워주었다. 이 표준모형은 현재 우리가 가지고 있는 이론 중에서 통일장이론에 가장 가깝다. 표준모형에는 전자기력과 약한 상호작용을 통일해서 설명하는 내용도 담겨 있다. 이 둘을 함께 묶어서 약전자기 상호작용electroweak interaction이라고 부른다. 이 표준모형은 강한 상호작용에 대해서도 기술한다. 강한 상호작용은 원자핵에서 양성자와 중성자를 하나로 붙들어 매는 힘이다. 중력은 여기에 끼지 못하고 혼자 겉돌고 있다. 중력은 표준모형에 들어 있지 않다.

약전자기 통일이론의 개발은 슈뢰딩거가 사망한 해인 1961년에 시작됐다. 물리학자 셸던 글래쇼가 전자기력과 약한 상호작용을 네 개의 교환보손(힘을 실어 나르는 입자)을 포함하는 이론으로 통일할 수 있다고 주장한 것이다. 이 네 개의 교환보손 입자에는 광자, 그리고 W+, W-라고 불리며 약력붕괴weak decay에 해당하는, 전하를 띤 보손 두 개와 마지막으로, 약한 중성교환weak neutral exchange에 해당하며 나중에 Z0로 불리는 보손이 있다. 당시에는 네 번째 유형의 상호작용인 비슷한 전하를 가진 두 입자 사이의 상호작용은 아직 관찰되지 않았다. 글래쇼가 사용한 라그랑지안(에너지를 기술)은 완전히 맞는 것은 아니었지만 네 개의 교환입자라는 개념은 완벽하게 적중했다.

하지만 전자기력을 약력과 통일시킬 때 한 가지 성가신 문제가 있었다. 두 힘의 작용범위와 상호작용의 강도가 엄청나게 다르다는 점이다. 전자기력은 엄청나게 먼 거리를 가로질러 작용한다. 몇 조 킬로미터나 떨어져 있는 항성으로부터 도달하는 별빛만 봐도 전자기력의 작용범위가 얼마나 큰지 알 수 있다. 이와는 대조적으로 약력은 핵의 크기 안에서만 작용한다. 더군다나 아원자 수준에서는 전자기력이 약력보다 1,000만 배나 더 강력하다. 만약 태초의 우주에서 이 두 힘이 하나로 통일되어 있었다면, 오늘날에 와서는 왜 이리도 달라 보인단 말인가?

물리학자들은 물질입자 사이에서 오고가는 교환보손 입자의 특성이 힘의 작용범위와 강도를 결정한다는 것을 깨닫게 됐다. 광자처럼 질량이 없는 보손은 먼 거리에 걸쳐 작용하는 강력한 힘을 만들어낸다. 반면 W와 Z 교환입자처럼 무거운 보손은 더 약하고 작용거리가 짧은 힘을 만들어낸다. 결국 전자기력과 약한 상호작용 사이에서 오늘날 보이는 차이를 설명하는 문제는 W와 Z가 어떻게 질량을 획득했는지 이해하는 문제로 귀결된다.

이번에는 힉스 메커니즘에 대해 알아보자. 이것은 우주가 뜨거운 불덩이인 빅뱅에서 냉각되는 과정에서 어떻게 입자의 유형 대부분이 질량을 획득한 반면, 광자는 질량을 획득하지 않았는지 이해할 수 있는 아주 멋진 방법이다. 1964년에 힉스, 힉스와 함께 노벨상을 받게 되는 프랑수아 앙글레르, 그리고 로버트 브라우트, 제럴드 구랄닉, 칼 헤이건, 토머스 키블로 이루어진 연구진 등 몇몇 연구자들에 의해 독립적으로 제안된 이 메커니즘은 어떤 유형의 게이지 대칭을 갖춘 장이 초기 우주에 스며들어 있었다고 상상한다. 이 대칭이 자발적으로 깨지고 거기에 우주의 온도 하강이 동반되면서 대부분의 입자는 질량을 부여받은 반면 광자는 질량을 띠지 않게 되었다는 것이다.

우리는 게이지 대칭을 장의 각각의 점에 위치한 일종의 선풍기라고 상상한다. 이 선풍기는 방향을 바꿔가며 사방으로 바람을 일으키고 있다. 우주가 냉각되면서 힉스장Higgs field의 초기 대칭이 자발적으로 깨지는 조건이 된다. 각각의 선풍기가 자리에 그대로 얼어붙으면서 모두 똑같은 방향을 가리키게 된다. 이렇게 얼어붙기 전에는 방향을 바꾸며 돌아가는 선풍기의 행동이 서로를 상쇄해서 모든 입자가 자기 내키는 방향 어디로든 자유롭게 움직일 수 있었다. 하지만 선풍기들이 모두 얼어붙어서 똑같은 각도로 공기를 날리자 이렇게 부는 바람이 대부분의 입자를 방해해서 그들의 작용범위를 짧게 만들고 감도도 감소시켰다. 바꿔 말하면 질량을 취득했다는 의미다. 이 바람과 상호작용하지 않는 광자만 질량이 없는 상태를 유지했다. 그래서 광자는 원래의 강도와 먼 거리 작용범위를 온전히 유지할 수 있었다.

1960년대 말 미국의 물리학자 스티븐 와인버그와 파키스탄의 물리학자 압두스 살람은 교환보손, 그리고 물질입자에 해당하는 페르미온장fermion field과 함께 힉스 보손 요소를 포함하는 라그랑지안을 구축했다. (앞에서 설명한 양-밀스 게이지 이론과 비슷한 방식이었다.) 이들이 구축한 라그랑지안은 어떤 온도 아래서는 '자발적 대칭성 깨짐'이 진행되도록 설계됐다. 이 온도에서 교환보손 세 가지, 즉 W+, W-, Z0가 힉스 메커니즘에 의해 질량을 획득하고, 광자는 질량이 없는 상태로 남는다. 페르미온도 역시 질량을 축적한다. 그리고 원래의 힉스장 중 한 구간은 힉스 보손이라는 질량을 가진 입자로 남게 된다.

그즈음에는 새로운 소립자들이 너무도 많이 발견되어서 그중 어느 페르미온에 기본입자라는 딱지를 붙여줄지 선택하는 일이 무척 중요해졌다. 대부분의 물리학자들은 양성자와 중성자는 기본입자가 아니라 다른 구성요소들로 만들어져 있을 것이라 생각했다. 이 하위 구성요소들은 처음에는 서로 다른 이름으로 불렸으나 결국 물리학계는 '쿼크'라는 명칭에 정착한다. 이 이름은 머리 겔만이 그 소리 때문에 고른 이름이다. 그는 제임스 조이스의 《피네건의 경야》라는 소설의 한 구절 "머스터 마크에게 세 개의 쿼크를Three quarks for Muster Mark"에서 이 단어를 찾아냈다.* 양성자와 중성자(그리고 바리온baryon이라는 분류에 들어가는 모든 입자)에는 각각 세 개의 쿼크가 들어가기 때문에 이 구절에 나오는 '쿼크'가 아주 적절해 보였다.

쿼크를 일단 분류하고 나니, 이 쿼크들이 다시 세대generation라는 서로 다른 군으로 나뉘는 듯 보였다. 1세대는 양성자와 중성자를 형성하는 업 쿼크와 다운 쿼크로 이루어져 있다. 스트레인지strange 쿼크와 참charm 쿼크로 이루어진 2세대는 좀더 질량이 크고 색다

* 머리 겔만은 처음에는 '쿼크'라는 발음만 먼저 떠올리고 철자를 어떻게 쓸지는 결정하지 못했다. 그래서 kwork라는 철자가 나올 수도 있었지만, 제임스 조이스의 소설에서 이 단어를 본 후 quark라는 철자를 따왔다고 한다.

른 입자들을 포함하고 있다. 마지막으로 톱^{top} 쿼크, 보텀^{bottom} 쿼크로 불리는 훨씬 무거운 세대인 3세대는 1980년대(보텀 쿼크)와 1990년대(톱 쿼크)까지만 해도 발견되지 않았다. 각각의 세대는 질량은 같지만 전하는 반대인 반물질입자도 포함하고 있다. 이것을 반쿼크^{antiquark}라고 한다. 업, 스트레인지 등 쿼크의 특별한 형태를 '맛깔^{flavor}'이라고 부른다.

강력을 경험하지 않는 입자인 렙톤^{lepton}도 비슷하게 세 개의 세대로 나뉜다. 1세대는 전자와 중성미자^{neutrino}로 구성되어 있다. 이들은 대단히 가볍고 빨리 움직이는 입자들이다. 2세대에는 뮤온^{muon}과 뮤온 중성미자$^{muon\ neutrino}$가 포함된다. 그리고 질량이 큰 타우온^{tauon}과 타우 중성미자$^{tau\ neutrino}$가 3세대를 이룬다.

아인슈타인과 슈뢰딩거가 제안했던 통일이론과 달리 약전자기 통일이론은 검증 가능한 구체적인 예측을 여럿 내놓았다. 여기에는 약한 중성류$^{neutral\ current}$(같은 전하를 띤 입자들 사이의 약한 상호작용)의 존재, 특정 질량에서 W＋, W-, Z0 교환보손의 존재, 힉스 보손의 실재 여부 등이 포함된다. 1970년대와 1980년대를 거치는 동안 스위스 제네바 근처의 유럽입자물리연구소^{CERN}에서 입자가속기 실험을 통해 마지막 힉스 보손을 뺀 나머지 예측들의 정당성을 모두 입증해 보였다. 그리고 마지막으로 힉스 보손은 CERN의 대형강입자충돌기에서 수집한 입자 충돌 자료를 통해 확인되었다.

표준모형은 약전자기 통일이론과 아울러 글루온이라는 교환입자가 관여하는 강한 상호작용에 대해서도 이론적으로 기술하고 있다. 이 글루온은 쿼크들을 한데 붙이고 세 개의 그룹(혹은 중간자의 경우 쿼크-반쿼크 짝)으로 가두어놓는 '접착제^{glue}' 역할을 한다. 전하에 양전하, 음전하가 있는 것과 비슷하게 각각의 쿼크도 색의 변화가 있다. 여기서 말하는 '색^{color}'은 눈에 보이는 색하고는 아무런 관련도 없다. 그냥 특정 보존량의 약칭에 불과하다. 서로 다른 색을 띠는 쿼크들 사이에 글루온을 쏟아부음으로써 강력이 자연적으로 등장한다. 이것을 기술하는 양자장 이론을 양자전기역학과 비슷하게 양자색역학$^{Quantum\ Chromodynamics,\ QCD}$이라고 한다.

표준모형의 발전과정이 이러할진대 신문에서 아인슈타인과 슈뢰딩거가 제안한 통일장이론을 우주에 대한 궁극의 기술이라 주장했던 것을 생각해보면 참 재미있다. 최근 수십 년 동안 등장한 자연의 그림은 제2차 세계대전 시대의 사람들이 예상했던 그림과는 근본적으로 다르다. 분명 우주는 수많은 놀랄거리를 숨겨놓고 있다. 혹시 언젠가는 새로운 발견으로 인해 표준모형도 한물간 이론으로 보일 날이 찾아올까?

메우지 못한
틈

표준모형이 내놓은 예측들은 여러 해에 걸쳐 아주 높은 정확도로 거듭해서 검증되었다. 그런 점에서 보면 표준모형은 주방용 자석에서 태양의 발전기까지 모든 것을 설명하는 대단히 성공적인 이론이다. 이 이론은 자연의 네 가지 힘 중 세 가지를 아우르는 전례가 없는 유형의 통일이론인 것이다. 중력만 여기서 빠져 있다.

　그와 똑같은 수준의 확실성이 일반상대성이론에도 적용된다. 아인슈타인의 중력 이론이 내놓은 수많은 예측이 수많은 고정밀도 실험을 통해 입증되었다. 최근에 이루어진 검증을 살펴보면 슈뢰딩거의 오랜 친구 한스 티링과 그의 동료 오스트리아 물리학자 요제프 렌제가 1918년에 제안한 '좌표계 끌림'이라는 현상을 인공위성을 통해 측정한 것이 있다. 좌표계 끌림이란 지구의 회전 때문에 지구 주위의 시간과 공간이 왜곡되는 현상을 말한다. 상대성이론의 주요 예측 중에서 아직 직접적으로 확증되지 않은 것 하나는 역시 1918년에 아인슈타인이 예측한 중력파gravitational wave의 존재 여부다.*

　표준모형을 일반상대성이론과 결합하면 자연의 속성을 탐구하는 강력한 도구를 얻게 된다. 하지만 이 두 개면 충분할까? 양쪽 이론 모두 설명할 수 없는 확연하게 누락된 부분을 보면 그렇지 못하다. 우주 팽창을 가속시키는 원동력인 암흑에너지, 그리고 은하계들이 흩어지지 않도록 붙잡아주고 있는 눈에 보이지 않는 물질인 암흑물질dark matter은 양자역학의 개척자들을 시험에 들게 하였던 미스터리에 버금가는 미스터리다. 본인이 다시 철회하긴 했지만 암흑에너지는 아인슈타인이 제안했고, 나중에 슈뢰딩거에 의해 옹호된 우주상수 항과 들어맞는 것으로 보인다는 점은 앞에서 언급한 바 있다. 하지만 일종의 반중력으로 작용하는 암흑에너지의 물리적 기

---

* 이 글이 나올 당시에는 중력파가 검출되지 않았으나 아인슈타인의 예측 이후로 거의 100년 만인 2016년 2월 11일에 레이저 간섭계 중력파 관측소LIGO에서 마침내 중력파 검출에 성공해 상대성이론의 주요 예측이 모두 검증되었다.

원에 대해서는 아무도 알지 못하고 있다.

암흑물질의 본성은 현대의 또 다른 수수께끼다. 1930년대 스위스의 천문학자 프리츠 츠비키가 머리털자리 은하단을 연구하다가 처음으로 확인한 암흑물질은 천문학적 구조물들을 안정되게 유지하기 위해 중력적으로 요구되는 '보이지 않는 질량'을 구성하고 있다. 츠비키의 주장은 진지하게 받아들여지지 않았기 때문에 암흑물질에 대한 탐구가 본격적으로 시작되기 위해서는 또 다시 반세기가 흘러야 했다. 암흑물질 연구를 다시 촉발한 것은 천문학자 베라 루빈과 켄트 포드의 발견이다. 두 사람은 안드로메다 은하와 다른 은하들이 외곽 항성들의 빠른 운동속도를 유지할 수 있을 만큼 가시可視 질량이 충분하지 못하다는 사실을 발견했다. 은하는 회전목마처럼 작동하고 있는데 그 바깥쪽에서 돌고 있는 빠른 속도의 목마를 보이지 않는 어떤 메커니즘이 붙잡아주고 있는 것이다.

1980년대부터 천문학자와 입자물리학자들은 암흑물질을 구성할 만큼 충분히 중력이 센 어둑한 천체나 보이지 않는 입자를 찾아나섰다. 약력과 중력에는 반응하지만 전자기력에는 반응하지 않는 (따라서 보이지 않는) 차가운(천천히 움직이는) 암흑물질 입자에 초점이 모이기 시작했다. 이런 입자에 대한 연구는 우주의 잡음뿐 아니라 일반 입자의 잡음도 피하기 위해 지하 깊은 곳의 탄광을 개조한 공간에서 진행된다. 지금 이 글을 쓰고 있는 시점에서는 암흑물질 입자를 입증하는 명확한 증거를 아직 발견하지 못한 상태다.

만약 암흑에너지와 암흑물질이 보기 드문 현상이었다면 그에 대한 설명은 잠시 미뤄두고 물리학의 다른 미진한 부분들을 해결하는 데 집중할 수도 있을 것이다. 그런데 사실은 이 두 가지가 우주만물의 95퍼센트를 차지하고 있다. 최근의 천문학적 추론에 따르면 전체 우주에서 무려 68퍼센트가 암흑에너지고, 무려 27퍼센트가 암흑물질이라고 한다. 그럼 이 우주에서 표준모형과 기존의 상대성이론을 통해 설명할 수 있는 것은 5퍼센트에 불과하다는 말이다.

어떤 사람들은 아인슈타인이 걸었던 길을 계속 따라가면서 일반상대성이론을 수정해야 한다고 주장한다. 하지만 물리학계 대다수의 사람들은 표준모형과 일반상대성이론이 우리가 실제로 관찰하는 내용들을 설명하는 데 엄청난 성공을 거두었음을 인정하고 있다. 사람들은 성공적인 이론에는 손대고 싶어 하지 않는다. 그 바람에 어떻게 그 다음 단계로 넘어갈지, 그리고 20세기의 두 걸작 이론을 어떻게 통합할지 결정하지 못하고 물리학계는 진퇴양난에 빠지고 말았다.

우주의 암흑에너지나 암흑물질 문제를 차치하더라도 표준모형에는 다른 미스터리들이 남아 있다. 왜 어떤 입자(쿼크)는 강력을 느끼는데, 다른 입자(렙톤)는 그렇지 않을까? 관측 가능한 우주에 반물질보다 물질이 훨씬 더 많은 이유를 설명할 수 있을까? 왜 구성요소에는 세 개의 세대만 존재하며 왜 이들은 특정 질량을 갖게 되었을까? 페르미온과 보손을 뒤바꿔서 물질입자와 에너지장 사이의 관계를 밝힐 방법이 있을까? 이것들은 오늘날의 입자물리학에서 아직 해답을 얻지 못한 수많은 질문 중 일부일 뿐이다.

기하학, 대칭성,
그리고 통일의 꿈

아인슈타인, 슈뢰딩거, 에딩턴, 힐베르트, 그리고 여러 다른 사람들이 순수한 기하학을 통해 우주만물을 설명하려던 꿈이 최근 수십년 간 사람들의 주목 속에 다시 부활했다. 마치 '세상만물은 수'라는 피타고라스의 이상으로부터 과학이 일탈할 때마다 추상적 사상가들이 등장해서 과학을 다시 그 자리로 되돌려놓을 방법을 찾아내려 애쓰는 것 같다.

이론물리학자들은 드 브로이와 슈뢰딩거가 제안했던 원자 수준에서 진동하는 물질파를 상상하는 대신 이제는 에너지의 끈^{string}과 막^{membrane}이 그보다 훨씬 작은 규모에서 진동하고 있는 모습을 머릿속에 그리고 있다. 이 끈과 막은 순수한 기하학적 구조물이며 꼬이고 흔들리면서 우리가 알고 있는 입자의 속성들을 만들어낸다. 끈이론은 아주 방대한 주제다. 여기서는 그냥 간략하게만 살펴보자.

끈이론이 나오게 된 계기는 글루온의 개념이 자리잡기 전인 1960년대 말과 1970년대 초 일본의 물리학자 난부 요이치로 등 여러 학자들이 에너지를 가진 유연한 끈을 통해 입자들을 한데 연결함으로써 강한 상호작용의 모형을 만들려고 시도했다가 실패한 것이다. 이들은 이것을 '보손 끈$^{bosonic\ string}$'이라고 불렀는데, 이것은 개의 목줄처럼 작용해서 입자를 좁은 영역(원자핵 크기)에 가두어 놓지만 그 경계 안에서는 입자의 자유로운 움직임을 허용한다.

1971년에는 프랑스의 물리학자 피에르 라몽이 페르미온의 끈 모형을 만드는 방법도 발견한다. 그는 '초대칭supersymmetry'이라는 방법을 개발했는데, 이것을 이용하면 추상공간을 통해 일종의 '회전'을 함으로써 보손 끈을 페르미온 끈fermionic string으로 변환할 수 있다. 그가 마련한 돌파구에 영감을 받은 이론물리학자 존 슈바르츠와 앙드레 느뵈는 서로 다른 방식으로 진동하는 끈을 이용해 구조적 구성요소인 페르미온과 힘을 행사하는 요소인 보손 모두를 포괄하는 이론을 개발한다. 이 만능의 끈에 '초끈superstring'이라는 이름이 붙었다. 초끈이론의 한 가지 독특한 측면은 이것이 10차원이나 그 이상의 차원을 가진 공간에서만 수학적으로 완벽하다는 점이다. (비물리적으로 보이는 항이 나타나지 않는다.) 그해에 그보다 앞서 물리학자 클로드 러블레이스가 보손 끈은 26차원을 필요로 한다는 것을 입증해 보였었으니, 10차원만 있으면 된다는 것도 개선이라면 개선이었다.

1970년대 중반으로 들어서자 물리학자들은 고차원을 다룰 방법을 배울 수 있을까 해서 고차원에서의 칼루자-클라인 이론을 설명하는 교과서와 논문들을 뒤적거렸다. 1940년대에 베르그만이 일반상대성이론에 대해 쓰고 아인슈타인이 서문을 쓴 입문서가 이론물리학자들이 4차원 이상의 차원을 다루는 방법론을 다시 익히는 데 도움을 주었다. '조밀화'라는 오스카 클라인의 오래된 개념이 부활했다. 조밀화란 덧차원을 관찰이 불가능할 정도로 빽빽하게 말아넣는 것을 말한다. 이론물리학자들은 추가된 6개의 차원을 빽빽하게 경계 지워진 좁은 공간 주변에 작은 꼰실 뭉치처럼 구부려 넣는 방법을 찾아냈다. 그리고 수학자 에우제니오 칼라비와 야우 싱퉁은 이런 비틀린 공간을 분류하는 체계를 개발한다. 이것을 칼라비-야우 다양체라고 한다.

1975년 슈바르츠와 프랑스 물리학자 조엘 셔크가 초대칭을 이용해서 중력을 설명할 방법을 제안하자 물리학계가 술렁거린다. 이들은 초대칭의 방법론을 다른 유형의 입자에 적용함으로써 중력의 인력을 전달하는 가상의 보손인 중력자^{graviton}가 자신의 이론에서 자연스레 등장한다는 것을 보여주었다. 이 연구자들은 따라서 중력은 보손과 페르미온의 결합에서 자연스럽게 따라오는 결과물이라 주장했다. 두 유형의 입자를 결혼시키면 그 결과 중력자가 태어나는 것이다.

일부 연구자들, 그중에서도 특히 파리의 고등사범학교에서 연구하는 프랑스 이론물리학자 외젠 크레메르, 베르나르 쥘리아, 셔크, 그리고 독일 물리학자 헤르만 니콜라이와 연구하는 네덜란드 물리학자 베르나르트 데 비트, 스토니브룩의 네덜란드 물리학자 피터 반 노이벤후이젠의 연구팀 등은 초중력^{supergravity}이라는 접근방법에서 초대칭을 표준(끈을 이용하지 않는) 양자장 이론에 적용했다. 크레메르, 쥘리아, 셔크는 이런 이론이 11차원의 시공간(그중 7개 차원은 조밀화)을 이상적으로 수용할 수 있음을 입증해 보였다. 하지만 초중력은 처음에는 유망해 보였으나 입자세계의 몇몇 문제점들과 마주치게 된다.

슈바르츠는 영국의 물리학자 마이클 그린과 연구하며 계속해서 초끈의 속성들을 탐구한다. 1984년 그린과 슈바르츠는 이상량^{anomaly}(수학적 오류)이 없는 10차원 모형을 개발했다고 발표한다.

더군다나 양자전기역학, 약전자기 이론, 그리고 다른 표준 양자장 이론과 달리 초끈장 이론은 유한한 값을 내놓았기 때문에 재규격화를 통해 무한 항을 상쇄할 필요가 없었다. '초끈혁명'이라고 명명된 이들의 연구결과는 많은 축하를 받았다. 많은 물리학자들은 아인슈타인이 추구하던 통일이론이 어쩌면 초끈을 통해 마침내 완수될지도 모르겠다고 생각했다.

아인슈타인, 슈뢰딩거, 그리고 여러 다른 과학자들이 일반상대성이론을 확장하는 방법이 여럿 존재한다는 것을 알게 되었듯이 그린, 슈바르츠, 그리고 핵심적인 정리들을 증명한 프린스턴 고등연구소의 에드워드 위튼 같은 똑똑한 이론물리학자들 역시 초끈이론이 여러 유형으로 존재한다는 사실을 알게 됐다. 사실 민망할 정도로 많았다. 초끈이론은 곧 셀 수 없이 많은 가능한 경로로 갈라지는 미로가 되고 말았다. 대체 어느 누가 자연에 대한 하나의 포괄적 이론으로 이어지는 아리아드네의 실*을 제공해줄 것인가?

1995년 캘리포니아에서 열린 한 학술대회에서 위튼은 두 번째 초끈혁명을 선언한다. 이번에는 끈에 막을 보충한 이론이 나왔다. 그는 이 새로운 접근방식에 'M이론'이라고 이름 붙이고, M이 membrane(막)을 의미할 수도 있지만 magical(마술적인)이나 mystery(미스터리)를 나타낼 수도 있다는 수수께끼 같은 말을 남겼다. M이론은 초중력과 함께 몇 가지 서로 다른 종류의 끈이론을

---

* 그리스 신화에서 아리아드네라는 여인이 첫눈에 반한 테세우스에게 실뭉치를 주고 뒤로 남긴 실을 되짚어 미로에서 빠져나올 수 있게 한 데서 유래한 말. 난제를 푸는 실마리라는 의미로 사용된다.

하나의 방법론으로 통합했다. 1990년대 후반에 니마 아르카니하메드, 사바스 디모포울로스, 기아 드발리, 리사 랜들, 라만 선드럼 등의 사람들이 탐구했던 한 가지 혁신은 덧차원들 중 하나가 크기는 '크지만'(현미경적이지 않다는 의미) 중력자를 제외한 모든 유형의 장은 접근이 불가능하다는 개념이다. 이렇게 함으로써 중력이 다른 자연의 힘보다 훨씬 약한 이유를 설명할 수 있다.*

표준모형이나 일반상대성이론과 달리 초대칭, 초끈이론, M이론, 덧차원 등은 그것을 뒷받침해주는 증거가 하나도 나오지 않았다. 그렇다면 대체 왜 수많은 이론물리학자들이 이런 개념들을 지지하고 있단 말인가? 여기에는 수학적 아름다움, 대칭, 완전성 등의 요소가 모두 작용하고 있다. (이것들은 아인슈타인이 갖고 있던 일부 기준들과 놀라울 정도로 유사하다.) 여기에 덧붙이자면 신뢰할 만한 다른 대안도 별로 없다.

아브헤이 아쉬테카, 카를로 로벨리, 리 스몰린 등이 개발한 고리양자중력loop quantum gravity 이론은 중력의 양자화 방법 중에서 끈이론 말고는 아마도 가장 폭넓게 지지받는 이론일 것이다. 슈뢰딩거의 일반통일이론처럼 이 이론은 아핀 연결의 1차적 역할을 강조한다. 여기서는 아핀 연결을 수정해서 양자변수로 사용한다. 시공간은 일종의 기하학적 거품으로 대체된다. 끈이론가들은 고리양자중력 이론이 만물의 이론을 제공하는 것이 아니라 중력의 양자론만을 제공할 뿐이라고 지적할 때가 많다. 그럼 고리양자중력 이론의

* 중력은 다른 힘들에 비해 더 많은 차원에 존재하기 때문에 힘이 약하다.

지지자들은 끈이론이 중력을 통합된 하나의 전체로 취급하지 않고 배경(장이 이동하는 시공간 계량$^{spacetime\ metric}$)이자 동시에 장(중력자)인 것으로 취급하고 있다고 반박한다. 고리양자중력 이론의 목표는 양자중력을 다른 상호작용과 결합시키려 들기 전에 양자중력을 먼저 이해하는 것이다.

끈이론, M이론, 고리양자중력 이론의 함축적 의미를 완전히 탐구하려면 양자론과 중력이 만나는 극소의 영역인 플랑크 규모$^{Planck\ scale}$까지 갖다 와야 한다. 이 영역을 연구하려면 지금의 우리로서는 손에 넣기가 불가능한 어마어마한 에너지가 필요하다. 다행히도 고에너지 이론이 저에너지 이론에 함축되어 있을 때도 종종 있다. 따라서 대형강입자충돌기를 이용하면 표준모형 너머의 물리학을 들여다볼 창문이 되어줄 입자 상태를 검출할 수 있을지도 모른다. 초대칭 동반입자$^{supersymmetric\ companion\ particle}$가 그런 예다. 이것은 보손의 속성을 가진 페르미온의 짝, 또는 그 반대의 경우인 페르미온의 속성을 가진 보손의 짝을 말한다. 이런 입자가 발견된다면 초대칭을 지지하는 강력한 증거가 될 것이고, 암흑물질의 후보가 될 수도 있을 것이다. 아직까지는 이러한 것이 나타나지 않았지만 일단 데이터가 충분히 모이고 분석되면 충돌기 안에서 초대칭 짝^{superpartner}이 나타나리라는 희망을 품고 있는 물리학자가 많다.

빛보다 빠른 입자의
교훈

연구자, 학생, 자금지원 기관, 과학애호가, 작가, 그리고 표준모형 너머의 이론에 관심이 있는 많은 사람들은 설명되지 않았던 새로운 현상이 일어날 기미가 조금이라도 나타나길 눈이 빠져라 기다리고 있다. 대형강입자충돌기나 다른 대규모 과학실험에 그렇게 많은 시간과 돈이 투자되었으니 혁신적인 연구결과가 나오리라 기대가 모아지는 것도 당연한 일이다.

하지만 물리학자들은 아무리 큰 유혹을 느끼더라도 성급하게 성공을 발표하는 일이 없도록 주의해야 한다. 힉스 보손을 찾아낸 연구진은 관측결과가 쌓이고 다른 가능성을 배재할 수 있을 때까지 참을성 있게 기다렸다. 그것이 비록 여러 달이 걸리는 과정이라 해도 말이다. 이 연구진은 우리에게 인내심의 본질에 대한 교훈을 말해준다. 하지만 가끔은 연구자들이 너무 성급하게 행동에 나서는 경우가 있다. 다른 연구진에서 결정적인 증거 보강을 해주기도 전에 성공을 주장하는 것이다.

아인슈타인과 슈뢰딩거의 갈등은 1940년대에 일어났던 일이지만 그 교훈은 오늘날까지도 여전히 유효하다. 자금을 마련하기가 빠듯하다 보면 과학자들은 자기 연구의 중요성을 정당화해서 설득해야 하는 경우가 많다. 이는 보통 보도자료를 통해 이루어진다. 하지만 입증되지도 않은 발견을 성급하게 발표했다가는 잘못된 인상을 남기게 되고, 이것이 해당 영역에서 앞으로 이루어질 연구에 계속해서 오점을 남기게 된다. 이런 주장이 반박되더라도 대중은 그 것을 잘못된 보고로 기억하기보다는 실제로 혁신적 연구가 이루어 졌던 것으로 오랫동안 기억할 수 있다.

예를 들어보자. 2011년 9월 한 연구진이 이탈리아 그랑 싸쏘의 한 연구소에서 빛보다 빠른 입자를 검출했다고 주장했다. 과학계의 상당수 사람들은 미심쩍어하거나 적어도 조심스러운 태도를 보였지만 국제 언론에서는 이 주장을 대대적으로 기사화했다. 언론에서는 아인슈타인의 특수상대성이론을 수정해야 하느냐를 두고 논쟁이 시작되었다. 기자들은 이 연구결과가 표준모형 너머의 새로운 물리학으로 이어지는 문을 열어젖힌 것인지 궁금해 했다. 특수상대성이론과 그에 따른 광속 제한을 입증하는 실험결과가 수십 년 동안 축적되었음에도 마치 이 주장이 상대성이론, 그리고 모든 원인은 결과보다 선행해야 한다는 신성한 법칙의 진위를 검증할 시금석인 것처럼 보도되었다. 영국의 《가디언》지에서는 다음과 같이 보도했다.

"그랑 싸쏘 연구소의 과학자들이 시간을 거슬러 정보를 보낼 가능성을 열어주는 증거를 세상에 발표하려 한다. 이렇게 되면 과거와 현재의 경계가 희미해지고, 원인과 결과라는 기본원리가 뒤죽박죽되고 말 것이다."[6]

CERN의 연구팀 OPERA에서는 광속보다 빠른 이동이 이루어졌다고 주장하는 증거를 제출했다. 이 연구팀은 스위스 제네바 근처의 CERN 가속기 실험실에서 724킬로미터 떨어져 있는 그랑 싸쏘 연구소의 검출기를 향해 방출되는 중성미자의 흐름을 추적했다.

이렇게 3년을 운영한 후 이 연구진이 중성미자의 도착시간을 측정해보니 실험장치가 정확하다는 가정 아래 이 중성미자가 광속보다 거의 600억 분의 1초가량 빨리 도착했다는 결과가 나왔다. 보도자료에서 OPERA의 대변인 안토니오 에레디타토는 이렇게 발표했다.

"이 연구결과는 완전한 놀라움으로 다가옵니다. 여러 달에 걸쳐 연구하고 대조검토한 결과 우리는 이 측정결과에 대해서 기계적인 오류를 전혀 발견할 수 없었습니다."[7]

보도자료와 뉴스에서는 이 연구결과가 따로 검증을 받아야 하며 발표내용을 액면 그대로 받아들여서는 안 된다고 강조했다. 하지만 이런 발견이 갖는 엄청난 함축적 의미 때문에 트위터 등을 비롯해 인터넷에서는 여러 가지 추측과 농담이 넘쳐났다. 《로스앤젤레스 타임스》는 이 발표가 있고 불과 며칠 만에 다음과 같은 제목의 기사를 실었다. '중성미자 농담이 트위터 세상을 광속보다 빠른 속도로 덮치다.' 이와 함께 실린 기사에서는 다음과 같은 농담도 실려 있었다.

"바텐더가 말했다. '이곳에서는 광속보다 빠른 중성미자를 허용하지 않습니다.' 그러자 중성미자 하나가 술집으로 걸어 들어왔다."[8]

작곡가들도 곧 이 유행에 동참했다. 아일랜드의 밴드그룹 코리건 브라더스와 피트 크레이튼도 '중성미자의 노래Neutrino Song', '늙은이 아인슈타인이 틀렸던 거야?Was old Albert wrong?'라는 곡을 썼는데, 가사에 이런 구절이 있다.

'그 엄청난 상대성이론이 틀렸음이 밝혀지고 있네.'[9]

만약 아인슈타인의 이론이 산산조각 나고 말았다면 이론물리학은 예상치 못한 도전에 직면하게 되었을 것이다. 어쩌면 새로운 아인슈타인이 등장해서 부서진 조각들을 주워 모아 좀더 튼튼한 이론으로 조립해야 할지도 모른다. 하지만 보통 그랬듯이 상대성이론의 종말을 주장하는 기사들은 크게 과장되어 있었다. 2012년 6월 CERN에서 보도자료를 통해 이런 내용을 발표한다.

"원래의 OPERA 측정은 실험에 사용한 광섬유 시간측정 시스템의 불량 요소 때문에 나온 결과일 수도 있다."

원래의 실험은 물론이고 다른 세 건의 실험에서 확인되었듯이 중성미자의 속도는 광속보다 빠르지 않다. CERN의 연구책임자 세르지오 베르톨루치는 이렇게 말했다.

"이것은 우리 모두가 내심 예상하고 있던 결과입니다."[10]

OPERA 에피소드가 커튼콜을 받을 즈음 '광속보다 빠른 중성미자 밈'은 이미 트위터나 다른 언론매체로부터 사라진 지 오래였다. 하지만 처음 이루어졌던 발표가 대중에게 과학에 대한 불필요한 혼란을 불러일으켰음은 의심의 여지가 없다. 예를 들어 구글에서 중성미자를 검색해보면 관련 표현으로 '광속보다 빠른'이라는 문구가 계속해서 올라온다. 학생들이 과제를 위해 검색하다가 검색결과에서 OPERA에서 처음에 발표했던 내용을 접하고 광속보다 빠른 입자가 분명 있을 수 있다고 생각하게 되는 경우가 얼마나 많을까?

이 사건 이후 안토니오 에레디타토와 OPERA의 물리학 실험 책임자 다리오 아우티에로는 불신임건을 두고 이루어진 공개투표에서 연구진 중 과반수가 불신임에 찬성한 것을 보고 결국 스스로 사임한다.* 이 투표와 그 뒤에 이어진 사임은 이 연구소 지도부의 발표가 너무 성급한 것이었다는 생각이 반영된 것이다.

우리 앞에
놓인 길

언론은 인내라는 것 하고는 거리가 멀다. 뉴스가 속사포처럼 터져 나오는 인터넷 시대에는 특히 그렇다. 언론에서는 새로운 소식이고 대중이 흥미를 느낄 것 같다는 생각만 들면 닥치는 대로 집어삼킨 다. 과학적 검토과정을 통해 입증된 것이 아닌 미발표 보고, 추측, 예비실험 결과 등이 때로는 꼼꼼하게 검증된 결론만큼이나 가치 있 는 기삿거리로 포장되고 만다.

　정치인들 역시 인내심과는 거리가 먼 사람들이다. 특히 선거기 간에는 더욱 그렇다. 우리는 앞에서 데 발레라의 정치적 운명이 더 블린 고등연구소와 그가 애지중지하던 다른 사업들이 결국 엄청난 성공으로 밝혀질 것이냐, 아니면 돈만 빨아먹는 쓸데없는 짓으로 밝혀질 것이냐에 달려 있었다는 것을 살펴본 바 있다. 이것을 알기 때문에 슈뢰딩거, 그리고 데 발레라의 대변자나 다름없었던《아이 리쉬 프레스》는 예비 단계로 계산해낸 내용을 마치 시나이 산에서 전해진 성스러운 십계명이라도 되는 듯 대대적으로 알렸던 것이다.

＊ 불신임 투표에서 찬성은 16표, 반대는 13표였지만 불신임건 통과에는 3분의 2의 찬성 이 있어야 해서 불신임건은 부결되었다. 하지만 결국 두 사람은 그 뒤에 스스로 물러 났다.

슈뢰딩거는 수학 계산을 마무리하고 몇 주도 안 돼서 성급하게 그 내용을 발표했다. 그 어떤 검토과정도 이루어지기 전의 일이었다. 현대에 들어서는 과학 예산이 쉬운 표적이 되었기 때문에 연구자들은 어떻게 해서든 자신의 업적을 세상에 알려야 한다는 압박을 더 많이 받게 되었다.

하지만 기초물리학이 다음 이정표에 도달하기 위해 걸어야 할 길고 고된 여정에서 우리에게 가장 필요한 속성이 바로 인내심이다. 새로운 물리학의 수립을 알리는 증거가 나오려면 대체 몇 년 동안이나 자료를 수집하고 통계적으로 분석해야 할까? 표준모형을 뛰어넘는 현상이 처음으로 발견되었다는 증거는 언제 나올까? 성공하기 위해 들여야 할 비용은 얼마나 될까?

우리는 오랜 세월에 걸쳐 유효성이 입증된 검증방법을 무시하고 성급하게 결과를 발표하는 것이 얼마나 위험한 일인지 살펴보았다. 이것은 대중을 혼란에 빠뜨리고 과학자들에게도 도움이 되지 않는다. 때로는 아인슈타인과 슈뢰딩거 역시 추측에 불과한 통일 가설에 대해 지나치게 낙관적인 기대를 품고 부당한 홍보를 하는 실수를 저지르기도 했지만, 조용한 순간에는 그들도 냉철한 마음가짐으로 심오하고 사색적으로 과학 독서를 할 필요가 있음을 강조했다. 우리는 두 사람의 글뿐 아니라 그들에게 영감을 불어넣었던 과학자와 철학자들의 글도 함께 읽으며 물리학의 현재 상태에 대해, 그리고 물리학이 앞으로 어디로 가야 하는지에 대해 곰곰이 생각해볼 필요가 있다.

들어가며 | 동맹 그리고 적

1. Erwin Schrödinger, "The New Field Theory," January 1947, Albert Einstein Duplicate Archive, Princeton, NJ, 22-152.

2. "Unifying the Cosmos," *New York Times*, February 16, 1947.

3. Elihu Lubkin, "Schrödinger's Cat," *International Journal of Theoretical Physics* 18, no. 8 (1979): 520.

4. 힐러리 퍼트넘, 2013년 8월 4일, 저자와의 개인적 편지.

5. Walter Thirring, *Cosmic Impressions: Traces of God in the Laws of Nature*, trans. Margaret A. Schellenberg(Philadelphia: Templeton Foundation Press, 2007), 54.

6. Ibid., 55.

7. "Einstein Tribute to Schroedinger," *Irish Times*, June 29, 1943, 3.

8. Albert Einstein, "Statement to the Press," February 1947, Albert Einstein Duplicate Archive, 22-146.

9. Albert Einstein, quoted in "Einstein's Comment on Schroedinger Claim," *Irish Press*, February 27, 1.

10. Myles na gCopaleen [Brian O' Nolan], "Cruiskeen Lawn," *Irish Times*, March 10, 1947, 4.

11. John Moffat, *Einstein Wrote Back: My Life in Physics*(Toronto: Thomas Allen, 2010), 67.

12. Peter Freund, *A Passion for Discovery*(Hackensack, NJ: World Scientific, 2007), 5-6.

1. Albert Einstein, *Autobiographical Notes*, trans. and ed. Paul Arthur Schilpp (La Salle, IL: Open Court, 1979), 9.

2. John Casey, *The First Six Books of the Elements of Euclid*(Dublin: Hodges, Figgis, 1885), 6.

3. 영국의 수학자 윌리엄 킹돈 클리포드William Kingdon Clifford는 아인슈타인의 개념들을 앞서 내다보았다. 그는 1870년 리만이 기술한 곡률을 이용하여 기하학을 통해 물질의 모형을 만들어내려 했다. 클리포드는 또한 리만의 논문을 영어로 번역하여 1873년에 출판하기도 했다. 그렇지만 물질과 기하학이 어떻게 연결되어 있는지에 대한 연구에 클리포드가 기여했다는 사실이 널리 알려지게 된 것은 아인슈타인이 1915년에 일반상대성이론을 개발하고도 한참이 지나서였다.

4. Ernst Mach, "Die Leitgedanken meiner naturwissenschaftlichen Errkenntnislehre und ihre Aufnahme durch die Zeitgenossen," *Scientia* 8(1910), trans. as "The Guiding Principles of My Scientific Theory of Knowledge and Its Reception by My Contemporaries," in S. Toulmin, ed., *Physical Reality*(New York: Harper & Row, 1970), 37–38.

5. Erwin Schrödinger, Antrittsrede des Herrn Schrödinger, *Sitz. Ber. Preuss. Akad. Wiss.* (Berlin) 1929, p. C, quoted in Jagesh Mehra and Helmut Rechenberg, *Erwin Schrödinger and the Rise of Wave Mechanics, Part 1: Schrödinger in Vienna and Zurich, 1887–1925*, The Historical Development of Quantum Theory, volume 5(New York: Springer, 1987), 81.

6. 하제뇔이 거의 성공 일보 직전까지 갔던 이유에 대해서는 다음의 논문에 설명되어 있다. Stephen Boughn, "Fritz Hasenöhrl and $E = mc^2$," *European Physical Journal H* 38(2013): 261–278.

7. 1963년 4월 4일 오스트리아 빈에서 있었던 한스 티링과 토마스 쿤과의 인터뷰 중에서. Archive for the History of Quantum Physics, American Philosophical Society, Philadelphia, PA.

8. Einstein, *Autobiographical Notes*, 15.

9. Albert Einstein to Anna Keller Grossmann, reprinted in Carl Seelig, *Albert Einstein: A Documentary Biography*, trans. Mervyn Savill(London: Staples Press, 1956), 208.

10. Max Talmey, "Einstein as a Boy Recalled by a Friend," *New York Times*, February 10, 1929, 11.

11. Max von Laue, quoted in Seelig, *Albert Einstein*, 78.

12. 헤르만 민코프스키, 1908년 9월 21일, 80차 독일 자연과학자 및 물리학자 회의에서 한 연설.

2장 ㅣ 중력의 도가니

1. *Punch*, November 19, 1919, 422, cited in Alistair Sponsel, "Constructing a 'Revolution in Science': The Campaign to Promote a Favourable Reception for the 1919 Solar Eclipse Experiments," *British Journal for the History of Science* 35, no. 4(2002): 439.

2. Jagdish Mehra and Helmut Rechenberg, *Erwin Schrödinger and the Rise of Wave Mechanics, Part 1: Schrödinger in Vienna and Zurich, 1887–1925*, The Historical Development of Quantum Theory, volume 5(New York: Springer, 1987), 166.

3. George de Hevesy to Ernest Rutherford, October 14, 1913. Rutherford Papers, University of Cambridge, quoted in Ronald W. Clark, *Einstein: The Life and Times*(New York: World Publishing, 1971), 158.

4. Erwin Schrödinger, *Space-Time Structure*(Cambridge: Cambridge University Press, 1963), 1.

5. Albert Einstein, speech given in Kyoto, Japan, on December 14, 1922, quoted in Engelbert L. Schücking and Eugene J. Surowitz, "Einstein's Apple," unpublished manuscript, 2013.

6. Albert Einstein to Arnold Sommerfeld, October 29, 1912, in Albert Einstein, *The Collected Papers of Albert Einstein*, vol. 5, *The Swiss Years:*

Correspondence, 1902–1914, English translation supplement, ed. Don Howard, trans. Anna Beck(Princeton, NJ: Princeton University Press, 1995), Doc. 421.

7. Carl Seelig, *Albert Einstein: A Documentary Biography*, trans. Mervyn Savill (London: Staples Press, 1956), 108.

8. Albert Einstein to Paul Ehrenfest, January 1916, in Seelig, *Albert Einstein*, 156.

9. Richard Feynman, *"Surely You're Joking, Mr. Feynman!": Adventures of a Curious Character*(New York: Norton, 2010), 58.

10. Walter Moore, *Schrödinger: Life and Thought*(New York: Cambridge University Press, 1982), 105.

11. Erwin Schrödinger, translated and quoted in Alex Harvey, "How Einstein Discovered Dark Energy," 2012, http://arxiv.org/abs/1211.6338.

12. Albert Einstein, "Bemerkung zu Herrn Schrödingers Notiz Über ein Lösungssystem der allgemein kovarianten Gravitationsgleichungen," *Physikalische Zeitschrift* 19(1918): 165–166, translated and edited by M. Janssen et al. in *The Collected Papers of Albert Einstein,* vol. 7, *The Berlin Years: Writings, 1918–1921*(Princeton: Princeton University Press, 2002), doc. 3.

13. Harvey, "How Einstein Discovered Dark Energy."

14. Ben Almassi, "Trust in Expert Testimony: Eddington's 1919 Eclipse Expedition and the British Response to General Relativity," *Studies in History and Philosophy of Science Part B* 40, no. 1(2009): 57–67.

15. Ibid.

16. "Eclipse Showed Gravity Variation," *New York Times*, November 8, 1919, 6.

17. Ibid.

18. "Revolution in Science … New Theory of the Universe … Newtonian Ideas Overthrown," *Times*(London), November 7, 1919, 1.

19. Erwin Schrödinger, *Space-Time Structure*(Cambridge: Cambridge University Press, 1963), 2.

20. Albert Einstein, "On the Method of Theoretical Physics"(1933 lecture at

Oxford), translated by S. Bargmann in *Albert Einstein: Ideas and Opinions* (New York: Bonanza Books, 1954), 270-276.

21. David Hilbert, MacTutor online biography, University of St. Andrews, http://www-history.mcs.st-andrews.ac.uk/Biographies/Hilbert.html.

22. Albert Einstein to Hermann Weyl, March 8, 1918, in Albert Einstein, *The Collected Papers of Albert Einstein*, vol. 8, *The Berlin Years: Correspondence, 1914-1918*, English translation supplement, ed. Klaus Hentschel, trans. Ann M. Hentschel(Princeton, NJ: Princeton University Press, 1998).

23. Daniela Wünsch, *Der Erfinder der 5. Dimension, Theodor Kaluza*(Göttingen: Termessos, 2007), 66.

24. Theodor Kaluza Jr., interviewed in *NOVA: What Einstein Never Knew*, PBS, originally broadcast October 22, 1985.

25. Arthur S. Eddington, "A Generalisation of Weyl's theory of the Electromagnetic and Gravitational Fields," *Proceedings of the Royal Society of London, Ser. A 99*(1921): 104-122.

3장 | 물질파와 양자도약

1. Omar Khayyam, *The Rubaiyat of Omar Khayyam*, trans. Edward Fitzgerald (New York: Dover, 2011).

2. Jagdish Mehra and Helmut Rechenberg, *Erwin Schrödinger and the Rise of Wave Mechanics, Part 1: Schrödinger in Vienna and Zurich, 1887-1925*, The Historical Development of Quantum Theory, volume 5(New York: Springer, 1987), 408.

3. Erwin Schrödinger, *My View of the World*, trans. Cecily Hastings(Woodbridge, CT: Ox Bow Press, 1983), 7.

4. Baruch Spinoza, *Ethics*, in *The Collected Writings of Spinoza*, vol. 1, trans. Edwin Curley(Princeton: Princeton University Press, 1985).

5. Albert Einstein, quoted in "Einstein Believes in 'Spinoza's God,'" *New*

York Times, April 25, 1929, 1.

6. Albert Einstein, "Religion and Science," *New York Times Magazine*, November 9, 1930, SM1.

7. Schrödinger, *My View of the World*, 21.

8. W. Heitler, "Erwin Schrödinger Obituary" *Roy. Soc. Obit.* 7(1961): 223–234.

9. Wolfgang Pauli, quoted in Werner Heisenberg, *Physics and Beyond*(New York: Harper and Row, 1971), 25–26.

10. Peter Freund, *A Passion for Discovery*(Hackensack, NJ: World Scientific, 2007), 162.

11. Erwin Schrödinger to Albert Einstein, November 3, 1925, Albert Einstein Duplicate Archive, Princeton, NJ, 22–004.

12. Schrödinger, *My View of the World*, p. 54.

13. Hermann Weyl, reported by Abraham Pais, *Inward Bound: Of Matter and Forces in the Physical World*(New York: Oxford University Press, 1988), 252.

14. Arnold Sommerfeld to Erwin Schrödinger, February 3, 1926, reported in Mehra and Rechenberg, *Erwin Schrödinger and the Rise of Wave Mechanics*, 537.

15. 1963년 4월 5일 오스트리아 빈에서 있었던 안네마리 슈뢰딩거와 토마스 쿤과의 인터뷰에서. Archive for the History of Quantum Physics, American Philosophical Society, Philadelphia, PA.

16. Erwin Schrödinger to Albert Einstein, April 23, 1926, Albert Einstein Duplicate Archive, 22–014.

17. Erwin Schrödinger to Niels Bohr, May 24, 1924, quoted and translated in O. Darrigol, "Schrödinger's Statistical Physics and Some Related Themes," in M. Bitbol and O. Darrigol, eds., *Erwin Schrödinger, Philosophy and the Birth of Quantum Mechanics*(Gif-sur-Yvette, France: Editions Frontières, 1992).

18. Albert Einstein to Max Born, December 4, 1926, in *Albert Einstein-*

Max Born, Briefwechsel(Correspondence), ed. Max Born(Munich, 1969), 129, quoted in Alice Calaprice and Trevor Lipscombe, *Albert Einstein: A Biography*(Westport, CT: Greenwood Press, 2005), 92.

19. Albert Einstein to Max Born, May 1927, reprinted in A. Einstein, H. Born, and M. Born, *Albert Einstein, Hedwig und Max Born, Briefwechsel: 1916-1955/kommentiert von Max Born; Geleitwort von Bertrand Russell; Vorwort von Werner Heisenberg*(Frankfurt am Main: Edition Erbrich, 1982), 136, quoted and translated in Hubert Goenner, "On the History of Unified Field Theories," *Living Reviews in Relativity*, 2004, http://relativity. livingreviews.org/Articles/lrr-2004-2/download/lrr-2004-2Color.pdf.

20. Albert Einstein to Erwin Schrödinger, May 31, 1928, Albert Einstein Duplicate Archive, 22-022, quoted and translated in G. G. Emch, *Mathematical and Conceptual Foundations of 20th-Century Physics*(Amsterdam: North Holland, 2000), 295.

21. Abraham Pais, *Einstein Lived Here*(New York: Oxford University Press, 1994), 43.

4장 I 통일이론을 찾아서

1. 1963년 4월 5일 오스트리아 빈에서 있었던 안네마리 슈뢰딩거와 토마스 쿤과의 인터뷰에서. Archive for the History of Quantum Physics, American Philosophical Society, Philadelphia, PA.

2. Paul Heyl, "What Is an Atom?," *Scientific American* 139(July 1928): 9-12.

3. "Current Magazines," *New York Times*, July 1, 1928.

4. Albert Einstein, quoted in "Einstein Declares Women Rule Here," *New York Times*, July 8, 1921.

5. "Woman Threatens Prof. Einstein's Life," *New York Times*, February 1, 1925.

6. "A Deluded Woman Threatens Krassin and Professor Einstein," *The Age*

(Melbourne, Australia), February 3, 1925, 9.

7. Wythe Williams, "Einstein Distracted by Public Curiosity," *New York Times*, February 4, 1929.

8. Einstein to Zangger, end of May 1928, Einstein Archives, Hebrew University of Jerusalem, call no. 40-069, translated and quoted in Tilman Sauer, "Field Equations in Teleparallel Spacetime: Einstein's *Fernparallelismus* Approach Towards Unified Field Theory," *Historia Mathematica* 33(2006): 404-405.

9. "Einstein Extends Relativity Theory," *New York Times*, January 12, 1929, 1.

10. Albert Einstein, quoted in "Einstein Is Amazed at Stir over Theory; Holds 100 Journalists at Bay for a Week," *New York Times*, January 19, 1929.

11. Albert Einstein, quoted in "News and Views," *Nature*, February 2, 1929, reprinted in Hubert Goenner, "On the History of Unified Field Theories," in *Proceedings of the Sir Arthur Eddington Centenary Symposium*, edited by V. de Sabbata and T. M. Karade, 1:176-196(Singapore: World Scientific, 1984).

12. H. H. Sheldon, quoted in "Einstein Reduces All Physics to 1 Law," *New York Times*, January 25, 1929.

13. "Einstein Is Viewed as Near the Mystic," *New York Times*, February 4, 1929.

14. Will Rogers, "Will Rogers Takes a Look at the Einstein Theory," *New York Times*, February 1, 1929.

15. "Byproducts: Some Parallel Vectors," *New York Times*, February 3, 1929.

16. Wolfgang Pauli, "[Besprechung von] Band 10 der Ergebnisse der exakten Naturwissenschaften," *Ergebnisse der exakten Naturwissenschaften* 11(1931): 186, quoted and translated in Goenner, "On the History of Unified Field Theories."

17. "Einstein Flees Berlin to Avoid Being Feted," *New York Times*, March 13, 1929.

18. "Einstein Is Found Hiding on Birthday," *New York Times*, March 14, 1929.

19. Walter Moore, *Schrödinger: Life and Thought*(New York: Cambridge University Press, 1982), 242.

20. Paul Dirac, quoted in "Erwin Schrödinger," Archive for the History of Quantum Physics.

21. Albert Einstein, quoted in "Einstein Affirms Belief in Causality," *New York Times*, March 16, 1931, 1.

22. "Physicists Scan Cause to Effect with Skepticism," *Christian Science Monitor*, November 13, 1931, 8.

23. Albrecht Fölsing, *Albert Einstein: A Biography*, trans. Ewald Osers(New York: Penguin, 1997), 617.

24. Moore, *Schrödinger*, 255.

5장 l 유령 같은 연결과 좀비 고양이

1. Annemarie Schrödinger, reported in Walter Moore, *Schrödinger: Life and Thought*(New York: Cambridge University Press, 1982), 265.

2. "Relative Tide and Sand Bars Trap Einstein; He Runs His Sailboat Aground at Old Lyme," *New York Times*, August 4, 1935, 1.

3. Don Duso, reported in Sandi Fairbanks, *All Points North Magazine*, Summer 2008, www.apnmag.com/summer_2008/fairbanks_einstein.php.

4. Albert Einstein to Elisabeth, Queen of Belgium, autumn 1935, quoted in Ronald Clark, *Einstein: The Life and Times*(New York: World Publishing, 1971), 529.

5. Albert Einstein, quoted in "Einsteinhaus in Caputh," www.einsteinsommerhaus.de.

6. Moore, *Schrödinger*, 294.

7. Erwin Schrödinger to Albert Einstein, June 7, 1935, quoted and trans-

lated in Don Howard, "Revisiting the Einstein-Bohr Dialogue," *Iyyun: The Jerusalem Philosophical Quarterly* 56 (January 2007): 21-22.

8. Albert Einstein to Erwin Schrödinger, June 19, 1935, Albert Einstein Duplicate Archive, Princeton, NJ, 22-047.

9. Ibid.

10. "Einstein Attacks Quantum Theory," *New York Times*, May 4, 1935.

11. Albert Einstein to Erwin Schrödinger, August 8, 1935, Albert Einstein Duplicate Archive, 22-049.

12. Ibid.

13. Erwin Schrödinger to Albert Einstein, August 19, 1935, Albert Einstein Duplicate Archive, 22-051.

14. Ruth Braunizer, reported by Leonhard Braunizer, personal correspondence with the author, May 6, 2014.

15. Albert Einstein to Erwin Schrödinger, September 4, 1935, Albert Einstein Duplicate Archive, 22-052.

16. Erwin Schrödinger, "Die Gegenwärtigen Situation in der Quantenmechanik," *Die Naturwissenschaften* 23 (1935): 807-812, 824-828, quoted and translated in Arthur Fine, *The Shaky Game: Einstein, Realism and the Quantum Theory* (Chicago: University of Chicago Press, 1986), 65.

17. Erwin Schrödinger, "Indeterminism and Free Will," *Nature*, July 4, 1936.

18. Ibid.

19. 1963년 4월 5일 오스트리아 빈에서 있었던 안네마리 슈뢰딩거와 토마스 쿤과의 인터뷰에서. Archive for the History of Quantum Physics, American Philosophical Society, Philadelphia, PA.

20. Helge Kragh, *Quantum Generations: A History of Physics in the Twentieth Century* (Princeton: Princeton University Press, 1999), 218-229.

21. Jamie Sayen, *Einstein in America* (New York: Crown, 1985), 147.

22. Lucien Aigner, "A Book May Be Written, a Shoe Made-But a Theory-It's Never Finished," *Christian Science Monitor*, December 14, 1940, 3.

23. Nathan Rosen, "Reminiscences," in Gerald Holton and Yehuda Elkana,

eds., *Albert Einstein: Historical and Cultural Perspectives*(Princeton : Princeton University Press, 1982), 406.

24. Erwin Schrödinger, "Confession to the Führer," *Graz Tagespost*, March 30, 1938, quoted and translated in Moore, *Schrödinger: Life and Thought*, 337.

25. Erwin Schrödinger, quoted in "History of the Dublin Institute for Advanced Studies : 1935-1940 : Formation of the School," Dublin Institute for Advanced Studies, www.dias.ie/index.php?option=com_content& view=article&id=804:theoreticalhistory1935-1940.

26. Erwin Schrödinger, unpublished manuscript, Dublin Institute for Advanced Studies Archive, quoted in Moore, *Schrödinger: Life and Thought*, 348.

27. Brian Fallon, *An Age of Innocence: Irish Culture, 1930-1960*(London : Palgrave Macmillan, 1998), 14.

6장 | 프린스턴과 더블린에서

1. Walter Thirring, *Cosmic Impressions: Traces of God in the Laws of Nature*, translated by Margaret A. Schellenberg(Philadelphia : Templeton Foundation Press, 2007), 55.

2. Nicola Tallant, "Dev Tricked Public into Investing in Irish Press, File Reveals," *Irish Independent*, October 31, 2004, 1.

3. L. Mac G., "A Professor at Home," *Irish Press*, November 1, 1940, 5.

4. "People and Places," *Irish Press*, August 11, 1942, 2.

5. "The 'Atom Man' at Home : Dr. Erwin Schrödinger Takes a Day Off," *Irish Press*, February 1, 1946, 7.

6. Gespräch mit Ruth Braunizer über Erwin Schrödinger(interview with Ruth Braunizer about Erwin Schrödinger), Österreichische Mediathek, 1997, http://www.oesterreich-am-wort.at/treffer/atom/14957620-36E-

00084-00000AF8-1494EDB5.

7. Ruth Braunizer, "Memories of Dublin-Excerpts from Erwin Schrödinger's Diaries," in Gisela Holfter, ed., *German-Speaking Exiles in Ireland 1933–1945* (Amsterdam: Rodopi, 2006), 265.

8. Albert Einstein, quoted in Robert P. Crease, *The Great Equations: Breakthroughs in Science from Pythagoras to Heisenberg* (New York: W. W. Norton, 2010), 197.

9. Leopold Infeld, "Visit to Dublin," *Scientific American* 181, no. 4 (October 1949): 11.

10. Erwin Schrödinger, "Some Thoughts on Causality," *Irish Times*, November 15, 1939, 5.

11. Myles na gCopaleen [Brian O'Nolan], reported in Paddy Leahy, "How Myles na gCopaleen Belled Schrödinger's Cat," *Irish Times*, February 22, 2001, 15.

12. Myles na gCopaleen [Brian O'Nolan], "Cruiskeen Lawn," *Irish Times*, August 3, 1942, 3.

13. Flann O'Brien [Brian O'Nolan], *The Third Policeman* (Chicago: Dalkey Archive Press, 2006), 116.

14. "Observer Says," *Irish Press*, November 9, 1943, 3.

15. Ibid.

16. "Famous Physicist's Memory to Be Honoured by Special Stamp," *Irish Press*, November 6, 1943, 1.

17. Albert Einstein to Hans Muehsam, early summer 1942, quoted in Carl Seelig, *Albert Einstein: A Documentary Biography*, translated by Mervyn Savill (London: Staples Press, 1956), 230.

18. Peter Seyyfart, "Einstein, Mann Popular at Princeton; Students 'Praise' Them in Jingles," *Milwaukee Journal*, August 12, 1939.

19. Léon Rosenfeld to Friedrich Herneck, 1962, published in F. Herneck, *Einstein und sein Weltbild* (Berlin: Buchverlag der Morgen, 1976), 280.

20. Albert Einstein, address to the American Scientific Congress, May 15,

1940, reported in William L. Laurence, "Einstein Baffled by Cosmos Riddle," *New York Times*, May 16, 1940, 23.

21. Institute for Advanced Study School of Mathematics, Confidential Memo, April 19, 1945, IAS Archive, Princeton, NJ.

22. Albert Einstein and Wolfgang Pauli, "On the Non-Existence of Regular Stationary Solutions of Relativistic Field Equations," *Annals of Mathematics* 44(April 1943): 13.

23. Michael Lawlor, "Forward from Einstein," *Irish Press*, February 1, 1943, 2.

24. "Scholars Acclaim His Theory," *Irish Press*, February 2, 1943, 2.

25. "Science: Schroedinger," *Time*, April 5, 1943.

26. "Einstein's Comment on Schroedinger Theory," *Irish Press*, April 10, 1943, 1.

27. "Einstein Tribute to Schroedinger," *Irish Times*, June 29, 1943, 3.

28. George Prior Woollard, "Transcontinental Gravitational and Magnetic Profile of North America and Its Relation to Geologic Structure," *Geological Society of America Bulletin* 54, no. 6(June 1, 1943): 747-789.

29. "Schroedinger's New Theory Confirmed," *Irish Press*, June 28, 1943, 1.

30. Erwin Schrödinger to Albert Einstein, August 13, 1943, Albert Einstein Duplicate Archive, 22-075.

31. Albert Einstein to Erwin Schrödinger, September 10, 1943, Albert Einstein Duplicate Archive, 22-076.

32. Erwin Schrödinger to Albert Einstein, October 31, 1943, Albert Einstein Duplicate Archive, 22-088.

33. Albert Einstein to Erwin Schrödinger, December 14, 1943, Albert Einstein Duplicate Archive, 22-090.

34. Reported in Walter Moore, *Schrödinger: Life and Thought*(New York: Cambridge University Press, 1982), 418. 월터 무어는 슈뢰딩거가 늘 아들을 원했기 때문에 이 여성이 아들을 낳을지 모른다는 은근한 기대감으로 그녀의 임신을 바랐던 것으로 추측했다.

35. John Gribbin, *Erwin Schrödinger and the Quantum Revolution*(Hoboken, NJ:

Wiley, 2013), 285.

36. Matthew Benjamin, "Catcher, Spy: Moe Berg," *US News and World Report*, January 27, 2003.

7장 | 물리학의 홍보전

1. Walter Winchell, "Scientists See Steel Block Melted by Light Beam," *Spartanburg Herald Journal*, May 23, 1948, A4.

2. D. M. Ladd, Office Memorandum to the Director, Federal Bureau of Investigation, February 15, 1950, *FBI Records: The Vault*, http://vault.fbi.gov/Albert Einstein.

3. Robin Pogrebin, "Love Letters by Einstein at Auction," *New York Times*, June 1, 1998.

4. Reported in Carl Seelig, *Albert Einstein: A Documentary Biography*, trans. Mervyn Savill (London: Staples Press, 1956), 115.

5. "A Summary of Fianna Fáil's Self Claimed Achievements as Used by the Party During the General Election of 1948," University College Dublin Archive P150/2756, reprinted in Diarmaid Ferriter, *Judging Dev: A Reassessment of the Life and Legacy of Éamon de Valera* (Dublin: Royal Irish Academy Press, 2007), 296.

6. James Dillon, "Constituent School of the Dublin Institute for Advanced Studies-Motion," *Dáil Éireann Proceedings* 104 (February 13, 1947).

7. Wolfgang Pauli, quoted in Vladimir Vizgin, *Unified Field Theories: In the First Third of the 20th Century*, trans. J. B. Barbour (Boston: Birkhäuser, 1994), 218.

8. Albert Einstein to Erwin Schrödinger, January 22, 1946, Albert Einstein Duplicate Archive, Princeton, NJ, 22-093.

9. Erwin Schrödinger to Albert Einstein, February 19, 1946, Albert Einstein Duplicate Archive, 22-094.

10. Erwin Schrödinger to Albert Einstein, March 24, 1946, Albert Einstein Duplicate Archive, 22-102.

11. Albert Einstein to Erwin Schrödinger, April 7, 1946, Albert Einstein Duplicate Archive, 22-103.

12. Erwin Schrödinger to Albert Einstein, June 13, 1946, Albert Einstein Duplicate Archive, 22-107.

13. Albert Einstein to Erwin Schrödinger, July 16, 1946, Albert Einstein Duplicate Archive, 22-109.

14. Albert Einstein to Erwin Schrödinger, January 27, 1947, Albert Einstein Duplicate Archive, 22-136.

15. William Rowan Hamilton, quoted in Robert Percival Graves, *Life of Sir William Rowan Hamilton*(Dublin: Hodges, Figgis, 1882).

16. Erwin Schrödinger, "The Final Affine Field-Laws," Address to the Royal Irish Academy, January 27, 1947, Albert Einstein Duplicate Archive, 22-143.

17. Ibid.

18. Erwin Schrödinger, quoted in "Dr. Schroedinger: Einstein Theory of Relativity," *Irish Press*, January 28, 1947, 5.

19. "Dublin Man Outdoes Einstein," *Christian Science Monitor*, January 31, 1947, 13.

20. Erwin Schrödinger to Albert Einstein, February 3, 1947, Albert Einstein Duplicate Archive, 22-138.

21. "Science: Einstein Stopped Here," *Time*, February 10, 1947.

22. John L. Synge, "Letter to the Editor," *Time*, March 3, 1947.

23. Petros S. Florides, "John Lighton Synge," *Biographical Memoirs of Fellows of the Royal Society* 54(December 2008): 401.

24. Nichevo [R. M. Smyllie], "Higher Maths," *Irish Times*, March 22, 1947, 7.

25. S. McC., "And Now Cosmic Physics," *Tuam Herald*, April 12, 1947.

26. William L. Laurence to Albert Einstein, February 7, 1947, Albert Einstein Duplicate Archive, 22-141.

27. "Einstein Declines Comment," *New York Times*, January 30, 1947.

28. "Einstein's Theory Reportedly Widened," *New York Times*, January 30, 1947.

29. "Unifying the Cosmos," *New York Times*, February 16, 1947.

30. Jacob Landau to Albert Einstein, February 18, 1947, Albert Einstein Duplicate Archive, 22-149.

31. Albert Einstein, "Statement to the Press," February 1947, Albert Einstein Duplicate Archive, 22-146.

32. Erwin Schrödinger, quoted in "Schroedinger Replies to Einstein," *Irish Press*, March 1, 1947, 7.

33. Peter Freund, *A Passion for Discovery*(Hackensack, NJ : World Scientific, 2007), 5.

34. Myles na gCopaleen [Brian O'Nolan], "Cruiskeen Lawn," *Irish Times*, March 10, 1947, 4.

35. John Archibald Wheeler, interview with the author, Princeton, November 5, 2002.

36. "Einstein Leaves Hospital," *New York Times*, January 14, 1949.

37. William L. Laurence, "World Scientists Hail Einstein at 70," *New York Times*, March 13, 1949.

8장 l 아인슈타인과 슈뢰딩거의 말년

1. Lincoln Barnett, "U.S. Science Holds Its Biggest Powwow and Finds It Has a New Einstein Theory to Ponder-The Meaning of Einstein's New Theory," *Life*, January 9, 1950.

2. Datus Smith to Lincoln Barnett, January 6, 1950, Princeton University Press Archive, Box 7, Princeton University Library ; Lincoln Barnett to Datus Smith, January 18, 1950, Princeton University Press Archive.

3. Datus Smith to Lincoln Barnett, January 23, 1950, Princeton University

Press Archive.

4. Frances Hagemann to Albert Einstein(copy to Herbert Bailey), January 14, 1950, Princeton University Press Archive.

5. Herbert Bailey to Frances Hagemann, January 18, 1950, Princeton University Press Archive.

6. Frances Hagemann to Herbert Bailey(copy to Albert Einstein), January 26, 1950, Princeton University Press Archive.

7. *Irish Times*, January 2, 1950, 5.

8. William L. Laurence, "Einstein Publishes His 'Master Theory,'" *New York Times*, February 15, 1950.

9. Robert Oppenheimer, "On Albert Einstein," *New York Review of Books*, March 17, 1966.

10. Erwin Schrödinger, Interviewed in "Einstein Has New Theory of Laws of Gravitation," *Irish Press*, December 26, 1949, 1.

11. Erwin Schrödinger, *Space-Time Structure*(Cambridge: Cambridge University Press, 1963), 114.

12. Ibid., 116.

13. Albert Einstein to Erwin Schrödinger, September 3, 1950, Albert Einstein Duplicate Archive, 22-171.

14. Erwin Schrödinger to Albert Einstein, May 15, 1953, Albert Einstein Duplicate Archive, 22-210.

15. Albert Einstein to Erwin Schrödinger, June 9, 1953, Albert Einstein Duplicate Archive, 22-212.

16. Robert Romer, "My Half Hour with Einstein," *Physics Teacher* 43(2005): 35.

17. Albert Einstein, quoted in Werner Heisenberg, *Encounters with Einstein* (Princeton, NJ: Princeton University Press, 1989), 121.

18. Eugene Shikhovtsev, "Biographical Sketch of Hugh Everett, III," edited by Kenneth W. Ford, http://space.mit.edu/home/tegmark/everett/everett.html.

19. Arthur I. Miller, *Deciphering the Cosmic Number: The Strange Friendship of Wolfgang Pauli and Carl Jung* (New York: Norton, 2010), 269.

20. Wolfgang Pauli to George Gamow, March 1, 1958, reported in Miller, *Deciphering the Cosmic Number*, 263.

21. Erwin Schrödinger, 1942 poem, translated by Arnulf Braunizer, reprinted in Amir Aczel, *Present at the Creation: Discovering the Higgs Boson* (New York: Random House, 2010), 33.

22. Ursula K. Le Guin, interviewed by Irv Broughton, *Conversations with Ursula K. Le Guin* (Jackson: University Press of Mississippi, 2008), 59.

23. Roland Orzabal, personal correspondence with the author, September 17, 2013.

24. Klaus Taschwer, "Der Streit um Schrödingers Kiste," *Der Standard* (Austria), December 19, 2007.

25. "Schrödingers Erbe: Gerichtlicher Streit beigelegt," Österreichischen Rundfunk, May 13, 2009.

나오며 | 아인슈타인과 슈뢰딩거를 넘어

1. "Laid-Back Surfer Dude May Be Next Einstein," FoxNews.com, November 16, 2007, www.foxnews.com/story/2007/11/16/laid-back-surfer-dude-may-be-next-einstein.

2. "Autistic Boy, 12, with Higher IQ than Einstein Develops His Own Theory of Relativity," *Daily Mail Online*, March 24, 2011, www.dailymail.co.uk/news/article-1369595/Jacob-Barnett-12-higher-IQ-Einstein-develops-theory-relativity.html.

3. "Will the Next Einstein Be a Computer?," KitGuru Online Forum, www.kitguru.net/channel/science/jules/will-the-next-einstein-be-a-computer.

4. Kane Fulton, "Ubuntu on Android May Help Find Next Einstein,"

TechRadar, June 18, 2013, www.techradar.com/us/news/software/operating-systems/-ubuntu-on-android-may-help-find-next-einstein--1159142.

5. Tamar Lewin, "No Einstein in Your Crib? Get a Refund!," *New York Times*, October 24, 2009, A1.

6. Ian Sample, "Faster Than Light Particles Found, Claim Scientists," *The Guardian*, September 22, 2011.

7. Antonio Ereditato, press release, OPERA experiment, September 23, 2011.

8. "Neutrino Jokes Hit Twittersphere Faster Than the Speed of Light," *Los Angeles Times*, September 24, 2011.

9. Corrigan Brothers and Pete Creighton, "Neutrino Song," October 10, 2011, www.youtube.com/watch?v=vpMY84T8WY0.

10. Sergio Bertolucci, press release, CERN, June 8, 2012.

더 읽을거리

*표를 붙인 항목은 보다 학술적인 내용의 자료임.

Aczel, Amir, *Present at the Creation: Discovering the Higgs Boson*(New York: Random House, 2010).

Cassidy, David C., *Beyond Uncertainty: Heisenberg, Quantum Physics, and the Bomb* (New York: Bellevue Literary Press, 2010).

_____, *Einstein and Our World*(Amherst, NY: Humanity Books, 2004).

Clark, Ronald W., *Einstein: The Life and Times*(New York: Avon Books, 1971).

Crease, Robert P., and Charles C. Mann, *The Second Creation: Makers of the Revolution in Twentieth-Century Physics*(New Brunswick, NJ: Rutgers University Press, 1996).

Davies, Paul, *Superforce: The Search for a Grand Unified Theory of Nature*(New York: Simon and Schuster, 1984).

Einstein, Albert, *Autobiographical Notes*, translated and edited by Paul Arthur Schilpp(La Salle, IL: Open Court, 1979).

_____, *Ideas and Opinions*, translated by Sonja Bargmann(New York: Bonanza Books, 1954).

_____, *The Meaning of Relativity*(Princeton: Princeton University Press, 1956).

_____, *Out of My Later Years*(New York: Citadel Press, 2000).

*Einstein, Albert, and Peter Bergmann, "On a Generalization of Kaluza's Theory of Electricity," *Annals of Mathematics* 39(1938): 683-701.

Farmelo, Graham, *Churchill's Bomb: How the United States Overtook Britain in the First Nuclear Arms Race*(New York: Basic Books, 2013).

_____, *The Strangest Man: The Hidden Life of Paul Dirac, Mystic of the Atom*(New York: Basic Books, 2009).

Fine, Arthur, *The Shaky Game: Einstein, Realism and the Quantum Theory* (Chicago: University of Chicago Press, 1986).

Fölsing, Albrecht, *Albert Einstein: A Biography*, translated by Ewald Osers (New York: Penguin, 1997).

Frank, Philipp, *Einstein: His Life and Times* (New York: 1949).

Freund, Peter, *A Passion for Discovery* (Hackensack, NJ: World Scientific, 2007).

Gefter, Amanda, *Trespassing on Einstein's Lawn: A Father, a Daughter, the Meaning of Nothing, and the Beginning of Everything* (New York: Bantam, 2014).

Goenner, Hubert, "Unified Field Theories: From Eddington and Einstein up to Now," in *Proceedings of the Sir Arthur Eddington Centenary Symposium*, edited by V. de Sabbata and T. M. Karade, 1:176–196 (Singapore: World Scientific, 1984).

Greene, Brian, *Fabric of the Cosmos: Space, Time and the Texture of Reality* (New York: Vintage, 2005).

Gribbin, John, *Erwin Schrödinger and the Quantum Revolution* (Hoboken, NJ: Wiley, 2013).

_____, *In Search of Schrödinger's Cat: Quantum Physics and Reality* (New York: Bantam, 1984).

_____, *Schrödinger's Kittens and the Search for Reality: Solving the Quantum Mysteries* (New York: Little, Brown, 1995).

Halpern, Paul, *Collider: The Search for the World's Smallest Particles* (Hoboken, NJ: Wiley, 2009).

_____, *Edge of the Universe: A Voyage to the Cosmic Horizon and Beyond* (Hoboken, NJ: Wiley, 2012).

_____, *The Great Beyond: Higher Dimensions, Parallel Universes, and the Extraordinary Search for a Theory of Everything* (Hoboken, NJ: Wiley, 2004).

Henderson, Linda Dalrymple, *The Fourth Dimension and Non-Euclidean Geometry in Modern Art* (Cambridge, MA: MIT Press, 2013).

Hoffmann, Banesh, with Helen Dukas, *Albert Einstein: Creator and Rebel* (New

York: Viking, 1972).

Holton, Gerald, and Yehuda Elkana, editors, *Albert Einstein: Historical and Cultural Perspectives* (Princeton, NJ: Princeton University Press, 1982).

Howard, Don, "Albert Einstein as a Philosopher of Science," *Physics Today* 58 (2005): 34–40.

*_____, "Einstein on Locality and Separability," *Studies in History and Philosophy of Science* 16 (1987): 171–201.

*_____, "Who Invented the Copenhagen Interpretation? A Study in Mythology," *Philosophy of Science* 71 (2004): 669–682.

Howard, Don, and John Stachel, editors, *Einstein: The Formative Years 1879–1909* (Boston: Birkhäuser, 2000).

Isaacson, Walter, *Einstein: His Life and Universe* (New York: Simon and Schuster, 2008).

Jammer, Max, *The Conceptual Development of Quantum Mechanics* (New York: McGraw-Hill, 1966).

Kaku, Michio, *Einstein's Cosmos: How Albert Einstein's Vision Transformed Our Understanding of Space and Time* (New York: W. W. Norton, 2005).

Kragh, Helge, *Quantum Generations: A History of Physics in the Twentieth Century* (Princeton: Princeton University Press, 1999).

Mach, Ernst, *The Science of Mechanics: A Critical and Historical Exposition of Its Principles*, translated by Thomas McCormack (Chicago: Open Court, 1897).

_____, *Space and Geometry*, translated by Thomas McCormack (Chicago: Open Court, 1897).

Mehra, Jagesh, *Erwin Schrödinger and the Rise of Wave Mechanics, Part 1: Schrödinger in Vienna and Zurich, 1887–1925*, The Historical Development of Quantum Theory, volume 5 (New York: Springer, 1987).

Moore, Walter, *Schrödinger: Life and Thought* (New York: Cambridge University Press, 1982).

Pais, Abraham, *Subtle Is the Lord . . . : The Science and the Life of Albert Einstein*

(Oxford: Oxford University Press, 1982).

Parker, Barry, *Einstein's Dream: The Search for a Unified Theory of the Universe*(New York: Plenum, 1986).

_____, *Search for a Supertheory: From Atoms to Superstrings*(New York, Plenum, 1987).

＊Pesic, Peter, *Beyond Geometry: Classic Papers from Riemann to Einstein*(New York: Dover, 2006).

Pickover, Clifford, *Surfing Through Hyperspace: Understanding Higher Universes in Six Easy Lessons*(New York: Oxford University Press, 1999).

＊Putnam, Hilary, "A Philosopher Looks at Quantum Mechanics(Again)," *British Journal for the Philosophy of Science* 26(2005): 615-634.

Sayen, Jamie, *Einstein in America*(New York: Crown, 1985).

＊Schrödinger, Erwin, *Space-Time Structure*(Cambridge: Cambridge University Press, 1950).

_____, *My View of the World*, translated by Cecily Hastings(Woodbridge, CT: Ox Bow Press, 1983).

_____, *What is Life?*(Cambridge: Cambridge University Press, 1950).

Seelig, Carl, *Albert Einstein: A Documentary Biography*, translated by Mervyn Savill(London: Staples Press, 1956).

Smith, Peter D., *Einstein: Life and Times*(London: Haus Publishing, 2005).

Stachel, John, *Einstein from "B" to "Z"*(Boston: Birkhäuser, 2002).

_____, "History of Relativity," in *Twentieth Century Physics*, vol. 1, edited by Laurie Brown et al.(New York: American Institute of Physics Press, 1995).

Thirring, Walter, *Cosmic Impressions: Traces of God in the Laws of Nature*, translated by Margaret A. Schellenberg(Philadelphia: Templeton Foundation Press, 2007).

＊Vizgin, Vladimir, "The Geometrical Unified Field Theory Program," in *Einstein and the History of General Relativity*, edited by Don Howard and John Stachel, 300-314(Boston: Birkhäuser, 1989).

*_____, *Unified Field Theories: In the First Third of the 20th Century*, translated by J. B. Barbour(Boston : Birkhäuser, 1994).

Weinberg, Steven, *Dreams of a Final Theory : The Scientist's Search for the Ultimate Laws of Nature*(New York : Vintage, 1992).

Weyl, Hermann, *Space, Time, Matter*(New York : Dover, 1950).

원어표기

[헌사]
막스 드레스덴Max Dresden

[감사의 말]
T. J. 켈러허T. J. Kelleher
그렉 레스터Greg Lester
그렉 스미스Greg Smith
꿩 도Quynh Do
닐 거스만Neil Gussman
다이넬 시겔Daniel Siegel
다이아나 부흐발트Diana Buchwald
더그 디카를로Doug DiCarlo
더그 부흐홀츠Doug Buchholz
데이브 골드버그Dave Goldberg
데이비드 부드David Bood
데이비드 지타렐리David Zitarelli
데이비드 캐시디David C. Cassidy
돈 하워드Don Howard
레온하르트 프라우니체어Leonhard
    Braunizer
로버트 얀센Robert Jantzen
로버트 크리스Robert Crease
로저 스튜어Roger Stuewer
롤랜드 오자발Roland Orzabal
루트 프라우니체어Ruth Braunizer
리사 텐진-돌마Lisa Tenzin-Dolma
린다 달림플 헨더슨Linda Dalrymple
    Henderson
린다 홀츠만Linda Holtzman

린지 풀Lindsey Poole
마이클 그로스Michael Gross
마이클 라보시에Michael LaBossiere
마이클 에를리치Michael Erlich
마크 싱어Mark Singer
마크 울버턴Mark Wolverton
말론 푸엔테스Marlon Fuentes
메그 카스키-윌슨Meg Carsky-Wilson
물리학사 AIP 센터AIP Center for History of
    Physics
물리학사 APS 포럼APS Forum on the
    History of Physics
미칼 메이어Michal Mayer
바바라 울프Barbara Wolff
반스 렘쿨Vance Lehmkuhl
베이직북스Basic Books
베치 데제수Betsy DeJesu
브라이언 시아노Brian Siano
브라이언 키르슈너Brian Kirschner
셰럴 스트링올Cheryl Stringall
수잔 머피Suzanne Murphy
슈 와가Sue Warga
시몬 젤리치Simone Zelitch
아르놀프 프라우니체어Arnulf Braunizer
안소니 리안Antony Ryan
알베르트 아인슈타인 기록보관소Albert
    Einstein Archives
엘리아 에슈케나지Elia Eschenazi
왕립 아일랜드 아카데미Royal Irish Academy

476 — 아인슈타인의 주사위와 슈뢰딩거의 고양이

우디 카스키-윌슨Woody Carsky-Wilson
자일스 앤더슨Giles Anderson
제프 슈벤Jeff Shuben
젠 코비Jen Govey
조셉 맥과이어Joseph Maguire
존 사이먼 구겐하임 재단John Simon
    Guggenheim Foundation
주드 쿠친스키Jude Kuchinsky
짐 커밍스Jim Cummings
캐롤린 브로드벡Carolyn Brodbeck
캐리 응우엔Carie Nguyen
캐서린 웨스트폴Catherine Westfall
케빈 머피Kevin Murphy
콜린 트레이시Collin Tracy
크리스 올슨Kris Olson
토니 로우Tony Lowe
틸만 사우어Tilman Sauer
팜 퀵Pam Quick
패트릭 팜Patrick Pham
페이 플램Faye Flam
프레드 슈에퍼Fred Schuepfer
피터 스미스Peter D. Smith
피터 페식Peter Pesic
필라델피아 과학사 지역센터Philadelphia
    Area Center for History of Science
필라델피아 과학저술가연합회Philadelphia
    Science Writers Association
하이디 앤더슨Heidi Anderson
헬렌 길스-기Helen Giles-Gee
힐러리 퍼트넘Hilary Putnam

[들어가며 | 동맹 그리고 적]
그라츠대학교University of Graz
네이선 로젠Nathan Rosen
닐스 보어Niels Bohr
더블린 고등연구소Dublin Institute for
    Advanced Studies

루이 드 브로이Louis de Broglie
리정다오李政道
막스 보른Max Born
바뤼흐 스피노자Baruch Spinoza
베르너 하이젠베르크Werner Heisenberg
보리스 포돌스키Boris Podolsky
볼프강 파울리Wolfgang Pauli
브라이언 오놀란Brian O'Nolan
사이언티픽 아메리칸Scientific American
슈뢰딩거 방정식Schrödinger equation
슈뢰딩거 파동방정식Schrodinger's wave
    equation
아르투어 쇼펜하우어Arthur Schopenhauer
아이리쉬 타임스Irish Times
아이리쉬 프레스Irish Press
안네마리 베르텔Annemarie Bertel
알베르트 아인슈타인Albert Einstein
에르빈 슈뢰딩거Erwin Schrödinger
에른스트 슈트라우스Ernst Straus
월터 티링Walter Thirring
윌리엄 로언 해밀턴William Rowan Hamilton
윌리엄 버틀러 예이츠William Butler Yeats
유진 위그너Eugene Wigner
이몬 데 발레라Eamon de Valera
제임스 조이스James Joyces
제임스 클러크 맥스웰James Clerk Maxwell
조지 버나드 쇼George Bernard Shaw
존 모팻John Moffat
카푸트Caputh
페터 프로인트Peter Freund
프러시아 과학아카데미Prussian Academy
    of Science
프린스턴 고등연구소Princeton's Institute for
    Advanced Study

[1장 | 완벽한 시계와 같은 우주]
다비드 힐베르트David Hilbert

아르투어 마치Arthur March
아브라함 플렉스너Abraham Flexner
엘리 카르탕Elie Cartan
여성애국조합Woman Patriot Corporation
옥스퍼드대학교Oxford University
운터 덴 린덴Unter den Linden
윌슨산 천문대Mount Wilson Observatory
이타 융거Itha Junger
전쟁반대자연맹War Resisters League
지그문트 프로이트Sigmund Freud
콘라드 왁스만Konrad Wachmann
쿠르트 바일Kurt Weill
크리스천 사이언스 모니터Christian Science
　　Monitor
테테Tete
템플린Templin 호수
토니 멘델Toni Mendel
파울 폰 힌덴부르크Paul von Hindenburg
프란츠 렘Franz Lemm
하펠Havel 강
헨리 하워드Henry Howard
헬렌 두카스Helen Dukas
힐데군데 마치Hildegunde March
H. H. 셸던H. H. Sheldon
5번가 장로교회Fifth Avenue Presbyterian
　　Church

[5장 | 유령 같은 연결과 좀비 고양이]
가르다Garda 호수
게오르크 폰 트랩Georg von Trapp
게일 르네상스Gaelic Renaissance
겐트대학교University of Ghent
교황청 과학원The Pontifical Academy of
　　Sciences
국제연맹League of Nations
네이선 로젠Nathan Rosen
더블린 고등연구소Dublin Institute for

Advanced Studies
더블린 로열대학교Royal University in Dublin
더블린 아일랜드 국립대학교University
　　College Dublin
던싱크천문대Dunsink Observatory
돈 두소Don Duso
돈 하워드Don Howard
루돌프 라덴부르크Rudolf Ladenburg
루터 아이젠하트Luther Eisenhart
리처드 멀카히Richard Mulcahy
리하르트 베어Richard Bar
리하르트 쿠란트Richard Courant
마야Maja
말체시네Malcesine
머서Mercer 가
메리언Merrion 광장
메이누스Maynooth
모들린대학Magdalen College
발렌틴 바르그만Valentine Bargmann
베니토 무솔리니Benito Mussolini
베르트하임Wertheim's 백화점
베벨 광장Bebelplatz
보리스 포돌스키Boris Podolsky
볼랜드 제분소Boland's Mill
브라이언 펄론Brian Fallon
사라나크Saranac 호수
성 패트릭 대학교St. Patrick's College
신페인 당Sinn Féin party
아서 파인Arthur Fine
아일랜드 의용군Irish Volunteer
애국전선Patriotic Front
에미 뇌터Emmy Noether
엥겔베르트 돌푸스Engelbert Dollfuss
올드라임Old Lyme
올든팜Olden Farm
요하네스 스타르크Johannes Stark
유카와 히데키湯川秀樹

일제Ilse
임페리얼 케미컬 인더스트리Imperial
　　　Chemical Industries
제임스 프랑크James Franck
조르주 르메트르Georges Lemaître
존 히븐John Hibben
존스교수Jones Professorship
처웰 경Lord Cherwell
칼 앤더슨Carl Anderson
콘스탄츠Constance
쿠르트 괴델Kurt Gödel
쿠르트 슈슈니크Kurt Schuschnigg
클론타르프Clontarf
킨코라Kincora 가
토마스 골드Thomas Gold
파인홀Fine Hall
풀드홀Fuld Hall
프레더릭 린드만Frederick Lindemann
프레드 호일Fred Hoyle
프리드리히 뫼글리히Friedrich Möglich
프리츠 런던Fritz London
피아나 페일 당Fianna Fáil party
피지컬 리뷰Physical Review
피터 베르그만Peter Bergmann
필립 레나르트Philipp Lenard
한스 라이헬트Hans Reichelt
한지 바우어-봄Hansi Bauer-Bohm
허버트 딩글Herbert Dingle
헤르만 본디Hermann Bondi
E. T. 휘터커E. T. Whittake

[6장 | 프린스턴과 더블린에서]
그라나드 경Lord Granard
더블린대학교 형이상학회Dublin University
　　　Metaphysical Society
데 셸비de Selby
라나 터너Lana Turner

레오 실라르드Leo Szilard
레오폴드 인펠트Leopold Infeld
로디지아Rhodesia
로버트 오펜하이머Robert Oppenheimer
리제 마이트너Lise Meitner
린다 메리 테레즈Linda Mary Therese
마이클 라우러Michael J. Lawlor
마이클 프레인Michael Frayn
맨해튼 프로젝트Manhattan Project
모 버그Moe Berg
미겔 데 우나무노Miguel de Unamuno
미국과학학술대회American Scientific
　　　Congress
발터 하이틀러Walter Heitler
부르쉬에Burschie
브로엄Brougham 다리
블라스나이드 니콜레트Blathnaid Nicolette
블랙 마운틴 칼리지Black Mountain College
사무엘 호우트스미트Samuel Goudsmit
쉴라 메이 그린Sheila May Greene
시러큐스대학교Syracuse University
아이리쉬 타임스Irish Times
알소스 특명Alsos Mission
엡실론 작전Operation Epsilon
오토 프리쉬Otto Frisch
오토 한Otto Hahn
위클로Wicklow 산맥
유진 위그너Eugene Wigner
임페리얼 칼리지 런던Imperial College
　　　London
전략사무국Office of Strategic Services, OSS
제임스 왓슨James Watson
조너선 스위프트Jonathan Swift
조지 울라드George Woollard
조지 울렌벡George Uhlenbeck
짐바브웨Zimbabwe
칼 프리드리히 폰 바이츠제커Carl Friedrich

von Weizsacker

케리Kerry

케이트 놀란Kate Nolan

타임Time

테리 루돌프Terry Rudolph

트리니티 칼리지Trinity College

팔레스타인 지구British Mandate of Palestine

팜홀Farm Hall

프란시스 크릭Francis Crick

프랭크 아델로트Frank Aydelotte

프랭클린 루스벨트Franklin Roosevelt

프리츠 슈트라스만Fritz Strassmann

플란 오브라이언Flann O'Brien

하이파Haifa

하인리히 힘러Heinrich Himmler

한스 뮈샴Hans Muehsam

A. A. 루스A. A. Luce

A. J. 매코넬A. J. McConnell

C. H. 로우C. H. Rowe

F. 오라힐리F. O'Rahilly

[7장 | 물리학의 홍보전]

그라프튼Grafton 가

글렌 레브카Glen Rebka

데이비드 웹David Webb

도모나가 신이치로朝永振一郎

도슨Dawson 가

로버트 파운드Robert Pound

로스 백작Earl of Rosse

르가리타 코넨코바Margarita Konenkova

리처드 파인만Richard Feynman

마타 하리Mata Hari

밴더스내치bandersnatch

브루클린 유대병원Brooklyn Jewish Hospital

세르게이 코넨코프Sergei Konenkov

아카데미 하우스Academy House

아핀장 이론Affine Field Theory

알마Almar

엘리자베스 케어체크Elizabeth Kerzek

오버시스 통신사Overseas News Agency

월터 윈첼Walter Winchell

윌리엄 로렌스William Laurence

윌리엄 로젠월드William Rosenwald

유대인호소연합United Jewish Appeal

유진 위그너Eugene Wigner

이구아노돈Iguanodon

잉게 레만Inge Lehmann

정보공개법Freedom of Informatin Act

제이콥 란다우Jacob Landau

제임스 딜런James Dillon

존 라이튼 싱John Lighton Synge

존 밀링턴 싱John Millington Synge

존 휠러John Wheeler

줄리언 슈윙거Julian Schwinger

카네기공과대학교Carnegie Institute of
    Technology

쿠어트 라스비츠Kurd Lasswitz

클랜 나 포블락타Clann na Poblachta

토마스 퍼시 클로드 커크패트릭Thomas
    Percy Claude Kirkpatrick

투암 헤럴드Tuam Herald

패스파인더Pathfinder

프란시스 버치Francis Birch

프레더릭 클라렌든Frederick Clarendon

I. I. 라비I. I. Rabi

[8장 | 아인슈타인과 슈뢰딩거의 말년]

다투스 스미스Datus Smith

데이비드 봄David Bohm

드 브로이–봄de Broglie-Bohm 이론

라이프Life

러셀–아인슈타인 선언문Russell-Einstein
    manifesto

레오폴드 핼펀Leopold Halpern

로버트 로머Robert Romer
로버트 밀스Robert Mills
로버트 안톤 윌슨Robert Anton Wilson
로버트 하인라인Robert Heinlein
로베르트 슐만Robert Schulmann
롤랜드 오자발Roland Orzabal
링컨 바넷Lincoln Barnett
마르티뉘스 펠트만Martinus Veltman
메이플우드Maplewood
무터 박물관Mütter Museum
미국 과학진흥협회American Association for
    the Advancement of Science, AAAS
발터 티링Walter Thirring
버트런드 러셀Bertrand Russell
벨의 정리Bell's theorem
브라이스 드위트Bryce DeWitt
브루리아 카우프만Bruria Kaufman
비미활동위원회House Un-American Activities
    Committee
빈대학교 물리학연구소Physical Institute of
    University of Vienna
사라소타Sarasota
상파울루대학교University of São Paulo
세실 아담스Cecil Adams
소냐Sonja
아르눌프 프라우니체어Arnulf Braunizer
안드레아스Andreas
알랭 아스페Alain Aspect
알프바흐Alpbach
애머스트대학교Amherst College
야키르 아하로노프Yakir Aharonov
양첸닝陽振寧
어슐러 르 귄Ursula K. Le Guin
오토 네이선Otto Nathan
원자에너지위원회Commission on Atomic
    Energy
조셉 캘러웨이Joseph Callaway

조지 가모프George Gamow
존 벨Johm Bell
존 슈타헬John Stachel
중력의 일반화 이론generalized theory of
    gravitation
토마스 쿤Thomas Kuhn
토마스 하비Thomas Harvey
프란시스 헤이지먼Frances Hagemann
프린스턴대학교 출판부Princeton University
    Press
하임 바이츠만Chaim Weizmann
허버트 베일리Herbert Bailey
헤라르뒤스 토프트Gerardus 't Hooft
휴 에버렛 3세Hugh Everett III
히브리대학교Hebrew University
C. 피터 존슨 2세C. Peter Johnson Jr.

[나오며 I 아인슈타인과 슈뢰딩거를 넘어]
가디언Guardian
그랑 싸쏘Gran Sasso
기아 드발리Gia Dvali
끈이론string theory
난부 요이치로南部陽一郎
니마 아르카니하메드Nima Arkani-Hamed
다리오 아우티에로Dario Autiero
더글러스 페어뱅스Douglas Fairbanks
라만 선드럼Raman Sundrum
로버트 브라우트Robert Brout
로스앤젤레스 타임스Los Angeles Times
리 스몰린Lee Smolin
리사 랜들Lisa Randall
마이클 그린Michael Green
머리 겔만Murry Gell-Mann
머털자리 은하단Coma Cluster
메리 픽포드Mary Pickford
베라 루빈Vera Rubin
베르나르 쥘리아Bernard Julia

베르나르트 데 비트Bernard de Wit
베리모어 집안Barrymores
사바스 디모포울로스Savas Dimopoulos
세르지오 베르톨루치Sergio Bertolucci
셸던 글래쇼Sheldon Glashow
스토니브룩Stony Brook
스티븐 와인버그Steven Weinberg
아브헤이 아쉬테카Abhay Ashtekar
안토니오 에레디타토Antonio Ereditato
압두스 살람Abdus Salam
앙드레 느뵈Andre Neveu
야우 싱퉁丘成桐
에드워드 위튼Edward Witten
에우제니오 칼라비Eugenio Calabi
오스카 클라인Oscar Klein
외젠 크레메르Eugène Cremmer
유럽입자물리연구소Conseil Européen pour
　　la Recherche Nucléaire, CERN
제럴드 구랄닉Gerald Guralnik
제임스 조이스James Joyce
조엘 셔크Joel Scherk
존 슈바르츠John Schwarz

초끈혁명superstring revolution
초끈이론superstring theory
초끈장 이론superstring field theory
카를로 로벨리Carlo Rovelli
칼 헤이건Carl Richard Hagen
칼라비–야우 다양체Calabi-Yau manifolds
켄트 포드Kent Ford
코리건 브라더스Corrigan Brothers
클로드 러블레이스Claud Lovelace
토머스 키블Thomas Kibble
파리 고등사범학교École Normale Supérieure
프랑수아 앙글레르François Englert
프리츠 츠비키Fritz Zwicky
피에르 라몽Pierre Ramond
피터 반 노이벤후이젠Peter van
　　Nieuwenhuizen
피터 힉스Peter Higgs
피트 크레이튼Pete Creighton
헤르만 니콜라이Hermann Nicolai
M이론M-theory
OPERAOscillation Project with Emulsion-
　　tRacking Apparatus

※ 책 제목과 언론사 이름은 《 》, 논문과 연극, 공연 등 기타 예술작품의 제목은 〈 〉, 신
　 문기사와 강연, 기타 글과 노래의 제목은 ' '로 표시했다.

[헌사]
'새로운 장이론The New Field Theory'

[들어가며 | 동맹 그리고 적]
〈양자역학의 현주소The Present Situation in Quantum Mechanics〉
〈한 철학자가 바라본 양자역학A Philosopher Looks at Quantum Mechanics〉
'아인슈타인, 슈뢰딩거에게 찬사를 보내다Einstein Tribute to Schrödinger'

⟨양자역학의 현주소On the Present Situation in Quantum Mechanics⟩
‘아인슈타인이 양자론을 공격하다Einstein Attacks Quantum Theory’

[6장 ı 프린스턴과 더블린에서]

《생명이란 무엇인가?What is Life?》
《세 번째 경찰관The Third Policeman》
‘인과론에 대한 생각Some Thoughts on Causality’
‘집에서 만나 본 ‘원자의 사나이’: 에르빈 슈뢰딩거 교수의 하루 휴가The ‘Atom Man’ at
　　　　　Home: Dr. Erwin Schrödinger Takes a Day off’
‘집에서 만나본 교수A Professor at Home’
‘최종 아핀장 법칙The Final Affine Field-Laws’

[7장 ı 물리학의 홍보전]

《데 발레라의 삶Life of de Valera》
《서쪽 나라에서 온 멋쟁이The Playboy of the Western World》
《홈헨-후기 백악기에서 온 동물 이야기Homchen-Ein Tiermärchen aus der oberen Kreide》

[8장 ı 아인슈타인과 슈뢰딩거의 말년]

《무식쟁이들을 위한 물리학Physics for peasants》
《벽을 뚫고 걸어간 고양이The Cat Who Walks Through Walls》
《상대성이란 무엇인가The Meaning of Relativity》
《슈뢰딩거의 고양이Schrödinger’s Cat》
《시공간 구조Space-Time Structure》
《우주와 아인슈타인 박사The Universe and Dr. Einstein》
《이웃 우주The Universe Next Door》
《자연과 그리스 인Nature and the Greeks》
⟨빅뱅이론The Big Bang Theory⟩
⟨실재란 무엇인가?What Is Real?⟩
⟨양자도약은 존재하는가?Are There Quantum Jumps?⟩
⟨양자역학의 ‘상대적 상태’ 공식화‘Relative State’ Formulation of Quantum Mechanics⟩
⟨퓨쳐라마Futurama⟩
‘자화상Self-Portrait’

[나오며 ı 아인슈타인과 슈뢰딩거를 넘어]

《피네건의 경야Finnegans Wake》
⟨리틀 아인슈타인Little Einstein⟩

좋은 균, 나쁜 균, 이상한 균

똑똑한 식물과 영리한 미생물의 밀고 당기는 공생 이야기

★ 한국출판문화산업진흥원 출판콘텐츠 창작자금지원사업 선정작

류충민 지음 | 268쪽 | 16,500원

시민의 물리학

그리스 자연철학에서 복잡계 과학까지
세상 보는 눈이 바뀌는 물리학 이야기

★《학교도서관저널》 청소년 과학 부문 추천도서
★ 국립중앙도서관 사서추천도서

유상균 지음 | 312쪽 | 16,500원

다윈의 물고기

진화생물학과 로봇공학을 넘나드는 로봇 물고기 태드로의 모험

★ 2018년 과학기술정보통신부 인증 우수과학도서
★ 2018년 세종도서 학술부문 선정도서
★ 인디고서원 이달의 추천도서
★ 한국출판문화산업진흥원 출판콘텐츠 창작지원금 선정작

존 롱 지음 | 노승영 옮김 | 368쪽 | 17,000원

공대생도 잘 모르는
재미있는 공학 이야기

관찰, 측정, 계산, 상상, 응용, 공학한다는 것의 모든 것!

★ 한국출판문화산업진흥원 청소년권장도서
★ 과학기술부 인증 우수과학도서

한화택 지음 | 312쪽 | 16,500원

공대생이 아니어도
쓸데있는 공학 이야기

재미 넘치는 공대 교수님의 공학 이야기 두 번째!

★ 2018년 과학기술정보통신부 인증 우수과학도서

한화택 지음 | 284쪽 | 16,000원

스페이스 미션

우리의 과거와 미래를 찾아 떠난 무인우주탐사선들의 흥미진진한 이야기

★ 세계적인 천문학자 크리스 임피와 NASA의 무인우주탐사 역사 기록 프로젝트!

크리스 임피·홀리 헨리 지음 | 김학영 옮김 | 724쪽 | 28,000원

아인슈타인의 주사위와
슈뢰딩거의 고양이

**상대성이론과 파동방정식 그 후
통일이론을 위한 두 거장의 평생에 걸친 지적 투쟁**

1판 1쇄 발행 | 2016년 12월 20일
1판 5쇄 발행 | 2023년 9월 27일

지은이 | 폴 핼펀
옮긴이 | 김성훈
감수자 | 이강영

펴낸이 | 박남주
펴낸곳 | 플루토
출판등록 | 2014년 9월 11일 제2014-61호

주소 | 10881 경기도 파주시 문발로 119 모퉁이돌 3층 304호
전화 | 070-4234-5134
팩스 | 0303-3441-5134
전자우편 | theplutobooker@gmail.com

ISBN 979-11-956184-4-6 03420

이 도서의 국립중앙도서관 출판시도서목록(CIP)은 서지정보유통지원시스템 홈페이지(http://
seoji.nl.go.kr)와 국가자료공동목록시스템(http://www.nl.go.kr/kolisnet)에서 이용하실 수
있습니다.(CIP제어번호: CIP 2016028723)